개정판

쉬운 기기분석

김태화 · 박규현 · 양종범
오창환 · 이경혜 · 임순호 공저

도서출판 유한문화사

머 리 말

기기분석이란 분석기기를 이용하여 시료에 들어 있는 성분을 분리, 검출, 확인 또는 정량하는 분석법을 말한다. 기기분석에 이용되는 분석기기는 전기, 전자 및 기계공학의 급속한 발전에 힘입어 분석과정이 간편·신속·정확하게 이루어질 수 있도록 꾸준히 개발되고 발전되어 왔으며 점차 자동화되어 가고 있다. 이에 따라 감도와 정밀도가 매우 높은 기기분석법이 개발되고 있고, 그 기기도 쉽게 조작할 수 있게 되어 기기분석은 화학의 기초연구뿐만 아니라 식품이나 의약품 분야, 의학 분야, 환경 분야 등과 같은 여러 분야에서 광범위하게 활용되고 있다.

이와 같이 기기분석의 비중이 날이 갈수록 현저히 증가하고 있기 때문에 기기분석에 대한 기본개념과 원리 및 분석법 등에 대한 정확한 이해가 절실히 요구되고 있다. 왜냐하면 각 기기분석법의 원리를 잘 이해하고 있어야 측정기기의 적당한 선택이나 그 기기의 효율적인 사용이 가능하고, 각 분석법의 감도, 정밀도 및 정확도 등에 대한 한계를 이해할 수 있기 때문이다.

이 책에서 저자들은 다양한 기기분석 방법 중에서 현장에서 자주 접하는 방법을 중심으로 학생들이나 현장 실무자들이 각 기기분석법의 원리, 기기 및 측정법 등을 보다 쉽게 이해할 수 있도록, 그리고 실험 예를 통하여 이들 방법을 보다 쉽게 적용할 수 있도록 저술하려고 노력하였다. 이 책을 통하여 독자들이 기기분석에 대한 이론적인 지식을 넓히고, 분석기법을 잘 응용할 수 있게 되기를 기대한다.

부족함이 많음에도 불구하고 독자들의 큰 사랑으로 이번에 개정판을 출판하게 되었다. 이번 개정판을 준비하면서 최근 강조되고 있는 '실험실 안전'과 '적외선 분광광도법'을 추가하고, 기존의 내용 중에 틀리거나 부족한 부분을 수정, 보완하였지만 아직도 저자들의 제한된 지식 등으로 인한 미흡함을 감출 수가 없다고 생각한다. 이러한 점은 독자들의 충고를 바탕으로 앞으로 계속 수정, 보완해 나갈 것이다.

끝으로 이 책의 출판을 위해 기획하고 노력을 아끼지 않으신 유한문화사 사장님과 직원 여러분께 감사드린다.

2019년 1월

저자 일동

차 례

제 1장 실험을 하기 전에 / 17

제 2장 pH 측정 / 29

제 4장 흡광광도법 / 79

제 5장 형광광도법 / 103

제 6장 적외선 분광광도법 / 115

제 7장 원자흡광광도법 / 149

제 8장 기체 크로마토그래피 / 179

제 9장 기체 크로마토그래피-질량분석 / 255

제 10장 고성능 액체 크로마토그래피 / 303

제 11장 액체 크로마토그래피-질량분석 / 335

제12장 전기영동 / 359

제13장 PCR / 375

제 14장 효소면역측정법 / 405

제 1 장

실험을 하기 전에

어떤 일을 하든지 안전은 최우선 가치라고 생각한다. 하지만 안전 불감증이 만연되어 있는 우리나라에서는 많은 사람들이 안전에 대하여 너무 가볍게 생각하는 것 같다. 여러 해 전 일이지만 공영방송에서 오락 프로그램을 제작하면서 출연진을 화물차의 적재함에 태우고 도로를 주행하고, 그 장면을 촬영하여 아무런 거리낌 없이 방송할 정도이다. 이런 상황에 인천의 어느 공원에서 만났던 "언제나 안전! 어디서나 안전! 우리 모두 안전!"을 강조하는 스티커(그림 1-1)는 신선한 충격이었다.

몇 년 전 어느 식품회사 연구실을 방문하였는데, 그 입구에 「No job is so urgent that it cannot be done safely and accurately.」 라는 글이 적힌 포스터가 붙어 있는 것을 본 적이 있다. 그 후, 저자는 학생들과 실험 수업을 할 때 항상 안전한 실험과 정확한 실험을 강조해 오고 있다. 실험을 할 때 제일 중요한 것은 안전이라는 것을 항상 마음에 두어야 한다.

그림 1-1. 인천광역시의 안전 강조 스티커

1. 실험실 안전관리

과학적 이론이나 현상을 관찰하고 측정하는 실험실에서 사고를 예측하는 것은 상당히 어렵다. 비록 안전한 시설과 설비를 갖춘 실험실에서 안전한 물질을 가지고 실험을 하여도 이것은 마찬가지다. 더욱이 실험자가 경험해 보지 않은 실험을 할 경우에는 사고의 발생 가능성이 현저히 높아지게 된다. 실험실에서 발생할 수 있는 사고와 맞서기 위해서는 먼저 실험실 안전관리가 제대로 이행되어야 한다.

1) 화학약품

실험실에서 화학약품의 안전관리는 가장 취약한 분야라고 할 수 있다. 그러므로 실험실에서는 화학약품과 관련한 다음 사항들이 더욱 철저하게 지켜져야 한다.

(1) 화학약품과 관련한 안전 자료를 비치하고, 실험자에게 화학약품의 특성과 사용 시 주의사항에 대하여 교육하여야 한다.

(2) 화학물질은 직사광선을 피하고, 배기시설이 있는 방폭시약장에 보관한다. 폭발성 물질, 금수성 물질, 부식성 물질, 독성 물질 등으로 분류하여 보관하는데, 독성 물질은 별도의 시약장에 잠금장치를 하여 보관하여야 한다(표 1-1). 예를 들면 질산과 벤젠, 톨루엔, 알코올 등의 유기용매는 같은 시약장에 보관하면 안 된다. 그러므로 시약을 ABC나 가나다순으로 분류 배열하지 않도록 하여야 한다. 표 1-2에는 자주 사용하는 화학약품과 이들과 같은 시약장에 보관해서는 안 되는 화학약품의 예를 나타내었다. 화학약품에는 구입날짜, 위험성 등의 라벨을 부착하며, 위험한 화학약품의 분실, 도난 시에는 사고의 우려가 있으므로 담당자에게 보고하여야 한다. 표 1-3에는 국제적으로 사용되는 화학물질의 안전보건 표지(GHS hazard pictograms)를 나타내었다.

(3) 화학약품을 장기 보관하면 변질이나 누출 등에 의하여 사고가 발생할 수 있기 때문에 장기보관 화학약품은 선별하여 주기적으로 폐기 처리하여야 한다. 예를 들면 백색 분말의 질산칼륨(KNO_3)을 장기 보관하게 되면 흡습에 의하여 괴상으로 변질되는데, 이를 실험에 사용하기 위하여 막자와 막자사발을 이용 분쇄하던 중 그 충격으로 폭발사고가 발생한 적이 있다.

(4) 방사성 동위원소(isotope)를 사용하고자 할 때에는 안전교육을 필하고, 사용허가를 취득한 후 사용하여야 한다. 그림 1-2는 방사성 물질을 나타내는 표시이다. 방사성 물질이 사용되는 곳, 저장되는 곳 그리고 폐기되는 곳에는 반드시 이 표시를 부착하여야 한다.

(5) 화학약품을 이용한 실험은 후드(fume hood, 그림 1-3) 안에서 실시하는데, 이 때 후드의 문은 가능한 최소(1/3 이하)로 개방하여야 한다. 그리고 실험실은 수시로 환기를 하여 공기를 깨끗한 상태로 유지하여야 한다.

표 1-1. 화학약품의 위험성

종 류	특 성	예
폭발성 물질	가열, 마찰, 충격, 다른 물질과의 접촉으로 산소나 산화제 없이 발화하는 물질	질산 에스테르류, 니트로(소)화합물, 아조화합물, 디아조화합물, 히드라진 및 유도체
발화성 물질	스스로 발화하거나 발화가 용이한 물질	가연성 고체 : 황화인, 적린, 유황, 철분, 마그네슘
	물과 접촉하여 발화하고 가연성 가스를 발생시키는 물질	자연발화성 및 금수성(禁水性) 물질 : 칼륨, 나트륨, 알킬알루미늄, 알칼리금속류(Li, Na, K 등의 1족 원소), 알칼리토금속류(Be, Mg 등 18족 원소)
산화성 물질	산화력이 강하고 가열, 충격 및 다른 물질과의 접촉으로 격렬히 분해, 반응하는 물질	염소산 및 염류, 과염소산, 과산화수소 및 무기과산화물, 아염소산, 불소산 염류, 초산 및 그 염류, 요오드산 염류, 과망간산 염류, 중크롬산 및 염류
인화성 물질	대기압에서 인화점이 65℃ 이하인 가연성 액체	인화점 −30℃ 이하 : 에틸에테르, 가솔린, 아세트알데히드, 산화프로필렌 등
		인화점 −30～0℃ : 노말헥산, 산화에틸렌, 아세톤, 메틸에틸케톤 등
		인화점 0～30℃ : 메틸알코올, 에틸알코올, 크실렌, 아세트산 등
		인화점 30～65℃ : 등유, 경유, 에탄, 프로판, 부탄, 기타 15℃, 1기압에서 기체상태인 가연성 가스
가연성 가스	폭발한계 농도의 하한이 10% 이하 또는 상하한의 차이가 20% 이상인 가스	수소, 아세틸렌, 에틸렌, 메탄, 에탄, 프로판, 부탄, 기타 15℃, 1기압에서 기체상태인 가연성 가스
부식성 물질	금속 등을 쉽게 부식시키거나 인체와 접촉하면 심한 상해를 입히는 물질	부식성 산류 : 농도 20% 이상인 염산, 질산, 황산 등 또는 농도 60% 이상인 인산, 아세트산, 불산(HF) 등
		부식성 염기류 : 농도 40% 이상인 수산화나트륨, 수산화칼륨 등
독성 물질	동물실험 독성치를 나타내는 물질	LD_{50}(경구, 쥐)* : 200 mg/kg 이하

*LD_{50}(치사량 50) : 특정 화합물을 실험동물에 투여하였을 때 50% 치사율을 보이는 양을 나타내는데, 체중 kg당 흡입된 물질 mg으로 표시하며 낮을수록 독성이 더 강하다.

(6) 화학약품을 운반할 때에는 운반용 바스켓이나 운반용기를 사용하여야 한다. 가연성 액체는 증기를 발산하지 않는 내압성 보관용기를 사용하여 운반한다.

(7) 조제한 용액이 담겨 있는 시약병에는 제조일자, 제조자 성명, 약품명, 주의사항 등을 기록한 라벨을 부착하고 완전히 밀봉하여 보관한다.

(8) 화학약품을 이용한 실험 후에 발생하는 폐액은 산, 알칼리, 유기용매, 기름 등의 별도 용기에 분리배출 하여야 한다. 이것은 혼합이 금지된 화학약품이 섞이는 일이 발생하지 않도록 하기 위함이다. 폐액용기는 플라스틱 제품을 사용하고 폐액명, 실험실명, 연락처, 주의사항 등을 기재한 라벨을 부착한 후 마개를 꼭 닫아 유출이나 악취가 발생하지 않도록 하고, 통풍이 잘 되는 그늘진 곳에 보관한다.

표 1-2. 공존할 수 없는 화합물

화합물	공존할 수 없는 화합물
초 산	크롬산, 질산, 수산기를 지닌 화합물, 과산화물, 과망간산염
알칼리	물, 사염화탄소 또는 그 외의 염화탄화수소, 이산화탄소, 할로겐
질산암모늄	산, 금속분말, 가연성 액체, 염소산 염, 황, 연소성 물질
가연성 액체	질산암모늄, 크롬산, 과산화수소, 질산 할로겐
과산화수소	대부분의 금속 또는 금속염, 알코올, 아세톤, 가연성 액체, 기체 산화제
황화수소	발연 질산, 기체 산화제, 무수 암모니아, 수소
질 산	초산, 아닐린, 크롬산, 황화수소, 가연성 액체, 가연성 기체,
황 산	염화포타슘, 과염소산 포타슘, 과망간산 포타슘(또는 소듐, 리튬)
아세톤	진한 질산과 황산의 혼합물
염 산	대부분의 금속, 알칼리 또는 활성 금속
질산염	황산
유기용매	강산화제, 산, 강한 부식성 화합물

표 1-3. 화학물질의 안전보건 표지

구 분	그림문자	해당물질	특 징
불 꽃		• 인화성 물질 • 자기반응성 물질 • 물반응성 물질	• 화재 위험이 있음 • 열, 스파크, 불꽃, 마찰에 노출되면 화재를 일으킬 수 있음
원 위의 불꽃		• 산화성 물질	• 화재 및 폭발 위험이 있음 • 접촉하면 피부와 눈에 화상을 입힌다.
폭탄의 폭발		• 폭발성 물질 • 화약류 • 유기과산화물	• 대폭발 위험이 있음 • 화재 또는 분출 위험이 있음
부식성		• 금속부식성 물질 • 피부부식성 물질	• 접촉하면 눈과 피부에 심각한 염증을 유발한다. • 오랜 접촉은 심각한 조직손상을 가져온다.
가스 실린더		• 고압가스	• 폭발위험 • 용기가 쓰러지면 폭발할 수 있음 • 용기가 가열되면 폭발할 수 있음
해골과 ×자형 뼈		• 급성독성	• 잠재적인 치명적인 성분 • 먹거나 흡입하면 몸에 심각한 치명적인 손상을 입을 수 있음
감탄 부호		• 피부 과민성 물질 • 특정 표적장기 전신 독성물질 • 급성 독성물질	• 피부와 접촉하면 유해할 수 있음 • 흡입하면 유해할 수 있음
환 경		• 급성 수생환경 유해성 물질 • 만성 수생환경 유해성 물질	• 수생생물에 매우 유독함 • 장기적 영향에 의해 수생생물에 유독함
건강 유해성		• 호흡기 과민성 물질 • 생식세포 변이원성 물질 • 특정 표적장기 전신 독성물질	• 암을 일으킬 수 있음 • 호흡기계에 자극을 일으킬 수 있음 • 특정 표적장기에 손상을 일으킴

그림 1-2. 방사성 물질(isotope)의 표시

그림 1-3. 후드(fume hood)

2) 시설과 설비

(1) 실험실에는 충분히 여유 있는 공간이 확보되어야 하며, 전기와 가스 시설은 안전하게 설치되어야 한다.

(2) 실험실에는 환기시설, 소화장비, 그리고 eye wash station, safety showers(그림 1-4) 등의 안전시설을 갖추어야 한다.

(3) 실험실에는 방진방독 마스크, 보안경, 방열복, 내열장갑, 청력보호구 등의 안전장비가 구비되어 있어야 한다.

▸ 실험실의 안전시설

ⓐ 후드(fume hood) : 실험 중 발생하는 몸에 해로운 기체를 실험실 밖으로 배출하기 위한 장치이다. Hood를 사용할 때에는 적어도 장비의 안쪽으로 15 cm 정도 들어가 실험하며, 내리닫이 창문을 최소한 얼굴의 턱 끝까지 내려야 한다. 유해가스의 배출량이 많으면 많을수록 창문을 더 많이 내리고 사용한다.

ⓑ Safety showers : 몸에 강산(强酸) 등이 엎질러졌을 때 이를 신속하게 희석시키기 위한 장치이다.

ⓒ Eye wash station : 위험한 화학물질이 눈에 접촉하였을 때 빠른 시간 내에 씻어낼 수 있는 장치이다.

그림 1-4. Eye wash station과 safety showers

(4) 실험실의 위험한 장비에는 안전수칙, 사용방법 등을 부착하여야 하고, 기기에 부착된 온도계나 압력계 등은 정확도를 유지하여야 한다.

(5) 화기나 유해물질을 사용하는 실험은 반드시 2명 이상이 함께 실험하도록 한다.

3) 전자, 전기

(1) 전기, 전자 기기는 규격에 맞는 전선을 사용하고, 문어발식 콘센트 접속을 하지 않도록 한다. 그리고 전기, 전자 기기를 사용하지 않을 때에는 반드시 전원을 차단하여야 한다.

(2) 누전 차단기는 월 1회 이상 점검하도록 하며, 차단기가 작동하였을 때에는 차단기를 임의로 복구시키지 말고 반드시 안전 관리자에게 연락하도록 한다. 그리고 전기, 전자 기기의 이상 온도 상승에 대비하여 자동 차단장치를 설치하여야 한다.

(3) 고압의 전기회로를 다룰 경우에는 반드시 보호장비를 착용하여야 한다.

(4) 습한 곳에서는 전기, 전자 기기를 사용하지 않으며, 젖은 손으로 전기, 전자기를 작동하지 않는다.

(5) 전기, 전자 기기 주위에 가연성 물질을 방치하지 않는다.

4) 생물실험

(1) 생물실험 실험실에는 허가받지 않은 사람이 임의로 출입하지 않도록 한다.

(2) 생물 및 동물안전에 필요한 안전교육을 실시하여야 한다.

(3) 병원성 미생물을 보존, 취급하는 장소에는 경고표지를 부착하며, 그 취급자는 연 1회 이상 예방접종을 실시하여야 한다.

(4) 동물 사육실에는 환기장치, 온도조절 장치 등이 항상 정상 작동되어야 한다.

(5) 실험 종료 후에는 실험대 등을 반드시 소독하여야 한다.

(6) 각종 폐기물 및 사체는 살균한 후에 처리하고, 감염성 폐기물과 일반 폐기물은 구분하여 처리하여야 한다.

2. 실험실에서의 주의사항

실험을 할 때, 실험자는 자신의 안전을 최우선으로 하고, 실험실에서 지켜야 할 안전수칙을 반드시 지켜야 한다. 단순한 실험일지라도 여러 가지 위험요인들에 대한 사전지식을 충분히 갖고 대책을 수립한 후에 실험을 하여야 한다. 실험을 할 때에는 다음과 같은 사항들을 지켜야 한다.

(1) 실험 목적, 실험 내용을 확실히 이해하고 실험을 하도록 한다. 실험 중 각 조작의 의미, 필요성 등을 항상 생각하면서 실험을 하여야 한다.

(2) 실험실에서는 언제나 복장을 단정하게 한다. 실험복은 반드시 착용하여야 하고, 긴 머리는 단정하게 매고 실험을 한다. 또한 실험실 바닥에는 위험한 화학약품, 유리기구의 파편 등이 떨어져 있을 수가 있기 때문에 실험실에서는 반드시 신발을 착용하는데, 굽이 높은 구두나 발등이 보이는 신발은 착용하지 않는다.

(3) 실험대는 항상 깨끗하게, 실험실 바닥은 항상 건조한 상태를 유지하고, 사용하는 기구나 화학약품 등은 사용하기 쉽게 정리해 둔다.

(4) 실험은 결과만을 보는 것이 아니고 그 과정을 잘 관찰하는 것도 중요하기 때문에 실험 중에는 실험실을 절대로 이탈하지 않도록 한다.

(5) 실험과 관련한 기록은 누구나 쉽게 이해할 수 있도록 정확히 상세하게 기록하고, 실험결과에 대한 고찰 및 검토를 한 후 반드시 실험보고서를 작성한다.

(6) 실험실 내의 장치 및 기구는 이들에 대한 충분한 지식을 가지고 적당한 방법으로 사용한다.

(7) 실험을 할 때에는 비상구, 실험실 내의 소화장비, safety showers 그리고 eye wash station 등의 안전시설의 위치와 사용방법을 파악하고 있어야 한다. 유해가스를 발생하는 화학약품을 사용할 때에는 반드시 fume hood를 사용하고, 필

요하면 보안경을 착용한다.

(8) 피펫을 사용할 때에는 반드시 피펫 bulb 등의 피펫 보조기구를 사용한다.

(9) 실험실에서는 농담이나 장난 등의 실험과 관계없는 행동을 해서는 안 된다.

(10) 화학약품을 사용할 때에는 그들의 독성에 대하여 완전히 이해한 후 사용하도록 한다. 또한 실험이 끝난 후에 화학폐기물은 식물, 동물 그리고 사람들이 해를 입지 않게끔 적절하게 처리한다.

(11) 실험실에서는 흡연이나 식사를 해서는 안 된다. 특히 비커나 플라스크 등의 실험기구를 컵 대신 이용하는 일은 없어야 한다.

(12) 화상이나 상처를 입었을 때에는 신속히 대처하도록 한다. 실험 중 피부에 산(酸) 등이 떨어졌을 때에는 즉시 물로 닦아내도록 하며, 약알칼리성 물질(탄산나트륨 등)을 이용하여 중화시키도록 한다. 하지만 물과 산이 섞이면 강한 열이 발생하기 때문에 화상에 대한 대비를 하여야 한다. 알칼리성 물질이 떨어졌을 때에는 약산(구연산 등)을 이용하여 중화시키도록 한다.

(13) 실험은 뒷정리가 끝나야 종료되는 것이므로 실험 후에는 실험실의 정리 정돈을 완전하게 한다. 특히 폐기물의 처리는 신중을 기하여야 하고, 관련 법령을 준수하여야 한다.

3. 사고 및 응급처치

1) 출 혈

(1) 상처부위를 마른 패드나 천으로 눌러 지혈한다.

(2) 심한 출혈의 경우는 쇼크의 위험이 있으므로 상처부위를 감싸고 신속히 119에 연락한다.

(3) 상처부위를 심장보다 높게 위치하게 한다.

2) 화 상

(1) 열

① 약한 화상은 차가운 물로 10분 이상 화상부위를 식혀준다.

② 통증이 있으면 병원치료를 받는다.

③ 심한 화상의 경우는 응급처치와 함께 신속히 119에 연락한다.

④ 옷에 불이 붙었을 경우, 바닥에 누워 구르거나 담요 등으로 화염을 덮어 끄도록 한다.

⑤ 소화기는 사람을 향해 분무하지 않아야 한다.

(2) 화공약품

① 화공약품이 묻었을 경우에는 즉시 물로 씻어 내도록 한다.

② 화공물질이 묻은 의류 및 신발은 즉시 벗도록 한다.

③ 화공약품이 눈에 들어갔을 경우는 눈과 눈꺼풀, 얼굴 등을 흐르는 물에 15분 이상 씻어내야 한다(후에 병원 치료를 받는다).

④ 몸에 화공약품이 묻었을 경우, 즉시 흐르는 물로 씻어내고 응급조치를 해야 한다(많은 양이 묻었을 경우 신속히 119에 연락한다).

⑤ 화공약품을 흡입하였을 경우에는 즉시 신선한 공기를 마실 수 있게 조치를 취하여야 한다(후에 병원치료를 받는다).

⑥ 화공약품을 먹었을 경우에는 신속히 119에 연락한다.

4. 실험노트의 작성

실험을 할 때에는 반드시 실험노트를 준비하여 실험 중 발생하는 모든 일들과 실험결과를 정확하게, 있는 그대로, 누구나 쉽게 이해할 수 있도록 기록하여야 한다. 우리들의 기억력에는 한계가 있기 때문에 실험에 관한 기록은 실험 중 수시로 즉시 작성되어야 한다. 실험노트는 대단히 중요한 것이다. 왜냐하면 우리는 실험노트를 이용하여 신제품을 개발할 수도 있고, 새로운 실험을 계획하기도 하며, 잘못된 실험의 해결책을 얻을 수 있기 때문이다. 그러므로 만약 실험실에 화재가 발생하였다면 실험노트를 제일 먼저 확보해야 한다고 말하는 사람도 있다.

일반적으로 실험노트를 작성할 때에는 다음과 같은 사항에 유의한다.

(1) 먼저 실험노트는 단단하게 묶여져 있는 것을 사용하여야 한다. 쉽게 뜯어지는 노트를 사용하면 실험노트에 기록하여 놓은 중요한 결과를 분실할 가능성이 있기 때문이다.

(2) 실험결과가 얻어지면 그 결과는 즉시 실험노트에 기록되어야 한다. 얻어진 실험결과를 이용하여 어떤 계산을 한 후에 그 계산 값만을 노트에 기록하게 되면 계산의 잘못이 확인되었을 때 그 실험결과를 찾을 수 없기 때문이다.

(3) 실험노트를 작성하면서 실험과정, 실험결과를 잘못 기록하였더라도 지우지 말

고 보기 쉽게 표시하여 두어야 한다. 이것은 똑같은 실수를 해결하거나 방지하는 데 도움을 주기 때문이다.

(4) 실험노트는 짜임새 있게 작성하는 데 다음과 같은 내용이 반드시 기록되어 있어야 한다.

① 실험자의 이름, 날짜, 실험제목 등
② 실험목적, 원리
③ 기구 및 장비, 재료 및 시약, 실험방법
④ 실험과정 및 실험 중 얻어진 결과
⑤ 실험결과와 관련한 계산과정, 그림, 표
⑥ 실험결과에 대한 결론, 고찰, 실험에 관한 의문점이나 문제점, 참고문헌 등

제 2 장

pH 측정

1. 원 리

산(acid)과 염기(base)는 일상생활에서 우리들이 손쉽게 접하는 물질이다. 예를 들면 대부분의 과일, 식초, 탄산음료, 김치, 요구르트 및 벌의 침 등에는 산이 존재한다. 그리고 막힌 배수구를 뚫을 때 사용하는 일명 "뚫어펑"과 베이킹 소다, 암모니아수 및 비누 등에는 염기가 존재한다. 일반적으로 산은 신맛을 지니며, 염기는 쓴맛을 지닌다.

스웨덴의 화학자 아레니우스(Arrhenius)는 산은 수용액 중에서 **해리**되어 수소이온(H^+)을 만드는 물질이며, 염기는 수용액 중에서 해리되어 수산화이온(OH^-)을 만드는 물질이라고 정의하였다. 수소이온은 수용액 중에서 수소이온으로 존재하는 것이 아니라 물 분자와 결합하여 옥소늄 이온(oxonium ion, H_3O^+)의 형태로 안정하게 존재한다고 알려져 있지만, 아직도 그냥 수소이온으로 표현하는 경우가 많다. 이 책에서도 수소이온으로 표현하고자 한다.

$$\underset{\text{염산}}{HCl} \rightleftharpoons \underset{\text{수소이온}}{H^+} + Cl^-$$

▸ **해 리**

분해와 화합이 발생하는 가역반응에서 분해가 발생하는 방향의 반응을 해리라고 하는데, 해리는 열해리(가열에 의한 분해)와 전리(이온의 생성)로 나누어진다.

열해리 : $NH_4Cl \rightleftharpoons NH_3 + HCl$

전리 : $HCl \rightleftharpoons H^+ + Cl^-$

$$NaOH \rightleftharpoons Na^{+} + OH^{-}$$

수산화나트륨 수산화이온

달걀 껍질에 식초를 몇 방울 떨어뜨리면 작은 거품이 일어나는데 이것은 식초 중의 산성물질인 초산(CH_3COOH)이 달걀 껍질 성분인 탄산칼슘($CaCO_3$)과 반응하여 달걀 껍질을 녹이기 때문이다. 만약 달걀 껍질에 다른 산인 염산(HCl)을 떨어뜨리면 초산과는 달리 매우 격렬하게 거품이 일어나는 것을 볼 수 있다. 이와 같이 우리 주변의 산에는 그 성질이 강한 것과 약한 것이 있다. 이것은 염기도 마찬가지이다. 산과 염기는 용액 중의 수소이온 또는 수산화이온의 농도에 따라 강산과 약산 또는 강염기와 약염기로 분류된다. 즉, 산으로부터 생성된 수소이온의 농도가 높으면 강산, 낮으면 약산 그리고 염기로부터 생성된 수산화이온의 농도가 높으면 강염기, 낮으면 약염기라고 한다.

적당한 수소이온농도를 지니는 요구르트는 먹을 수 있고, 우리의 입맛을 돋워 주기도 하지만, 만약 어떤 물질이 정도 이상의 수소이온농도를 지닌다면 먹을 수 없을 뿐만 아니라 잘 못하면 크게 다칠 수도 있다. 그러므로 용액 중의 수소이온농도를 측정하는 것은 매우 중요한 일이다. 수소이온농도는 수용액 중에 존재하는 수소이온의 몰농도($[H^{+}]$)를 말하고 산과 염기의 강도를 나타내는데, pH는 수소이온농도의 또 다른 표기법이다(페이지 참조). pH는 식품의 향, 조직, 안정성 그리고 영양학적 품질 등에 큰 영향을 미칠 뿐만 아니라 동·식물체에서 진행되는 거의 모든 생물학적 반응과 액체 상태에서 진행되는 대부분의 화학반응에도 큰 영향을 미친다. 그러므로 pH에 대한 이해는 대단히 중요하다.

1) 물의 이온 곱

물은 약한 전해질로서 아주 작은 양이 다음과 같이 이온화한다.

$$H_2O \rightleftharpoons H^{+} + OH^{-} \tag{2.1}$$

여기서 물중의 H^{+}는 앞에서도 언급한 바와 같이 실제로는 H_2O와 배위결합을 한 상태, 즉 H_3O^{+}(oxonium ion)의 형태로 존재한다. 하지만 이 책에서는 H^{+}로 표현하기로 한다.

위 식 2.1의 평형상수(K)는 다음과 같다.

$$K = \frac{[H^{+}] \times [OH^{-}]}{[H_2O]} \tag{2.2}$$

여기에서 $[H_2O]$: 평형상태에서의 물의 몰농도
$[H^+]$: 평형상태에서의 수소이온의 몰농도
$[OH^-]$: 평형상태에서의 수산화이온의 몰농도
를 말한다.

식 2.1에서 반응 전(좌측) 물의 몰농도는 물 1 ℓ 의 무게를 물의 g 분자량(1몰)으로 나눈 값으로 1,000/18 = 55.5 M이 된다. 그리고 식 2.1의 평형상태에서의 수소이온의 몰농도($[H^+]$)를 x라고 하면 수산화이온의 몰농도($[OH^-]$)도 x이며, 평형상태에서의 물의 몰농도($[H_2O]$)는 $55.5 - x$가 된다. 그런데 식 2.1과 같은 물의 이온화는 물 1,800만 분자당 약 1분자만 이온화 되므로 반응 후 25℃ 평형상태에서의 순수한 물 속의 $[H^+](= x)$나 $[OH^-](= x)$는 매우 낮다. 즉, 평형상태에서의 물의 몰농도($[H_2O]$) '$55.5 - x$'에서 55.5는 x에 비하여 상대적으로 매우 크기 때문에 x는 무시할 수 있으며 식 2.2는 다음과 같이 쓸 수 있다.

$$K = \frac{[H^+][OH^-]}{55.5} \tag{2.3}$$

이 식을 변형시키면

$$55.5 \times K = [H^+][OH^-] \tag{2.4}$$

여기서 K 값은 물의 전기전도도 측정에 의하여 25℃에서는 1.8×10^{-16}이라는 것을 알 수 있는데, 이 값을 식 2.4에 대입하면

$$55.5 \times (1.8 \times 10^{-16}) = [H^+][OH^-] \tag{2.5}$$

위 식을 풀면

$$1.0 \times 10^{-14} = [H^+][OH^-] \tag{2.6}$$

식 2.6에서 $[H^+][OH^-]$을 물의 이온 곱(K_w)이라고 하는데, 25℃에서 물의 이온 곱은 언제나 1.0×10^{-14}이다.

순수한 물과 같이 $[H^+]$(수소이온의 몰농도)와 $[OH^-]$(수산화이온의 몰농도)가 정확히 같을 때 이 용액을 중성용액이라고 한다. 중성상태에서 $[H^+]$와 $[OH^-]$는 같기 때문에 식 2.6은 다음과 같이 쓸 수 있다.

$$1.0 \times 10^{-14} = [H^+]^2$$

$$[H^+] = [OH^-] = 10^{-7}(M)$$

즉, 중성용액의 수소이온농도($[H^+]$)는 10^{-7} M이다. 산성용액의 $[H^+]$는 $[OH^-]$보다 크고, 알칼리성 용액의 $[H^+]$는 $[OH^-]$보다 작다. 위에서 설명한 바와 같이 25℃에서 물의 이온 곱은 언제나 1.0×10^{-14}이기 때문에 물에 산을 첨가하여 $[H^+]$가 높아지면 $[OH^-]$는 낮아지게 되고, 알칼리를 첨가하여 $[OH^-]$가 높아지면 $[H^+]$는 낮아지게 된다.

2) pH

덴마크의 화학자 Sörensen은 용액 중의 수소이온농도가 너무 작기 때문에(중성에서 $[H^+]$는 10^{-7} M), 이것을 보다 쉽게 표현하는 방법을 제안하였는데, 그는 수소이온농도의 역수를 상용대수로 나타낸 값을 pH로 정의하였다. pH의 "p"는 힘(power)를 의미하며 "H"는 수소의 원소기호에서 유래되어 pH는 수소의 힘을 의미한다.

$$pH = \log \frac{1}{[H^+]} = -\log[H^+]$$

예를 들면 온도가 25℃이며, 정확히 중성인 용액의 수소이온농도($[H^+]$)는 정확히 10^{-7} M이므로 그 pH는 7이다.

$$pH = \log \frac{1}{10^{-7}} = -\log 10^{-7} = 7$$

앞에서 설명한 바와 같이 중성 용액의 pH 7.0은 임의로 택한 값이 아니라 25℃에서 물의 이온 곱(1.0×10^{-14})으로부터 유도된 것이다. pH가 7.0보다 작은 용액은 $[H^+]$가 $[OH^-]$보다 크므로 산성이 되고, pH가 7.0보다 큰 용액은 $[OH^-]$가 $[H^+]$보다 크므로 알칼리성이 된다. 어느 용액의 수소이온농도가 10^{-3} M이면 수산화이온의 농도는 10^{-11} M이 되며 이 용액의 pH는 3이고, 어느 용액의 수소이온 농도가 10^{-12} M이면 수산화이온의 농도는 10^{-2} M이 되며, 이 용액의 pH는 12이다.

이 pH 값이 대수 값이라는 점은 특히 중요하다. 즉, 두 용액의 pH가 1 pH 단위만큼 다른 것은 두 용액 중의 $[H^+]$가 10배 차이가 난다는 것이다. 가끔 사용되는 pOH는 마찬가지로 수산화이온농도의 역수를 상용대수로 나타낸 값이다.

$$pOH = \log \frac{1}{[OH^-]} = -\log[OH^-]$$

즉, pH와 pOH는 다음과 같이 서로 관련이 있다. 하지만 pOH는 pH에 비해 잘 사용하지 않는다.

$$pH + pOH = 14$$

3) 수용액의 pH 계산

1 M 초산(CH_3COOH) 용액의 pH를 계산해 보자. 초산은 약한 전해질이므로 일부분만 해리하여 용액 중에 같은 농도의 H^+와 CH_3COO^-를 생성한다.

$$CH_3COOH \rightleftharpoons CH_3COO^- + H^+$$

$$K = \frac{[CH_3COO^-][H^+]}{[CH_3COOH]}$$

반응 후, 평형상태에서의 $[H^+]$(수소이온의 몰농도)를 x라고 하면 $[CH_3COOH]$(초산의 몰농도)는 $1-x$이다. 이 반응의 평형상수는(K)는 1.8×10^{-5}이므로

$$K = \frac{[CH_3COO^-][H^+]}{[CH_3COOH]} = \frac{[x][x]}{[1-x]} = 1.8 \times 10^{-5}$$

초산은 **평형상수**(=해리평형상수)가 매우 작은 약한 산이기 때문에 x는 1과 비교할 때 상당히 작으며 x는 무시할 수 있다. 그러므로 위 식은 다음과 같이 쓸 수 있다.

$$\frac{[x][x]}{1} = 1.8 \times 10^{-5}$$

$$\begin{aligned}
[x]^2 &= 1.8 \times 10^{-5} \\
[x] &= [H^+] = 4.2 \times 10^{-3} \\
pH &= -\log[H^+] = -\log(4.2 \times 10^{-3}) \\
&= -\log\ 4.2 - \log\ 10^{-3} = -0.62 + 3 \\
&= 2.38
\end{aligned}$$

즉, 1 M 초산용액의 pH는 2.38이다.

▸ 평형상수(K_{eq})

화학반응에서 정반응의 속도와 역반응의 속도가 같을 때, 반응물질의 농도와 생성물질의 농도 비는 일정한 값을 나타내는데, 이 값을 평형상수라고 한다. 이 상수는 일정한 온도에서는 압력이 변하고, 각 물질의 혼합 비율이 달라져도 일정하다. 어떤 화학반응의 평형상수 값이 크면 평형에 도달하였을 때 생성물질이 많다는 것을 의미하고, 평형상수 값이 작으면 반응물질이 많다는 것을 의미한다.

예 초산(CH_3COOH)과 에탄올(C_2H_5OH)을 각각 1몰씩 혼합하여 일정한 온도에서 반응시켰더니 초산에틸($CH_3COOC_2H_5$) $\frac{2}{3}$몰이 생기고 화학평형에 도달하였다. 이 때의 평형상수는 얼마인가?

	CH_3COOH +	C_2H_5OH ⇌	$CH_3COOC_2H_5$ +	H_2O
반응 전 ;	1몰	1몰	0몰	0몰
반응 후 ;	$(1-\frac{2}{3})$몰	$(1-\frac{2}{3})$몰	$\frac{2}{3}$몰	$\frac{2}{3}$몰

$$\text{평형상수}(K_{eq}) = \frac{[CH_3COOC_2H_5][H_2O]}{[CH_3COOH][C_2H_5OH]} = \frac{\frac{2}{3} \times \frac{2}{3}}{\frac{1}{3} \times \frac{1}{3}} = 4$$

▸ 해리평형상수

다음 식에서 보는 바와 같이 초산은 수용액 중에 해리되어 있는 부분과 해리되어 있지 않은 부분 사이에 평형을 이루고 있다.

$$CH_3COOH \longrightarrow CH_3COO^- + H^+$$

위 평형상수 항에서 설명한 바와 같이 평형상태에서 해리 전의 물질 농도와 해리 후의 물질 농도 비는 일정한 값을 나타내는데, 이 값을 해리평형상수라고 한다. 즉, 이 반응에서 해리평형상수는 다음 식으로 나타낸다.

$$K = \frac{[CH_3COO^-][H^+]}{[CH_3COOH]}$$

$$K = 1.8 \times 10^{-5} (25℃)$$

물질의 해리평형상수는 온도가 일정하면 농도에 관계없이 일정하다. K 값이 클수록 평형상태에서 생성물질이 많이 생성되어 있다는 뜻이 된다.

다음의 예제를 보고 pH에 대한 이해를 높이도록 한다.

예 1 0.005 M H_2SO_4(황산의 전리도 : 1)의 pH는?

풀이 황산은 용액 중에서 완전히 전리(전리도 : 1)되므로 이 용액 중의 수소이온 농도는 이 용액의 몰농도와 같다.

즉, $[H^+] = 0.005(= 5\times10^{-3})$ M이다.

$$\begin{aligned} pH &= \log \frac{1}{[H^+]} = -\log\ (5\times10^{-3}) = -\log\ 5 - \log 10^{-3} \\ &= -\log\ 5 + 3 = -0.699 + 3 = 2.301 \end{aligned}$$

예 2 0.01 N HCl(염산의 전리도 : 1)의 pH는?

풀이 염산은 용액 중에서 완전히 전리되고 1 M이 1g 당량과 같기 때문에 0.01N HCl 용액 중의 수소이온농도는 이 용액의 N 농도와 같다.

즉, $[H^+] = 0.01$ M $= 10^{-2}$ M이다.

$$pH = \log \frac{1}{[H^+]} = -\log 10^{-2} = 2$$

▸ **pH 범위**

우리가 알고 있는 pH 측정 범위는 0~14인데 이것은 용매가 순수한 물일 경우의 pH 측정 범위이다. 즉, 25℃에서 순수한 물의 이온곱(K_W)은 $[OH^-]\times[H^+] = 10^{-14}$이기 때문이다. 하지만 용액 중에 유기용매가 존재할 경우, 이들 유기물들은 수소이온을 둘러싸고 이온의 활동을 방해할 뿐만 아니라, 수소이온과 결합하려는 힘이 강하기 때문에 물의 해리상수는 훨씬 작아지게 된다. 또한 메탄올($CH_3OH \rightleftarrows H^+ + CH_3O^-$)의 경우, H^+와 CH_3O^-로 해리된 형태보다는 서로 결합된 형태(CH_3OH)로 존재하려는 힘이 크기 때문에 그 해리상수는 10^{-14} 보다 매우 작다.

$$K = \frac{[H^+] \times [CH_3O^-]}{[CH_3OH]} = 10^{-19.1}$$

그러므로 측정 가능한 pH는 19.1까지 존재한다.

반대로 황산($H_2SO_4 \rightleftarrows 2H^+ + SO_4^{2-}$)보다 더 강한 산의 경우, 해리상수는 커지고 따라서 pH는 -2까지 작아질 수도 있다.

예 3 0.01 N CH_3COOH(초산의 전리도 : 0.01) 용액의 pH는?

풀이 초산 1 M은 1 g 당량과 같으며, 전리도가 0.01이기 때문에 0.01 N CH_3COOH 용액 중의 수소이온농도는 0.01의 0.01배에 해당하므로

$[H^+] = 0.0001\ M = 10^{-4}\ M$이다.

$$pH = \log \frac{1}{[H^+]} = -\log 10^{-4} = 4$$

예 4 0.001 N NaOH(전리도 1) 용액의 pH는?

풀이 NaOH 1 M은 1 g 당량과 같으며, 전리도가 1이기 때문에 이 용액의
$[OH^-] = 10^{-3}\ M$
그리고 $[OH^-] \times [H^+] = 10^{-14}\ M$이므로
$[H^+] = 10^{-11}\ M$

$$pH = \log \frac{1}{[H^+]} = \log \frac{1}{10^{-11}} = 11$$

예 5 0.05 M NaOH(전리도 1) 용액의 pH는?

풀이 $[OH^-] = 5 \times 10^{-2}\ M$

$$pOH = \log \frac{1}{5 \times 10^{-2}} = -\log(5 \times 10^{-2}) = -\log 5 + 2$$

$$= -0.699 + 2 = 1.301$$

$pH + pOH = 14$
$pH + 1.301 = 14$
$pH = 12.699$

예 6 0.1 N HCl 50 mL(농도계수 : 1.000)와 0.1 N NaOH 40 mL(f : 1.000)을 혼합하였을 때 그 용액의 pH는?

풀이 0.1 N HCl과 0.1 N NaOH는 '당량 대 당량'으로 반응하므로 0.1 N NaOH 40 mL와 반응하는 0.1 N HCl의 부피는 40 mL이다. 때문에 이 반응액 90 mL 중에는 10 mL의 0.1 N HCl가 남아 있다. 그러므로 이 반응액의 HCl 농도는 다음에서 보는 바와 같이 0.01 N이다.

$$N \times V = N' \times V'$$

$$0.1 \times 10 = x \times 90$$
$$x = 0.01 = 1 \times 10^{-2}\ (N)$$

HCl은 1 M이 1 g 당량과 같으므로 0.01 N HCl 용액 중의
$[H^+] = 0.01$ M

$$pH = \log \frac{1}{[H^+]} = -\log(1 \times 10^{-2}) = -\log 1 + 2 = 0 + 2 = 2$$

4) Nernst 식

간단한 용액의 pH는 앞의 예제와 같이 쉽게 계산되지만, 실제로 실험 중에 사용되는 대부분의 용액은 대단히 복잡하여 그 pH가 쉽게 계산되지 않는다. 그러므로 일반적으로 용액의 pH는 다음에 설명하는 pH 미터를 이용하여 측정하게 된다. pH 미터는 시료용액에 적당한 전극을 담가 화학전지를 형성하고 그 때 발생하는 전극전위를 측정하여 물질을 정량하는 직접전위차법을 이용하는 분석기기의 일종이다.

Nernst 식은 전지의 전극에서 발생하는 전위(E)와 그 반응에 관여하는 물질의 농도와의 관계를 나타내는 식인데, 독일의 화학자 네른스트(Walther Nernst)가 발표하였다.

전극에서 전자를 주고받는 **반쪽반응**이 다음과 같이 발생한다면,

$$a\ \mathrm{A} + n\ \mathrm{e}^- \rightleftharpoons b\ \mathrm{B}$$

이때 발생하는 전위는 다음과 같으며, 이를 네른스트 식이라고 한다.

$$E = E^\circ - \frac{RT}{nF} \ln \frac{a_B^{\ b}}{a_A^{\ a}} \qquad (2.7)$$

여기에서 E° : **표준전지전위**

▸ **반쪽반응(반전지, half-cell)**

각 전극에서 일어나는 반 반응 과정을 말한다. 어떤 전지이든지 2개의 전극을 갖고 있기 때문에 모든 전지는 2개의 반쪽반응(반전지)을 갖는다.

R : 기체상수(8.316 J K^{-1} mol^{-1})
T : 온도(K)
n : 반응에서 전달된 전자 수
F : Faraday 상수(96,487 coulombs mol^{-1})
ln : 자연대수(= 2.303 log_{10})
a_A : 화학종 A의 활동도
a_B : 화학종 B의 활동도

를 말한다.

그리고 각 화학종의 활동도(a, activity)는 몰농도와 관련이 있으며 다음과 같이 표시된다.

a = 활동도 계수 × 농도

그러므로 25℃, 1 기압 상태에서 식 2.7은 다음과 같이 쓸 수 있다.

$$E = E^{\circ} - \frac{0.05916}{n} \log \frac{[B]^b}{[A]^a} \qquad (2.8)$$

여기에서 E° : 표준전지전위
n : 반응에서 전달된 전자 수
A : 화학종 A의 몰농도
B : 화학종 B의 몰농도

를 나타내며, 기체반응에서는 몰농도 대신에 부분압력이 사용된다.

식 2.8에서 보는 바와 같이 네른스트 식은 화학전지(산화환원반응)에서 발생하는 전위(V)와 그 반응에 참여하는 물질의 농도 사이의 관계를 나타내는 식이다. 그러므로 그 반응에서 발생하는 전위를 측정하면 어떤 물질의 농도를 알 수 있는데, 이러한 분석방법을 전위차법(potentiometry)이라고 한다. 식 2.8을 보면 $\frac{[B]^b}{[A]^a}$ 값이 10배 변화하면 그때 발생하는 전위는 $\frac{59.16}{n}$ mV(1 V = 1,000 mV)씩 변화한다. 다음에(페이지) 설명하겠지만, 예를 들어 pH 미터에서 1 pH 단위의 차이(수소이온농도는 10배 차이)는 전위의 차이가 59.16 mV이다.

▸ **표준전지전위**

네른스트 식에서 모든 화학종의 활동도가 1일 때 발생하는 전위를 말한다.

식 2.7의 $E = E^{\circ} - \frac{RT}{nF} \ln \frac{{a_B}^b}{{a_A}^a}$에서

$\frac{{a_B}^b}{{a_A}^a}$가 1이면

$E = E^{\circ}$이다.

이 값은 25℃에서 수소 전극($2H^+ + 2e^- \rightarrow H_2$)의 표준전지전위를 0 V로 하였을 때의 상대적인 값이다. 아래 표에 몇 가지 반응의 표준환원전위를 나타내었다.

여러 가지 반반응의 표준환원전위

반반응	표준환원전위(E°, V)
$F_2(g) + 2e^- \rightleftarrows 2F^-(aq)$	+2.87
$Ag^{2+}(aq) + e^- \rightleftarrows Ag^+(aq)$	+1.99
$Co^{3+}(aq) + e^- \rightleftarrows Co^{2+}(aq)$	+1.82
$Ag^+(aq) + e^- \rightleftarrows Ag(s)$	+0.80
$Fe^{3+}(aq) + e^- \rightleftarrows Fe^{2+}(aq)$	+0.77
$Cu^{2+}(aq) + 2e^- \rightleftarrows Cu(s)$	+0.34
$2H^+(aq) + 2e^- \rightleftarrows H_2(g)$	0.00
$Ni^{2+}(aq) + 2e^- \rightleftarrows Ni(s)$	-0.28
$Fe^{2+}(aq) + 2e^- \rightleftarrows Fe(s)$	-0.44
$Zn^{2+}(aq) + 2e^- \rightleftarrows Zn(s)$	-0.76
$Al^{3+}(aq) + 3e^- \rightleftarrows Al(s)$	-1.66
$Na^+(aq) + e^- \rightleftarrows Na(s)$	-2.71

예 1 반전지 Fe^{3+} | Fe^{2+}에서 $[Fe^{3+}]$가 10^{-3} M, $[Fe^{2+}]$가 10^{-1} M이라면 E는 얼마인가(25℃)? 이 반응의 표준환원전위 E°는 +0.77 V이다.

풀이 $Fe^{3+} + 1e^- \rightleftarrows Fe^{2+}$

▶ **Zn | Zn^{2+} ‖ Cu^{2+} | Cu**

전지에서 일어나는 전기화학반응은 약식 표기법을 사용해서 간단하게 나타낸다. 아연이 산화(Zn → Zn^{2+})되고 구리이온이 환원(Cu^{2+} → Cu)되는 전지반응을 예로 들어 설명한다면, 처음에 산화반응을 Zn | Zn^{2+}과 같이 쓴다. 홑선(|)은 전기화학 과정이 일어나기 전과 후의 아연에서 일어나는 반응을 뜻한다. 다음에 환원반응을 Cu^{2+} | Cu와 같이 쓰고 이들 사이에 겹선(‖)을 둔다.

$$
\begin{aligned}
E &= E^{\circ} - \frac{0.05916}{1} \log \frac{[Fe^{2+}]}{[Fe^{3+}]} \\
&= 0.77 - 0.05916 \log \frac{10^{-1}}{10^{-3}} \\
&= 0.77 - 0.05916 \log 10^{2} \\
&= 0.77 - 0.05916 \times 2 \\
&= 0.65 \ (\text{V})
\end{aligned}
$$

예 2 전지 Zn | Zn^{2+} ‖ Cu^{2+} | Cu에서 Zn^{2+}의 농도가 1.5 M이고 Cu^{2+}의 농도가 0.75 M일 때 전지전위는 얼마인가(25℃)? Zn(s) → Zn^{2+}(aq)의 E°는 0.76 V, Cu^{2+}(aq) → Cu(s)의 E°는 0.34 V이다.

풀이 $Zn(s) + Cu^{2+}(aq) \rightleftarrows Zn^{2+}(aq) + Cu(s)$

이 반응에서 고체는 농도를 갖지 않으므로 Zn(s)과 Cu(s)는 포함시키지 않는다. 그리고 이 반응의 표준전지전위는 표준산화전위와 표준환원전위를 더한 1.10(=0.76+0.34) V이다.

$$
\begin{aligned}
E &= E^{\circ} - \frac{0.05916}{2} \log \frac{[Zn^{2+}]}{[Cu^{2+}]} \\
&= 1.10 - \frac{0.05916}{2} \log \frac{1.5}{0.75} \\
&= 1.10 - \frac{0.05916}{2} \log \frac{1.5}{0.75} \\
&= 1.10 - 0.02958 \times 0.3010 \\
&= 1.091 \ (\text{V})
\end{aligned}
$$

2. pH 미터

pH 미터는 용액의 pH를 정확하고 정밀하게 측정할 수 있는 기기(그림 2-1)이다. pH 미터는 시료 용액에 전극을 담그고 그 때 발생하는 전위를 측정하여 수소이온의 농도를 측정하는 기기이다. 즉, pH 미터는 항상 일정한 전위를 가지고 있는 은-염화은 기준전극과 지시전극인 수소이온 선택성 유리전극을 짝지어 시료용액에 담그고 두 전극 사이의 전위를 측정하고, 이것으로부터 시료용액의 pH(수소이온농도)를 구하는 장치이다. pH 미터는 기준전극과 지시전극 그리고 전위차계로 구성되어 있는데, 최근에는 기준전극과 유리전극을 하나로 만든 복합전극(그림 2-2의 B)이 많이 이용되고 있다. 다음에 pH 미터의 주요 부분에 대하여 설명하기로 한다.

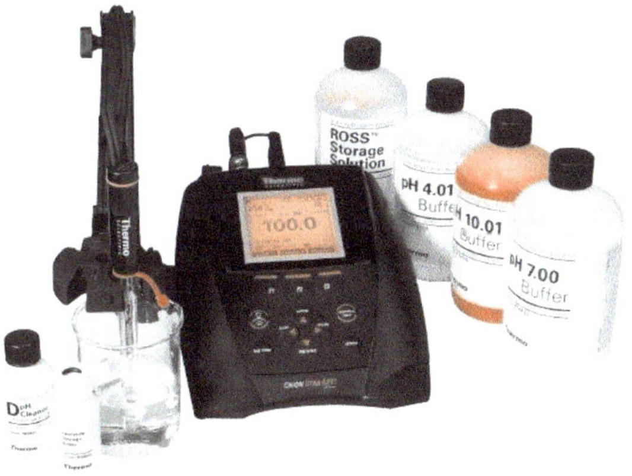

그림 2-1. pH 미터
(Thermo Scientific ™)

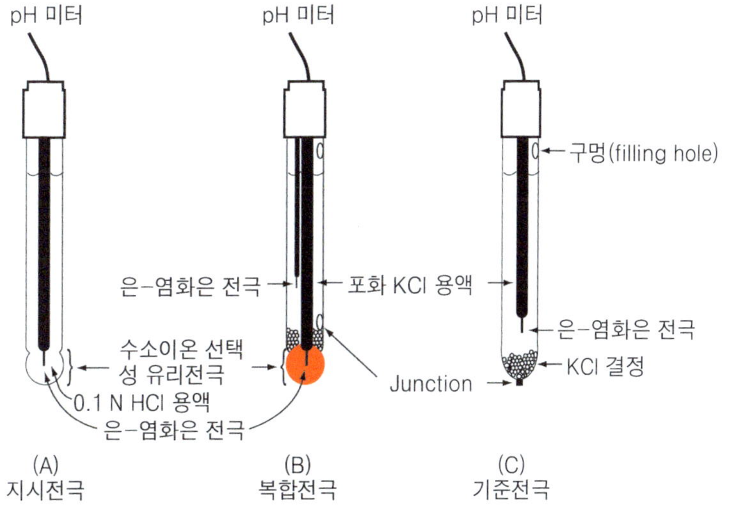

그림 2-2. pH 미터의 전극

1) 기준전극과 지시전극

pH 미터에는 2가지 전극, 즉 기준전극(reference electrode)과 지시전극(indicator electrode)이 있다. 기준전극은 전극전위가 항상 일정한 값을 유지하여 지시전극의 전극전위를 측정하는데 대조전극으로 이용되는 것을 말하고, 지시전극은 측정하고자 하는 화학종(pH 미터에서는 H^+)의 활동도에 따라 그 전극전위가 결정되는 전극을 말한다.

(1) 기준전극

기준전극의 기본적인 기능은 언제나 일정한 전극전위를 유지하는 것이다. 널리 이용되는 기준전극에는 포화카로멜 전극(saturated calomel electrode, SCE)과 은-염화은 전극(silver-silver chloride electrode, Ag-AgCl)이 있는데, 이 중에서도 pH 미터에서는 은-염화은 전극이 일반적으로 사용되고 있기 때문에 이 책에서는 은-염화은 전극에 대해서만 설명하기로 한다.

그림 2-2의 C에서 보는 바와 같이 기준전극은 염화은(AgCl, silver chloride)이 코팅된 은(Ag, silver) 조각으로 되어 있으며, 이것은 KCl(potassium chloride) 포화용액에 잠겨 있다. 그 반쪽반응은 다음과 같다.

$$AgCl(s) + e^- \rightleftarrows Ag(s) + Cl^- \qquad E^\circ_{AgClAg} = 0.222\ V$$

이 반응에서 생성되는 전위는 Nernst 식(식 2.8)으로부터 다음과 같이 계산된다. 참고로 이 반응에서 고체는 농도를 갖지 않으므로 $AgCl(s)$과 $Ag(s)$는 포함시키지 않는다.

$$\begin{aligned} E_{ref} &= E^\circ - 0.05916\ \log[Cl^-] \\ &= +0.222 - 0.05916\ \log[Cl^-] \end{aligned}$$

이 식을 보면 은-염화은 기준전극의 전위는 염화이온의 농도($[Cl^-]$)에 따라 결정된다. 그러므로 기준전극이 언제나 일정한 전극전위를 유지하기 위해서는 은-염화은 전극이 담겨 있는 KCl 용액의 염화이온(Cl^-, chloride ion)의 농도가 언제나 일정해야 한다. 때문에 은-염화은 기준전극이 담겨 있는 KCl 용액은 KCl 포화용액을 사용한다. 만약 상대습도가 감소하여 기준전극에서 증발이 발생한다면 과잉의 염화물은 침전하게 되며, 반대로 습도가 높아지면 침전되어 있던 KCl은 다시 용해되게 된다. 물론, 이때의 온도는 일정하다고 가정한다. 기준전극과 시료용액은 KCl 염다리(salt bridge)에 의하여 전기적으로 접촉한다. 이 염다리는 그림 2-2의 B와 C(junction)에서 보는 것처럼 기준전극의 밑바닥(복합전극에서는 옆)에 끼워 넣은 다공성 재질의 막을 통하여 만들어진다.

(2) 지시전극

pH 미터의 지시전극에서 발생하는 전위는 공존하는 다른 이온의 방해를 받지 않고 수소이온의 활동도(농도)만으로 빠르고 재현성 있게 결정되어야 한다. pH 미터에서 지시전극은 얇은 막으로 된 수소이온 선택성 유리전극을 사용한다.

① 막전극

얇은 막을 경계로 하여 진한 용액과 묽은 용액이 접하게 되면 농도가 진한 쪽의 화학종이 묽은 쪽으로 확산하여 농도평형에 도달하려는 힘을 가지게 되는데, 이 에너지는 전위(V)로 나타나게 된다. 이와 같이 얇은 막의 양쪽에 있는 한 가지 화학종의 활동도(농도) 차이 때문에 나타나는 막사이의 전위를 막전위라고 하고, 이 막을 막전극(membrane electrode)이라고 한다.

막전극은 금속 전극들과는 근본적으로 다르다. 즉, 막전극과 화학종 사이에 전자를 주고받는 현상은 볼 수 없기 때문에 막전위는 화학종의 산화전위 또는 환원전위와 관계가 없다. 오히려 막전극 면에 대한 화학종의 흡착력 크기의 차이를 생각하면 이해하기 쉽다.

이와 같은 막전극에는 여러 가지가 있는데 그 중 pH 미터에 이용하는 수소이온 선택성 유리전극이 가장 널리 사용되고 있다.

② 수소이온 선택성 유리전극

막전극 중에 가장 널리 알려진 것은 용액의 pH를 측정할 때에 이용되는 수소이온 선택성 유리전극(hydrogen ion selective glass electrode) 이다. 이 전극은 그림 2-2의 A에서 보는 바와 같이 밑부분이 얇은 유리막으로 되어 있는데 그 내부에는 은-염화은(Ag-AgCl) 전극이 있으며, 일정농도의 표준 염산용액(수소이온의 활동도 = a_2)이 채워져 있다. 그러므로 이 은-염화은 전극은 일정한 전위를 가지며 유리전극 내에서 기준전극의 역할을 한다. 유리전극에서 가장 중요한 부분은 아래쪽에 붙어 있는 대단히 얇은 유리막이다. 이 유리막의 조성은 Na_2O 22%, CaO 6%, SiO_2 72%이며, 두께는 0.03～0.1 mm 정도이고, 전기저항은 50～500 MΩ 정도로 크다. 이 유리막은 pH 0～9 범위에서 수소이온에 매우 예민하게 선택적으로 반응한다. 하지만 그 이상의 pH에서는 나트륨 이온(Na^+) 뿐만 아니라 다른 1가 양이온에도 반응한다(55페이지 참조).

이 유리막은 그림 2-3에서 보는 바와 같이 3차원의 망상구조를 하고 있다. 이 망상구조의 사이사이에는 많은 양의 양이온(H^+, Na^+ 등)이 존재하며, 이들은 음이온을 띠는 규산염과 균형을 이루고 있다. 유리막이 수화되면 이온교환 반응에 의하여 규산염 망상구조 중의 나트륨이온(Na^+)과 같은 1가 양이온이 용액 중의 수소이온(H^+)과 서로 교환한다는 것이 실험적으로 알려져 있다. 하지만 이 망상구조 속에 들어 있는 2가와 3가 양이온은 대단히 강하게 결합되어 있어 이온교환반응에 관여하지 못한다. 즉, 이 반응에는 시료 용액 중의 수소이온만 관여하게 되며 그 반응은 다음과 같다.

$$\underset{\text{용액}}{H^+} + \underset{\text{유리면}}{Na^+Gl^-} \rightleftharpoons \underset{\text{용액}}{Na^+} + \underset{\text{유리면}}{H^+Gl^-}$$

여기에서 Gl^-는 유리막 표면의 음으로 하전된 부위를 나타낸다.

이 반응의 평형상수는 매우 크기 때문에 수화된 유리막의 표면은 거의 규산(H^+Gl^-)의 상태로 존재한다. 만약 외부 용액이 진한 알칼리 용액이라면 유리막의 외부 표면은 나트륨이온이 많은 자리를 차지할 것이다(Na^+Gl^-). 그림 2-4에서 보는 바와 같이 유리막이 물에 수화되면 이 유리막은 $10^{-5} \sim 10^{-4}$ mm 두께의 규산 겔(a′~c′)을 형성하게 된다. 수화된 규산 겔의 바깥 표면(a′와 c′)에는 많은 수소이온이 결합하고 있으며, 표면에서 유리막의 내부(b)로 들어 갈수록 수소이온의 수는 줄고, 나트륨이온의 수가 증가한다.

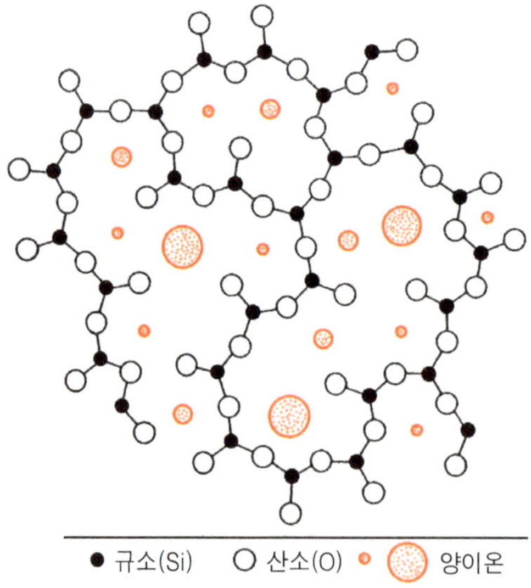

그림 2-3. 수소이온 선택성 유리막의 구조

유리막이 수소이온에 대한 지시전극으로 사용되기 위해서는 유리막은 전기를 통해야만 하는데 수화된 유리막의 바깥층(a′와 c′)에서는 수소이온이, 건조된 유리막의 내부(b)에서는 나트륨이온이 전하의 운반체가 되어 전기를 통하게 된다. 외부용액(시료)과 유리막 겔 경계면에서의 전기전도는 다음 반응에 의하여 발생하게 된다.

$$\underset{\text{용액}}{H^+} + \underset{\text{유리면}}{Gl^-} \rightleftharpoons \underset{\text{유리면}}{H^+Gl^-} \tag{2.9}$$

그리고 유리막 내부용액과 유리막 겔 경계면에서의 전기전도는 다음 반응에 의하여 발생하게 된다.

$$\underset{\text{유리면}}{H^+Gl^-} \rightleftharpoons \underset{\text{용액}}{H^+} + \underset{\text{용액}}{Gl^-} \tag{2.10}$$

이 두 반응에서의 평형은 유리막 양쪽에 존재하는 외부용액과 내부용액의 수소이온 활성도(농도)에 의하여 결정되는데, 해리가 많이 발생하는 표면은 적게 발생하는

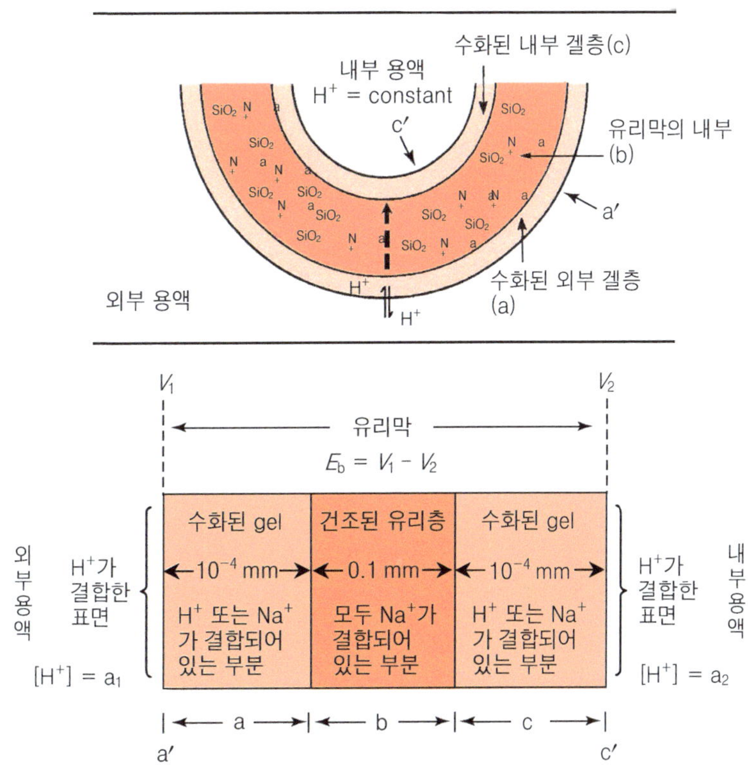

그림 2-4. 충분히 수화된 유리막의 단면도와 상태

표면에 비하여 음이온(Gl⁻)을 띠게 될 것이다. 그러므로 유리막을 경계로 경계전위($E_b = V_1 - V_2$, 그림 2-4 참조)가 나타나는데, 이것의 크기는 다음에 설명하는 바와 같이 유리막 양쪽에 존재하는 용액의 수소이온 활동도의 비에 따라 달라지게 된다. 이 경계전위는 용액의 pH를 측정할 때 이용된다.

③ 수소이온 선택성 유리전극에서 발생하는 막전위

pH를 측정하기 위하여 수소이온의 활동도가 a_1인 외부(시료)용액에 유리전극을 담그면 그림 2-5와 같은 전기화학반응이 성립한다.

이 반응을 보면 pH를 측정할 때, 4개의 전위가 발생하는 것을 알 수 있다. 먼저 E_{ref1}은 외부 기준전극의 전위, E_{ref2}는 유리전극 내부의 기준전극 전위를 말한다. E_j는 외부 기준전극과 시료용액 사이에 있는 염다리의 **액간 접촉전위**(liquid junction potential)를 말하고, E_b는 앞에서 설명한 유리막을 경계로 한 경계전위(막전위)를 말한다.

막전위(E_b)는 그림 2-5에서 보는 바와 같이 2개의 전위 V_1과 V_2로 구성되는데, V_1은 식 2.9와 같은 반응에 의하여 시료용액(수소이온의 활동도 a_1)과 유리막 사이에서 발생하는 전위, V_2는 식 2.10과 같은 반응에 의하여 유리막의 내부용액(수소이온의 활동도 a_2)과 유리막 사이에서 발생하는 전위를 말하며, 막전위(E_b)는 이들 전위의 차이다.

$$E_b = V_1 - V_2 \tag{2.11}$$

George Eisenman은 V_1과 V_2를 다음 식으로 나타내었다.

$$V_1 = j_1 + 0.05916 \log \frac{a_1}{a'_1}$$

$$V_2 = j_2 + 0.05916 \log \frac{a_2}{a'_2}$$

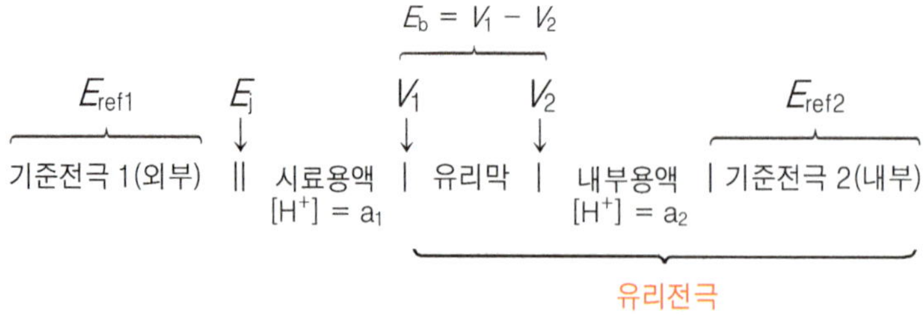

그림 2-5. pH 측정 시 유리전극에서 발생하는 전기화학 반응

여기에서

j_1과 j_2 : 상수

a_1과 a_2 : 유리막 양쪽에 존재하는 시료용액과 내부용액의 수소이온 활동도

a'_1과 a'_2 : 유리막의 양쪽 겔 표면에서의 수소이온 활동도

를 말한다.

▶ 액간 접촉전위(liquid junction potential)

이것은 전기화학반응에 관여하는 서로 다른 두 전해질 용액 사이에 나타나는 전위이다. 두 전해질 용액의 접촉면에 나타나는 양이온과 음이온의 불균일한 분포 때문에 발생하며, 전해질을 구성하는 각 이온들의 확산속도가 다른 데에 그 원인이 있다. pH를 측정할 때에는 시료용액과 염다리의 한쪽 끝 사이의 접촉전위, 기준 전극 용액과 염다리의 다른 한쪽 끝 사이의 접촉전위가 발생하게 된다. 이 두 전위는 서로 상쇄된다고도 볼 수 있지만 반드시 그렇지 않은 것이 보통이다.

아래 그림에서 보는 것처럼 진한 염산(1.0 M)과 묽은 염산(0.01 M)의 접촉면에서는 진한 쪽의 수소이온과 염화이온이 묽은 산 쪽으로 확산하게 되는데, 보통 수소이온이 염화이온보다 훨씬 빠르게 이동한다.

그 결과, 농도가 진한 쪽은 수소이온이 부족하여 전기적으로 음성을 띠게 되고, 묽은 쪽은 양성을 띠게 되어 전하분리가 일어난다. 이와 같은 전하분리로 발생하는 전위차를 액간 접촉전위라고 하는데, 수십 mV 정도 되는 경우도 있다. 액간 접촉전위는 간단한 용액의 경우에는 이온들의 이동도와 농도로써 계산할 수도 있지만, 복잡한 용액에서는 계산하기가 쉽지 않다. 그러나 이러한 두 용액 사이에 염다리와 같은 진한 전해질 용액을 삽입하면 이 전위를 훨씬 줄일 수가 있다. 특히 염화칼륨포화용액으로 만든 염다리는 4.0 M 정도로 진하고, 두 이온의 이동도가 비슷하기 때문에 액간 접촉전위를 효과적으로 줄이고, 수 mV 정도까지 감소되어 무시할 수도 있다.

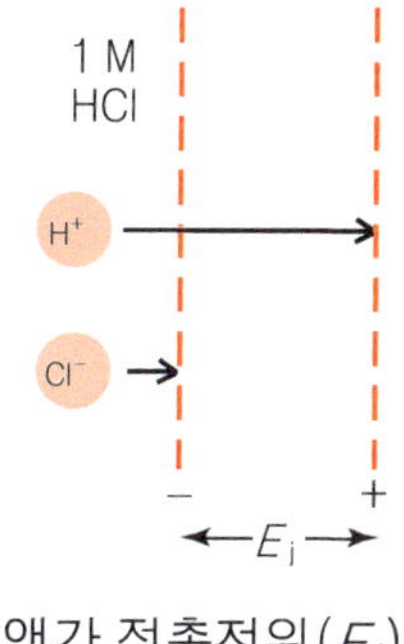

액간 접촉전위(E_j)의 발생

25℃에서의 액간 접촉전위

Boundary	E_j, mV
0.1 M KCl ‖ 0.1 M NaCl	+6.4
3.5 M KCl ‖ 0.1 M NaCl	+0.2
3.5 M KCl ‖ 1 M NaCl	+1.9
0.01 M KCl ‖ 0.01 M HCl	−26
0.1 M KCl ‖ 0.1 M HCl	−27
3.5 M KCl ‖ 0.1 M HCl	+3.1
0.1 M KCl ‖ 0.1 M NaOH	+18.9
3.5 M KCl ‖ 0.1 M NaOH	+2.1
3.5 M KCl ‖ 1 M NaOH	+10.5

J. Am. Chem. Soc., 43 : 2563(1921)

만약 유리막의 양쪽 겔 표면(H^+Gl^-)에서 수소이온의 해리가 똑 같이 발생한다면 j_1과 j_2는 같고 그리고 유리막의 양쪽 겔 표면에 존재하는 모든 나트륨이온(Na^+)이 수소이온(H^+)으로 교환된다면 a'_1과 a'_2는 같다. 이와 같은 가정은 유리막의 양쪽 겔 표면 상태가 동일하다는 것을 뜻하는데, 일반적으로 유리막의 양쪽 표면은 동일한 조건을 유지한다. 이와 같은 가정하에 식 2.11을 다시 정리해 보면

$$E_b = V_1 - V_2$$

$$E_b = j_1 + 0.05916 \ \log \frac{a_1}{a'_1} - j_2 - 0.05916 \ \log \frac{a_2}{a'_2}$$

$$E_b = 0.05916 \ \log \frac{a_1}{a_2} \tag{2.12}$$

즉, 막전위 E_b는 유리막 양쪽에 존재하는 용액의 수소이온활동도에 따라 달라진다. 그런데 pH 측정용 유리전극에서는 내부 용액(0.1 M HCl 용액)의 수소이온 활동도(a_2)가 언제나 일정하므로 식 2.12는 다음과 같이 쓸 수 있다.

$$E_b = 0.05916 \ \log a_1 - 0.05916 \ \log a_2$$

$-0.05916 \ \log a_2$ 를 L'(상수)로 하면

$$E_b = L' + 0.05916 \ \log a_1 \tag{2.13}$$

식 2.13을 다시 쓰면

$$E_b = L' - 0.05916 \ \text{pH} \tag{2.14}$$

그러므로 유리전극의 얇은 유리막을 통하여 발생하는 막전위(E_b)는 시료(외부)용액의 수소이온활동도(pH)에 따라 달라지게 된다.

④ 비대칭전위

위에서 설명한 바와 같이 유리막 양쪽에 동일한 용액과 동일한 기준전극이 놓여 있다면 그 유리막의 막전위는 0($V_1 - V_2$)이 되어야 한다. 하지만 실제 실험을 해보면 그렇지 않은데, 이것은 시간에 따라 조금씩 변화하는 비대칭전위(asymmetry potential) 때문이다. 비대칭전위의 원인은 명확하게 밝혀져 있지 않지만, 유리막 제조시에 가해진 힘의 불균일, 사용 중 유리막 표면의 마모, 화학적 부식, 오염 등이 원인인 것으로 알려져 있다. 그러므로 pH 측정을 위하여 유리전극을 사용할 때에는 비대칭전위로 인한 오차를 제거하기 위하여 2개 이상의 표준(완충)용액을 이용하여 반드시

보정을 하여야 한다.

⑤ 유리전극에서의 전위

위에서 설명한 바와 같이 pH 미터의 지시전극인 유리전극에서 발생하는 전위(E_{ind})는 다음과 같이 3가지로 구성된다(그림 2-5 참조).

$$E_{ind} = E_b + E_{ref2} + E_{asy} \tag{2.15}$$

여기에서 E_b : 유리막에서 발생하는 경계전위(막전위)
E_{ref2} : 유리전극 안에 있는 기준전극의 전위
E_{asy} : 비대칭전위

를 말한다.

식 2.15에 식 2.14를 대입하면

$$E_{ind} = L' - 0.05916 \text{ pH} + E_{ref2} + E_{asy}$$

여기에서 L', E_{ref2}(염화이온의 농도가 고정되어 있음) 및 E_{asy}는 상수이므로 이를 모두 $L(= L' + E_{ref2} + E_{asy})$로 표현하면

$$E_{ind} = L - 0.05916 \text{ pH} \tag{2.16}$$

즉, 유리전극에서 발생하는 전위는 시료(외부)용액의 수소이온 활동도(농도)에 따라 달라지게 된다.

(3) pH 미터의 전극에서 측정되는 전위

앞에서도 설명한 바와 같이 pH 미터는 항상 일정한 전위를 가지고 있는 은-염화은 기준전극과 지시전극인 수소이온 선택성 유리전극을 짝지어 시료용액에 담그고 두 전극 사이의 전위를 측정하여 pH를 구하는 장치이다.

pH 미터의 전극에서 측정되는 전위(E_{obs})는 기준전극의 전위(E_{ref1}, 염화이온의 농도가 고정되어 있음), 지시전극(수소이온선택성 유리전극)의 전위(E_{ind}) 그리고 액간 접촉전위(E_j)로 구성되는데 다음 식으로 표현된다.

$$E_{obs} = E_{ref1} - E_{ind} + E_j$$

이 식에서 지시전극의 전위(E_{ind}) 대신에 식 2.16을 대입하면

$$E_{obs} = E_{ref1} - L + 0.05916 \text{ pH} + E_j$$

그러므로

$$\text{pH} = \frac{E_{obs} - E_{ref1} + L - E_j}{0.05916}$$

$$\text{pH} = \frac{E_{obs} - (E_{ref1} - L + E_j)}{0.05916}$$

거의 일정한 값인 $(E_{ref1} - L + E_j)$를 K라고 하면

$$\text{pH} = \frac{E_{obs} - K}{0.05916} \text{ 이다.}$$

즉, pH 미터의 전극에서 발생하는 전위(E_{obs})를 측정하면 시료용액의 pH를 구할 수 있다. 이론적으로는 25℃에서 시료용액의 pH가 1단위 변할 때마다 59.16 mV씩 차이가 있다.

2) 전위차계

지금까지 설명한 바와 같이 시료용액에 기준전극과 지시전극을 담그고 전위를 측정하면 pH를 측정할 수 있다. 그러나 pH 측정에서 지시전극으로 사용되는 유리전극은 전기저항이 대단히 크기 때문에 이 전지회로에 흐르는 전류가 너무 작아서 그 전위는 보통방법으로는 측정하기 어렵다. 그러므로 전위차계에서 수차례 증폭된 후에 pH 단위로 전환되어 표시된다.

pH 미터 유리전극의 전기저항은 10 MΩ(10^6 Ω) 이상이다. 그러므로 pH 미터가 만약 ±1.0 mV 범위내의 전위를 측정하려고 하면 10^{-10} A 보다 작은 전류를 측정할 수 있는 검류계가 필요하다(**Ohm's law**에 따라 $\frac{10^{-3}\text{ V}}{10 \times 10^6\,\Omega} = 10^{-10}\text{ A}$). 그런데 일반적인 검류계는 1 μA($10^{-6}$ A) 정도만을 측정할 수 있기 때문에 pH 미터에는 전류량을 크게 증폭시키는 증폭장치가 필요하다.

pH 7.0 완충용액에서 측정되는 전위는 이론적으로는 0 mV이고, pH가 1 단위 차이 날 때마다 59.16 mV씩 차이가 난다. 그러므로 pH 4인 완충용액의 전위는 +177.5 mV, pH 10인 완충용액의의 전위는 -177.5 mV이다. 하지만 실제적으로는 유리전극의 상태에 따라 약간씩 다르며, 일반적으로 pH 7 완충용액에 대한 허용오차 범위는 ±30 mV이다.

3. pH의 측정

1) pH 미터의 보정

pH 미터를 사용할 때에는 반드시 pH 미터를 보정한 후에 사용하여야 한다. pH 미터의 보정이란 **완충용액**의 pH를 pH 미터가 그렇게 읽도록 하고, 이에 근거하여 pH 미터 자체 내에 검량선을 작성하는 작업을 말한다. 이때 시료 용액이 산성일 경우에는 pH 7과 4, 시료 용액이 염기성일 경우에는 pH 7과 10의 2종류의 완충용액이 사용되는데, 유럽에서는 pH 7 완충용액 대신에 pH 6.86 완충용액이 사용되기도 한다. pH 미터의 보정에 대하여 구체적으로 설명하면 pH 7의 완충용액에 정상적인 pH 미터의 전극을 담그면 0 mV(±30 mV)에 가까운 전위가 측정되는데, 이 전위에 해당하는 pH를 보정을 통하여 pH 미터가 7로 읽게 하는 것이다. 그리고 pH 4(pH 10)의 완충용액에 정상적인 pH 미터의 전극을 담그면 +177.5 mV(−177.5 mV)에 가까운 전위가 측정될 것이고, 이 전위에 해당하는 pH를 보정을 통하여 pH 미터가 4(10)로 읽게 하는 것이다. 그리고 이를 바탕으로 pH 미터는 그림 2-6과 같은 검량선을 작성한다. 그 후 시료 용액에 pH 미터의 전극을 담그면 pH 미터는 그 전위(E_{unk})를 측정하고, 이에 해당하는 pH를 나타내게 된다. 그러므로 1개의 완충용액으로 pH 미터를 보정하는 것은 보정의 의미가 없는 것이다.

pH 미터 보정용 완충용액은 장기간 보존하게 되면 pH가 변화할 수 있기 때문에

▸ Ohm's law

전류의 세기는 전압의 세기에 비례하는데 이것을 "옴의 법칙"이라고 한다. 즉 도선의 양 끝에 걸린 전압을 V, 전류의 세기를 I, 도선의 전기저항을 R이라고 하면, V = IR의 관계가 성립한다. 따라서 같은 전압일지라도 도선의 전기 저항이 커지면 전류의 세기는 오히려 줄어든다.

▸ **완충용액**

우리들의 혈액은 그 pH가 쉽게 변화하지 않는 기능을 가지고 있다. 이와 같이 어떤 용액에 작은 양의 산이나 염기가 첨가되었을 때 그 용액의 pH 변화를 억제하는 작용을 완충작용이라고 하고, 이와 같은 작용을 지니는 용액을 완충용액(buffer)이라고 한다.

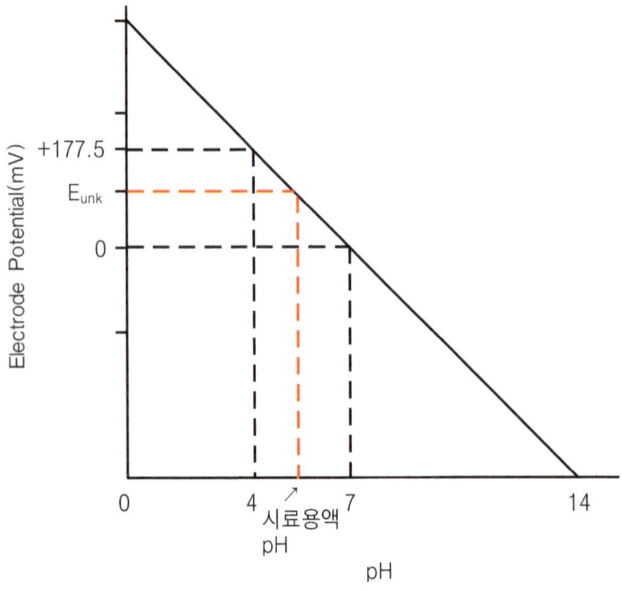

그림 2-6. pH 미터의 보정과 시료용액의 pH 측정

E_{unk} : 시료용액에서 측정된 전위

새로 조제한 완충용액과 비교하여 그 적부를 확인해서 사용하여야 한다. 일반적으로 한번 대기 중에 방치했던 완충용액은 다시 사용하지 않는다. 그리고 pH 미터의 보정 방법은 기기마다 약간씩 다르므로 그 방법을 충분히 이해한 후에 보정하도록 한다.

2) pH와 온도

Nernst 식(식 2.7)을 보면 측정되는 전위는 온도에 따라 달라진다. 그림 2-7에서 보는 바와 같이 pH 미터에서는 pH 1단위 차이에 대한 전위의 차이가 25℃에서는 59.16 mV이지만 40℃에서는 62.14 mV가 된다. 그러므로 pH 미터의 보정시에 사용하는 완충용액의 온도는 될 수 있는 한 시료의 온도와 일치(±1℃)하게 하여야 한다. 또한 완충용액과 시료의 pH 값은 온도에 따라 변화한다. 이것은 온도에 따라 물의 이온화 정도나 화학평형 등이 달라지기 때문이다. 예를 들면 표 2-1에서 보는 바와 같이 pH 7 완충용액의 pH는 25℃에서는 pH 7.00이지만, 0℃에서는 7.11, 40℃에서는 pH 6.97이다. 그러므로 pH 값은 항상 온도와 함께 표기하여야 하며, 25℃에서의 pH 값을 얻기 위한 유일한 방법은 pH를 25℃에서 측정하는 것이다. pH 미터 유리전극 중에는 온도계가 내장된 것도 있다.

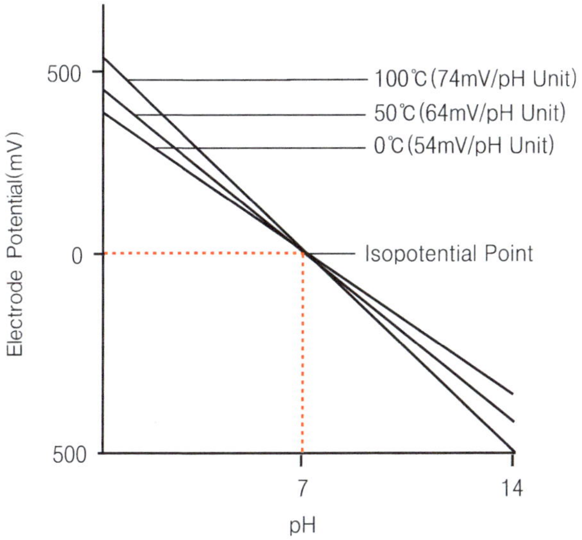

Temp(℃)	Slope(mV)
0	54.20
10	56.19
20	58.17
25	59.16
30	60.16
35	61.15
40	62.14

그림 2-7. 온도에 따른 pH slope의 변화(Thermo fisher scientific Inc.)

표 2 1. 각 pH 값의 온도에 따른 변화

온도	pH 값								
25℃	1.68	3.78	4.01	6.86	7.00	7.41	9.18	10.01	12.46
0℃	1.67	3.86	4.00	6.98	7.11	7.53	9.46	10.32	13.42
5℃	1.67	3.84	4.00	6.95	7.08	7.50	9.40	10.25	13.21
10℃	1.67	3.82	4.00	6.92	7.06	7.47	9.33	10.18	13.01
20℃	1.67	3.79	4.00	6.87	7.01	7.43	9.23	10.06	12.64
30℃	1.68	3.77	4.02	6.85	6.98	7.40	9.14	9.97	12.30
40℃	1.69	3.75	4.03	6.84	6.97	7.38	9.07	9.89	11.99
50℃	1.71	3.75	4.06	6.83	6.97	7.37	9.01	9.83	11.71
60℃	1.72	-	4.08	6.84	-	-	8.96	-	-
70℃	1.74	-	4.13	6.85	-	-	8.92	-	-
80℃	1.77	-	4.16	6.86	-	-	8.89	-	-
90℃	1.79	-	4.21	6.88	-	-	8.85	-	-

(Thermo fisher scientific Inc.)

3) 활동도와 농도

앞의 Nernst 식(식 2.7)에서도 설명한 바와 같이 pH 미터에서 측정되는 전위는 수소이온(H^+)의 농도 보다는 수소이온의 활동도(activity)와 관계가 깊다. 그러므로 pH

는 용액 중의 수소이온(H^+)의 농도를 측정하는 것이 아니라 H^+이온의 활동도(activity)를 측정하는 것이다. 수소이온의 활동도란 자유로운 H^+이온의 농도를 의미한다. 예를 들면 0.1 M HCl 용액의 pH는 1.03 정도이지만 같은 농도의 0.1 M CH_3COOH 용액의 pH는 3 정도이다. 그 이유는 아래 반응에서 보는 바와 같이 초산 용액 중의 H^+이온은 CH_3COO^- 이온에 결합하여 CH_3COOH로 존재하려고 하기 때문에 초산 용액 중의 자유롭게 활동할 수 있는 수소이온의 농도, 즉 수소이온 활동도는 염산에 비해서 낮기 때문이다.

$$HCl \rightleftharpoons H^+ + Cl^-$$

$$CH_3COOH \rightleftharpoons H^+ + CH_3COO^-$$

그러나 일반적으로 실험자들이 필요로 하는 것은 그 물질의 농도이다. 활동도와 농도 사이의 차이는 중요하다. 전위차법에 의하여 그 물질의 활동도로부터 농도(몰농도)를 구하기 위해서는 다음 식에서 보는 바와 같이 활동도계수(activity coefficient)가 필요하다.

$$a(\text{활동도}) = \text{활동도 계수} \times \text{몰농도}$$

그러나 대부분의 경우 활동도 계수를 측정하기가 어려우며, 물질의 농도가 높거나 이온강도가 높아지면 활동도 계수가 감소하게 된다. 즉, 활동도와 농도가 동일하다는 가정은 큰 오차를 가져오며 특히 분석물이 다가 이온일 경우에는 더욱 그렇다. 예를

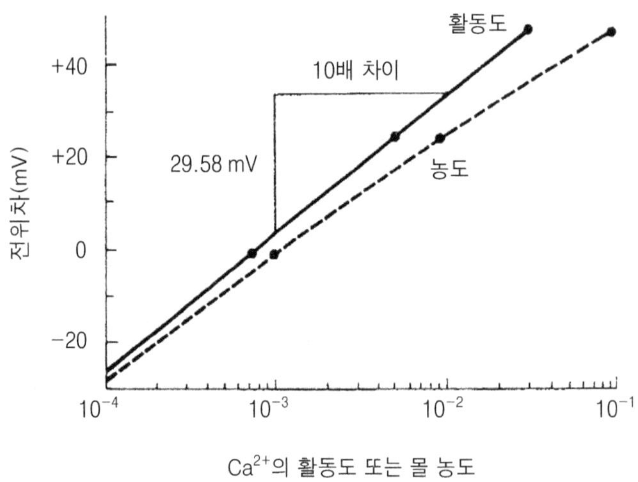

그림 2-8. 칼슘이온 선택성 전극의 전위에 대한 활동도와 농도의 차이

들면 그림 2-8은 칼슘이온 선택성 전극을 이용하여 측정한 전위와 칼슘이온의 활동도 및 농도와의 관계를 나타내고 있다. 이 그림에서 실선은 칼슘이온(Ca^{2+}) 선택성 전극의 전위와 칼슘이온의 활동도와의 관계를 보여주고 있는데, 활동도가 10배 차이가 나면 전위의 차이

가 29.58($= \frac{0.05916}{2}$) mV 임을 나타내는 직선상의 그래프이다. 하지만 칼슘이온 선택성 전극의 전위와 칼슘이온 농도와의 관계를 나타내는 점선 그래프는 실선 그래프와 차이가 있고, 직선의 모양을 보여주지 못한다. 이것은 칼슘이온의 경우 그 농도가 증가할수록 활동도계수가 감소하기 때문이다. 이와 같은 편차는 수소이온(H^+)과 같은 1가 이온의 경우에는 훨씬 적게 나타난다. 하지만 pH를 측정하려는 시료용액에 다른 전해질이 섞여 있어 이온강도가 높으면 측정된 수소이온의 활동도와 그 농도는 상당히 차이가 있을 것이다.

4) 알칼리 오차와 산 오차

pH 미터가 매우 정밀하다고 하여도 pH 9 이상의 염기성 용액의 pH는 실제 pH보다 작게 나타난다. 이것을 알칼리 오차라고 하는데, 이것은 수소이온 선택싱 유리막이 수소이온뿐만 아니라 Na^+과 같은 알칼리 금속 이온에도 반응을 나타내기 때문에 발생한다. 모든 1가 양이온들은 알칼리 오차를 나타내는데 그 크기는 양이온의 종류와 유리막의 조성에 따라 달라진다. 또한 pH가 0.5보다 작은 용액에서는 알칼리 오차와 반대로 그 pH가 약간 크게 나타나는데 이것을 산 오차라고 한다. 그러나 pH 0까지는 별로 큰 오차가 나타나지 않아 산 오차는 실제로는 크게 문제가 되지 않는다.

pH 측정의 또 다른 오차는 시료용액이 단백질을 함유하는 경우에 나타나는데, 이것은 유리막의 표면이 단백질로 오염되기 때문이다. 이와 같은 오차는 유리전극을 0.1 M HCl 용액에 담그는 것에 의하여 해결할 수 있다.

5) 유리전극의 사용 및 유지관리

(1) 유리전극의 사용 준비

① 새로운 pH 미터가 구입되면 먼저 전극 보호 캡을 제거하고 증류수로 세척한다.

② 전극의 옆면에 있는 구멍(filling hole)의 마개를 열고 충진 용액(포화 KCl 용액)을 구멍 근처의 높이까지 채운다(그림 2-9). 충진 용액을 채워서 사용하는 전극인 경우, 보정하는 동안 충진 용액의 일정한 흐름이 생기도록 충진 구멍은

열어 두어야 하고, 충진 용액의 수위는 버퍼 용액 높이 보다 적어도 3 cm 이상 높아야 한다.

③ 유리전극을 전극 홀더(holder)에 걸고 공기 중에 15분 정도 방치하여 유리전극 옆면의 아래에 있는 다공성 마개(juction, 그림 2-2 참조)가 충진 용액에 의하여 적셔지도록 한다. 이것이 일단 한번 적셔진 후에는 유리전극이 마르지 않도록 주의하여야 한다.

④ 충진 용액을 채우는 과정에서 생겼을지도 모르는 기포를 제거하기 위하여 가볍게 흔들어 준다.

⑤ 유리전극을 전극보관용액에 1시간 정도 담가 전극을 워밍업 시킨다.

⑥ 유리전극을 pH 미터에 연결하고 보정한 후에 사용한다.

(2) 유리전극을 보관 및 관리할 때의 주의사항

① 유리전극 아래의 유리막 부분은 항상 젖은 상태로 보관하여야 한다. 만약 그렇지 않으면 유리전극의 수명 단축 및 고장의 원인이 된다.

② pH 미터를 사용하지 않을 때에는 유리전극을 가능한 전극보관 용액에 담가 보관한다(그림 2-10). 유리전극을 증류수에 담가 보관하면 pH 측정시에 응답속도가 늦어지게 된다. 전극보관용액이 없을 때에는 pH 7 완충용액 200 mL에 KCl 1 g을 녹인 용액을 조제하여 사용하여도 된다. 유리전극을 보관하는 중에 보관용액이 건조되면 증류수로 유리전극을 잘 씻고 새로운 보관용액에 유리전극을 담근다. 장기간(1주일 이상) pH 미터를 사용하지 않을 때에는 충진용액으로 전

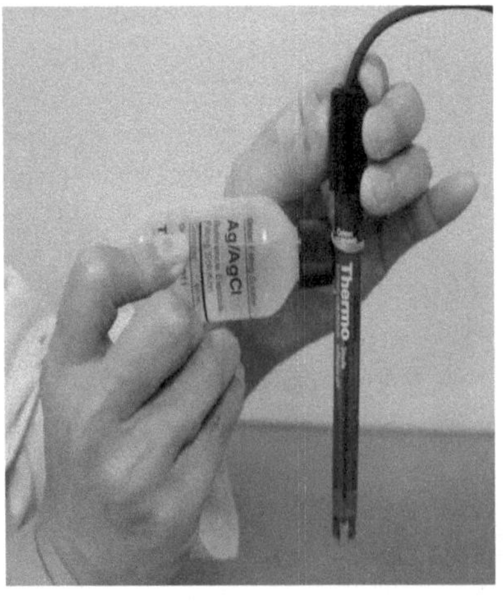

그림 2-9. 유리전극에 충진용액 채우기

극 내부를 채우고 파라필름으로 충진구멍을 안전하게 감싸고 보관용액에 담가 보관한다.

③ 유리전극에 채운 충진용액의 수위가 낮아지면 보충하여야 하고, 충진용액이 오염되었을 때에는 교체하여야 한다. 또한 주기적으로 유리전극에 채워진 충진용액을 주사기 등을 이용하여 완전히 빼내고 새로운 충진용액으로 교환해 준다.

④ 유리전극 외부에 충진용액의 염이 석출되면 증류수로 세척한다.

(3) 유리전극의 세척

① 일반적으로 유리전극은 증류수로 세척한다. 유리전극의 감응이 떨어졌다고 판단되면 유리전극을 0.1 M HCl 또는 0.1 M HNO_3 용액에 약 10분 동안 담근 후에 전극보관용액에 1시간 이상 담가 둔다.

② 유리전극 아래의 유리막이나 유리전극 옆면의 아래에 있는 다공성 마개(juction, 그림 2-2 참조)가 단백질에 오염되었을 때에는 1% pepsin in 0.1 M HCl 용액에 15분 동안 담그고, 무기물에 오염되었을 때에는 0.1 M tetrasodium EDTA 용액에 15분 동안 담그며, 기름에 오염되었을 때에는 부드러운 세제나 메탄올 용액으로 세척한다. 이 과정이 끝나면 반드시 전극의 충진용액을 새 용액으로 교체하고 전극보관용액에 최소한 1시간 이상 담가 둔다. 하지만 잦은 세척은 유리전극의 수명을 단축시킬 수 있으므로 유의하여야 한다.

(4) 유리전극의 수명

pH 미터의 유리전극은 전기화학적인 센서이므로 그 성능은 유리전극과 시료의 상

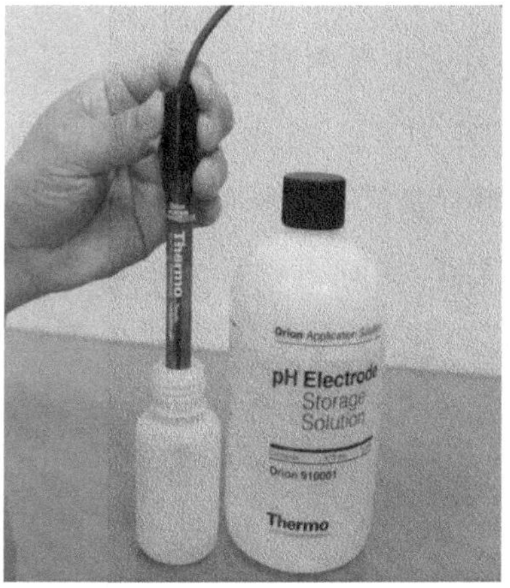

그림 2-10. 유리전극의 보관

호작용에 따라 달라진다. 높은 온도에서 사용하면 수명이 짧아지고, 유리전극에 이물질이 묻었거나 기준전극이 오염되면 pH 측정값의 정확도가 감소한다. 그리고 모든 전극은 사용하지 않고 보관하여 두어도 유리 자체의 화학적 변화 때문에 노화가 진행된다. 유리전극의 정상여부를 측정하는 방법은 pH 미터를 용액의 mV 측정 모드로 바꾼 후에 유리전극을 pH 7 완충용액에 담그었을 때 그 mV 값이 0±30 mV 범위 내에 있고, 유리전극을 pH 4 완충용액에 담그었을 때 그 mV 값이 pH 7 완충용액의 mV 값과 160~180 mV 정도 차이가 나면 그 유리전극은 정상이라고 판단한다.

(5) 정확한 pH 측정을 위한 주의사항

① pH 미터를 보정할 때에는 항상 새로운 완충용액을 사용한다. 완충용액의 유효기간을 확인하고 사용하는데 완충용액의 유효기간은 병마개를 연후 pH 4와 7 완충용액은 3개월, pH 10 완충용액은 CO_2에 의해 쉽게 변질되기 때문에 1개월이다. 일단 pH 미터를 보정하는데 사용하였던 완충용액은 다시 사용하지 않는다.

② pH를 측정할 때, 시료의 균일성은 대단히 중요하다. 특히 침전이 생기는 용액의 경우는 물리적·화학적으로 균일하게 교반을 하여야 한다. 그러므로 pH 미터를 보정할 때와 시료용액의 pH를 측정할 때, 완충용액과 시료 용액을 가능한 천천히 교반시킨다. 이때 교반속도를 같게 하며 유리전극이 파손되지 않도록 주의한다.

③ 전극을 시료용액이나 완충용액에 담글 때 pH 전극의 다공성 마개(junction, 그림 2-2 참조)가 완전히 잠기도록 한다.

④ 시료 용액이 바뀔 때마다 증류수로 유리전극을 세척하고, 유리전극에 묻어 있는 증류수는 부드러운 종이로 흡수시켜 제거한다. 이때 유리전극을 문지르며 세게 닦아내면 정전기가 발생하여 응답속도가 늦어진다.

⑤ 유리전극 내에 기포가 있으면 흔들어 기포를 제거하고, 충진용액의 수위가 적당한지를 수시로 확인하며, 충진용액이 오염되었을 때에는 즉시 교체한다.

⑥ 유리전극은 대단히 민감하고 섬세하며 깨지기 쉽기 때문에 그 취급에 항상 주의하여야 한다. 대부분의 경우에 유리전극은 플라스틱 덮개 등으로 보호되어 있지만 조심해서 다루어야 한다. 또한 유리전극을 사용하여 시료용액을 교반하지 않는다.

(6) 특수 시료의 pH 측정

① 치즈, 육류, 파우더 그리고 전기영동 겔 등과 같은 고체나 반고체성 시료의 pH를 측정할 때에는 일반적으로 시료를 증류수와 혼합한 후 혼합액의 pH를 측정하는데, 이 경우에는 증류수 일정 양과 시료 일정 양을 혼합하여야 한다. 예를 들어 치즈 시료의 경우, 치즈 5 g을 증류수 100 mL와 섞고 완전히 교반 후, 고체가 완전히 가라앉으면 액체 부분의 pH를 측정한다. 또는 뾰족한 팁 형태의 pH 전극을 사용하여 시료의 특정 깊이까지 찔러서 측정하거나 만약 고체나 반고체 시료의 표면에 물기가 있다면 편평한 면을 지닌 pH 전극을 사용하여 시료 표면의 pH를 측정할 수도 있다.

② 폐수, 진흙, 제지용 펄프, 시럽 등과 같은 현탁액, 콜로이드, 슬러지, 그리고 점성 있는 시료는 전극의 다공성 마개(junction, 그림 2-2 참조)를 막히게 하며, pH 전극의 유리전극을 오염시켜 전극의 감도를 둔하게 하고, pH 측정값의 오차를 가져온다. 그러므로 이들 시료의 pH를 측정할 때에는 특수한 개방형 junction 구조의 pH 전극을 사용하여야 한다.

③ 하지만, 일반적인 pH 전극의 충진용액은 pH 2~12 범위의 시료와 0.1 M 이하의 염 농도를 가진 시료에 대해서 최고의 성능을 나타내도록 제조되었기 때문에 이러한 시료에서는 액간 접촉전위는 거의 문제가 되지 않는다. pH 2 이하의 강산, pH 12 이상의 강알칼리, 그리고 0.1 M 이상의 염 농도를 가진 시료는 기준전극의 junction 부분에서 발생하는 액간 접촉전위(liquid junction potential)가 문제가 된다. 액간 접촉전위는 충진용액과 시료 사이의 농도 차가 클 때 문제가 되는데, 이것은 pH 전극의 감도를 떨어뜨린다. 그러므로 강산, 강알칼리, 그리고 0.1 M 이상의 염 농도를 가진 시료의 pH를 측정할 때에는 특수한 double junction Ag/AgCl 기준전극을 갖는 pH 전극을 사용하여야 한다. 이 전극의 충진용액은 시료 조성에 맞춰 조절할 수 있기 때문에 액간 접촉전위를 줄여 주고, 보다 정확하고 안정적인 측정값을 나타낸다.

④ 기름, 알코올, 화장품, 메탄올 그리고 아세톤 등과 같은 물이 아닌 시료는 유리전극 부분의 비수화(dehydration) 등으로 pH 측정값에 오차가 발생하게 된다. 이러한 문제점을 해결하기 위해서 pH 측정 사이사이에 전극을 증류수 또는 완충용액에 자주 담가 유리전극 부분을 수화시켜 주거나, pH 측정 사이사이에 유리전극에 묻어 있는 시료를 적당한 용매를 사용하여 세척하고, 완충용액에 담그는 등의 조치가 취해진다. 하지만 pH에 크게 영향을 주는 수소이온의 활동도는

유전상수, 용매 활동도, 이온의 이동도 등에 따라 달라지기 때문에 비수용성 용액의 pH 값은 정확하게 측정될 수 없다. 그러므로 비수용성 시료의 pH 측정값은 비슷한 용매의 산, 염기 특성을 비교하거나, 상대적인 측정값으로만 이용한다.

4. 실험 예

1) 실험제목

식육의 pH 측정

2) 실험목적

(1) pH의 개념을 이해한다.
(2) pH 미터의 원리를 이해한다.
(3) 시료의 pH를 측정할 수 있다.

3) 기구 및 장비

(1) 전자저울
(2) pH 미터
(3) Homogenizer
(4) 비커
(5) 메스실린더
(6) 피펫
(7) 세척병

4) 재료 및 시약

(1) 식육
(2) 여과지(Whatman paper No. 2)

5) 실험내용

(1) 시료의 조제

① 식육 10 g에 증류수 30 mL를 가하고 9,000 rpm에서 2분간 균질 한다.

② 여기에 증류수를 가하여 100 mL로 정용한다.

③ ②를 여과하고 시료 용액으로 사용한다.

(2) 실험방법

A. pH 미터를 켜고 약 10분 정도 warming up 한다.

B. pH 7과 4의 완충용액을 사용하여 pH 미터를 보정한다. 이때 완충용액을 가능한 천천히 교반시켜 준다. pH 미터의 보정 방법은 기기마다 다르므로 보정방법을 이해한 후에 보정하도록 한다.

C. 비커에 위의 (1)의 ③에서 조제한 시료용액을 적당한 양 취한다. 이때 유리전극의 다공성 마개(junction) 부위가 잠길 정도의 양을 취한다.

D. 시료용액을 가능한 천천히 교반시키면서 pH를 측정한다.

6) 질문 및 토론

7) 주의사항

(1) 실험실에서의 주의사항을 반드시 지킨다.

(2) pH의 개념과 pH 미터의 원리를 이해하고 실험한다.

(3) pH 미터의 사용법을 반드시 지킨다.

제 3 장

원심분리

1. 원 리

원심분리기(centrifuge)는 빠른 속도로 회전시킬 때 발생하는 원심력을 이용하여 시료로부터 침전물을 분리하는 기기이다. 일반적으로 원심분리기는 실험과정의 침전물을 얻기 위한 방법으로 사용하지만, 특별한 경우에는 고분자 화합물이나 세포기관 등의 모양, 크기 및 밀도 등을 분석하기 위하여 사용되기도 한다.

이 장에서는 원심분리(centrifugation)의 기본원리와 원심분리기의 사용 방법 등에 대하여 설명하고자 한다.

1) 원심력

물질이 빠른 속도로 회전하게 되면 이 물질에는 원심력(centrifugal force)이 작용하게 되는데, 원심력은 다음의 식 3.1과 같이 표현된다.

$$F = mw^2r \tag{3.1}$$

여기에서 F : 원심력의 크기
m : 물질의 질량
w : **각속도**(angular velocity)
r : 회전 중심축으로부터 물질까지의 거리(반지름)

를 말한다.

위 식에서 보는 바와 같이 원심력은 회전속도와 회전 반지름에 따라 크게 달라진다.

▸ **원심력**

원운동 하는 물체에 구심력(원운동을 하고 있는 물체에 원의 중심 방향으로 작용하는 힘)이 작용되면 그것에 대응하는 크기가 같고 방향이 반대인 힘이 작용하는데, 이 힘을 원심력이라고 한다. 원심력은 구심력의 반작용이 아니고 구심력에 대응하여 물체가 중심에서 멀리 떨어지려고 하는 작용을 말한다.

▸ **가속도, 중력가속도**

물체의 속도가 시간에 따라 변화할 때 단위 시간에 일어나는 속도의 변화량을 가속도라고 한다. 어느 물체의 처음 속도를 V_0, t초 후의 속도를 V라고 할 때 가속도 a는 다음과 같다.

$$a = \frac{\text{속도의 변화량}}{\text{걸린 시간}} = \frac{(V - V_0)}{t}$$

지구 위에 있는 물체는 항상 지구의 인력, 즉 중력의 작용을 받고 있기 때문에 떨어지는 물체는 밑으로 향하는 일정한 가속도를 지니는데 이것을 중력가속도(g)라고 한다. 중력가속도는 장소에 따라 약간의 차이는 있으나 진공상태에서는 질량에 관계없이 일정하며 약 9.8 m/sec^2이다.

▸ **각속도(ω)**

물체가 원주상을 속도 v로 등속원운동을 할 때 t초간의 운동거리를 s, 반지름 r이 그린 각도를 θ라고 하면 각속도(ω) = $\frac{\theta}{t}$로 표시된다. 즉, 그림과 같이 반지름 r인 원주 위를 한 점 P가 어느 시각에 A점을 통과하여 t초 후에 B점 까지 왔다면 P가 그리는 원호 s는 시간에 비례하여 커진다. AOB가 이루는 각 θ를 라디안(radian, 기호는 rad) 단위로 표시하면 $\theta = \frac{s}{r}$ rad가 된다. 이 경우 OP가 1초 동안에 회전한 각도를 각속도(ω)라 하며 $\omega = \frac{\theta}{t}$(rad/sec)로 표시된다.

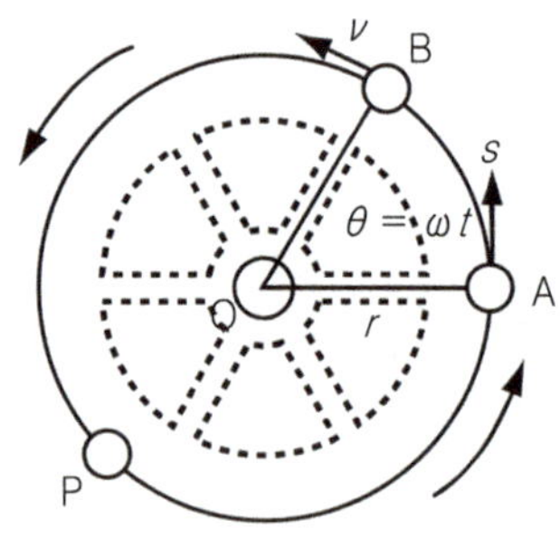

각속도

예 1 한 점 P가 반지름 2 m의 원둘레 위에서 일정한 속력으로 원운동을 하고 있다. 주기가 3초라고 할 때 점 P의 각속도는 얼마인가?

풀이 원주의 길이 = 지름(= 2 × 2) × π

$\theta = \frac{s}{r}$ rad에서, $\theta = 360^\circ$이면 $s = (2 \times 2) \times \pi$이고 즉,

1회전한 각 $360^\circ = 2 \times 2 \times \frac{\pi}{2} = 2\pi$ rad이다.

그러므로 $\omega = \frac{\theta}{t}$ (rad/sec)에서

ω(각속도) = $\frac{2\pi}{3}$ (rad/sec)이다.

▸ **라디안(radian)**

라디안으로 표현되는 각 θ는 반지름(r)에 대한 원호(s)의 길이에 비로 정의된다. 즉 $\theta = \frac{s}{r}$ rad이다. 각 θ는 분자, 분모의 단위가 같으므로 단위가 없다. 예를 들어 반지름(r)이 1.0 m이고, 원호(s)가 1.5 m이면 θ = 1.5이지만, 다른 각도와 구별하기 위하여 1.5 rad라고 표현한다.

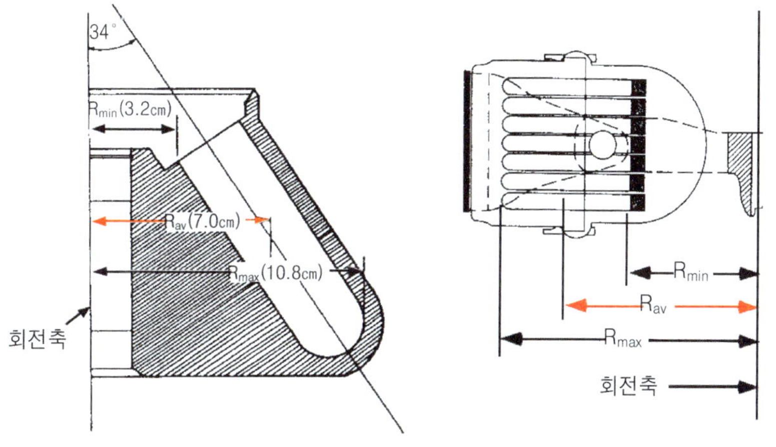

그림 3-1. 고정각 회전자와 수평 회전자의 R_{av} 계산

일반적으로 원심력은 중력가속도(g)로 표현되는데, 이를 상대적 원심력(RCF, relative centrifugal force)이라고 하며 다음과 같이 표현된다.

$$RCF = (1.119 \times 10^{-5})(rpm)^2(r) \tag{3.2}$$

위 식에서 보는 바와 같이 RCF 값은 rpm(시료의 분당 회전수)과 r(회전축의 중심과 물질 사이의 거리)에 따라 달라진다. r값은 회전자의 부위에 따라 다르기 때문에 그림 3-1과 같이 회전자의 중간점(R_{av})으로 정하여 평균 RCF 값으로 나타낸다.

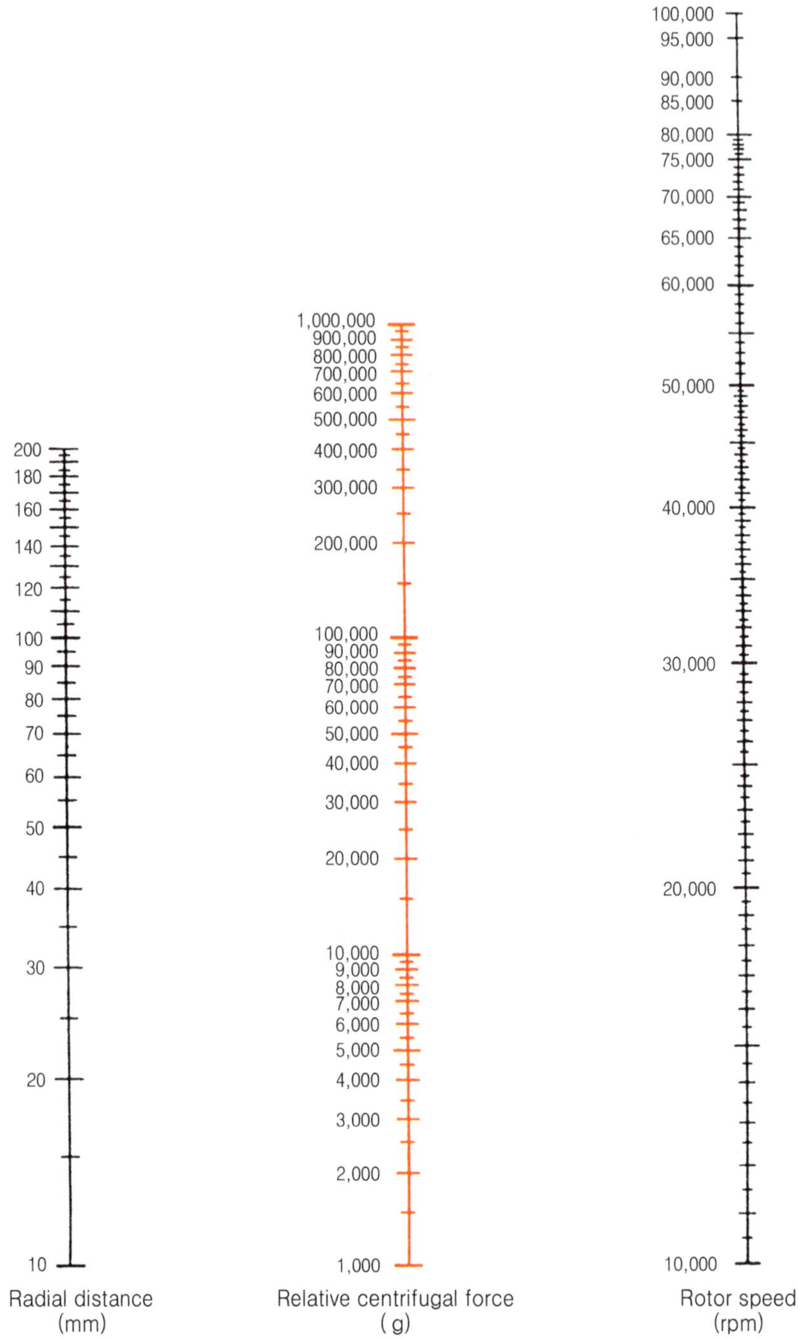

그림 3-2. 원심분리기의 RCF 계산도표

RCF는 그림 3-2를 이용하면 쉽게 구할 수 있다. 예를 들면 평균 r이 7 cm이고, 분당 회전수(rpm)가 20,000이면 RCF는 32,000 g이다(그림 3-2에서 반지름 줄의 70과 rpm 줄의 20,000을 직선으로 연결하면 만나는 점이 32,000 g).

빠르게 회전하는 어떤 입자가 진공상태가 아닌 특정한 용매 내에 존재하면 이 입자에 작용하는 원심력은 식 3.1이나 식 3.2와 같이 간단하지 않다. 그 이유는 원심분리되는 입자에 작용하는 원심력은 입자의 질량, 모양뿐만 아니라 용매와 입자의 밀도에 따라서도 변화하기 때문이다. 식 3.1에서 보는 바와 같이 입자의 질량은 원심력에 영향을 준다. 그런데 입자가 용매 중에 존재하면 일반적으로 입자의 질량은 부력만큼 가벼워지기 때문에 실제로 원심력에 영향을 주는 질량은 다음과 같이 표시된다.

$$m = m_0 - m_0 \bar{v} \rho \tag{3.3}$$

여기에서 m : 원심력에 실제 영향을 주는 용매 중에 존재하는 입자의 질량
m_0 : 입자의 실제 질량
$\bar{v}$: 부분비체적(partial specific volume)
ρ : 용매의 밀도

를 말한다.

그러므로 식 3.1에서 실제 입자에 작용하는 원심력은 다음과 같다.

$$F = m_0(1 - \bar{v} \rho) w^2 r \tag{3.4}$$

원심분리 중에 입자의 침전은 마찰력(frictional force)에 의하여 방해를 받는데, 이 마찰력은 다음과 같이 정의된다.

$$\text{마찰력} = f\, v \tag{3.5}$$

여기에서 f : 마찰계수
v : 입자의 침전속도

를 말한다.

마찰계수 f는 입자가 존재하는 용매의 점도뿐만 아니라 입자의 크기와 모양에 따라 달라지고, 또한 입자의 침전속도가 일정해질 때까지는 입자의 침전속도에 따라 달라진다. 입자의 침전속도가 일정해지면 원심력과 마찰력은 균형을 이룬다. 그러므로 식 3.1, 3.3 그리고 식 3.5로부터

$$m_0(1-\bar{\upsilon}\rho)w^2r = fv \tag{3.6}$$

$$v = \frac{m_0(1-\bar{\upsilon}\rho)w^2r}{f} \tag{3.7}$$

여기에서

v : 입자의 침전속도
m_0 : 입자의 실제 질량
$\bar{\upsilon}$: 부분비체적(partial specific volume)
ρ : 용매의 밀도
w : **각속도**(angular velocity)
r : 회전 중심축으로부터 물질까지의 거리(반지름)
f : 마찰계수

를 말한다.

즉, 원심분리 중, 입자의 침전속도는 입자의 분자량과 원심력에 비례하고, 마찰계수에 반비례한다. 하지만 입자의 침전속도를 이와 같이 표현하는 것은 너무 복잡하고 어려울 뿐만 아니라 특별한 의미도 없기 때문에 일반적으로는 침강계수(sedimentation coefficient : 원심력에 대한 침전속도의 비율), $s(=v/w^2r)$의 개념을 도입하여 위 식 3.7을 다음과 같이 표현한다.

$$s = \frac{v}{w^2r} = \frac{m_0(1-\bar{\upsilon}\rho)}{f} \tag{3.8}$$

침강계수(s)는 일반적으로 표준조건, 20℃, 그리고 용매를 물로 하여 s_{20w}로 정의된다. 위 식 3.8에서 m_0의 단위는 g, $\bar{\upsilon}$는 cm^3/g, ρ는 g/cm^3, 그리고 f는 g/sec이다. 그러므로 침강계수(s)의 단위는 초이다.

침강계수는 분자 고유의 물리적인 값으로 대부분의 생물학적 거대분자의 침강계수는 10^{-13}～10^{-11}초 정도이다. 이 침강계수는 너무 작은 값이기 때문에 Svedberg 단위(S)의 개념을 도입하여 쉽게 표현되는데, 1 S는 1×10^{-13}초이다. 효소 ribonuclease의 침강계수는 1.85×10^{-13}초인데, 이것은 1.85 S로 표시된다. 대부분의 단백질은 침강계수가 1 S～10 S, 핵산은 30 S～50 S, 세포질 성분은 50 S～100 S이다.

2. 원심분리기

원심분리기는 기본적으로 두 부분, 즉 시료를 회전시키는 부분(모터가 달린 축)과 회전자(rotor, 원심분리 될 시료가 들어가는 부분)로 구성된다(그림 3-3). 원심분리기의 종류는 아주 단순한 것부터 침강계수를 측정할 수 있는 것까지 매우 다양하다. 회전자(그림 3-4)는 고정각 회전자와 수평 회전자가 있는데, 모든 고정각 회전자는 고유의 최대 회전속도를 가지고 있다.

만약 이 최대 회전속도 이상으로 회전시키면 회전자가 폭발할 수 있기 때문에 원심분리기를 사용할 때에는 특히 회전속도를 주의하여 조절하여야 한다. 또한 온도에 민감한 시료를 원심분리 할 때에는 온도의 조절에도 특히 주의하여야 한다. 이 절에서는 일반적으로 사용되는 3가지 원심분리기에 대하여 설명하고자 한다.

그림 3-3. 원심분리기

A

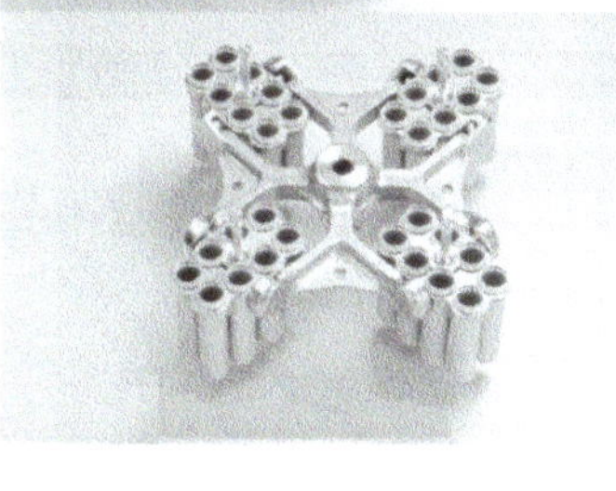

B

그림 3-4. 원심분리기의 회전자

A : 고정각 회전자

B : 수평 회전자

1) Bench top 원심분리기

이 원심분리기는 일반적으로 실험대 위에 올려놓고 사용하기 때문에 이렇게 불리게 되었다. Bench top 원심분리기는 비교적 무거운 입자를 침전시키기 위한 저속 원심분리기(4,000~5,000 rpm, 3,000 g 정도)이다. 회전자는 고정각 회전자와 수평 회전자가 모두 사용되는데, 이 원심분리기에는 일반적으로 냉각장치가 없기 때문에 실온에서 원심분리가 진행되는데 적혈구와 같은 큰 입자의 침전에 특히 유용하다.

2) 고속 원심분리기

냉각장치가 있어 원심분리 중에 시료의 온도 조절이 가능하고 25,000 rpm 정도까지의 높은 속도를 낼 수 있는 원심분리기이다. 대부분의 고속 원심분리기(high speed centrifuge)에 있어서 rotor chamber의 온도는 4℃ 정도로 유지된다. 고정각 회전자와 수평 회전자가 모두 사용되지만, 고정각 회전자가 보다 많이 사용된다. 원심력은 고정각 회전자를 사용하면 약 30,000 g, 수평 회전자를 사용하면 약 20,000 g까지 가능하다. 생물학적인 실험을 할 때에는 대부분이 이 고속 원심분리기를 사용한다.

3) 초원심분리기

원심분리기 중 가장 정교한 원심분리기로 75,000 rpm 정도의 회전속도(500,000 g)를 낼 수 있는 초고속 원심분리기이다. 이렇게 높은 속도는 공기와의 마찰에 의하여 강한 열을 발생시키기 때문에 이를 제어하기 위한 방법으로 이 기기는 냉각장치와 진

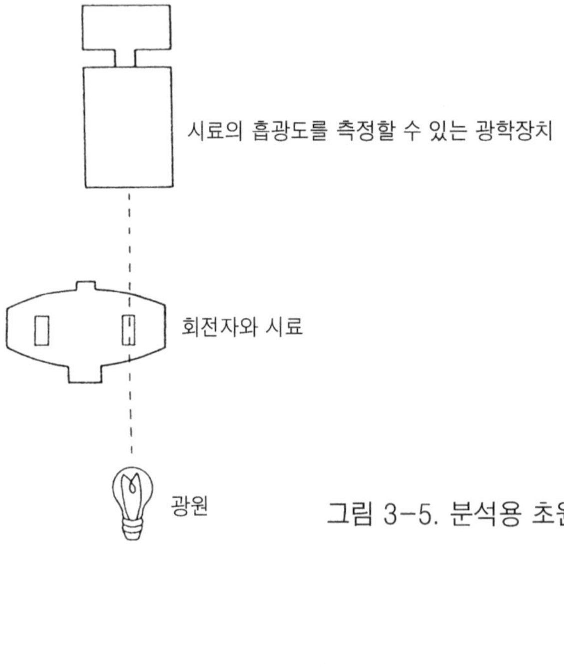

그림 3-5. 분석용 초원심분리기의 내부 구조

공장치를 지니고 있다.

앞에서 설명한 bench top 원심분리기와 고속 원심분리기는 단지 실험을 위한 준비작업, 즉 시료로부터 침전을 분리시키기 위하여 사용되지만, 초원심분리기(ultracentrifuge)는 이와 같은 준비작업 뿐만 아니라 분석작업, 즉 입자가 침전하는 동안에 입자의 물리적인 특성을 측정하기 위하여 사용된다. 그러므로 초원심분리기에는 준비용과 분석용의 2가지가 있다. 분석용 초원심분리기(그림 3-5)는 원심분리 중 원심분리관 내의 입자의 농도분포를 직접 측정할 수 있는 광학장치를 갖추고 있다.

3. 원심분리법

1) 속도 침강 원심분리

일반적으로 실험실에서는 입자의 침전과 분리를 위하여 원심분리를 하게 된다. 원심분리는 시료를 원심분리관에 넣고 회전자(rotor)에 장착한 후 정해진 시간 동안 회전시키면 된다. 원심분리 후 시료는 상등액과 침전물의 두 층으로 나누어지고, 상등액은 경사(decantation)에 의하여 분리된다. 같은 속도에서 오랜 시간 원심분리를 하면 무거운 입자가 먼저 침전하고 가벼운 입자는 나중에 침전한다. 또한 단계적으로 회전속도를 증가시키면 무거운 입자로부터 가벼운 입자까지 따로따로 분리 침전시키는 것이 가능하다.

그림 3-6은 세포를 균질화한 후 단계적으로 회전수를 증가시키면서 원심분리하여 세포 성분들을 따로따로 분리하는 것을 설명하고 있다. 600 g에서 원심분리하여 핵을 침전시킨 후, 상등액을 다른 원심분리관에 채취하여 20,000 g에서 원심분리하면 상등액 중의 미토콘드리아가 침전 분리된다.

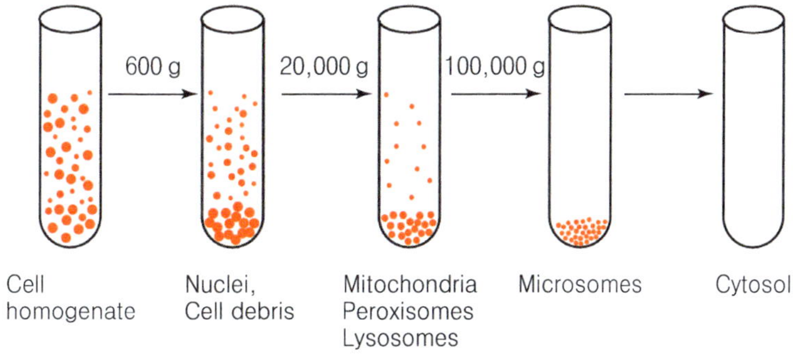

그림 3-6. 다단계 원심분리

2) 밀도기울기 원심분리

시료가 한 가지 이상의 여러 가지 성분으로 된 혼합물일 경우, 단지 원심분리기의 회전수 차이에 의해서는 원하는 성분을 순수하게 분리하기가 어렵다. 하지만 원심분리관 내에 위에서 밑으로 점점 밀도가 증가하는 매개물(설탕이나 글리세롤 등)을 형성한 후, 맨 위층에 시료를 가하고 원심분리하면 시료 중의 각 성분들은 자신의 밀도와 같은 밀도를 갖는 매개물 층에 분리되기 때문에 원하는 성분을 순수하게 분리하는 것이 가능하다. 또한 분리된 각 입자들의 침강계수, 분자량 등을 측정하는 것도 가능하다. 이것을 밀도기울기 원심분리라고 하는데, 여기에는 zonal 원심분리와 isopycnic 원심분리의 2가지 방법이 있다.

(1) Zonal 원심분리

원심분리를 하기 전에 원심분리관 내에 설탕이나 글리세롤(glycerol)과 같은 수용성의 분자량이 작은 용질이 녹아 있는 용액을 채워 밀도기울기를 형성한다. 이 기울기는 밀도가 더 높은 용액의 층 위에 밀도가 낮은 층을 부드럽게 가하거나 긴 바늘을 지닌 주사기를 이용하여 밀도가 높은 층을 원심분리관의 밑바닥에 넣는 것에 의하여 형성된다(그림 3-7). 비활성의 설탕이나 글리세롤은 원심분리관 내의 액체를 안정화시켜 대류가 일어나지 않게 할 뿐만 아니라 원심분리 후 시료의 각 성분이 밀도 차이에 따라 뚜렷하게 따로 분리되기 쉽게 해 준다.

시료를 매개물(설탕이나 글리세롤 용액)의 맨 위에 가하고 원심분리하면 시료의 각 성분은 자신의 침강계수(s)에 따라 이동하여 그림 3-8의 A에서 보는 바와 같이 따로 분리된다. 시료 성분이 원심분리관의 맨 밑에 도달하기 전에 원심분리를 끝내고

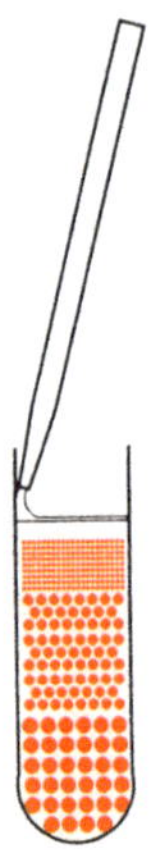

그림 3-7. 밀도기울기의 형성

주사기 등을 이용하여 밀도가 높은 용액 위에 밀도가 낮은 용액을 부드럽게 가한다.

원심분리관의 밑으로부터 밀도가 다른 용액을 따로따로 모아 각 성분을 분리한다.

설탕이나 글리세롤의 농도를 달리하면 밀도기울기의 조건을 변화시킬 수 있다. 설탕 용액의 농도는 60%까지 이용되는데, 이 때의 밀도는 1.28 g/cm^{3}이다. 이 방법은 효소나 단백질의 분리, 확인뿐만 아니라 이들의 침강계수를 결정하는 데에도 사용된다.

(2) Isopycnic 원심분리

그림 3-8의 B는 등 밀도 원심분리에 대하여 설명하고 있다. 원심분리를 하기 전, 원심분리관에 cesium chloride나 cesium sulfate와 같은 농도가 진한 염용액을 충진하는데, 이때 이 용액은 균일한 밀도를 지닌다. 하지만 원심력이 발생하면 cesium 염은

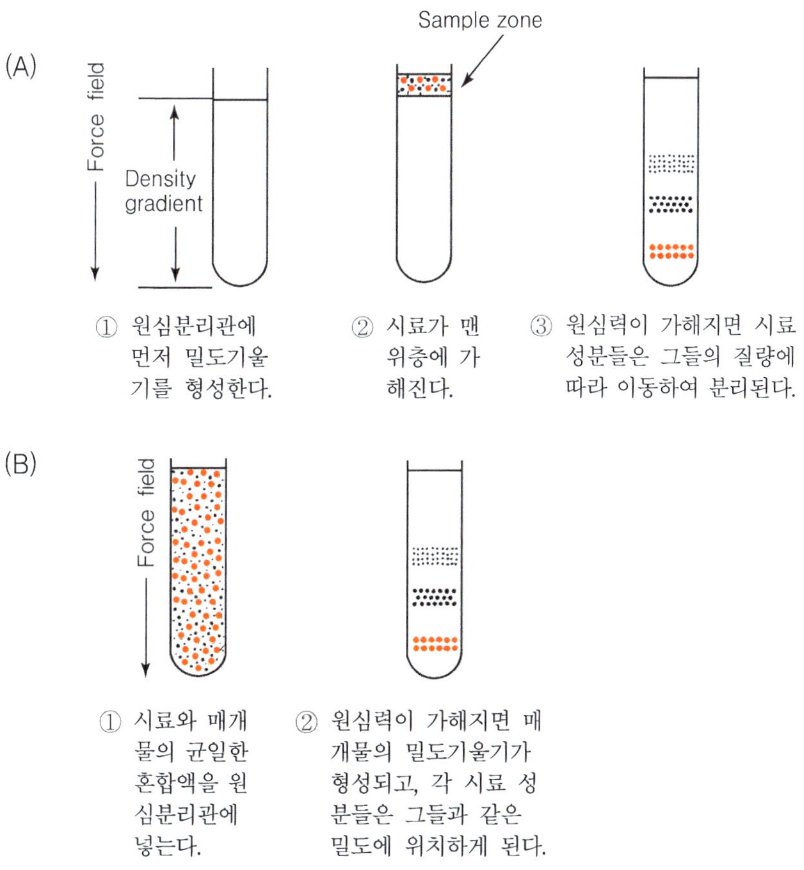

그림 3-8. Zonal 원심분리(A)와 isopycnic 원심분리(B)

원심분리관의 위에서부터 밑으로 계속적으로 증가하는 밀도기울기를 형성하면서 재배치된다. 일반적으로 cesium 염은 최고 밀도가 1.8 g/cm^{3}인 기울기를 형성하는데, cesium 염용액이 완전한 기울기를 형성하기까지는 약 2일 정도 소요된다.

시료용액을 이 매개물과 함께 원심분리관에 넣고 원심분리하면 원심분리 중에 매개물의 밀도기울기가 형성되고, 시료의 각 성분은 자신의 밀도와 동일 밀도를 지니는 위치로 이동하여 안정한 띠를 형성한다. 이 방법은 생물학적 시료의 분리, 정제에 넓게 이용된다. 또한 이들의 침강계수를 결정하는 데에도 사용된다.

3) 원심분리기의 조작

(1) 원심분리관은 시료의 양과 특성에 맞추어 선택한다. 가능하면 사용하는 원심분리관의 수를 줄이는 것이 좋다. 예를 들면, 1 ℓ 의 용액을 원심분리 한다면 20(개) × 50(mL)보다는 4(개)×250(mL)가 여러 면에서 좋다. 대부분의 원심분리관은 저속에 맞추어 조제되었기 때문에 고속으로 원심분리하려면 이에 맞는 원심분리관을 사용하여야 한다.

(2) 시료에 맞는 원심분리기와 회전자(rotor)를 선택한다. 시료가 냉장을 필요로 하면 냉각장치가 있는 원심분리기를 사용하여야 한다. 그리고 원심분리기의 최대 허용속도를 초과해서는 안 된다.

(3) 회전자에서 서로 대칭되는 위치에 있는 원심분리관의 무게는 정확히 같아야 한다. 초원심분리기를 사용할 때에는 저울을 사용하여 무게를 측정하고, bench top 원심분리기나 고속 원심분리기의 경우는 양팔저울을 사용하여 서로 대칭되는 원심분리관의 무게를 똑 같게 한다. 원심분리관의 수가 홀수이어서 서로 대칭을 이룰 수 없을 때에는 증류수 등을 넣은 같은 무게의 원심분리관을 사용하여 회전자 내에서 원심분리관이 균형을 이루도록 하여야 한다(그림 3-9).

(4) 회전자에 원심분리관을 넣는다. 대칭하는 모든 원심분리관의 무게가 같은 지를 다시 확인하고, 회전자의 뚜껑을 꼭 닫는다.

(5) 원심분리기의 뚜껑을 닫는다. 이 뚜껑이 제대로 닫히지 않으면 원심분리기는 작동하지 않는다.

(6) 원심분리의 회전수, 시간 및 온도 등을 입력하고 스위치를 켠다.

(7) 원심분리기가 최대의 속도를 낼 때까지 원심분리기의 곁을 떠나지 않는다. 일반적으로 문제가 발생하면 최대 속도에 도달하기 전에 나타나기 때문이다. 만약 둔탁한 소리가 나거나 진동이 계속되면 즉시 원심분리기를 끈다.

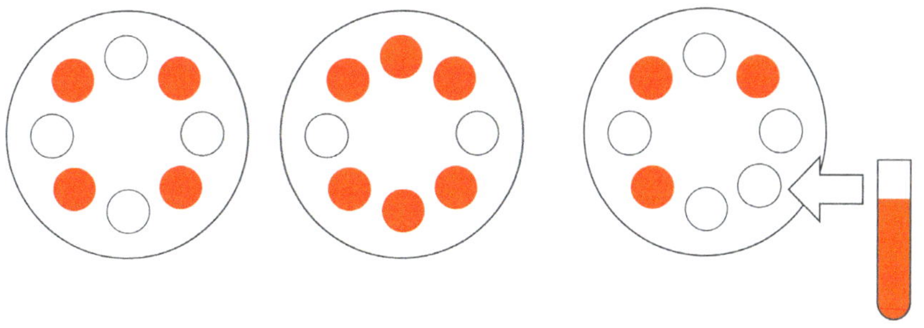

그림 3-9. 회전자 내의 원심분리관 균형

(8) 원심분리가 끝나면 원심분리관을 세워 놓을 수 있는 원심분리관 꽂이나 얼음을 준비하고, 침전물이나 시료 성분의 띠가 섞이지 않게 천천히 조심스럽게 원심분리관을 꺼낸다.

(9) 상등액을 제거하거나 취한다.

(10) 침전물을 세척한다. 이것은 침전물의 순도를 높일 수 있지만 필수사항은 아니다.

(11) 침전물을 제거하거나 취한다.

(12) 원심분리관, 회전자, 원심분리기 내부를 깨끗이 청소한다.

4) 원심분리기를 사용할 때의 주의사항

(1) 방사성 물질 등을 원심분리 할 때에는 별도의 원심분리기를 사용한다. 전염성 물질, 독성 물질, 그리고 병원성 물질은 밀봉된 원심분리관을 이용한다.

(2) 원심분리를 하기 전에 회전자에서 대칭하는 자리에 위치하는 시료는 서로 그 무게가 같도록 조절되어야 한다.

(3) 사용 후 원심분리기는 항상 깨끗하게 하여야 한다. 특히 회전자(rotor)는 깨끗이 닦은 후 뒤집어 보관한다.

(4) 모든 원심분리기의 제한속도를 절대로 초과하지 않는다.

(5) 시료를 원심분리관에 넣을 때에는 원심분리관의 위에서 1～2 cm 까지 넣고 반드시 원심분리관의 뚜껑을 닫은 후에 원심분리한다. 만약 뚜껑이 없는 경우에는 parafilm으로 뚜껑을 한다. 파손된 원심분리관은 절대로 사용하지 않는다.

(6) 회전자에 원심분리관을 넣은 후에 회전자를 장착한다.

▸ 원심분리관을 선택할 때 고려하여야 할 사항

① 시료의 양

② 시료의 조성 : 유기화합물의 액상시료에는 보통 플라스틱이나 유리로 된 것을 사용한다. 페놀 추출물의 경우는 유리나 polypropylene과 같은 활성이 없는 재질의 것을 이용한다. 생물학적으로 위험한 시료는 뚜껑이 반드시 있어야 한다.

③ 시료의 온도 : 냉동원심분리에서 최대속도로 원심분리할 때에는 polyallomer나 Teflon FEP 재질의 원심분리관을 사용하여야 하며, translucent polypropylene 재질은 냉동원심분리기에 적당하지 않다.

④ 회전수 : Corex tube는 15,000～18,000 rpm 정도에서는 사용이 가능하지만, 18,000 rpm 이상에서는 깨질 수 있다. 원심분리관이 어느 정도의 속도에 적당한지를 모르면 절대로 5000 g 이상의 원심분리를 하지 않는다.

⑤ 회전자의 형태 : 원심분리관의 바닥은 둥근 모양과 원뿔모양의 두 가지가 있는데, 일반적으로 큰 문제는 없지만 고정각 회전자에는 원뿔형 원심분리관을 사용하지 않는 것이 좋다.

(7) 회전자의 뚜껑을 반드시 닫고 원심분리한다.

(8) 침전물이 확산될 수 있기 때문에 원심분리가 끝나면 시료를 재빨리 제거한다.

4. 실험 예

1) 실험제목

식육으로부터 Myosin의 추출

2) 실험목적

(1) 원심분리법에 대하여 이해한다.

(2) 원심분리를 이용한 단백질의 추출에 대하여 이해한다.

(3) Myosin 단백질의 성질을 이해한다.

(4) 원심분리를 이용하여 단백질을 추출할 수 있다.

3) 기구 및 장비

(1) 전자저울
(2) 저온 원심분리기(refrigerated centrifuge)
(3) Homogenizer
(4) 자석교반기
(5) 냉장고
(6) 만육기(chopper)
(7) pH meter
(8) 비커
(9) 메스플라스크
(10) Pipet
(11) 메스실린더
(12) 세척병
(13) 피펫필러
(14) 시약스푼

4) 재료 및 시약

(1) 염화칼륨(KCl, potassium chloride)
(2) 2-mercaptoethanol(C_2H_6OS)
(3) Sodium metaborate($NaBO_2 \cdot 4H_2O$)
(4) EDTA · 2Na($C_{10}H_{14}O_8N_2Na_2 \cdot 2H_2O$, ethylenediaminetetraacetic acid)
(5) 제1인산칼륨(KH_2PO_4, potassium phosphate, monobasic)
(6) 염화마그네슘($MgCl_2$, magnesium chloride)
(7) $Na_4P_2O_7 \cdot 10H_2O$(sodium pyrophosphate)
(8) 황산지
(9) 투석막

5) 실험내용

(1) 시료 및 시약조제

① 시료의 조제 : 신선한 돈육으로부터 등심육을 채취한 후 결합조직과 지방조직을 제거하고 2 mm plate의 만육기에 2회 통과시켜 4℃ 냉장고에 보존한다.
② Myosin 추출용액 : 0.1 M KCl, 5 mM EDTA, 15 mM 2-mercaptoethanol, 39 mM sodium metaborate, pH 7.1
③ Hasselbach-Schneider 용액 : 0.6 M KCl, 0.1 M KH_2PO_4, 1 mM $MgCl_2$, 10 mM $Na_4P_2O_7 \cdot 10H_2O$, pH 6.4
④ 0.3 M KCl
⑤ 0.5 M KCl

(2) 실험방법

A. Homogenizer cup + ① (시료) 20 g + ② 100 g → homogenization(15,000 rpm, 15초) → 5초 간격으로 homogenization 3회 반복

B. A를 원심분리(9,000 g, 15분) → 근장단백질 제거

C. B의 침전물 + 침전물 무게의 5배 되는 ② 용액 → 냉장상태에서 20분 교반 → 원심분리(9,000 g, 15분간) → 침전물 채취

D. C의 침전물 + 침전물 무게의 5배 되는 ③ 용액 → homogenization(15,000 rpm, 15초) → 5초 간격으로 homogenization 3회 반복 → 원심분리(14,000 g, 20분) → 상등액 채취(상등액 Ⅰ)

E. D의 침전물 + 침전물 무게의 5배 되는 ③ 용액 → homogenization(15,000 rpm, 15초) → 5초 간격으로 homogenization 3회 반복 → 원심분리(14,000 g, 20분) → 상등액 채취(상등액 Ⅱ)

F. D의 상등액 Ⅰ과 E의 상등액 Ⅱ를 합한 액의 이온강도를 증류수를 사용하여 0.04로 조정 → 냉장상태에서 하룻밤 방치 → 원심분리(15,000 g, 20분) → 침전물 채취

G. F의 침전물 + 침전물 무게의 3배 되는 ④ 용액 → 원심분리(40,000 g, 1시간) → 상등액 채취 → ⑤ 용액으로 투석 → Myosin 액

6) 질문 및 토론

7) 주의사항

(1) 실험실에서의 주의사항을 반드시 지킨다.

(2) 원심분리를 이용한 물질의 분리에 이해한다.

(3) 원심분리기 사용법에 대하여 이해한다.

(4) 이 실험은 모든 과정을 냉장상태에서 실시하여야 한다.

(5) Myofibrils : 근원섬유단백질

(6) Myosin : 척추동물 골격근의 경우, 근원섬유단백질의 약 55%를 차지하는 가장 중요한 단백질이며, ATPase 활성을 갖는 분자량 48만의 거대분자이다. 다른 단백질과 결합하기 쉽고, 또 비가역적인 회합체를 형성하거나 변성이 쉬우므로 정제하기가 쉽지 않다. 또 actin과 강하게 결합하고 있어서 제거하기가 어려우므로 특히 주의하여야 한다.

제 4 장

흡광광도법

1. 원 리

유리의 절단면은 왜 녹색으로 보이는가? 백색광을 구성하는 모든 무지개 색 중에서 녹색을 제외한 다른 색을 띠는 빛들은 유리에 의하여 흡수되고, 녹색을 띠는 빛만이 유리의 절단면에서 반사되기 때문에 유리의 절단면은 녹색으로 보이는 것이다. 왜 투명한 노란 액체는 노랗게 보이는가? 백색광을 구성하는 무지개 색을 내는 빛 중에서 노란빛을 제외한 나머지 빛들은 모두 이 액체에 흡수되고, 단지 노란 빛만이 이 액체를 통과하였기 때문이다.

기기분석법에는 빛의 성질을 이용한 방법들이 많다. 일반적으로 백색광이 물질에 닿으면 반사, 산란, 흡수, 형광/인광(흡수와 재방출), 그리고 광화학적 반응 등이 발생한다. 이 중에서 기기분석에서 특히 중요하게 이용되는 빛의 성질은 빛의 흡수이다. 흡광광도법은 어떤 물질에 의한 빛의 흡수현상을 이용하여 그 물질의 양을 정량하는 것이다. 물질에 의하여 흡수되는 특정 파장의 빛의 양(흡광도)은 그 물질의 농도에 따라 다르기 때문에 시료에 특정 파장의 빛을 쪼이고 흡광도를 측정하면 이 특정 파장의 빛을 흡수하는 시료(물질)의 양을 정량할 수 있다.

이와 같이 시료 용액의 흡광도를 측정하여 목적성분을 정량하는 방법을 흡광광도법(absorption spectrophotometry)이라고 하는데, 주로 자외선(ultraviolet, 180～320 nm) 및 가시광선(visible, 320～800 nm) 영역에서 빛의 흡수를 이용한다. 흡광광도법에 의한 정량분석은 빠르고, 간편하며, 경제적이면서도 정확도, 정밀도가 우수하며, 재현성도 좋기 때문에 자주 사용되는 기기분석법이다.

1) 빛의 성질

(1) 기본 개념

빛의 성질은 입자설과 파동설로 설명된다. 입자설은 빛은 연속적으로 튀어나와서 빠르게 움직이는 작은 입자(광자, photons)의 흐름이라는 것이고, 파동설은 빛은 입자가 아니라 소리나 수면파와 같은 파동이라는 것이다. 즉 입자설은 빛의 입자가 고속운동을 한다는 이론이고, 파동설은 소리나 수면파와 같이 진동운동을 한다는 이론인데, 빛은 이 두 가지 성질을 모두 지닌다.

우리는 연못에 돌을 던졌을 때 나타나는 물의 파동과 같은 빛의 파동을 상상할 수 있다. 광원으로부터 나온 빛의 파동은 그림 4-1과 같이 반복적으로 진행한다. 그림 4-1에서 마루에서 마루까지 또는 골에서 골까지의 길이를 파장(wavelength)이라고 하는데, 파장은 서로 다른 빛을 구별하는 특징이다. 즉, 그림 4-2에서 보는 바와 같이 붉은 빛의 파장은 노란 빛의 파장 그리고 푸른 빛의 파장과 다르다. 파장의 단위는 길이의 단위를 사용하는데, 빛의 파장은 그 종류에 따라 원자의 지름 크기로부터 수 km에 이르기까지 매우 다양하다.

각각의 빛은 서로 다른 파장을 갖지만 빛의 속도는 모두 같다. 파장이 1.0 mm인 빛이나 1.0 km인 빛이나 그 속도는 같다. 진공상태에서의 빛의 속도(c)는 3.00×10^{10} cm/sec이다. 빛이 공기나 용액과 같은 매개물을 지날 때에는 그 속도(ν)가 달라진다. 빛의 파동에서 매 초당 발생하는 진동의 횟수를 주파수(frequency)라고 한다. 1초당 한번 진동하는 것을 1 헤르츠(hertz, Hz)라고 하는데 1 메가헤르츠(MHz)는 10^6 Hz를 뜻한다. 앞에서도 설명한 바와 같이 빛의 속도는 같기 때문에 파장이 작을수록 주어진 시간(1초) 동안에 어떤 점을 통과하는 진동의 수(주파수)는 증가한다(그림 4-3). 그러므로 파장과 주파수는 반비례한다.

빛의 파장, 속도, 주파수의 관계는 다음 식으로 나타낸다.

$$c = \lambda \nu \qquad (4.1)$$

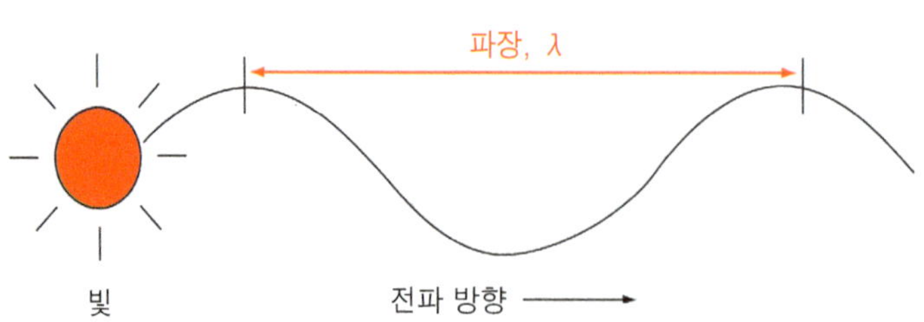

그림 4-1. 빛의 파동

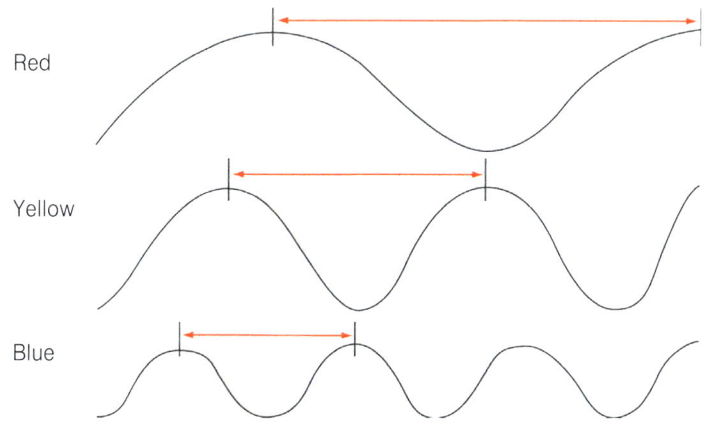

그림 4-2. 서로 다른 파장의 빛

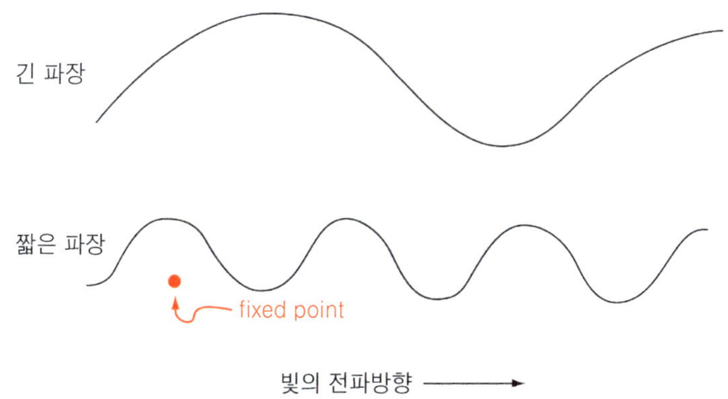

그림 4-3. 파장과 주파수

여기에서 c : 진공상태에서의 빛의 속도(3.00×10^{10} cm/sec)

λ : 파장(lambda)

ν : 주파수(nu)

를 말한다.

식 4.1에서 어떤 빛의 주파수는 $\nu = \dfrac{c}{\lambda}$ 이다.

빛을 광자(photon)라고 하는 입자로 생각하면 빛이 가지는 에너지에 대하여 이해하기가 쉽다. 각각의 광자가 가지는 에너지(E)는 다음과 같다.

$$E = h\nu \tag{4.2}$$

여기에서 E : 빛 에너지

h : Plank 상수(6.62×10^{-27} erg・sec/photon)

ν : 주파수(nu)

를 말한다.

erg는 에너지 단위이며, 식 4.2에서 보는 바와 같이 빛 에너지는 주파수에 정비례한다. 그러므로 빛의 파장과 에너지는 반비례한다. 또한 주파수는 파장과 반비례(식 4.1 참조)하기 때문에 에너지와 주파수는 정비례한다. 예를 들어 상대적으로 짧은 파장의 자외선은 높은 에너지를 지니고, 긴 파장의 적외선은 낮은 에너지를 지니며, 가시광선의 에너지는 그 중간이다. 그리고 가시광선 중에서는 파장이 긴 붉은색 빛의 에너지는 파장이 짧은 푸른색 빛보다 작다.

(2) 전자기 스펙트럼

사람의 눈에 보이는 빛, 가시광선은 **전자기파**의 극히 일부분이다. 이것은 특정한 매우 좁은 파장의 빛만이 사람의 눈에 보여 진다는 것을 뜻한다. 가시광선의 파장 범위는 분류방법에 따라 다소 차이가 있지만 320 ㎚에서 800 ㎚까지 이며 무지개의 빨강, 주황, 노랑, 초록, 파랑, 남색, 그리고 보라의 순으로 파장이 짧아진다. 이 영역을 벗어난 파장을 지니는 것들은 눈에 보이지 않으며, 이들 중에는 자외선, 적외선, X-선, microwave 그리고 radio, TV 파 등이 있다. 이들 모든 전자기파를 파장에 따라 분해하여 배열한 것을 전자기 스펙트럼(electromagnetic spectrum, 그림 4-4)이라고 한다. 전자기 스펙트럼에는 가시광선 영역(visible), 자외선 영역(UV), 적외선 영역(IR) 등이 있다. 전자기 스펙트럼을 보면 가시광선 영역은 극히 일부분임을 확인할 수 있다.

(3) 빛과 물질의 상호작용

앞에서 설명한 바와 같이 빛과 물질이 상호작용을 하면 반사, 굴절, 산란, 흡수, 형광/인광(흡수와 재방출) 그리고 광화학적 반응 등이 발생하는데, 이와 같은 빛과 물질의 상호작용을 연구하는 학문을 분광학(spectroscopy)이라고 한다. 분광학에서 흡수(absorption)란 투명한 매질에 들어있는 어떤 화학종이 특정 파장을 지니는 전자기파의 세기를 감소시키는 현상을 말하는데, 이 장에서는 어떤 화학종이 빛을 흡수하였을 때 발생하는 현상에 대하여 설명하고자 한다.

원자, 분자 또는 이온을 구성하고 있는 전자는 여러 개의 **에너지 준위**(energy level)를 가지고 있으며, 이들 전자에 충분한 에너지가 공급되면 전자는 보다 높은 에너지

▶ **전자기파**

전자기파는 그 파장이나 진동수에 따라 광선영역, 광학영역, 전파영역으로 구분한다. 광선영역은 감마선과 X선으로 구분되고, 광학영역은 자외선과 가시광선, 적외선, 그리고 전파영역은 마이크로파와 라디오파로 구분된다. 가시광선의 빛은 그 파장에 따라 나타내는 색이 다른데, 1가지 색을 띠는 빛, 즉 같은 파장이나 진동수를 가진 빛은 단색광(monochromatic light)이라 하며, 여러 파장의 빛이 혼합되어 있는 빛은 복합광이라 한다.

▶ **에너지 준위(energy level)**

각 전자 궤도는 원자핵과 그 주위를 회전하는 전자 등으로 구성되어 있으며, 이들 구성입자가 보유하는 에너지는 각각 다르다. 이때 그 에너지의 높고 낮음을 나타내는 값을 에너지 준위라고 한다. 에너지 준위는 정해진 양의 에너지를 방출하거나 흡수하면서 바뀔 수가 있는데, 그에 해당하는 에너지를 흡수하거나 방출하면서 에너지 준위가 달라지면 두 에너지 준위 사이에서 전이가 일어났다고 한다. 어떤 계에서 가장 낮은 에너지 준위를 바닥상태라고 하며 이보다 높은 에너지 상태를 들뜬상태라고 한다.

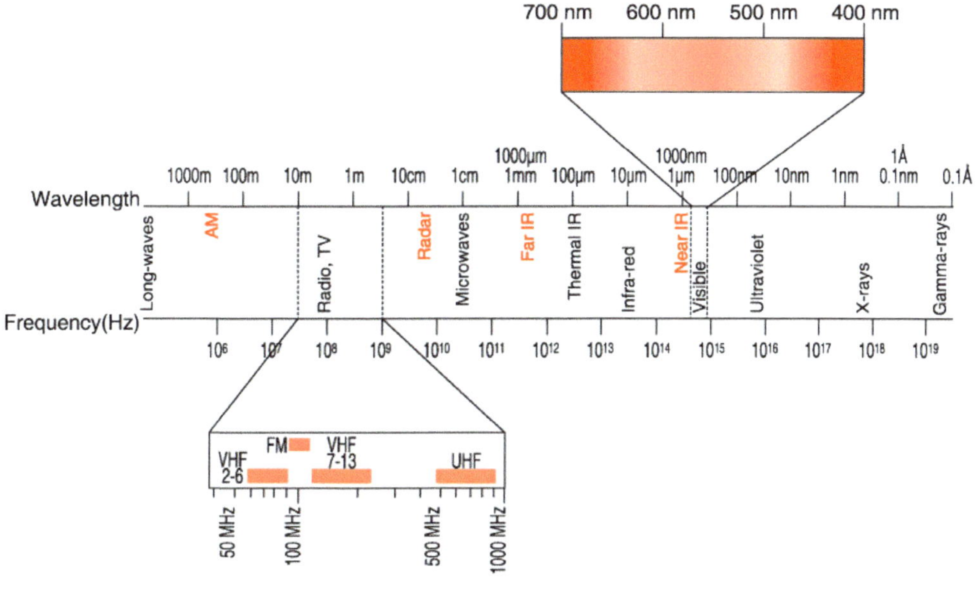

그림 4-4. 전자기 스펙트럼

준위로 이동하게 된다. 이러한 현상을 전자전이(electronic transitions)라고 한다. 빛은 에너지를 가지고 있기 때문에 물질이 빛을 흡수하면 물질의 에너지양이 증가하게 된다. 그림 4-5는 이에 대한 설명이다. 즉, 물질이 빛을 흡수하면 이 빛이 가지는 에너지만큼 물질을 구성하는 전자의 에너지 준위가 더 높은 에너지 준위로 이동($E_0 \rightarrow E_1$)하는 전자전이가 발생하게 된다.

흡수된 빛은 우리의 눈에 보이지 않는다(그림 4-5의 점선). 이 과정에서 중요한 것은 물질을 구성하는 전자는 에너지를 갖는 모든 빛을 흡수하는 것이 아니라 정해진 에너지를 갖는 빛만을 흡수한다는 것이다. 이런 현상을 양자화(quantization)라고 하는데, 이 에너지는 각 화학종(물질)마다 다르다. 즉, 물질에 따라 전자전이($E_0 \rightarrow E_1$)에 필요한 에너지는 서로 다르며, 각 물질은 전자전이가 발생하는 2개의 에너지 준위의 차이(E_1-E_0)와 정확히 같은 에너지를 지니는 파장의 빛만을 흡수한다. 예를 들면 그림 4-6에서 빛(1)은 흡수되지만 빛(2)와 빛(3)은 흡수되지 않는다.

원자가 빛을 흡수하면 일반적으로 전자전이가 발생하지만, 분자의 경우에는 전자전이와 함께 진동전이와 회전전이가 발생하는데 진동전이와 회전전이도 마찬가지로 양자화되어 있다. 즉, 분자들의 진동과 회전에 필요한 에너지는 정해져 있으며, 진동과

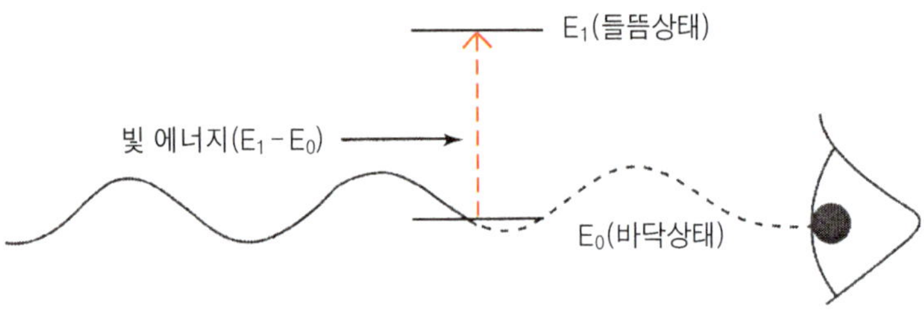

그림 4-5. 빛의 흡수와 전자전이

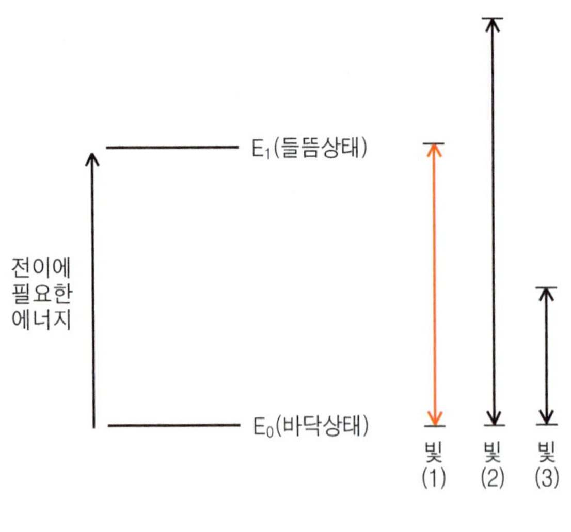

그림 4-6. 분자에 흡수되는 빛(양자화)

회전에 필요한 에너지와 정확히 같은 에너지를 지니는 파장의 빛을 흡수하면 진동전이와 회전전이가 발생하게 된다. 진동과 회전은 분자 고유의 형식을 갖는다. 예를 들면 그림 4-7은 일직선상에 CO_2와 같은 3개(탄소와 산소 2개)의 원자가 결합한 분자의 3가지 진동형식을 보여주고 있다. 전자전이와 마찬가지로 전이에 필요한 정해진 양의 에너지를 지니는 빛이 흡수되면 V_1에서 V_2로, V_1에서 V_3로 또는 V_1에서 V_4로 진동전이가 발생하고 이 빛은 흡수되었기 때문에 시료를 통과하거나 반사되지 않으므로 눈에 보이지 않는다(그림 4-8의 점선).

전자전이에 필요한 에너지는 진동전위나 회전전위에 필요한 에너지 보다 크다. 앞에서 설명한 바와 같이 파장이 짧을수록 그 빛의 에너지는 크다. 그러므로 자외선이나 가시광선을 흡수, 방출하면 전자전이, 적외선을 흡수, 방출하면 진동전이, 그리고 파장이 긴 마이크로파를 흡수, 방출하면 회전전이가 발생하게 된다.

위에서도 설명한 바와 같이 전자전이, 진동전이, 그리고 회전전이에 필요한 에너지는 양자화되어 있으며, 이 에너지는 각 화학종(물질)마다 고유의 값을 가진다. 그러므로 시료에 흡수되는 전자기파의 파장을 측정하면 시료 중에 존재하는 성분물질을 알 수 있다. 이와 같은 목적으로 전자기파의 파장을 변화시키면서 특정 파장에 대한 시료의 흡광도를 측정하면 흡수스펙트럼(absorption spectrum)을 얻을 수 있는데 흡수스펙트럼의 모양은 각 물질의 화학적 구조나 물리적 성질 등에 따라 다르다. 흡수스펙트럼은 크게 원자흡수스펙트럼과 분자흡수스펙트럼의 2가지로 나누어진다.

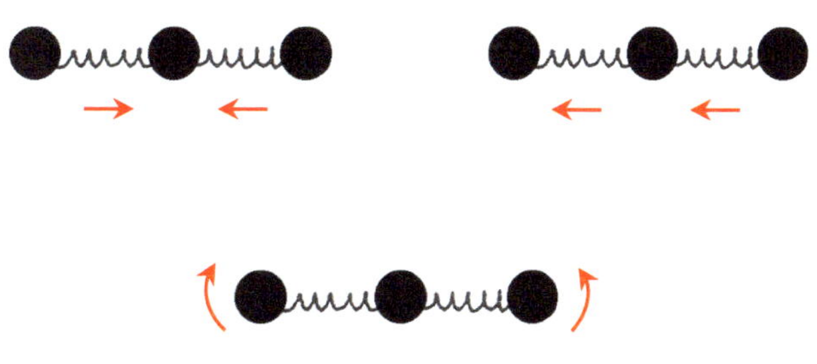

그림 4-7. 3원자 분자에서의 진동형식

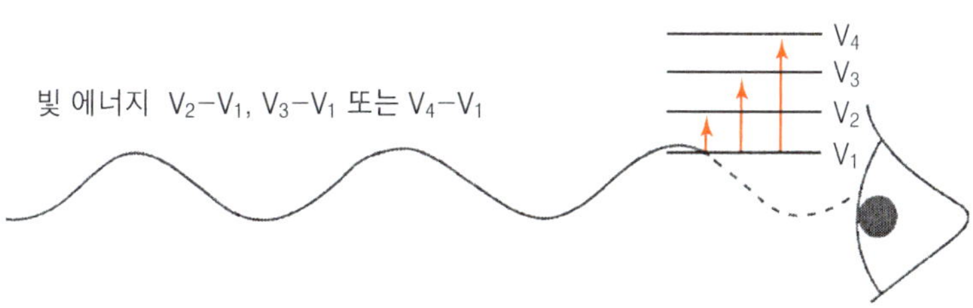

그림 4-8. 분자에 의한 빛의 흡수와 진동전이

(4) 원자흡수스펙트럼과 분자흡수스펙트럼

원자에 의한 빛의 흡수와 분자에 의한 빛의 흡수는 차이가 크다. 원자에서는 분자와 다르게 진동전이와 회전전이가 발생하지 않기 때문에 빛 에너지를 흡수한 원자에서는 전자전이만 발생한다. 단일 원자의 입자로 된 시료에 연속적으로 파장을 변화시키면서 자외선 또는 가시광선을 조사하면 원자를 구성하는 여러 개의 전자가 개별적으로 전자전이에 필요한 빛을 흡수하여 따로따로 전자전이가 발생하게 된다.

그림 4-9에서 전자전이 $E_0 \rightarrow E_1$은 파장 λ_1인 빛에 의한 것이고, 전자전이 $E_0 \rightarrow E_2$는 파장 λ_2인 빛에 의한 것이며, $E_0 \rightarrow E_3$은 파장 λ_3인 빛에 의한 것이라고 말할 수 있다. 예를 들면 나트륨의 3*s* 전자가 589.3 nm의 빛을 흡수하게 되면 3*p*로 전이하게 된다. 원자에서는 진동전이와 회전전이가 발생하지 않기 때문에 몇 가지 일정한 파장의 빛만이 흡수되는데, 각 파장의 빛에 대한 흡광도를 측정하고 그래프를 그리면 그림 4-10과 같다. 이 그래프에서 각각의 수직선의 크기는 원자를 구성하는 전자 각각의 전자전이를 위하여 흡수된 정해진 파장의 빛의 양(흡광도)을 나타낸다. 각각의 파장을 지니는 빛의 흡수된 양이 다른 것은 각각의 전자전이가 서로 다른 경향을 보이기 때문이다. 이 경우 일반적인 분석실험에서는 흡광도가 가장 큰 파장의 빛이 선택된다. 그림 4-10과 같이 흡수되는 빛의 파장이 불연속적인 스펙트럼을 선 스펙트럼(line spectrum)이라고 한다.

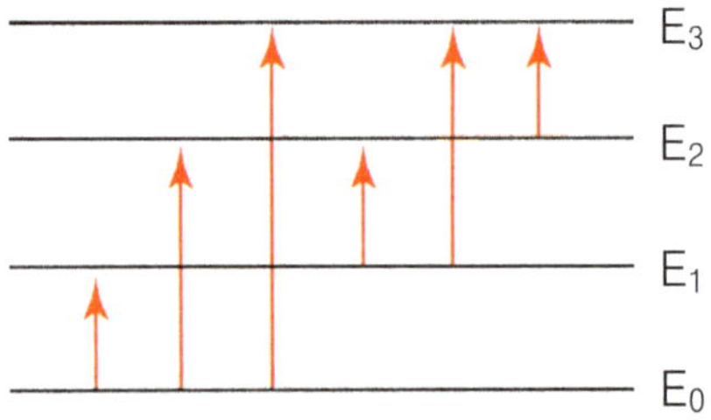

그림 4-9. 4개의 에너지 준위를 갖는 전자에서의 가능한 전자전이

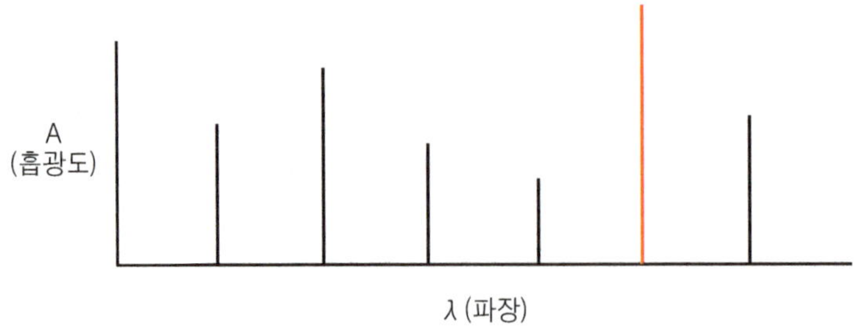

그림 4-10. 원자흡수스펙트럼(선 스펙트럼)

분자는 원자와 달리 빛의 흡수에 의하여 전자전이, 진동전이, 그리고 회전전이가 발생하기 때문에 그 스펙트럼이 대단히 복잡하다. 여러 가지 원자로 구성된 분자는 수많은 전자들의 에너지 준위를 가지는데, 각 에너지 준위에는 또 여러 개의 진동 준위와 회전 준위가 존재하기 때문에 이들 사이에는 수많은 전이가 발생할 수 있다.

그림 4-11은 가상적인 어떤 전자의 에너지 준위 E_0와 E_1 사이에서 발생할 수 있는 수많은 전이를 보여 주고 있다. 그러므로 분자로 된 시료에 연속적으로 파장을 변화시키면서 자외선 또는 가시광선을 조사하면 여러 가지 수많은 파장의 빛이 흡수되기 때문에 분자흡수 스펙트럼은 연속적인 띠 스펙트럼(band spectrum, 그림 4-12)으로 나타난다. 마찬가지로, 일반적인 분석실험에서는 흡광도가 가장 큰 파장의 빛이 선택된다.

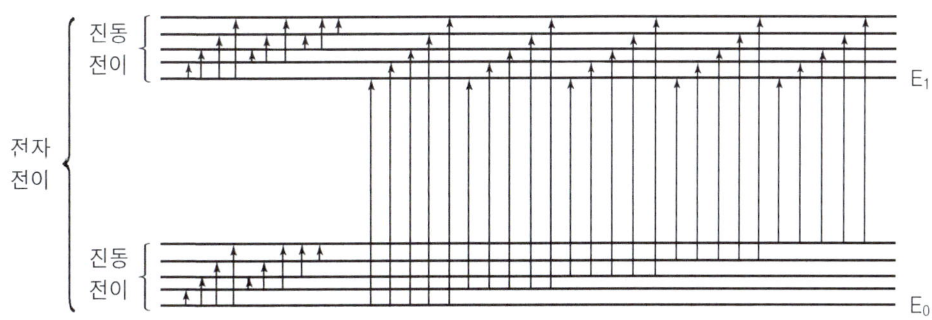

그림 4-11. 2개의 에너지 준위를 갖는 전자에서 가능한 전자전이와 진동전이

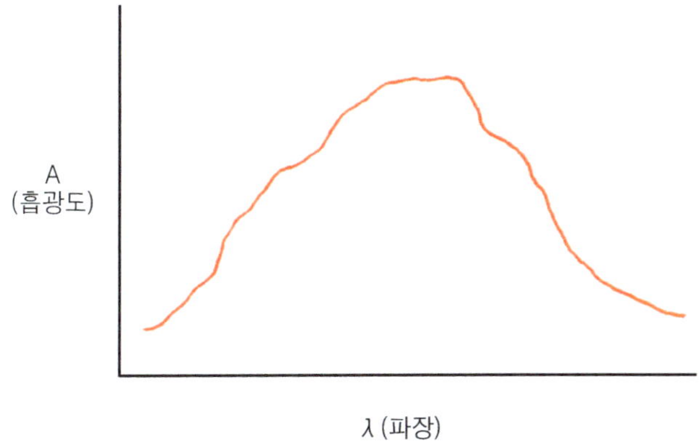

그림 4-12. 분자흡수스펙트럼(띠 스펙트럼)

2) Beer's law

전자기파, 예를 들어 자외선이나 가시광선을 물질에 조사하면 이 빛의 일부는 물질에 흡수되고, 그 물질을 통과한 빛의 세기는 감소한다. 위에서도 설명한 바와 같이 물질에 흡수된 빛 에너지는 전자전위, 진동전이 그리고 회전전이의 원인이 된다. Beer는 빛의 흡수에 관한 연구를 하면서 어떤 물질에 빛을 비추면 그 빛의 세기가 그 물질의 양 또는 농도에 비례하여 감소한다는 것을 발견하였다. 그림 4-13에서 보는 바와 같이 시료에 의하여 빛이 흡수되기 때문에 시료를 통과한 빛의 강도는 약해진다. 시료용액을 통과한 빛의 양(transmittance, T<투과율>)은 흡광물질이 존재하지 않았을 때의 빛의 강도(I_0)에 대한 흡광물질이 존재할 때의 빛의 강도(I)로 표시되는데, 이를 빛의 투과율이라고 하며 다음과 같이 %로 표시될 수 있다.

$$T = \frac{I}{I_0} \tag{4.3}$$

$$\%T = T \times 100$$

시료용액에 대한 빛의 투과율은 시료 중의 어떤 물질의 농도와 특별한 상관관계를 나타내지 않지만, 그 로그함수는 다음과 같이 시료 중의 어떤 물질의 농도와 일정한 상관관계를 나타낸다.

$$-\log T = K \times C \tag{4.4}$$

여기에서 C : 시료 중에 존재하는 흡광물질의 농도
K : 상수

를 말한다.

위 식 4.4에서 $-\log T$를 흡광도(absorbance, A)라고 하면, 흡광도는 시료 중에 존재하는 흡광물질의 농도와 특별한 상관관계를 지니게 된다.

$$A = K \times C \tag{4.5}$$

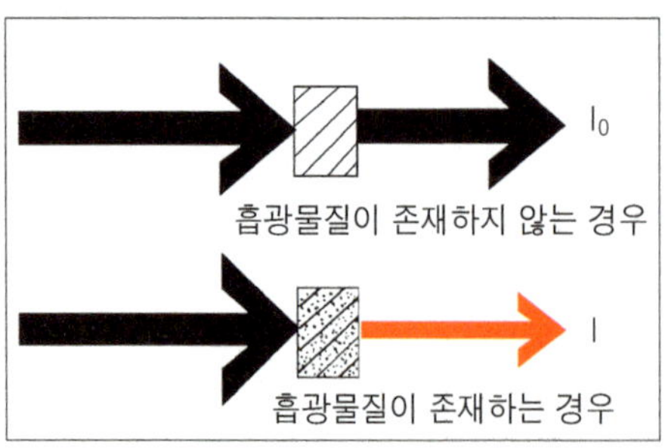

그림 4-13. 시료를 통과한 빛의 강도

시료의 흡광도 역시 빛의 통로에 흡광물질이 존재하였을 때와 존재하지 않았을 때의 빛의 강도를 비교하여 얻어지는 것이다. 다음의 예제를 통하여 빛의 투과율과 흡광도에 대한 이해를 높이도록 하자.

예 1 빛의 투과율이 0.347이면 흡광도는 얼마인가?

풀이 $A = -\log 0.347$이므로 $A = 0.460$

예 2 %T가 49.6%인 시료의 흡광도는?

풀이 $\%T = T \times 100$이므로 $T = \dfrac{49.6}{100} = 0.496$

$A = -\log 0.496$이므로 $A = 0.305$

예 3 흡광도가 0.774이면 %T는?

풀이 $A = -\log T$ 이므로

$0.774 = -\log T$, $T = 0.168$

$\%T = 0.168 \times 100 = 16.8\%$

식 4.5에서 보는 것처럼 어떤 물질의 흡광도가 그 물질의 농도에 비례하는 것을 **Beer's law**라고 한다. 하지만 시료의 흡광도는 위에서 설명한 시료 중에 존재하는 흡광물질의 농도에 의해서만 결정되지는 않는다. 예를 들면 그림 4-14에서 보는 바와 같이 cuvette(흡광도를 측정할 때 시료를 넣는 기구)의 직경 또는 폭에 따라서 흡광도는 달라진다. 또한 흡광도는 물질 고유의 특성에 따라서도 달라지는데, 이것을 그 물질의 몰 흡광계수(molar absorptivity)라고 하며 ε 으로 표시한다. 그러므로 Beer's law는 다음과 같이 쓸 수 있다.

$$A = \varepsilon \times b \times c \tag{4.6}$$

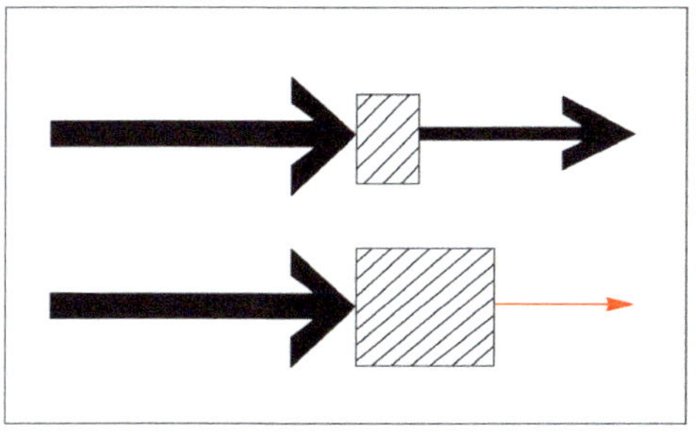

그림 4-14. Cuvette의 직경이 빛의 투과율에 미치는 영향

여기에서 A : 흡광도

ε : 물질 고유의 흡광계수(mol/L)

b : cuvette의 직경 또는 폭(cm)

c : 흡광물질의 농도(mol/L)

를 말한다.

3) Beer's law의 응용

위에서 설명한 바와 같이 시료용액의 흡광도는 대조구(blank test)의 흡광도에 대한 시료 흡광도의 비율이기 때문에 단위가 없으며, 시료 중의 흡광물질의 농도와 정(正)의 상관관계를 지닌다. 그러므로 농도를 알고 있는 표준 시료의 용액에 대한 흡광도를 측정하여 검량선(standard curve)을 만들고 이를 기준으로 미지농도 시료의 농도를 계산할 수 있게 된다.

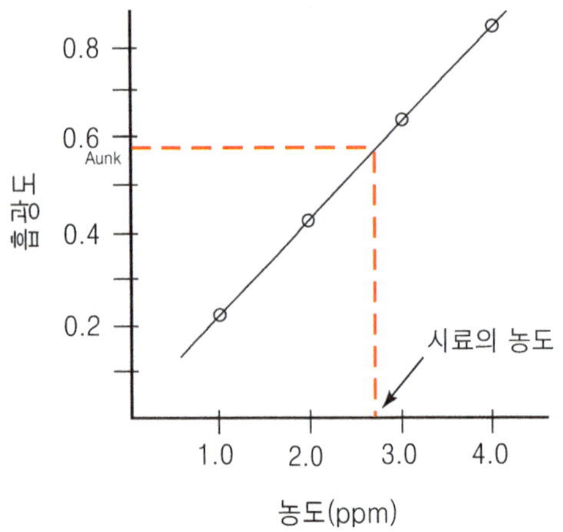

그림 4-15. Standard curve와 시료 중의 흡광물질 농도 측정

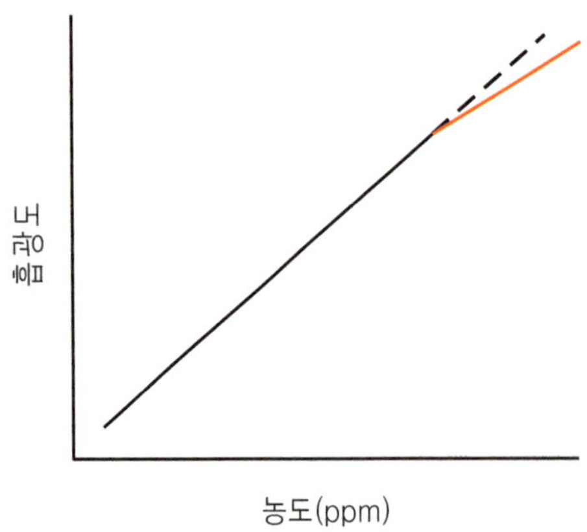

그림 4-16. 흡광물질의 농도가 높을 때의 편차

검량선을 만들기 위해서는 농도가 서로 다른 3개 이상의 표준용액의 흡광도를 측정하여야 하며, 그 농도에는 예측되는 미지시료의 농도범위가 포함되어야 한다. 그림 4-15는 시료 중에 존재하는 어떤 흡광물질의 농도를 측정하기 위하여 표준물질을 이용하여 1.0 ppm, 2.0 ppm, 3.0 ppm, 4.0 ppm 농도의 표준용액을 조제한 후 그 흡광도를 측정하여 작성한 검량선이다. 만약 시료의 흡광도가 0.588을 나타내었다면 이 검량선을 이용하여 시료 중의 흡광물질 농도가 2.7 ppm이라는 것을 알 수 있다.

그림 4-16에서 보는 바와 같이 시료 중 흡광물질의 농도가 매우 높거나 낮으면 이때의 흡광도는 Beer's law를 따르지 않는다. 이와 같은 편차는 일반적으로 농도 변화에 따른 화합물의 본질 변화에 기인한다고 할 수 있다. 예를 들면 용액에서 어떤 산, 염기, 그리고 염 등은 농도가 희석될수록 그들의 이온화가 증가되는데, 이들 이온의 빛을 흡수하는 정도는 이온화되지 않는 분자의 그것과 다르다. 또한 어떤 유기화합물은 농도가 높아지면 응집되는 경향이 있는데, 이러한 작용은 일정 파장의 흡수하는 능력을 변화시킬 수 있다. 따라서 흡광도를 측정할 때에는 표준용액을 사용하여 standard curve를 얻은 후에 Beer's law가 적용되는 즉, 물질의 농도와 흡광도가 정의 상관관계를 나타내는 범위의 농도에서 흡광도를 측정하여야 한다.

2. 기 기

흡광광도법에서 빛의 흡광도를 측정하는 기기(機器)를 분광광도계(spectrophotometer, 그림 4-17)라고 한다. 분광광도계는 그림 4-18과 같은 구조로 되어 있다. 분광광도계의 각 구성성분은 흡광분석의 효율을 크게 좌우하기 때문에 각 구성성분의 기능에 대하여 자세히 이해하는 것이 필요하다. 다음에 분광광도계의 주요 부분에 대하여 설명하도록 한다.

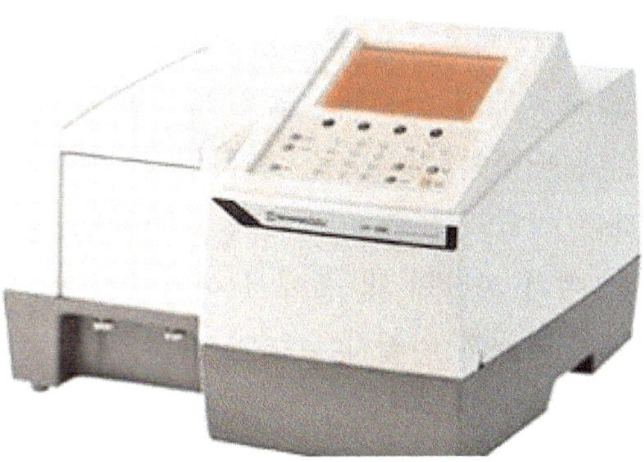

그림 4-17. 분광광도계
(Shimadzu co.)

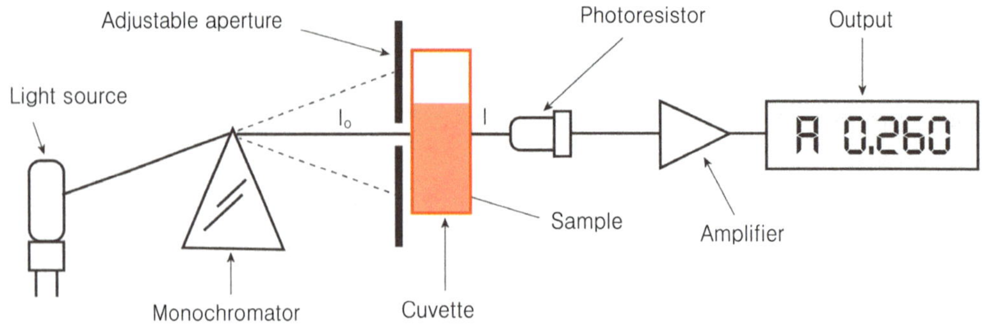

그림 4-18. 분광광도계의 시스템

1) 광 원

광원(light source)은 시료 중에 존재하는 흡광물질 농도를 측정하는 데 필요한 일정한 파장의 빛을 낼 수 있어야 한다. 대부분의 분광광도계는 가시광선 범위의 분석에는 텅스텐 등(燈)을 사용하고, 자외선 범위의 분석을 위해서는 수소 등을 사용한다.

2) 파장 선택장치

광원에서 나오는 빛은 넓은 파장 범위의 연속적인 복사선인데, 앞에서도 설명한 바와 같이 흡광광도법에서는 시료 중의 흡광물질이 빛을 최대로 흡수하는 파장에서 흡광도를 측정하여야 한다. 일반적으로 광원으로부터 일정한 파장의 빛을 선택하면 그 빛의 강도는 약해지지만 선택한 파장의 순도가 크면 클수록 측정의 감도(sensitivity)는 커진다. 분광광도계는 파장 선택장치, 즉 프리즘이나 회절격자를 이용하는 단색화장치(monochromator)에 의하여 원하는 파장의 빛만을 시료에 공급한다.

그림 4-19에서 보는 바와 같이 파장 선택장치(wavelength selector)는 회절발(diffraction grating)과 두 개의 slit으로 구성되어 있는데, slit은 회절발의 전·후에 위치하고 있다. Slit은 불투명하며 광원에 대하여 직각으로 좁게 열려 있는데, 첫 번째 slit은 광원으로부터 회절발로 들어가는 빛의 강도를 일정하게 조절하고, 두 번째 slit은 회절발이 무지개 색으로 분산시킨 여러 파장의 빛 중에서 어떤 특정 파장의 빛만을 시료에 비추는 중요한 역할을 한다. 시료에 비춰지는 빛의 파장은 회절발의 회전에 의하여 조절될 수 있는데, 분광광도계의 외부에는 이 회전을 조절하는 조절장치가 있다.

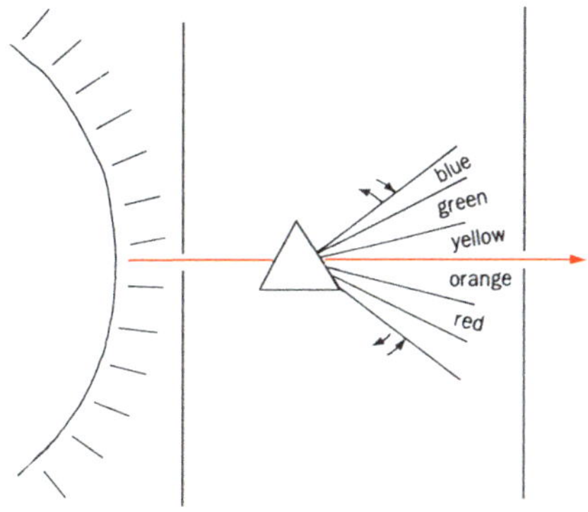

그림 4-19. 파장 선택장치

3) Cuvette holder와 sample compartment

Cuvette에 담겨진 시료용액의 흡광도가 측정되는 곳으로 파장 선택장치로부터 나오는 일정한 파장의 빛에 의하여 시료가 조사되는 장소를 말하며, 외부로부터 빛이 차단되어 있다.

4) 검출기와 지시기

시료용액을 통과한 빛 에너지를 전기 에너지로 변환하여 시료용액의 흡광도를 나타내는 장치이다.

3. 흡광도의 측정

1) Cuvette

흡광도를 측정할 때에는 시료용액을 cuvette에 넣은 다음 이것을 빛의 통로에 놓게 된다. Cuvette은 완전히 투명하여야 한다. 석영(quartz)으로 만든 cuvette은 UV/VIS 범위의 파장에서 사용이 가능하지만, 플라스틱 등과 같은 재질의 cuvette은 일반적으로 230 nm 이하의 파장에서는 사용하지 않는 것이 좋다. 최근에는 가시광선 영역에서 PMMA(polymethylmethacrylate) cuvette이 많이 사용되고 있다.

흡광도를 측정할 때에는 가능한 같은 cuvette을 사용하여야 하며, 두 개 이상의 cuvette을 사용할 때에는 표준화된 한 벌의 cuvettes(matched cuvette, 그림 4-20)을 사용하여야만 한다. 왜냐하면 cuvette의 굴절률, 반사율, 내부 두께 등이 시료(물질)의 흡광도에 영향을 주기 때문이다. 표준화된 cuvette이란 빛에 대한 **굴절률**, 반사율, 그리고 내부 두께 등이 동일한 cuvette를 말하는데, 이들은 빛의 50%를 통과시키는 용액에 대하여 cuvette 사이의 흡광도 차이가 1% 이하이다. 또한 cuvette은 같은 cuvette 내에서도 부위에 따라 굴절률, 반사율, 내부 두께 등이 달라질 수 있기 때문에 흡광도를 측정할 때에 cuvette은 정확하게 같은 위치에 있어야 한다.

예를 들면 그림 4-21과 같이 흡광도를 측정할 때마다 cuvette의 상표가 있는 면을 광원을 향하게 하거나 또는 cuvette에 정확한 위치를 나타내는 표시가 있는 경우에는 cuvette의 세로선은 분광광도계 cuvette holder의 세로선에 일치하도록 하여야 한

그림 4-20. 표준화된 cuvette

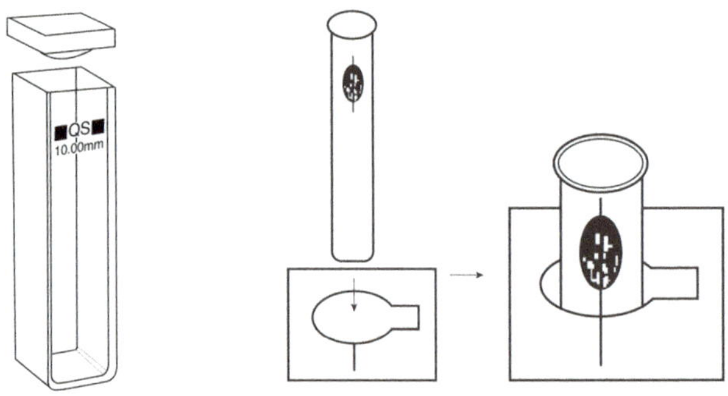

그림 4-21. 분광광도계에서 cuvette의 올바른 위치

▸ **굴절률**

굴절률(refractive index, n)은 다음과 같이 표현되고, 이것은 굴절계를 이용하여 쉽게 측정된다. 빛이 굴절률이 다른 두 매질 사이를 통과할 때, 주파수는 일정하게 유지되지만 파장은 변화한다.

$$n = \frac{\text{진공상태에서의 속도}}{\text{매개물에서의 속도}}$$

다. 또는 cuvette에는 여러 종류의 흠이 있거나 지문, 용매 등이 묻어 있을 수가 있는데, 이들도 역시 흡광도에 영향을 미치기 때문에 잘 닦은 후에 흡광도를 측정하여야 한다.

2) 파장의 선택

분자는 원자와 달리 그림 4-22에서 보는 바와 같이 광범위한 범위에 걸쳐 여러 파장을 지니는 빛을 계속적으로 흡수한다. 그러므로 흡광광도법에 의하여 시료용액 중의 어떤 흡광물질의 농도를 측정할 때에는 그 물질이 빛을 가장 많이 흡수할 수 있는 빛의 파장, 즉 흡광도가 최대인 파장을 선택해야 한다. 왜냐하면 흡광도가 클수록 그 물질의 농도를 보다 정확히 측정할 수 있기 때문이다. 흡광도가 최대인 파장은 그림 4-22에서와 같이 각 파장(λ)에 대한 흡광도를 측정하는 것에 의하여 쉽게 결정할 수 있다.

3) 분광광도계의 보정

분광광도계를 사용하여 시료의 흡광도를 측정할 때에는 대조구 용액(blank test)을 조제하여야 한다. 대조구 용액은 시료용액에서 측정하려는 흡광물질이 존재하지 않는 용액을 말하는데, 흡광물질을 제외하고는 시료용액과 반드시 동일하게 만들어져야 한다. 즉, 시료용액을 조제할 때 사용한 용매와 같은 용매로 조제되어야 한다. 왜냐하면 시료용액 조제에 사용된 용매에 빛의 흡수에 영향을 주는 다른 물질이 들어 있을 수 있기 때문이다. 흡광광도법에서 대조구 용액의 흡광도를 정확하게 측정하는 것은 대단히 중요하다. 왜냐하면 식 4.4에서 보는 것처럼 대조구 용액의 흡광도는 시료용액의 흡광도에 큰 영향을 주기 때문이다.

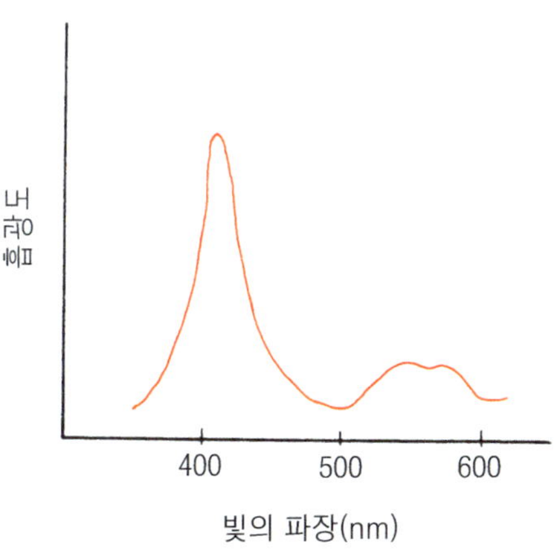

그림 4-22. Hemoglobin의 흡수 스펙트럼

그러므로 흡광도의 측정은 대조구 용액-시료용액-대조구 용액-시료용액의 순으로 진행하여야 하는데, 이를 위해서는 이 순서를 자동으로 진행해 주는 cuvette changer를 사용하는 것이 바람직하다. 하지만 흡광도를 측정하는 동안에 증발이나 광분해 등으로 시료용액의 특성이 변하지 않는다면 대조구 용액에 대한 흡광도 측정은 일반적으로 4시간에 한 번 정도 측정하면 된다.

분광광도계는 반드시 빛의 투과율(%T)을 보정한 후에 사용하여야 한다. 즉, 대조구 용액에는 흡광물질이 들어 있지 않으므로 광원으로부터 나오는 빛을 100% 통과시킬 것이기 때문에 대조구 용액의 투과율이 100%T를 나타내도록, 반대로 광원으로부터의 빛이 모두 흡수되어 검출기에 전혀 닿지 않는다면 투과율은 0%T가 될 것이기 때문에 이와 같은 조건에서 투과율이 0%T를 나타내도록 분광광도계를 보정하여야 한다.

4) 발색시약과 가리움제

흡광광도법을 이용하여 어떤 물질의 농도를 측정하고자 할 때, 일부 유기화합물이나 금속 착색물과 같이 자외선 및 가시광선 영역에서 빛을 흡수하는 성분의 경우에는 직접 분석하는 경우도 있으나, 자외선 및 가시광선 영역에서 빛을 거의 흡수하지 않는 성분을 분석할 때는 적당한 발색시약을 사용하여 빛을 흡수하는 화합물로 변화시켜야 한다.

발색반응은 산화환원반응, 중화반응 등을 이용하는 경우도 있으나 금속 킬레이트 생성반응을 이용하는 경우가 많다. 최근에는 극미량 성분에 대한 분석 요구가 높아짐에 따라 고감도 시약이나 고감도 발색반응에 대한 연구가 활발하다. 발색시약은 다음과 같은 조건을 갖추어야 한다.

(1) 발색된 색이 예민하고 안정하여야 한다.
(2) 방해성분이 적고 목적 성분에만 반응하여야 한다.
(3) 발색된 화합물의 조성이 명확하여야 한다.
(4) Beer's law를 충족시켜야 한다.

일반적으로 시료용액에는 흡광분석을 방해하는 물질들이 함유되어 있는 경우가 많다. 예를 들면 흡광분석법을 이용하여 시료 중의 단백질 양을 측정하는 Biuret 법은 peptides, tris, 설탕, 담즙색소, ammonium sulfate, glycerol, 지질, 세정제 등에 의하여 방해를 받으며, Lowry 법은 방향족 화합물, 완충용액(tris, Hepes, glycine, citrate 등), 당(포도당, 설탕 등), 황화합물, 환원제, EDTA, ammonium sulfate, Triton X-100, mercaptants 등에 의하여 방해를 받는다. 또한 Bradford법은 알칼리 완충용액,

SDS(sodium dodecyl sulfate), Triton X-100 등에 의하여 방해를 받는다. 이때에는 제3의 물질인 가리움제를 첨가하여 방해물질의 작용을 방지할 수 있는데, 가리움제는 방해물질이 발색시약과 반응하지 못하게 하는 역할을 한다.

5) 흡광도 측정 시 고려하여야 할 기타 사항

(1) 흡광도를 측정할 때에 사용하는 용매는 우선 시료를 용해시키고, 비가연성이며 독성이 없어야 한다. 그리고 모든 파장의 빛을 완전히 통과시켜야 한다. 즉 흡광도에 영향을 미치지 않아야 한다. 또한 용매와 목적 성분의 반응이 흡광도에 영향을 주지 않아야 한다. 이러한 조건에 가장 가까운 용매는 증류수이지만 증류수는 소수성 유기화합물을 용해시키지 못한다. 물을 제외한 다른 용매들은 표 4-1에서 보는 것처럼 자외선 영역 이하의 빛을 강하게 흡광하기 때문에 자외선 영역에서는 사용하기 어렵다. 유기용매를 사용할 때에는 기화에 의하여 시료의 농도가 변할 수 있기 때문에 덮개가 있는 cuvette을 사용하여야 한다.

(2) 용매의 극성은 최대 흡광 파장과 흡광도에 큰 영향을 미친다. 예를 들면 아세톤의 경우 용매에 따라 최대 흡광 파장이 259 nm에서 279 nm까지 달라진다. 이것은 용매와 시료성분의 상호작용에 의하여 앞에서 설명한 진동전이에 변화가 발생하기 때문이다. 일반적으로 비극성 물질을 비극성 용매에 녹인 경우에는 흡광도에 거의 변화가 없다. 하지만 물이나 알코올 등과 같은 극성 용매에 극성 물질을 녹인 경우에는

표 4-1. 여러 가지 용매의 한계 파장

용 매	한계파장(λ_{cutoff}, nm)[1]	비 고
증류수	<195	
Acetone	331	인화성
Chloroform	246	인화성, 급성독성
Cyclohexane	211	인화성
Dimethylsulfoxide	270	건강 유해성
Ethanol	207	인화성
Methanol	210	인화성
Hexane	199	인화성

[1] 1 cm 길이 cuvette에서 투과율이 25% 이하인 파장

영향을 준다. 예를 들면 에탄올은 phenol의 진동을 어렵게 하여 최대 흡광 파장과 흡광도를 변화시킨다. 그러므로 흡광도를 측정할 때에는 예비실험을 통하여 이를 확인하고 실험에 반영하여야 한다.

(3) 만약 시료의 pH에 따라 시료의 흡광도가 변화한다면 완충용액을 사용하여 시료의 pH 변화를 방지하여야 한다. 하지만 대부분의 완충제가 흡광특성을 가지고 있으므로 주의하여 사용하여야 한다.

(4) 시료의 온도는 시료용액의 화학적, 물리적 영향을 주며, 이로 인하여 흡광도가 변할 수 있기 때문에 주의하여야 한다. 이러한 경우에는 온도조절이 가능한 cuvette holder를 사용하거나 일정한 온도가 유지되는 환경에서 흡광도를 측정하여야 한다.

예 1 시료 중의 hemoglobin의 농도를 측정하기 위하여 표준 용액을 조제하고 흡광도를 측정하였더니 아래 표와 같았다. 그리고 시료 용액 5개(A, B, C, D, E)의 흡광도를 측정하였더니 A는 0.400, B는 0.685, C는 0.120, D는 0.160, 그리고 E는 3.000이었다.

(1) 시료 A-D의 hemoglobin 농도는 얼마 인가요?
(2) 이 실험에서 시료 E는 어떤 문제가 있나요?
(3) 시료 E의 hemoglobin 농도를 측정하려면 어떻게 해야 하나요?

표준 시료용액	농도(ppm)	흡광도
1	1.20	0.24
2	2.50	0.50
3	3.70	0.71
4	5.10	0.97
5	7.20	1.38
6	9.80	1.82

4. 실험 예

1) 실험제목

Biuret protein determination

2) 실험목적

(1) 흡광광도법을 이해한다.
(2) 흡광광도법을 이용하여 단백질 용액의 농도를 측정한다.
(3) 단백질의 Biuret 반응에 대하여 이해한다.
(4) 단백질의 농도를 측정할 수 있다.

3) 기구 및 장비

(1) 전자저울
(2) 분광광도계 또는 비색계
(3) Incubator
(4) Vortex mixer(시험관 혼합기)
(5) 시험관
(6) 시험관 꽂이
(7) Autopipet
(8) 분광광도계용 cuvette
(9) 세척병
(10) 피펫필러
(11) 시약스푼

4) 재료 및 시약

(1) 황산구리($CuSO_4 \cdot 5H_2O$, cupric sulfate)
(2) Rochelle salt($C_4H_4KNaO_6$, potassium sodium tatrtarate)
(3) 수산화나트륨(NaOH, sodium hydroxide)
(4) 우(牛) 혈청 알부민(bovine serum albumin)
(5) 황산지

5) 실험내용

(1) 시료 및 시약조제

① 비우렛(Biuret) 시약 : 먼저 $CuSO_4 \cdot 5H_2O$ 1.5 g과 potassium sodium tartrate 6.0 g을 증류수에 녹여 500 mL로 정용하고, 여기에 10% NaOH 용액 300 mL와 증류수를 가하여 1 L로 정용한다.

② 단백질 표준용액 : Bovine serum albumin 증류수에 녹여 10 mg/mL 농도로 조제한다.

③ 시료 단백질 용액 : 10 mg/mL 정도의 농도를 지니는 단백질 용액을 조제한다.

(2) 실험방법

A. Incubator의 온도를 37℃로 조정한다.

B. 12개의 시험관에 0, 0.1, 0.2, 0.3, 0.4, 0.5, 0.6, 0.7, 0.8, 0.9, 1.0, S(시료)로 labelling 한다.

C. B의 각 시험관에 ② 용액을 labelling 된 양(mL) 만큼 정확하게 가하고, S 시험관에는 ③ 용액 0.5 mL를 가한다.

D. 각 C에 증류수를 가하여 전체 부피를 1 mL로 정용한다. 즉 0.1 시험관에는 증류수를 0.9 mL 가하고, 1.0 시험관에는 증류수를 가할 필요가 없다.

E. D의 모든 시험관에 ① 용액을 4 mL씩 가하고, vortex mixer로 잘 혼합한다.

F. 분광광도계(540 ㎚)를 warming up 한다.

G. E를 마친 모든 시험관을 37℃의 incubator에 20분간 방치한다.

H. 540 ㎚에서 0～1.0 시험관의 흡광도를 측정하고 그 흡광도를 이용, 검량선을 작성한다.

I. S 시험관의 흡광도를 측정한 후, H에서 작성한 검량선을 이용하여 시료 단백질 용액의 농도를 결정한다.

6) 질문 및 토론

7) 주의사항

(1) 실험실에서의 주의사항을 반드시 지킨다.

(2) Biuret protein determination의 원리에 대하여 이해하고 시료용액의 단백질 농도를 산출한다.

(3) Biuret test에 대하여 이해한다.

(4) 분광광도계의 사용법에 대하여 이해한다.

(5) 이 실험은 단백질 정성분석 방법의 하나인 비우렛($H_2N-C-N-NH_2$) 반응의 원리를 이용한 것이다. 일반적으로 비우렛은 알칼리성 $CuSO_4$와 반응하여 보라색의 착화합물을 만드는데, 이와 구조가 비슷한 두 개 이상의 펩티드결합을 지닌 화합물도 이와 유사한 착화합물을 만들며, 단백질의 경우에는 청자색 또는 적자색의 착화합물을 만든다. 이때 형성되는 착화합물의 양은 단백질의 농도에

따라 달라진다(Beer's law). 즉, 단백질의 양이 많으면 색이 짙어지고 적으면 흐려진다. 그러므로 각각의 서로 다른 농도의 표준단백질 용액을 알칼리성 $CuSO_4$와 반응시킨 후 흡광도(색의 진하고 흐린 정도)를 측정하여 기준이 되는 검량선을 작성하면 이를 이용하여 단백질의 농도를 모르는 시료 중의 단백질 농도를 측정할 수 있다. 보통 이 방법으로는 약 1～20 mg의 단백질을 정량할 수 있으며, 착화합물의 색은 1～2시간 동안은 안정하지만, 그 이상의 시간이 경과하면 점점 색도가 증가하는 것으로 알려져 있다.

제 5장

형광광도법

1. 원 리

일반적으로 빛(백색광)이 물질에 닿으면 반사, 산란, 흡수, 형광/인광(흡수와 재방출) 그리고 광화학적 반응 등이 발생하는데, 이 장에서는 형광의 발생과 이를 응용한 분석법에 대하여 설명하고자 한다. 제4장에서도 설명한 바와 같이 원자나 분자 등에 빛을 가하면 이 빛의 일부분은 흡수되고, 흡수된 빛 에너지는 이들을 구성하고 있는 전자를 보다 높은 에너지 준위로 이동시킨다. 즉 회전전이와 진동전이를 동반한 전자전이가 발생하게 된다. 이때 빛을 흡수하기 전의 가장 낮은 에너지 준위를 바닥상태(ground state)라고 하고, 전자전이가 발생한 후의 에너지 준위를 들뜬상태(excited state)라고 하는데 원자나 분자를 구성하는 전자는 바닥상태의 에너지 준위를 유지하는 것이 가장 안정하다. 즉, 들뜬상태의 수명은 10^{-9} ~ 10^{-8} 초로 대단히 짧아서 몇 단계의 이완과정을 거쳐 에너지를 잃고 다시 바닥상태로 되돌아가게 된다.

이 과정에서 흡수되었던 에너지와 방출되는 에너지는 정확히 같으며 방출되는 에너지는 새로운 화학종을 생성하거나 열로서 방출되는 것이 일반적이다. 그러나 어느 특정한 구조를 가진 분자에서는 이 에너지를 다시 빛으로 방출하는데 이와 같이 바닥상태로 되돌아가면서 방출하는 빛을 형광(螢光, fluorescence), 이와 같은 성질을 지니는 물질을 형광물질이라고 한다. 그림 5-1에서 보는 바와 같이 원자나 분자 등에 흡수되었던 에너지는 진동이완(vibrational relaxation) 등으로 일부 손실된 후에 형광으로 방출되기 때문에 에너지 손실에 따라 형광의 파장은 언제나 흡수되는 빛의 파장보다 길다.

그림 5-2는 Rhodamine 6G의 흡수 스펙트럼과 형광 스펙트럼을 나타낸 것이다. 위에서도 설명한 바와 같이 형광 스펙트럼은 흡수 스펙트럼보다 그 파장이 긴 것을 볼

수 있는데, 이와 같은 현상을 Stoke's shift라고 한다. 흡수 스펙트럼과 형광 스펙트럼의 모양은 닮은꼴이며, 중심 부근의 겹친 곳을 기준으로 좌우대칭에 가깝기 때문에 거울상 관계라고도 한다. 이와 같은 거울상 관계는 바닥상태와 들뜬상태에서의 분자구조가 대략 같을 때 성립된다.

제4장에서 설명한 바와 같이 원자나 분자에 의한 빛의 흡수는 양자화되어 있기 때문에, 흡수 스펙트럼과 형광 스펙트럼의 모양은 분자 고유의 것이다. 그러므로 이 스펙트럼의 모양이나 강도로부터 시료성분의 정성 및 정량분석을 할 수 있다. 형광광도법(fluorometry)은 형광을 내는 분자종이 비교적 한정되어 있으므로 제4장에서 설명한 흡광광도법에 비하여 응용범위가 제한되어 있지만, 측정하고자 하는 물질의 최대

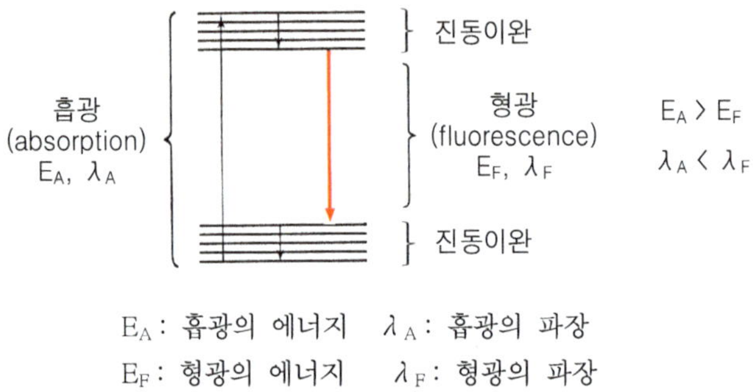

그림 5-1. 흡광과 형광의 에너지와 파장비교

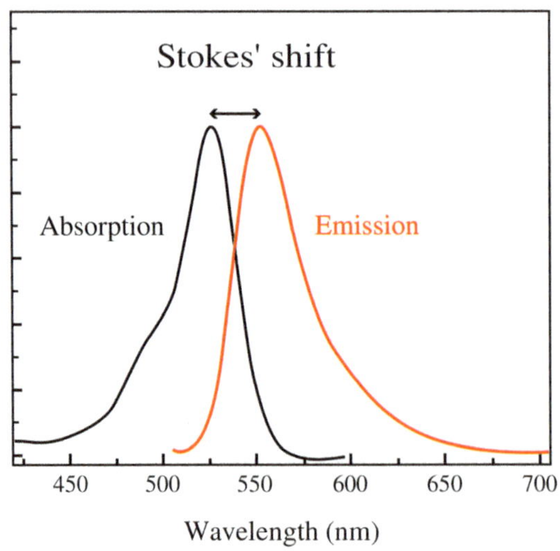

그림 5-2. Rhodamine 6G의 흡광 스펙트럼과 형광 스펙트럼

흡수파장과 최대 형광파장의 두 가지를 독립적으로 설정하기 때문에 흡광광도법에 비하여 감도가 높으며, 선택성이 좋으므로 낮은 농도의 물질을 정량분석 하고자 할 때 자주 이용된다.

형광물질이 방출하는 형광의 강도는 시료 중의 형광물질의 농도가 높을수록 강하기 때문에 이러한 현상을 이용하여 시료 중의 형광물질을 정량 분석할 수 있다. 형광을 내지 않는 물질은 화학반응을 일으켜 형광물질로 만들면 분석이 가능하게 된다. 시료용액의 형광강도는 제4장의 흡광도와 같이 Beer's law를 따른다. 즉, 시료의 형광강도는 시료 중의 형광물질 농도에 비례한다.

$$F = KC \tag{5.1}$$

여기에서 F : 형광강도
K : 비례상수
C : 형광물질의 농도

를 말한다.

그러므로 제4장의 흡광광도법에서와 같이 표준 시료를 이용하여 검량선을 작성한 후, 시료의 형광강도를 측정하면 시료 중의 형광물질 농도를 결정할 수 있다. 비례상수 K는 흡수광의 강도, 물질고유의 몰 흡광계수, 빛의 통과길이 그리고 양자수율(quantum yields, Φ) 등에 따라 변화한다. 양자수율이란 흡수광 양자수에 대한 방출광 양자수의 비를 말한다. 양자수율의 값이 클수록 형광분석에서는 유리하다. 하지만 양자수율이 0.5 이상인 화합물은 그다지 많지 않다. 양자수율과 형광강도에 영향을 주는 중요한 요인에는 형광물질 분자의 전자구조와 소광(quenching) 현상이 있다.

표 5-1. 유기화합물의 형광 양자수율

화합물	용 매	양자수율	화합물	용 매	양자수율
9-Aminoacridine	에탄올	0.99	Chlorophyll a	벤젠	0.32
Anthracene	핵산	0.33	Chlorophyll b	벤젠	0.11
Fluorescein	0.1 M NaOH	0.92	황산 quinine	1 M H_2SO_4	0.55
Naphthalene	핵산	0.10	Rodamine B	에탄올	0.97
phenol	물	0.22	Uranyl acetate	물	0.04

농도 : 10^{-3} M, 온도 : 21～25 ℃

앞에서도 설명한 바와 같이 전자들의 에너지 상태 변화로 형광이 방출되기 때문에 분자의 전자구조가 그 분자의 형광성을 결정하게 된다. 일반적으로 공명 안정도가 높은 방향족 화합물(그림 5-3)들은 강한 형광성을 나타내는 것으로 알려져 있는데, 표

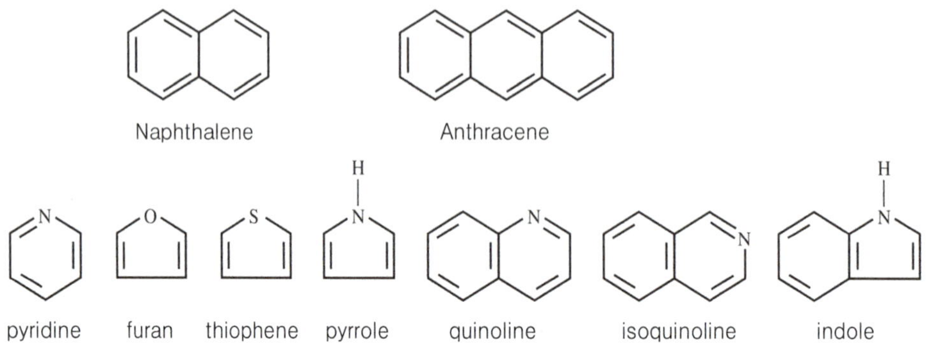

그림 5-3. 형광성이 강한 화합물

표 5-2. 벤젠(benzene) 유도체의 형광 특성 변화*

벤젠 유도체	화학식	형광파장 (nm)	형광의 상대세기
Benzene	C_6H_6	270～310	1.0
Toluene	$C_6H_5CH_3$	270～320	1.7
Propylbenzene	$C_6H_5C_3H_7$	270～320	1.7
Phenolate ion	$C_6H_5O^-$	310～400	1.0
Phenol	C_6H_5OH	285～365	1.8
Anilinum ion	$C_6H_5NH_3^+$	–	0
Aniline	$C_6H_5NH_2$	310～405	2.0
Nitrobenzene	$C_6H_5NO_2$	–	0
Benzoic acid	C_6H_5COOH	310～390	0.3
Benzonitrile	C_6H_5CN	280～360	2.0
Iodobenzene	C_6H_5I	–	0
Bromobenzene	C_6H_5Br	290～380	0.5
Chlorobenzene	C_6H_5Cl	275～345	0.7
Fluorobenzene	C_6H_5F	270～320	1.0

* 모든 화합물은 에탄올 용액 중에서 측정한 것임.

5-2에서 보는 바와 같이 물질을 구성하는 원자나 원자단을 치환하는 것에 의하여 이들 화합물의 양자수율을 크게 할 수 있다. 예를 들면 $-NH_2$, $-OH$ 등은 양자수율을 증가시키고, $-COOH$, $-NO_2$, $-N=N-$ 등은 형광의 강도를 약화시킨다.

형광의 강도를 결정하는 또 하나의 요인은 소광현상이다. 소광이란 시료용액 중에 존재하는 어떤 화학종에 의하여 형광이 소실되는 현상을 말하는데, 이것은 다음과 같은 여러 가지 원인에 의하여 발생할 수 있다. 시료용액의 pH는 형광물질의 분자구조를 변화시킬 수 있기 때문에 소광의 원인이 될 수 있다. 즉, nucleotides는 낮은 pH에서는 형광을 나타내지만, 생리적 pH에서는 형광을 나타내지 않는다. 시료용액을 조제할 때에 사용된 용매도 형광강도에 크게 영향을 미치는데 극성이 큰 용매일수록 형광파장은 길어진다. 그러므로 물과 같은 극성 용매에서는 양자수율이 낮아지는 경우가 많다. 그리고 용매의 점도가 높을수록 양자수율이 높아진다. 시료의 온도도 형광강도에 영향을 미치는데 온도가 높아질수록 형광강도가 작아지는 경향을 나타낸다. 그 이유는 고온이 되면 분자들의 잦은 충돌로 소광현상이 발생하기 쉽기 때문이다. 또한 요오드와 같은 무거운 원소들은 강력한 소광제이기 때문에 형광분석법에 사용하지 않아야 하며, 산소 또한 강력한 소광제이므로 산소의 농도가 달라지면 형광측정에 오차가 발생할 수 있다.

2. 기 기

형광광도법에서 시료의 형광강도를 측정하는 기기를 형광광도계(fluorometer, 그림 5-4)라고 한다. 형광광도계는 그림 5-5와 같은 구조로 되어 있다. 형광광도계의 각 구성성분은 형광분석의 효율을 크게 좌우하기 때문에 각 구성성분의 기능에 대하여 자세히 이해하는 것이 필요하다. 다음에 형광광도계의 주요 부분에 대하여 설명하고자 한다.

그림 5-4. 형광광도계
(Shimadzu co.)

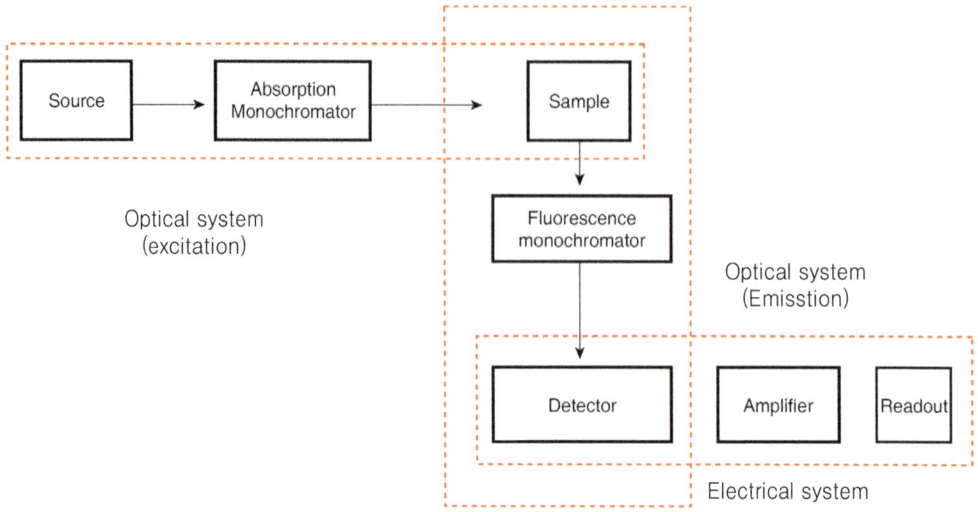

그림 5-5. 형광광도계의 시스템

1) 광 원

앞에서도 설명한 바와 같이 시료 중에 존재하는 형광물질의 농도를 측정하기 위해서는 우선 시료가 빛을 받아 들뜬상태로 되어야 하는데, 이 빛의 강도가 크면 클수록 형광분석의 감도가 크다. 대부분의 형광광도계는 xenon 기체를 고압으로 봉해 넣은 xenon arc 등(燈)을 사용하고 있는데, 이것은 넓은 파장영역(200～1,400 ㎚)에 걸쳐서 강력한 연속 스펙트럼의 빛을 낸다. 더욱 큰 강도의 빛을 얻기 위해서는 고압 수은 등을 사용하기도 한다.

2) 파장 선택장치

이 장치의 역할은 분광광도계의 파장 선택장치(wavelength selector)와 유사하다, 하지만 분광광도계와 달리 두 개의 단색화 장치(monochromator)를 지니는데, **흡광단색화 장치**(absorption monochromator)와 **형광단색화 장치**(fluorescence monochromator)가 그것이다. 형광단색화 장치는 흡광단색화 장치와 유사하지만, 이 장치는 시료를 통과한 빛이나 산란된 빛에 의한 간섭을 최소화하기 위하여 일반적으로 그림 5-5에서 보는 바와 같이 들뜸 축에 대하여 90° 각도로 배치되어 있다.

▸ **흡광단색화 장치**

들뜸파장 선택장치(excitation wavelength selector)라고도 한다.

▸ **형광단색화 장치**

방출파장 선택장치(emission wavelength selector)라고도 한다.

3) Cuvette holder와 sample compartment

Cuvette에 들어 있는 시료용액의 형광강도가 측정되어지는 곳으로 외부로부터의 빛이 차단되어 있다. 형광광도법에서 사용되는 cuvette은 분광광도법에서 사용되는 cuvette과 비슷하지만, 위에서 설명한 바와 같이 형광단색화 장치가 들뜸 축에 대하여 90° 각도로 배치되어 있기 때문에 이에 적용될 수 있도록 4면 모두 빛이 투과될 수 있는 4방향이 투명한 것을 사용한다. Cuvette의 재질은 무형광인 것이 바람직한데, 석영이 주로 사용되고 이외에 광학유리나 플라스틱 등이 사용되기도 한다.

4) 검출기와 지시기

최근에는 마이크로컴퓨터를 이용한 복잡한 제품이 시판되고 있으나 기본적으로 들뜬 빛 강도의 변화를 보정하거나, 매우 약한 형광을 효율 좋게 검출하기 위한 전기회로로 이루어져 있다. 대부분의 형광광도계에는 형광검출기(detector)로서 광전자 증배관이 장치되어 있다.

3. 형광도의 측정

앞에서도 설명한 바와 같이 시료 중의 형광물질에 의하여 방출된 형광강도는 시료 중의 형광물질의 농도와 비례한다. 그러므로 흡광광도법에서와 같이 농도를 알고 있는 표준 시료의 용액을 조제하여 형광강도를 측정하고 검량선을 작성한 후, 이를 기준으로 시료 중의 형광물질 농도를 계산할 수 있게 된다.

시료 중의 형광물질을 정량 분석할 때에는 검량선을 작성하기 위한 여러 가지 농도를 지니는 표준 시료의 용액을 조제한 후, 이 중에서 가장 높은 농도를 지니는 용액의 형광강도를 최대 수치인 100으로, 대조구(blank test) 용액의 형광강도를 최소

수치인 0으로 읽도록 형광광도계를 보정하여야 한다. 그러므로 모든 시료용액은 0과 100 사이에서 형광광도가 측정되어진다. 가장 높은 농도를 지니는 표준용액이 지시기의 최대 수치, 100을 읽도록 조절하는 것은 흡광단색화 장치의 entrance slit의 개폐 정도를 조절하여 시료를 들뜨게 하는 흡수광(입사광)의 강도를 증가시키기 위한 것이다.

예 1 어떤 형광물질을 지니는 표준 시료용액들의 형광강도를 측정하여 다음과 같은 결과를 얻었다. 시료의 형광강도가 58.6이라면 시료 중의 형광물질의 농도는 얼마인가?

표준 시료용액	농도(ppm)	형광강도
1	0.20	15.5
2	0.40	29.4
3	0.60	46.0
4	0.80	60.6
5	1.00	79.7

4. 형광분석과 흡광분석

형광분석법과 흡광분석법은 모두 빛의 성질을 이용하여 시료 중의 어떤 물질을 정량분석하는 방법이지만, 형광분석법은 흡광분석법에 비하여 다음과 같은 장·단점을 지닌다.

(1) 형광분석법의 장점

① 형광분석법은 흡광분석법에 비하여 감도가 높다. 흡광분석법의 검출한계가 ppm 수준이라면 형광분석법은 ppb 수준까지 가능하다.

② 소수의 몇몇 화합물만이 형광을 내기 때문에 형광분석법은 흡광분석법에 비하여 그 이용이 제한되어 있다. 하지만 제한된 몇몇 화합물만이 형광을 내기 때문에 형광분석법에서는 방해물질이 거의 없다.

③ 흡광광도법은 두 가지 빛, 즉 흡수광의 강도(I_0)와 시료를 통과한 후의 흡수광의 강도(I)를 측정하지만, 형광광도법은 흡수광(I_0)의 절대 강도만이 형광강도에 영향을 미치기 때문에 매우 밝은 광원을 사용하면 낮은 농도의 형광물질을 검출하는 것도 가능하다.

④ 형광분석법은 2개의 파장(들뜸 파장과 방출 파장)을 이용하기 때문에 흡광분석법에 비하여 선택성이 좋다.

(2) 형광분석법의 단점

① 시료 이외에 형광을 내는 다른 물질이 존재할 경우에는 스펙트럼이 중첩될 수 있으므로 크로마토그래피 등을 통하여 이들을 제거하고 실험하여야 한다.

② 높은 농도에서는 소광현상이 나타나 정확도가 떨어질 수가 있으므로 시료의 농도를 적절히 희석하여야 한다.

③ pH의 변화에 의하여 시료 성분의 구조가 바뀌면 형광강도에 영향을 줄 수 있으므로 시료의 pH는 적절한 방법으로 관리되어야 한다. 점도와 온도 등도 실험결과의 재현성을 위하여 관리되어야 한다.

④ 강한 광원을 사용할 경우 이로 인하여 시료에서 광화학 반응이 발생하게 되고, 이것은 형광스펙트럼에 영향을 주게 된다. 이것은 가장 긴 파장의 들뜸파장을 이용해서 단시간에 형광도를 측정하는 것에 의하여 해결할 수 있다.

5. 실험 예

1) 실험제목

산화환원효소(lactate dehydrogenase)의 활성 측정

2) 실험목적

(1) 형광광도법에 대하여 이해한다.
(2) 형광광도법을 이용한 물질의 정량 및 그 응용에 대하여 이해한다.
(3) 효소반응에 대하여 이해한다.
(4) 형광광도법을 이용하여 물질의 농도를 측정할 수 있다.

3) 기구 및 장비

(1) 전자저울
(2) 형광광도계
(3) Water bath(항온수조)
(4) Vortex mixer(시험관 혼합기)
(5) 시험관

(6) 시험관 꽂이
(7) Autopipet
(8) 형광측정용 cuvette
(9) 세척병
(10) 피펫필러
(11) 시약스푼

4) 재료 및 시약

(1) 제1인산칼륨(KH_2PO_4, potassium phosphate, monobasic)
(2) 제2인산나트륨(Na_2HPO_4, sodium phosphate, dibasic)
(3) CHES($C_8H_{17}NO_3S$, 2-[N-Cyclohexylamino]ethanesulfonic acid)
(4) Lactate dehydrogenase(EC 1.1.1.27, Sigma L-2375)
(5) Pyruvic acid($C_3H_3O_3Na$)
(6) NADH($C_{21}H_{27}N_7O_{14}P_2Na_2$, nicotinamide adenine dinucleotide, reduced form)
(7) 황산지

5) 실험내용

(1) 시료 및 시약조제

① 인산완충용액(pH 7.7) : 0.2 M KH_2PO_4 용액 10 mL와 0.2 M Na_2HPO_4 용액 90mL, 그리고 증류수 100 mL를 혼합한다.
② 효소 용액 : Lactate dehydrogenase 1 mg을 위 ①의 인산완충용액 10 mL에 녹여 냉장 보관한다.
③ 기질 용액 : Pyruvic acid 100 mg을 위 ①의 인산완충용액 10 mL에 녹여 냉장 보관한다.
④ NADH 용액 : NADH 20 mg을 위 ①의 인산완충용액 2 mL에 녹여 냉장 보관한다.
⑤ 반응정지액 : CHES buffer(50 mM, pH 10.0)

(2) 실험방법

A. Water bath의 온도를 37℃로 조정한다.

B. 형광광도계를 warming up 시킨다.

C. 12개의 시험관(검량선 작성용)에 labelling 한다(a, a, b, b, c, c, d, d, e, e, f, f).

D. 위 모든 시험관 + ① 1.12 mL + ⑤ 4 mL

E. 2개의 a 시험관 + ① 100 μL
2개의 b 시험관 + ① 80 μL + ④ 20 μL
2개의 c 시험관 + ① 60 μL + ④ 40 μL
2개의 d 시험관 + ① 40 μL + ④ 60 μL
2개의 e 시험관 + ① 20 μL + ④ 80 μL
2개의 f 시험관 + ④ 100 μL

F. 또 다른 12개의 시험관에 labelling 한다(1, 1, 2, 2, 3, 3, 4, 4, 5, 5, 6, 6).

G. 위 F의 모든 시험관에 ①을 1 mL씩 가한다.

H. 2개의 1시험관 + ① 100 μL + ② 0 μL → 혼합 → 37℃ 항온수조에 10분간 방치
2개의 2시험관 + ① 80 μL + ② 20 μL → 혼합 → 37℃ 항온수조에 10분간 방치
2개의 3시험관 + ① 60 μL + ② 40 μL → 혼합 → 37℃ 항온수조에 10분간 방치
2개의 4시험관 + ① 40 μL + ② 60 μL → 혼합 → 37℃ 항온수조에 10분간 방치
2개의 5시험관 + ① 20 μL + ② 80 μL → 혼합 → 37℃ 항온수조에 10분간 방치
2개의 6시험관 + ① 0 μL + ② 100 μL → 혼합 → 37℃ 항온수조에 10분간 방치

I. H의 모든 시험관 + ③ 20 μL + ④ 100 μL → 혼합 → 37℃ 항온수조에 10분간 방치

J. I의 모든 시험관 + ⑤ 4 mL → 혼합

K. 들뜸파장(exitation wavelength) 360 ㎚, 방출파장(emission wavelength) 460 ㎚에서 모든 시험관의 형광도를 측정

L. K에서 측정한 a～f 시험관의 형광도를 이용, 검량선을 작성한다.

M. 위 L의 검량선과 K에서 측정한 1～6 시험관의 형광도를 이용, 효소 양에 따른 효소의 활성을 비교(그래프 작성)

6) 질문 및 토론

7) 주의사항

(1) 실험실에서의 주의사항을 반드시 지킨다.

(2) 효소활성 측정에 대하여 이해한다.

(3) 형광광도계의 사용법에 대하여 이해한다.

(4) Lactate dehydrogenase(lactic acid + NAD^+ ↔ Pyruvate + NADH + H^+)의 활성은 40～100 units/mg protein이며, 1 unit는 pH 7.6, 37℃에서 1분 동안에 pyruvate 1.0 μM을 lactate로 환원시키는 것을 의미한다.

(5) 이 실험에서 반응액 중의 기질농도와 NADH의 농도는 약 1 mM 정도가 된다.

제 6장

적외선 분광광도법

과학이 발전하지 않았을 때는 모든 빛은 눈에 보이는 빛(可視光線 : Visible)만 있는 것으로 알았다. 차츰 분석기술이 발전하면서 적색(赤色 : Red)보다 파장이 훨씬 긴 것도 있고, 보라색(紫色 : Violet)보다 파장이 훨씬 짧은 것도 있다는 것을 알게 되었다. 1800년 헤어첼(F. W. Herschel)이 눈에 보이는 가시광선보다 파장이 긴 것이 있는데 이것은 온열효과가 있다는 것을 발견하였고, 1835년에 A. Ampere는 이 빛의 입자도 파장의 길이만 길 뿐이고, 가시광선과 거의 같은 전자기파임을 알아냈다. 이 것이 지금의 적외선이었던 것이다.

영어로는 '뒤에', '뒤쪽의'라는 의미의 「Infra」라는 접두사를 적색(Red) 앞에 붙여서 적색 밖의 선(赤外線 : Infra Red)라고 부르게 된 것이 오늘날에는 적외선(赤外線 : Infra Red)이라는 단어가 적색보다 긴 파장의 공식 명칭이 되었다.

적색(Red) + '뒤에', '뒤쪽의(Infra)' = 적색(Red) 밖의 선(赤外線 : Infra Red)
적외선(赤外線 : Infra Red)

적색 바로 밖에 있는 780～2000 nm의 적외선은 적색에 가까이 있으므로 가깝다는 의미의 근(近)자를 붙여 "근적외선(近赤外線 : Near Infra Red)"이라고 부르고, 적색보다 매우 먼 곳의 적외선은 적색보다 '멀다'(遠 : Far)는 뜻의 원(遠)자를 붙여 "원적외선(遠赤外線 : Far Infra Red)"이라고 불렀다.

근적외선과 원적외선만 구별하여 연구하다 보니 2가지의 중간에 성질이 매우 다른 2000～4000 nm의 적외선 범위가 있음을 알게 되어 지을 이름이 마땅치 않아 차일피일하다가 부를게 마땅치 않아 중간에 있는 적외선 즉, "중적외선(中赤外線 : Middle Infra Red)"이라고 부르게 되었다. 그리고 근적외선은 "Near Infra Red"이라고 부르려니 귀찮아 "NIR"이라고 줄여서 부르고, 중적외선은 "Middle Infra Red"이라고 부르니 그것도 힘들어서 "MIR"로 줄여서 부르고, 원적외선은 "Far Infra Red"이라고 부르니 혀도 잘 돌아가지 않고 너무 힘들므로 "FIR"이라고 약자로 부르는데, 그것도 좀 어려우니 한글로 "원적외선"이라고 부른다.

적외선[赤外線, Infra Red(IR)] : 적색 밖(外)의 선

(1) 근적외선[近赤外線, Near Infra Red(NIR)] : 적색에 가까이 있는 선
(2) 중적외선(中赤外線, Middle Infra Red(MIR)] : 근적외선과 원적외선 사이 선
(3) 원적외선(遠赤外線, Far Infra Red(FIR)] : 중적외선 밖의 4000~100만nm 의 적외선

적외선은 단위 길이당 진동수가 작으므로(파장이 길므로) 투과력이 좋고, 가시광선보다는 에너지가 낮지만 적색 바로 다음으로 높은 에너지 준위를 가지고 있어 온열효과가 아주 뛰어나다. 인류의 문명 발전은 좋고 유용한 것을 더 좋은 쪽으로 이용하고, 나쁜 것을 개선하는 방향으로 발전해 왔다. 근적외선은 에너지 준위가 높고 온열효과가 우수하므로 제품의 표면 건조에 많이 이용된다. 우리가 사용하는 대부분의 할로겐 램프는 근적외선 램프이다.

적외선이 방사되면 가열되어지는 물체에 흡수된 에너지가 가열되어지는 물체 구성분자의 운동(진동)을 유발시키고, 진동하는 분자는 마찰로 인하여 열이 발생하는데 이러한 메커니즘이 적외선 가열 원리이다. 원적외선은 투과력이 매우 좋으므로 군사용 야간 투시경이나 원적외선 카메라로 쓰이기도 하고, 통닭을 통째로 익히는 바비큐에 사용하거나, 사람의 표피를 수 mm 뚫고 들어가 땀샘에 고여 있는 수분을 데워서 땀이 나게 하는 역할도 하므로 원적외선 헬스나 사우나용으로 사용된다.

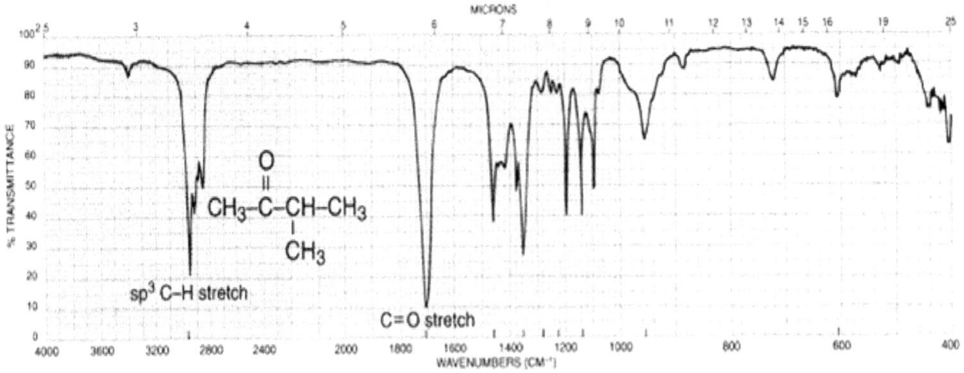

그림 6-1. 3-Methyl-2-butanone의 적외선 스펙트럼(원액, KBr판)

적외선(IR)을 이용한 분광분석법은 다양한 분야에 적용되고 있으며, 정성분석에서 정량분석으로 그 영역을 넓혀가고 있다. 특히 적외선 분광분석법은 미지 시료를 판별하는 데 아주 유용한 도구로 사용된다. 적외선 분광기는 분자의 작용기에 의한 특성적 스펙트럼을 비교적 쉽게 얻을 수 있고, 광학 이성질체를 제외한 모든 물질의 스펙트럼이 서로 차이가 있어서 분자 구조를 확인하는데 결정적인 정보를 제공해 준다. 따라서 적외선은 모든 화학분야에서 널리 이용되고 있으며, 빠르고 정확한 분석법으로 연구개발 뿐만 아니라 품질관리 등 그 응용분야가 빠르게 확대되고 있다.

1. 기본 이론

적외선(IR, Infrared) 영역의 파장은 0.75～25 ㎛이다. 가시광선, 즉 인간이 감지할 수 있는 빛은 4000～7500Å의 파장 영역에 있다. 그러므로 적외선의 에너지는 가시광선보다 작지만 라디오파보다는 크다. 분석에 쓰이는 적외선 파장은 2.5～15 ㎛에 해당한다. 적외선 분광법은 분자 내에 있는 원자들의 비꼬임, 굽힘, 회전 및 진동운동의 원리를 이용하여 흡수 스펙트럼을 분석하는 것이다. 이들이 적외선 복사선과 상호작용을 하게 되면 입사 복사선의 일부는 특수 파장에서 흡수된다. 동시에 발생되는 다수의 진동은 고도로 복잡한 흡수 스펙트럼을 생성시키며, 이것은 분자의 전체적인 배열과 함께 분자를 구성하는 작용기들의 고유한 특성이 된다.

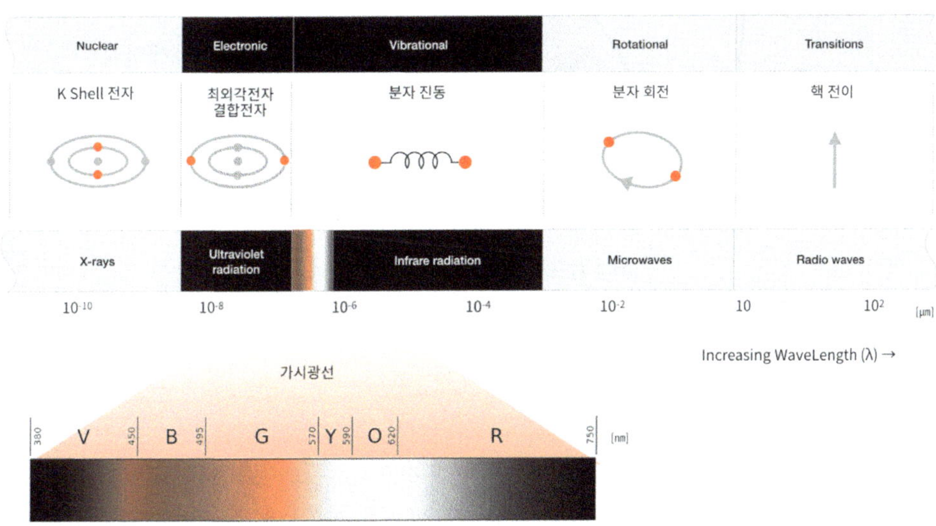

그림 6-2. 적외선 파장 영역

분자 내의 전자가 전이를 일으키는 데는 큰 에너지가 필요하며, 자외선 혹은 가시광선이 흡수된다. 한편, 분자 내의 원자간 결합의 진동운동 혹은 분자의 회전운동이 증가하면서 쌍극자 모멘트의 변화가 일어나는 경우 적외선이 흡수된다. 복사선 전기장의 파동은 쌍극자 모멘트의 변동이 있는 분자운동에 작용할 수 있고, 분자의 진동 및 회전운동에 변화를 일으킨다. 적외선 흡수는 여러 가지 진동과 회전상태 사이의 작은 에너지 차이 때문에 주로 분자 화학종에 국한되어 일어난다.

그림 6-3에서 보는 것처럼 분자 내에서 원자는 진동이나 회전을 하고 있는데, 이러한 원자의 움직임에 의해 분자는 적외선 영역의 특정 파장의 빛을 흡수한다. 흡수되는 빛의 파장은 분자의 크기나 다른 부분의 구조와는 거의 관계없이 분자 내의 원자간 결합에 특징적인 것으로 이것을 해석하면 원자 결합의 종류나 분자 내의 관능기 등에 대한 정보를 얻을 수 있다.

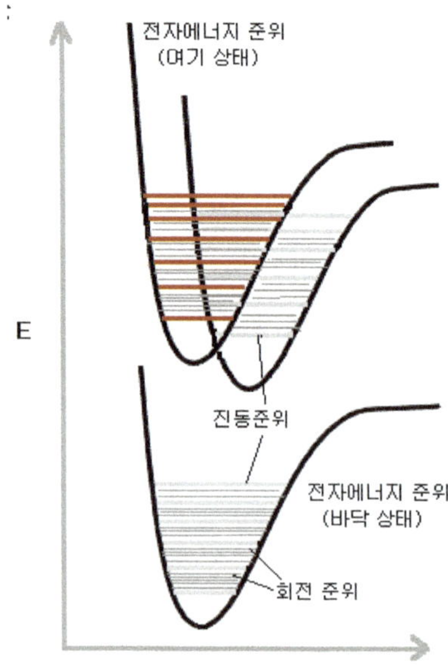

E(분자의 위치에너지) =
E전자 + E진동 + E회전

E전자 : 결합상태

E진동 : 분자의 진동에너지

E회전 : 무게 중심 주위를 회전하는 분자의 회전운동 에너지

그림 6-3. 분자의 운동과 에너지 준위

▸ **파수(wavenumber, cm^{-1})란?**

단위 길이당 파장의 수. 전자기파에 대해서는 진동수를 광속으로 나눈 것이다. 국제단위계(SI)에서는 m^{-1}이 단위이지만 관용적으로는 cm^{-1}을 단위로 사용하는 것이 보통이다. 그리고 cm^{-1}(wavenumber, 파수) = 1 cm 내에 진동하는 파의 횟수로 파수가 많을수록 파장은 짧아진다.

ex) 4,000 cm^{-1}(wavenumber, 파수) = 2.5 μm = 2,500 nm

적외선의 영역은 파장이 0.75 ㎛에서부터 약 2 mm까지로, 가시광선보다는 짧고, 마이크로파보다는 길다. 그 중에서 분광 분석에 가장 일반적으로 사용되는 부분은 4000 cm^{-1} ~ 625 cm^{-1}(2.5 ㎛ ~ 16 ㎛)로 진동 적외부(vibrational infrared)라고도 한다. 이보다 단파장 쪽을 근적외선(near infrared), 장파장 쪽을 원적외선(far infrared)이라 하는데, 원적외선 영역에서는 주로 무거운 원자의 결합에 대한 정보를 얻는다.

적외선 분광법에서는 일반적으로 빛의 흡수대를 파수(wavenumber)로 나타내는데 이것은 cm^{-1}로 파장의 역수이다.[1)]

$$\bar{\nu}\ (cm^{-1}) = \frac{1}{\lambda(cm)}$$

이 단위는 계산을 할 때 매우 유리한데 그것은 에너지와 직접 비례한다는 것이다. 앞서 말한 진동 적외부는 파수로 4000 cm^{-1} ~ 625 cm^{-1}이다. 적외 흡수스펙트럼에서 흡수대는 경우에 따라 ㎛(또는 μ)로 표시하기도 하는데 ㎛와 cm^{-1} 사이의 변환은 다음과 같이 하면 된다.

$$cm^{-1} = \frac{1}{\mu m} \times 10{,}000 \qquad \mu m = \frac{1}{cm^{-1}} \times 10{,}000$$

적외부 흡수스펙트럼에서 흡수대의 강도는 투과도(transmittance), 또는 흡광도(absorbance)로 표시한다. 투과도는 원래 빛의 강도에 대한 시료를 투과한 빛의 강도의 비율이며, 흡광도는 투과도의 역수의 상용로그이다. 대부분의 경우에 있어 흡수대의 크기는 반정량적인 s(strong), m(medium), w(weak) 등의 용어로 나타낸다.

2. 적외선 흡수 원리

분자들은 적외선을 흡수하면 더 높은 에너지 준위로 들뜬다. 다른 흡수과정처럼 적외선 흡수도 양자화 된 과정이다. 분자는 적외선 중에서 오직 몇 개의 선택된 주파수만을 흡수한다. 흡수한 적외선은 에너지 단위로 환산하면 8 ~ 40 kJ/mol에 해당한다. 이 범위에 있는 전자기파는 대부분 공유결합 분자의 뻗침 진동(Stretching vibration)과 굽힘 진동(Bending vibration)에 관여한다. 결합이 진동하는 주파수와 정확하게 맞는 범위의 적외선 파장이 이 분자에 쪼여지면 흡수되어 분자의 진동 세기가 강해진다.

---

1) 파수의 단위인 cm^{-1}는 카이저라고 읽는데, 이것은 독일의 물리학자 Heinrich Gustav Johannes Kayser에서 따온 것이다.

하지만 분자의 모든 결합이 적외선을 흡수할 수 있는 것은 아니다. 쌍극자 모멘텀(Dipole moment)를 가지는 분자만이 적외선을 흡수할 수 있다. 분자가 적외선을 흡수하려면 그 분자는 진동과 회전운동에 의한 쌍극자 모멘트의 알짜 변화를 일으켜야 한다. 분자가 진동할 때 이 쌍극자 모멘트의 변화량이 클수록 적외선의 흡수는 크다. 쌍극자 모멘트의 변화량은 진동하고 있는 원자간 거리가 짧을수록 또 부분전하가 클수록 커져서 강한 적외선 흡수가 관측된다. 이런 조건하에서만 복사선의 전기장이 분자와 작용할 수 있고, 분자의 진동 및 회전 운동의 진폭에 변화를 일으킬 수 있다. 그래서 대칭적인 분자인 N_2, H_2, O_2분자와 같은 동일 핵종 분자의 경우에는 분자의 진동 또는 회전운동에 의해 쌍극자 모멘트의 알짜 변화가 일어나지 않으므로 적외선을 흡수하지 않는다. 그래서 완전히 대칭적이거나 거의 대칭적인 분자 결합은 IR 스펙트럼에서 나타나지 않게 된다.

1) 분자 진동의 종류

(1) 분자 진동

물질을 구성하는 분자는 고유의 분자운동, 즉 진동을 실시하고, 특정 파장의 적외선이 닿으면 그 빛을 흡수하여 분자의 진동 에너지가 발생하게 된다. 분자는 내부 에너지의 한 형태로 진동에너지를 가지고 있다. 분자의 진동은 무게 중심을 기준으로 여러 가지 다른 종류의 진동을 한다. 예를 들어, 3원자 분자인 이산화탄소는 굽힘진동(bending), 대칭 늘임진동(symmetric stretching), 그리고 비대칭 늘임진동(asymmetric stretching)을 한다(그림 6-4). 이들 진동에너지는 양자화 되어 있으며, 에너지 준위의 복사전이가 발생할 때 빛을 흡수하거나 방출한다.

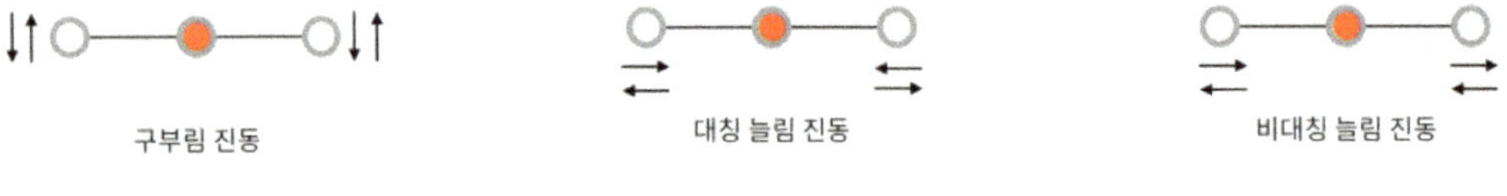

그림 6-4. 이산화탄소의 분자 진동

▸ **쌍극자 모멘텀(Dipole moment)이란?**

하나의 공유 결합 내에서 전자가 두 개의 원자 중 전기 음성도가 큰 원자 쪽으로 더 많이 끌리게 된다. 여기서 상대적으로 전기 음성도가 큰 원자는 (-)전하를 띠게 되고, 전기 음성도가 작은 원자는 (+)전하를 띠게 되는 것을 '쌍극자'라 한다. 이때 두 극의 세기와 두 원자핵 사이의 거리를 곱한 벡터량을 '쌍극자 모멘트'라 한다.

(2) 분자 진동운동의 종류

분자들의 진동운동 방식을 각각 'Mode'라고 한다. 각각의 분자는 여러 mode를 가지고 있으며, 진동을 하면서 쌍극자 모멘트(dipole moment)가 변해서 적외선을 흡수하는 mode를 'infrared active'하다고 한다. 이러한 진동에는 크게 신축(Stretching) 진동운동과 굽힘(Bending) 진동운동이 있다(그림 6-5).

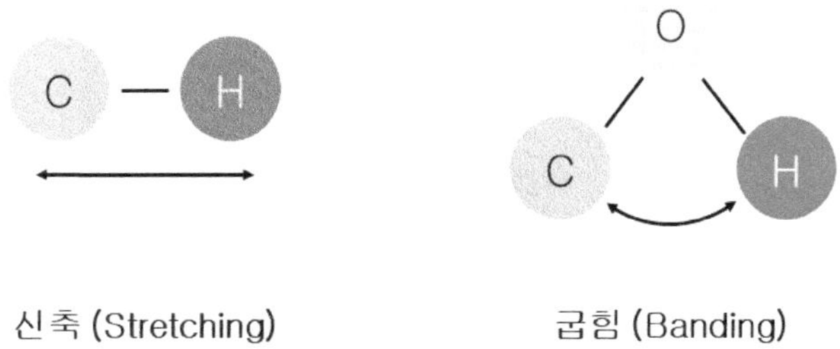

그림 6-5. 분자 진동의 종류 : Stretching과 Bending

① 신축(Stretching) 진동운동

두 원자 사이의 결합 축에 따라 원자 간의 거리가 연속해서 변화하는 운동, 원자들 사이의 결합 길이가 길어졌다 짧아졌다 하는 방식으로 원자간 거리가 바뀌는 진동운동이다. 여기에는 대칭 신축운동과 비대칭 신축운동이 있다(그림 6-6).

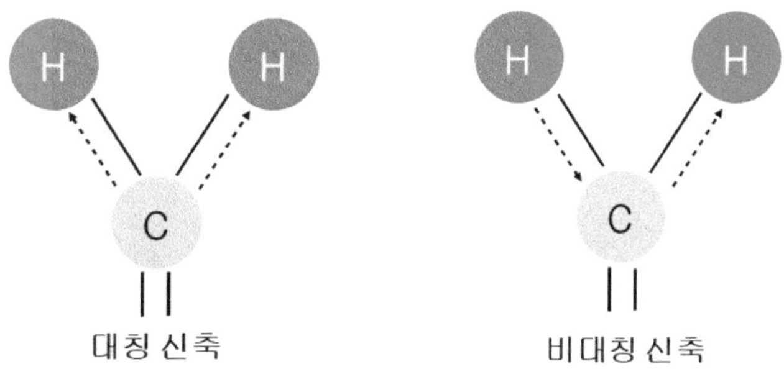

그림 6-6. CH_2 분자의 신축 진동운동

② 굽힘(Bending) 진동운동

원래의 결합 축에 대하여 원자들의 위치가 변하는, 즉 원자들 사이에 이루고 있는 결합각이 변하는 굽힘(Bending) 또는 변형진동(Deformation) 방식으로 결합 사이의 각도 변화에 의한 진동운동으로, 여기에는 가위질 진동(Scissoring), 앞뒤 흔들림 진동(Wagging), 좌우 흔들림 진동(Rocking), 꼬임진동(Twisting)이 있다(그림 6-7, 6-8).

이러한 진동운동을 일으키기 위해서는 결합의 종류 및 세기, 그리고 결합을 하고 있는 원자의 종류에 따라 고유한 진동 주파수(vibration frequency)에 해당하는 빛에너지를 흡수해야 한다. 따라서 분자에 IR을 쬐어주면 이들이 진동을 일으키는 데 필요한 주파수의 빛을 흡수하여 이 에너지에 대응하는 특성적인 적외선 스펙트럼을 나타내게 된다. 그러므로 이를 분자구조와 관련지어 해석하면 분자구조에 대한 정보를 얻을 수 있다. 이와 같이 적외선 분광법의 기본원리는 분자의 진동에 바탕을 두고 있다.

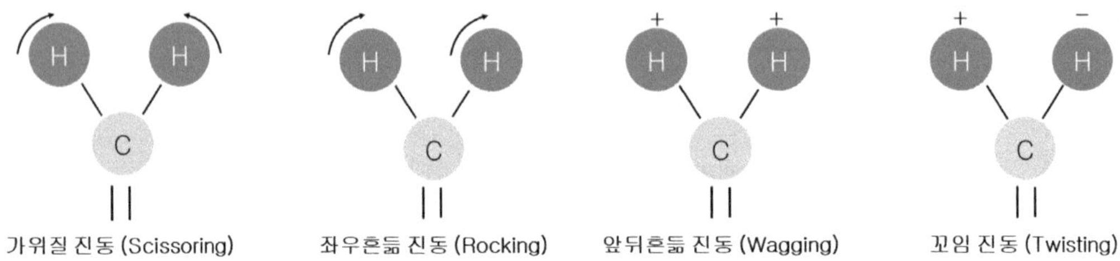

그림 6-7. CH_2 분자의 굽힘 진동운동

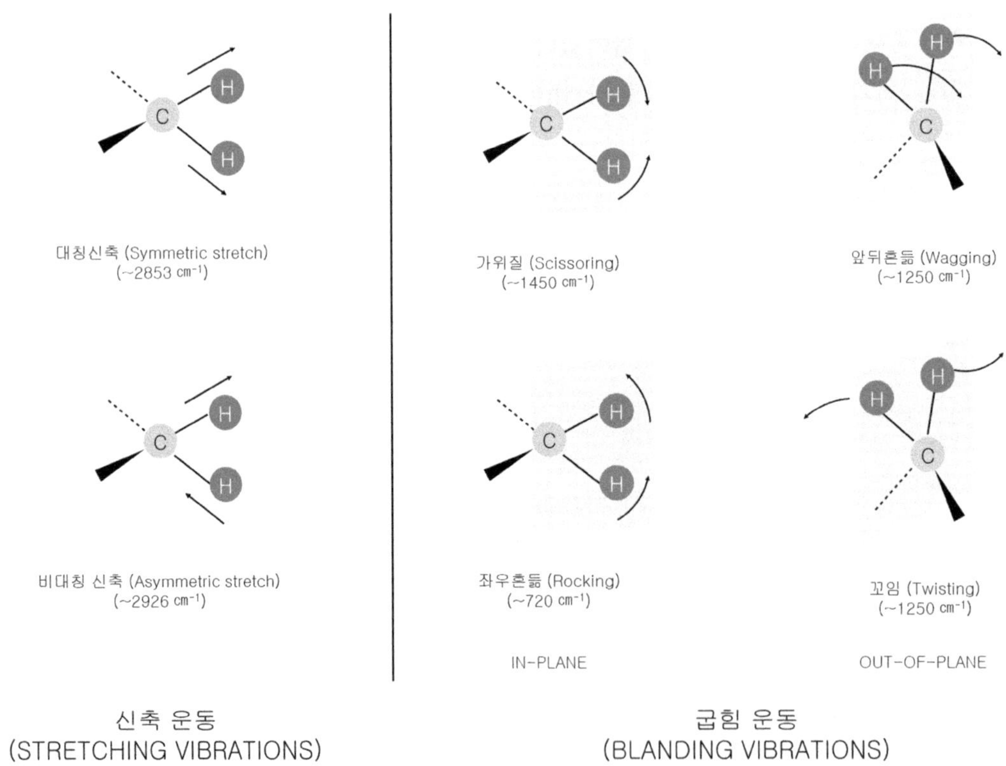

그림 6-8. Methyl기의 신축 진동운동과 굽힘 진동운동의 대칭과 비대칭

2) Hook의 법칙

적외선의 흡수과정을 이해하기 위하여 용수철 양 끝에 두 개의 공이 매달려 있는 조화 진동자를 가정하자(그림 6-9).

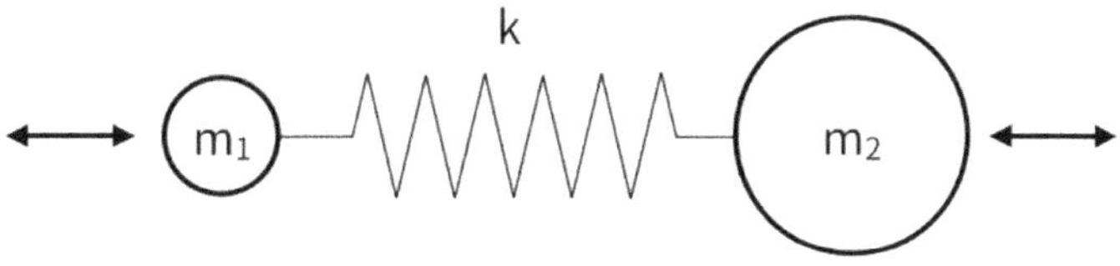

그림 6-9. 용수철의 양 끝에 매달린 조화 진동자

이것이 진동할 때의 진동수(v)는 Hooke의 법칙에 의해 용수철의 힘 상수(k)와 양쪽에 매달린 공의 무게(m_1, m_2)의 함수로 표시할 수 있다.

$$v = \frac{1}{2\pi}\sqrt{\frac{k}{\mu}}$$

$$\mu\,(\text{환산 질량}) = (m_1 \times m_2)/(m_1 + m_2)$$

$$\frac{1}{\mu} = \frac{1}{m_1} + \frac{1}{m_2} = \frac{m_1 + m_2}{m_1 m_2}$$

여기서 μ는 환산질량으로, 두 물체의 질량 m_1과 m_2와 다음과 같은 관계를 가진다. m의 단위는 kg/원자이다.

$$v = \frac{1}{2\pi}\sqrt{\frac{k}{\mu}} = \frac{1}{2\pi}\sqrt{\frac{k(m_1 + m_2)}{m_1 m_2}}$$

조화 진동자의 진동수는 스프링의 힘 상수(k)와 매달린 물체의 환산질량(μ)에 따라 달라지고, 진동자에 가해지는 에너지와는 무관하다. 단지 진동의 진폭만 변화한다. 그리고 분자의 진동운동에서 k는 화학결합의 단단하기(보통, 세기)를 나타내는 힘 상수를 나타낸다. 여기에서 결합 세기(k)가 셀수록, 환산질량 μ가 작을수록 큰 파수를 흡수함을 알 수 있다. 또한 위의 식으로부터 다음과 같은 사실을 유추할 수 있다.

(1) 삼중 결합이 이중 결합 또는 당일 결합보다 세기가 세므로(k가 크므로) 더 큰 파수(진동수)를 흡수한다.

C≡C(2150 cm^{-1})　　C=C(1650 cm^{-1})　　C–C(1200 cm^{-1})

(2) C에 결합된 원자의 원자량이 증가할수록 환산질량(μ)이 증가하므로 더 낮은 파수를 흡수한다.

C-H(3000 cm^{-1}) C-C(1200 cm^{-1}) C-O(1100 cm^{-1}) C-Cl(800 cm^{-1})

(3) 굽힘진동은 신축진동보다 더 쉽게 할 수 있으므로 힘 상수 k가 작아 굽힘진동이 신축진동보다 낮은 파수에서 나타난다.

C-H 신축진동(~3000 cm^{-1}) 굽힘진동(~1340 cm^{-1})

(4) 혼성과는 힘 상수 k에 영향을 줌으로써 s 성분이 많을수록, 즉 $sp^3 < sp^2 < sp$ 순으로 결합의 세기가 커짐으로 sp일 때 k가 가장 크므로 가장 큰 파수로 진동 운동을 한다.

≡C-H(sp, 3300 cm^{-1}) =C-H(sp^2, 3100 cm^{-1}) -C-H(sp^3, 2900 cm^{-1})

3. 구성 장치

적외선 분광 광도계는 광원, 필터, 단색화 장치, 시료 용기, 검출기, 기록계 등으로 구성되어 있다(그림 6-10). 광원으로부터 나온 빛은 두 방향으로 나누어져 시료 용기와 시료를 넣지 않은 용기(보정 용기)를 통과하여 회전 분할기에 의해 번갈아 단색화 장치로 들어간다. 시료 용기에서 빛의 흡수가 없다면 같은 광량의 빛이 검출기에 도달하므로 신호는 나타나지 않고, 시료의 흡수가 있다면 빛의 세기의 차이가 검출기에서 검출되고 증폭되어 스펙트럼으로 나타난다.

그림 6-10. 적외선 분광기 구성

1) 광 원

적외선 광원은 1500～2200 K 사이의 온도까지 전기적으로 가열되는 불활성 고체로 구성되어 있고, 흑체의 복사선과 비슷한 연속 복사선이 방출되는 것을 사용하여야 한다. 그래서 적외선의 광원으로는 Nernst 등, Globar 및 백열선이 주로 사용된다. Nernst 등(Glower)은 희토류 산화물로 만든 지름 1～2 mm, 길이 20 mm의 관 모양으로 끝 부분의 백금선에 전류를 통하여 가열하도록 되어 있다. Globar는 탄화규소로 되어 있고, 길이 5cm, 지름 0.5cm인 막대이다.

백열선은 나선형의 니크롬선을 조밀하게 감은 것으로 적외선의 세기가 다소 낮지만 수명이 길다. 그리고 기타 광원으로는 백열선, 수은 아크, 이산화탄소 레이저 광원 등이 있다. 첫째, 백열선 광원은 전기로 가열하여 백열을 만드는 코일형의 니크롬선(Nicrome wire) 광원으로 Nernst등이나 Globar 광원보다 적외선 영역에서 세기가 약하나 수명이 길다. 둘째, 수은 아크는 고압의 수은 아크를 사용하고 1기압보다 큰 압력의 수은 증기를 채운 석영관으로 구성되어 있고, 수은 증기를 통하여 전기를 통과시키면 원적외선 영역의 연속 복사선을 제공하는 내부 플라즈마 광원을 형성하게 한다.

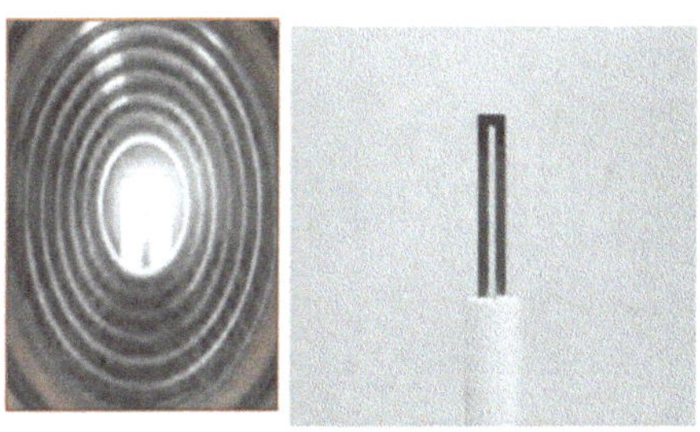

Silicon Carbide

-Mid, Far IR 영역의 에너지 방출

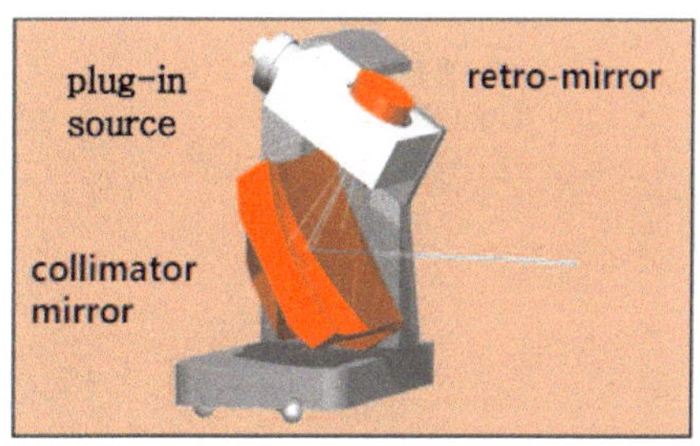

Tungsten Filament

-Near IR, Vis 영역의 에너지 방출

▸ **흑체(Black body)란?**

진동수와 입사각에 관계없이 입사하는 모든 전자기 복사를 흡수하는 이상적인 물체이다. 열평형 상태에 있는(즉, 온도가 일정한) 흑체는 '흑체복사'라는 전자기 복사를 방출한다. 이 복사는 플랑크 법칙에 따라 방출되며, 그것인즉 물체의 모양이나 구성요소가 아닌 온도에 의해서만 결정되는 스펙트럼을 가지고 있다는 것을 의미한다.

2) 필터(Filter)

필터는 간섭 필터(interference filter)와 흡수 필터(absorption filter)로 분류된다. 간섭 필터는 특정 화합물의 적외선 정량분석에 사용되는 필터이고, 흡수 필터는 가시광선 영역의 복사선 선택에 일반적으로 이용되며, 어떤 부분의 스펙트럼을 흡수함으로써 복사선을 제한한다. 필터 쐐기(interference wedge)는 거울 역할을 할 수 있는 두 개의 반 투명판 사이에 절연체 물질 층을 채워서 만든다. 좁고 연속적으로 변하는 적외선 흡수 피크를 제공할 수 있게 세 개의 필터를 원판 모양으로 조립한 장치이다.

3) 단색화 장치(파장 선택기, Monochromator)

광원에서 방출된 빛은 넓은 진동수 범위에 걸쳐 있지만, 시료는 어떤 고유 진동수의 빛만을 흡수한다. 그러므로 단색화 장치의 역할은 다색 복사선을 한정된 영역의 파장으로 분산시키며, 어떤 파장의 복사선만을 선택적으로 검출기에 도달하게 시료로 보내는 장치다(그림 6-11). 여기엔 프리즘이나 회절발(grating)이 사용되는데, 회절발에 의한 방법이 비교적 정확한 단색광이 나오므로 주로 이것을 사용한다. 자재는 적외선 부분에서 거의 흡수가 일어나지 않는 금속 할로겐화물(주로 NaCl)을 사용한다.

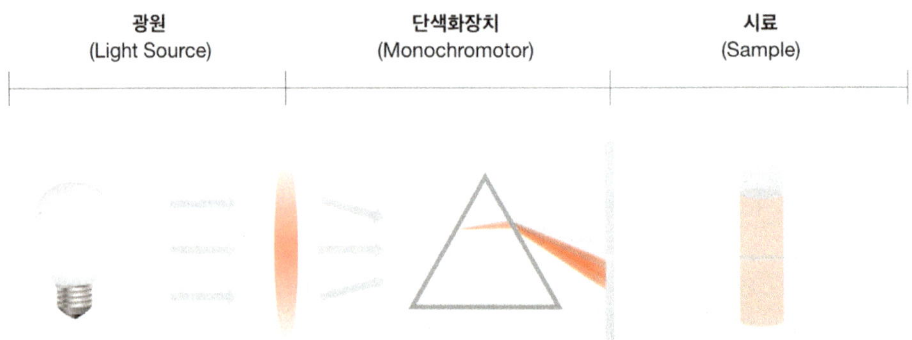

그림 6-11. 단색화 장치(파장선택기) 일반적인 구조

▸ **회절발(Grating)이란?**

회절발이란 일련의 선들이 촘촘히 그려져 있는 반사성, 투과성 광학 부품으로 간단히 CD와 비슷하다고 생각하면 된다. 입구 슬릿으로 들어온 빛은 회절발에서 파장별로 다른 각도로 반사된다. 이렇게 회절발에 의해서 빛이 구부러지는 현상을 회절이라고 한다.

4) 시료 및 시료 용기

적외부 스펙트럼은 검체가 고체, 액체, 기체의 모든 상태에서 측정이 가능하다. 적외부 스펙트럼을 측정할 때에 수분에 의한 수산기의 흡수가 스펙트럼에 나타나므로 특히 습기에는 주의해야 한다. 사용하는 기구는 데시케이터 중에 보존하고 정제법에서 사용하는 KBr이나 KCl은 일단 미분말로 한 것은 감압 하에서 가열 건조하여 쓴다. 검체의 건조도 충분하게 한다.

땀이 많이 나는 사람은 수술용 장갑 등을 끼고 작업하면 좋다. 검체가 기체인 경우에는 기체 셀을 써서 측정한다. 액체의 경우에는 액막법(검체 1～2방울을 식염판(염화 나트륨판 또는 브롬화 칼륨판)에 흘리고, 다른 1장의 식염판으로 기포가 들어가지 않게 끼우고 홀더를 써서 장치의 시료 홀더에 놓고 측정하는 방법으로, 염화 나트륨판은 브롬화 칼륨판과 달라서 650～400cm^{-1}의 부분이 불투명하여 실측할 수 있는 파수범위는 4000～650cm^{-1}로 측정하거나 용매에 녹여 액체 셀로 측정한다(용액법).

(1) 브롬화 칼륨(염화칼륨) 정제법

브롬화 칼륨정제법은 긴 영역의 스펙트럼을 볼 수가 있어서 가장 일반적으로 사용되는 측정법이다(그림 6-12). 고체검체 1～2 mg을 마노약절구에서 가루로 하고 여기에 적외부 스펙트럼용 브롬화 칼륨 또는 적외부 스펙트럼용 염화칼륨 0.10～0.20g을 넣어 습기가 혼입되지 않도록 조심하면서 빨리 잘 갈아 섞은 다음 정제 성형기로 압축하여 정제로 만든다. 보통 같은 방법으로 대조 브롬화 칼륨정제 또는 염화칼륨 정

그림 6-12. 브롬화 칼륨정제법에 의한 정제(펠렛) 제조

제를 만든다. 다만 필요하면 0.67 kPa 이하로 감압하고, 정제의 단위 면적(cm^2)당 50～100 kN(5000～10000 kg)의 압력을 5～8분간 가하여 투명하고 편평한 판으로 만든다.

(2) 용액법

의약품 각조에서 규정하는 방법으로 만든 검액을 액체용 고정 셀에 넣고 검체의 조제에 쓴 용매를 대조로 하여 측정한다(그림 6-13). 또한 이 방법에 쓰는 용매는 검체와의 상호작용 또는 화학반응을 하지 않고 창판을 침식하지 않는 것을 쓴다. 고정 셀의 두께는 보통 0.1 mm 또는 0.5 mm로 한다. 용매로는 적외부에 비교적 흡수가 적은 클로로포름, 사염화탄소, 이황화탄소 등을 쓴다.

(3) 페이스트법

고체 검체 5～10 mg을 마노약절구에 넣고 가루로 하여 따로 규정이 없는 한 유동 파라핀 1～2방울과 잘 섞어 검체 페이스트를 만든다(그림 6-14). 검체 페이스트를 창판의 중심부에 얇게 편 다음 공기가 들어가지 않게 조심하면서 다른 창판으로 겹쳐서 측정한다(유동 파라핀의 피크가 너무 강하지 않도록 주의한다).

(4) 액막법(샌드위치법)

액체 검체 1～2방울을 두 장의 창판 사이에 끼워 측정한다(그림 6-15). 액층을 두

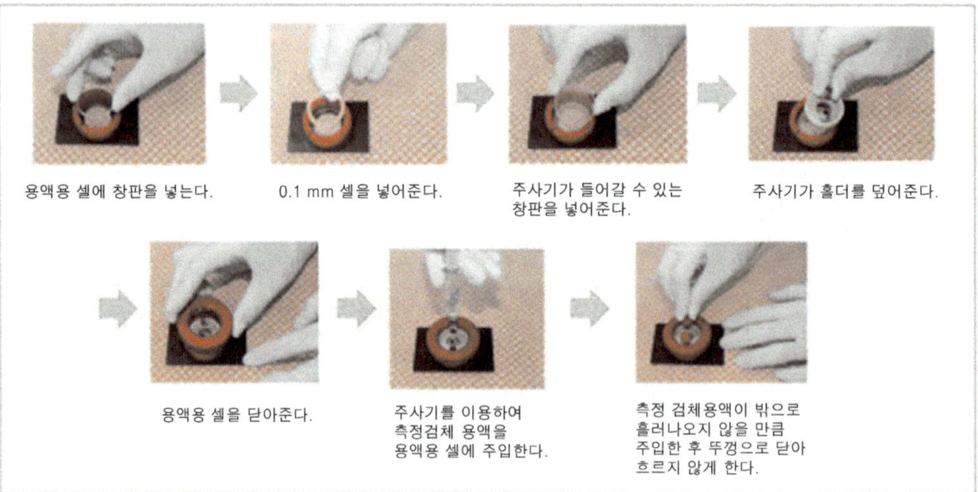

그림 6-13. 용액법에 의한 디스크 제조

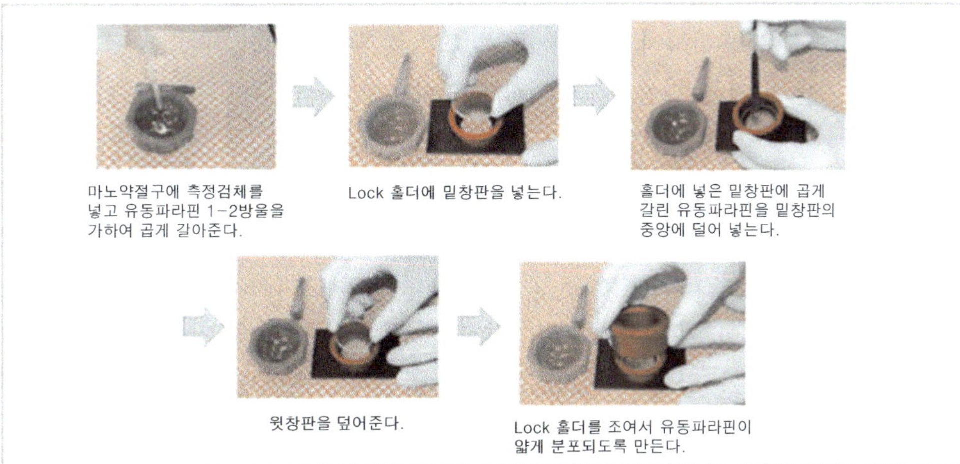

그림 6-14. 페이스트법에 의한 디스크 제조

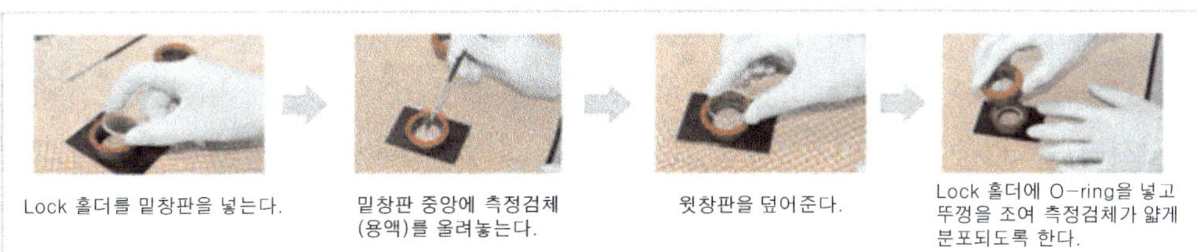

그림 6-15. 액막법에 의한 디스크 제조

껍게 할 필요가 있을 때에는 알루미늄박 등의 사이 띄우개를 2장의 창판 사이에 끼우고, 그 중에 액체 검체가 고이도록 한다. 액막법은 가장 간단한 조작으로 전 영역의 측정이 가능하기 때문에 액체 검체의 측정에 적합하다.

(5) 박막법

검체를 박막 그대로 또는 의약품 각조에서 규정하는 방법에 따라 박막으로 만든 다음 측정한다. 박막법은 필름상의 검체를 그대로 또는 창판 위에 박막을 만들어 측정하는 방법이다. 예를 들면 합성수지 등의 고체 검체를 용매에 녹이고, 이것을 창판에 얇게 바르고 온풍으로 용매를 증발시켜서 측정 검체의 박막을 만들어 측정한다.

(6) 기체 검체 측정법

검체를 배기시킨 5 cm 또는 10 cm 길이의 광로를 갖는 기체 셀에 규정하는 압력으로 도입하여 측정한다. 필요하면 1m이상의 광로를 갖는 셀을 쓰는 경우도 있다. 질소나 산소는 적외선을 흡수하지 않으나 공기 중의 수분이나 이산화탄소는 적외선을 흡수하므로 공기를 배기한 다음에 기체 검체를 채운다.

(7) ATR법

ATR은 크리스탈과 외부환경의 굴절률 차이가 크면 투과가 아닌 반사가 일어나는 원리를 이용한 장치로 ZnSe, KRS-5 같이 굴절률이 큰 크리스탈을 주로 이용한다(그림 6-16). 많은 굴절이 일어나면 강한 signal을 얻을 수 있으며, 각도도 굴절률을 조정할 수 있다. 각으로는 24, 90, 100도를 이용하며 45도를 가장 일반적으로 사용한다. ATR은 물질의 표면을 분석할 수 있는 기법으로 시료량이 적을 경우에도 dorc, 고체, 파우더, 필름 등의 시료를 매우 간단하게 분석할 수 있다. 이 분석법은 특히 불투명하거나 표준 투과법으로 분석하기에 너무 두꺼운 시료를 분석하는 데 아주 좋다. 크리스탈에는 두 종류가 있는데, 액체시료와 파우더 시료를 분석할 수 있는 오목형(through)과 필름이나 면적이 큰 시료를 분석하는 데 적합한 평평한 타입의 셀(cell)이 있다. 검체를 ATR(Attenuated Total Reflectance) 프리즘 면에 밀착시킨 상태에서 반사스펙트럼을 측정한다. ATR법은 고무상 물질과 플라스틱 또는 각막이나 피부 표면의 적외부 스펙트럼의 측정이 가능하다.

(8) 확산반사법(DRIFT, Diffuse Reflectance)

산란이 큰 시료에 적외선을 조사하면 빛이 사방으로 반사되는데, 이 빛을 모아 시료의 정보를 얻는 장치이다(그림 6-17). 이 분석법은 주로 파우더 시료나 산란이 많이 일어나는 시료에 사용되며, 아주 소량의 시료로도 분석이 가능하다. 시료를 KBr에 소량(0.5～1%) 섞어 곱게 분쇄한 다음 샘플링 컵(직경 : 2～6 mm)에 장착해 분

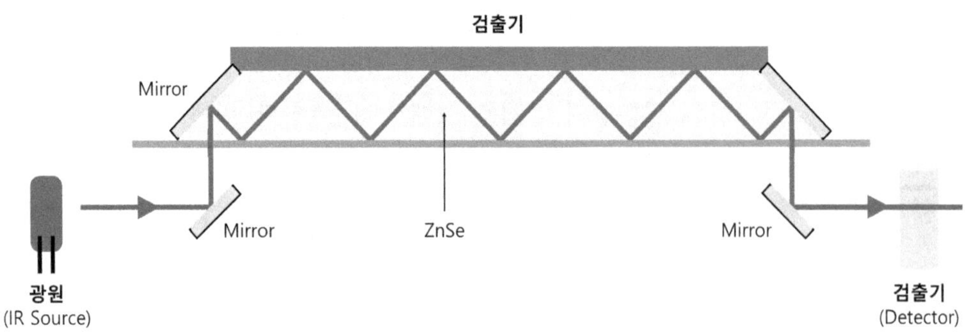

그림 6-16. ART 프리즘면

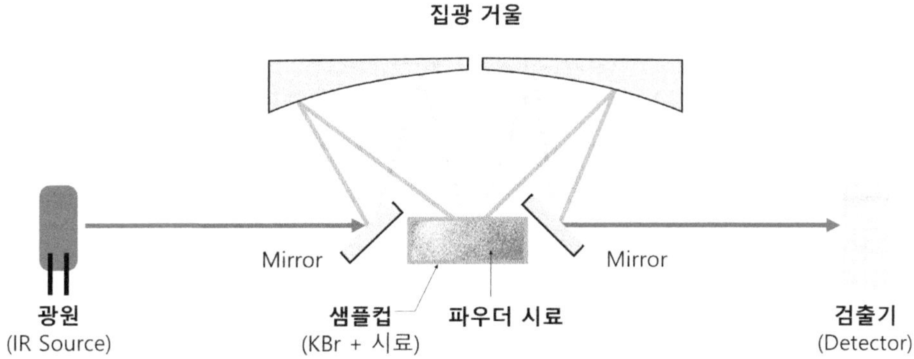

그림 6-17. 확산반사법

석하며, 여러 컵 중 하나에는 KBr만 넣어 Background로 사용한다. 흡광도는 농도의 제곱에 비례하기 때문에 농도와 직선성을 갖게 하기 위해서는 Kubelka-Munk 형식으로 변환해 주어야 한다.

고체 검체 1 ~ 3 mg을 마노약절구로 수십 ㎛ 이하의 미세말로 하고, 여기에 적외부스펙트럼용 브롬화칼륨 또는 염화칼륨 0.05 ~ 0.10 g을 넣어 습기를 빨아들이지 않도록 조심하여 빨리 잘 섞어 검체 접시에 담아 그 반사스펙트럼을 측정한다.

5) 검출기

검출기는 적외선이 갖는 열에너지를 측정하는 장치로 주로 열전기쌍(thermocouple) 또는 볼로미터(bolometer)를 사용한다. 열전기쌍은 2종류의 금속을 맞붙여 광에너지가 가해지면 그 크기에 해당하는 열기전력(Thermo-electromotive force)이 발생하는 원리를 이용한다. 볼로 미터는 표면을 검게 만든 금속편이 광에너지에 의해 전기저항이 변화하는 원리를 이용한 것이다.

(1) 열법 검출기(thermal detector)

검출기의 저항과 같은 물리적 성질을 바꾸는 열의 효과를 이용하여 적외선을 측정하는 방법으로 광범위한 파장영역에 유리하다. 열법 검출기는 열변환기에서 복사선이 들어오면 작은 흑체에 의해서 분자는 복사선을 흡수하여 온도가 증가하게 되는 이때 검출 가능한 온도 변화가 일어나려면 흡수 물질의 열용량은 가능한 적어야 한다. 왜냐하면 적외선 복사선의 세기 수준은 대단히 적기(10^{-7} ~ 10^{-9} W) 때문이다. 그러므로 시료는 크기와 두께를 가능한 작게 하고, 전체 적외선 빛살이 그 표면에 집중되도록 모든 노력을 기울임으로 천 분의 몇의 절대온도만큼 온도가 변화하는 원리를 이용하여 적외선의 복사선을 측정하는 것이다.

하지만 열적 방법으로 적외선을 측정할 때 생기는 문제점은 주위로부터 오는 열적인 잡음이 혼합되어 있다는 것이다. 이런 부분을 해결하기 위하여서는 열법 검출기를 보통 진공상자 안에 설치하고 다른 인접 물체로부터 방출되는 열 복사선을 조심스럽게 차단하여야 한다. 적외선 흡수 측정에 사용되는 열법 검출기로는 열전기쌍, 볼로미터, 파이로전기 검출기 등이 있다.

① 열전기쌍(thermocouple)

열 검출기 중에서 가장 간단한 열전기쌍(thermocouple) 검출기는 검은 금박지 조각으로 만들며, 종류가 서로 다른 금속선 두 개의 양쪽 끝은 서로 용접한 것이다(그림 6-18). 이때 한 쪽의 용접점을 고온접점이라 하고, 다른 쪽을 저온접점이라 한다. 고온접점에 적외선이 입사하면 접점의 온도가 상승한다. 고온접점이 저온접점보다 온도가 높으면 두 접점 사이에 작은 전위차가 발생하는 정도를 측정하는 원리이다. 열전기쌍 검출기는 감응시간이 약 100 ms이고, 비교적 주파수에 따른 감응이 일정하다.

그림 6-18에서 보는 것과 같이 서로 다른 금속선 A, B를 접합하고, 두 접점 사이에 온도차를 주면 두 접점 간의 온도차에 비례하는 기전력(들)이 나타난다. 이 현상을 제벡효과(Seebeck effect)라 하며, 이때 발생한 개방 전압을 제벡 전압 또는 기전력(Seebeck voltage or emf)이라고 부른다. 온도 변화가 작을 경우, 제벡 전압은 온도에 직선적으로 비례한다.

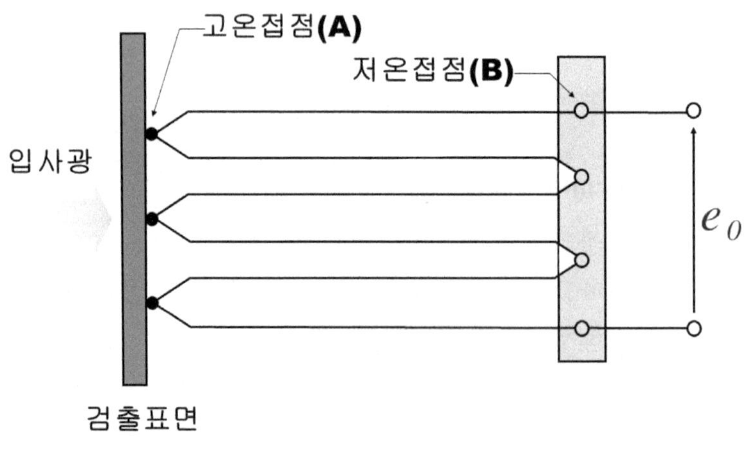

그림 6-18. 열전기쌍의 기본 원리

② 볼로미터(bolometer)

볼로미터(bolometer) 자체는 전자파 흡수체(absorber), 온도센서, 히트싱크(heat sink)로 구성되어 있어서 야간 복사열의 검출과 측정을 위해 사용되는 고감도의 전기저항 온도계이다(그림 6-19). 보통 볼로미터는 백금이나 니켈과 같은 얇은 금속의 전도체로 구성되어 있다. 이 전도체에 적외선이 입사하면 가열되어 온도가 상승한다. 이렇게 되면 전도체의 전기저항이 감소한다. 따라서 저항변화의 저도는 검출기에 입사한 빛의 양의 척도가 된다.

③ 파이로전기 검출기(pyroelectric detecter)

가장 최근에 개발된 적외선 검출기로 특별한 열적 및 전기적 성질을 갖고 있는 절연체(유전물질)인 파이로전기 물질의 단결정 박편(wafer)으로 만들어 적외선 복사선의 정도를 측정하는 원리이다(그림 6-20). 일반적으로 어떠한 절연체를 통하여 전기장을 걸어줄 때 전기적 편극이 일어남으로써 측정하고자 하는 시료의 온도 변화를 감응함으로써 검출하는 방법이다. 이때 황산크리글리신($(NH_2CH_2COOH)_3 \cdot H_2SO_4$)(보통 중수소화되든지 또는 일부 글리신이 알라닌으로 치환됨)은 적외선 검출기 제작에 사용되는 가장 중요한 파이로전기 물질이다.

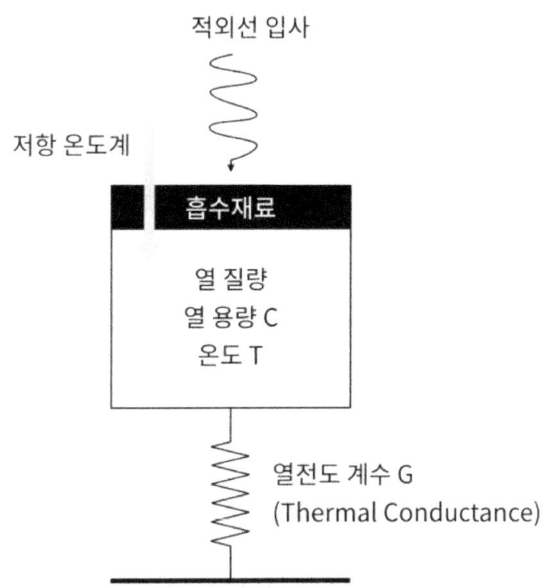

그림 6-19. 볼로미터의 구조와 원리

파이로전기 검출기는 간섭계로부터 나오는 시간영역 신호의 변화를 추적할 수 있을 정도로 매우 빠른 감응시간을 가짐으로 대부분의 Fourier 변환 적외선 분광기에 널리 사용된다.

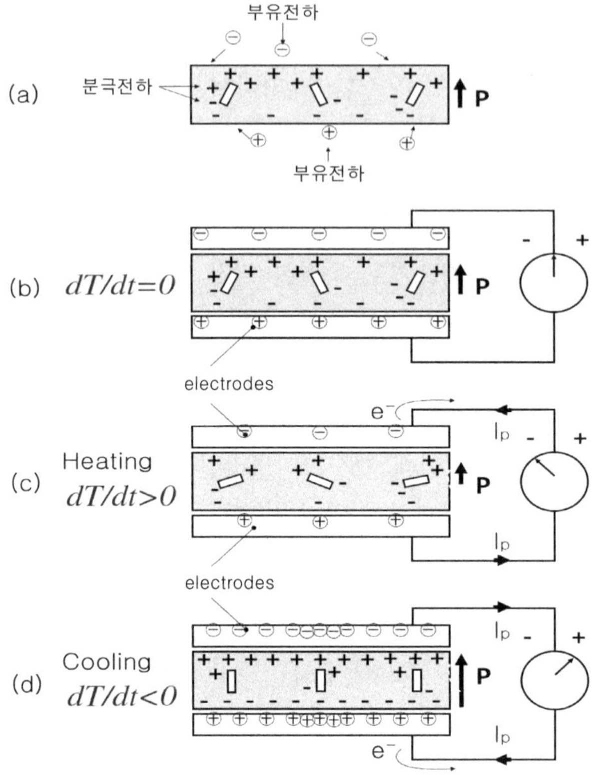

(a) 초전 효과를 갖는 결정은 일정 온도(즉 열적 평형상태에서 그림(a)와 같이 자발분극에 의해서 그 표면에는 항상 (+)와 (-) 전하가 발생한다. 이것을 분극전하라고 부른다.

(b) 이 분극전하들은 공기 중을 떠돌아다니는 부유전하(이온, Flaoting charge)를 포획하여 전기적으로 중성이 된다.

(c) 이 상태에서 적외선이 흡수되면 초전체의 온도가 상승하고, 그 결과 자발분극의 세기가 감소한다. 그러나 표면에 부착된 전하는 자발분극의 변화에 신속히 대응하여 변화할 수 없기 때문에 결정 표면의 전하는 불균형으로 되고, 이 불평형 분의 전하를 전압 또는 전류 변화로 출력한다.

(d) 만약 온도가 감소하면 자발분극의 세기는 증가하고, 더욱 많은 전하가 전극에 부착되므로 전류방향은 반대로 된다.

그림 6-20. 파이로전기 구조 및 원리

(2) 광전도 검출기

근적외선 영역 (약 0.75～3 ㎛)의 복사선을 검출하는데 가장 예민한 검출기로 이 영역의 복사선을 흡수하면 전기 저항이 감소하는 반도체를 이용하여 광전도체를 냉각시키면 원적외선 영역까지 측정 범위를 확장 가능하다. 왜냐하면 매우 인접한 에너지 준위 사이에서 열적으로 유발되는 전이로 인해 생기는 잡음을 감소시키기 때문이다. 광전도체의 이런 응용은 Fourier 변환 적외선 기기장치에 매우 중요하다. 이때 사용되는 결정성 반도체는 납(Pb), 카드뮴(Cd), 갈륨(Ga) 및 인듐(In) 같은 금속의 황화물, 셀렌화물, 텔루르화물 등이 있다.

Thermal Detector
- 실온에서 사용 가능
- 한정된 감도
- Material : Deutrated Triglycine Sulfate

Quantum Detector
- 감도가 매우 좋음
- Ln_2로 cooling 해주어야 함
- Material : Mercury Cadmium Telluride

4. 적외선 분광기의 종류

적외선 분광기는 두 종류로 분류된다. 관심 주파수 영역을 주사할 수 있도록 구동장치가 달려 있는 단색화 장치 또는 필터를 사용하는 분산형 분광기(Dispersive-type spectrometers)와 스펙트럼 계산을 위해 특수화된 마이크로프로세서와 연결된 간섭계 등을 사용하여 간섭적인 측정으로 모든 스펙트럼 영역을 동시에 분석할 수 있는 Fourier 변환 분광기(Fourier transform spectrometers)가 있다. 그리고 분산형 분광기는 근적외선 영역에서도 사용할 수 있다.

1) 분산형 분광기

보통 겹살 기기이며, 단색화 장치로 회절발을 이용하여 분산시켜 파장에 따른 투과율 (%T)을 측정하여 적외선 스펙트럼을 얻을 수 있는 기기이다(그림 6-21).

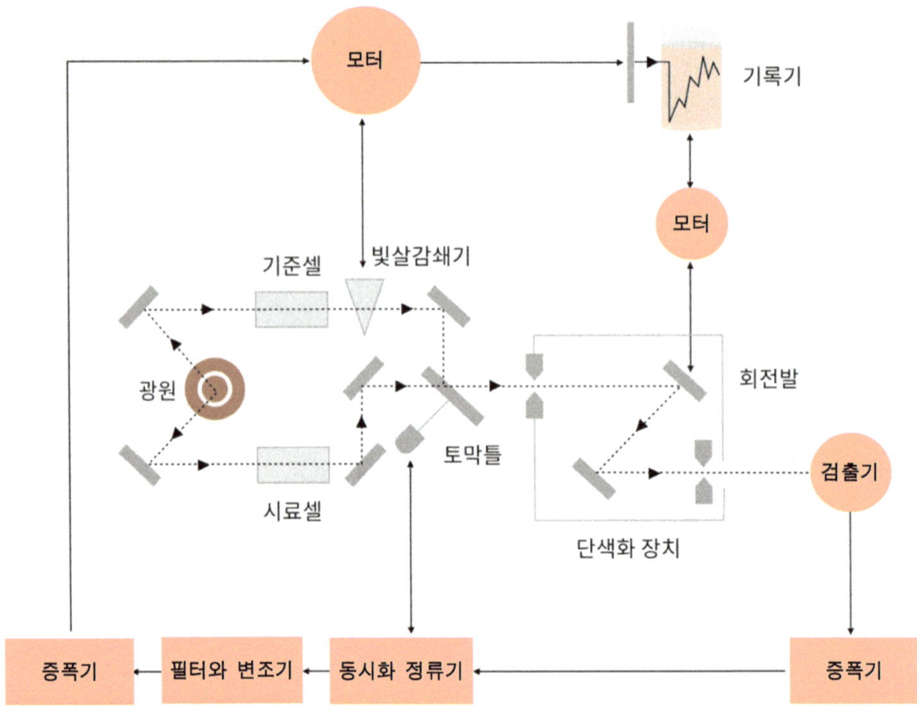

그림 6-21. 분산형 분광기의 구성

분산형 분광기에서는 광원으로부터 방출된 적외선 빛살이 거울을 거쳐 같은 세기의 두 평행한 빛살이 형성된다. 이렇게 나누어진 빛살은 시료 셀과 기준 셀로 나누어져 통과하게 된다. 광원으로부터 방출된 적외선 빛살은 단색화 장치 속을 지나면서 연속 적외선 진동수 스펙트럼으로 변한다. 이때 시료에 의해 산란되는 빛살을 분리해 내기 위하여 단색화 장치는 시료와 검출기 사이에 놓여 있다. 검출기는 기준 빛살과 시료 빛살 사이의 세기 비율을 감지하여 빛이 시료를 통과할 때 어떤 진동수가 시료에 의해 흡수되었으며, 어떤 진동수가 영향을 받지 않았는지 검출기를 통하여 결정된다. 이때 검출기의 신호는 증폭되어 기록기에서 스펙트럼으로 그려진다. 여기서 스펙트럼은 회절발이 회전하여 분자의 적외선 진동수가 변함에 따라 기록되는 것이다. 따라서 분산형 분광기는 진동수 영역에서 스펙트럼을 기록한다고 할 수 있다.

진동수는 흡수된 빛의 양이 아니라 투과된 빛의 양에 따라 기록되는 것이 보편적이며, 퍼센트 투과율로 기록된다. 그리고 분산형 분광기는 주로 정성분석에 사용한다. 그러나 현재는 S/N 비가 좋은 FT-IR 분광기로 거의 대체 되고 있다.

2) Fourier 변환 분광기

모든 유기, 무기 분자의 화합물은 어떤 복사선의 에너지(빛)를 받게 되면 적외선 영역에서 각 물질에 따른 흡수가 이루어지며, 이때 각 물질(성분)별로 고유의 스펙트럼을 얻을 수 있다. 스펙트럼을 이용하여 각 성분의 정량분석, 정성분석을 할 수 있으며, 이때 광원에서 오는 약한 신호(빛의 흡수량)의 스펙트럼을 분석하는데 퓨리에 변환 분광법이 현재까지는 가장 효과적인 방법이다.

퓨리에 변환 적외선(FTIR : Fourier Transform Infra-red)의 원리는 프랑스 수학자 Jean Fourier(1768~1830)에 의해 이론이 성립되었으며 FT-IR의 장점은 다음과 같다.

① 측정시간이 신속, 짧은 시간에 여러 번 측정이 가능하다.
② 낮은 농도의 시료도 분석이 가능하다.
③ 정밀도 매우 우수하다.
④ 거울속도를 일정하게 유지하여 분해능을 일정하게 유지할 수 있다.
⑤ 정성, 정량 분석의 정확도가 매우 높다.
⑥ 시료의 열분해 및 변질할 우려가 거의 없다.

FT-IR 분광법은 광원으로 적외선을 이용하지만 기존의 Filter(일정한 파장의 빛만 통과시키는 장치) 방법 대신에 빛살 분할기(beam splitter), 고정거울(reference mirror), 이동거울(moving mirror)을 이용하여 물질 내의 여러 성분을 동시에 분석할 수 있다. 즉 광원과 시료 사이에 위치한 간섭계 (Michelson interferometer 등)라는 홀살형 장치가 있으며, 이 간섭계는 이동 거울, 고정 거울 및 빛살 분할기(beam splitter) 등 3개의 주요 요소로 구성되어 있다(그림 6-22). 이때 이용되는 빛살 분할기(beam splitter)는 약 50% 복사선은 반사하고, 50%는 투과하는 투명한 물질로 만들고 중간 적외선 영역에서는 얇은 Ge 또는 Si 필름을 증착시킨 CsI, CsBr, NaCl 또는 KBr을 사용한다.

그림 6-23에서 처럼 광원에서 나온 적외부 복사선은 중간에 있는 빛살 분할기(beam-splitter)에 의해 위로 반사되거나 오른쪽으로 투과되어 각각 거울에 반사되어 빛살 분할기에서 다시 만난다. 이때 투과되거나 반사된 빛살 중 하나는 고정거울에서, 다른 하나는 이동거울에서 반사되어 이 빛살들은 다시 빛살 분할기에서 만나서 합쳐지는 것이다.

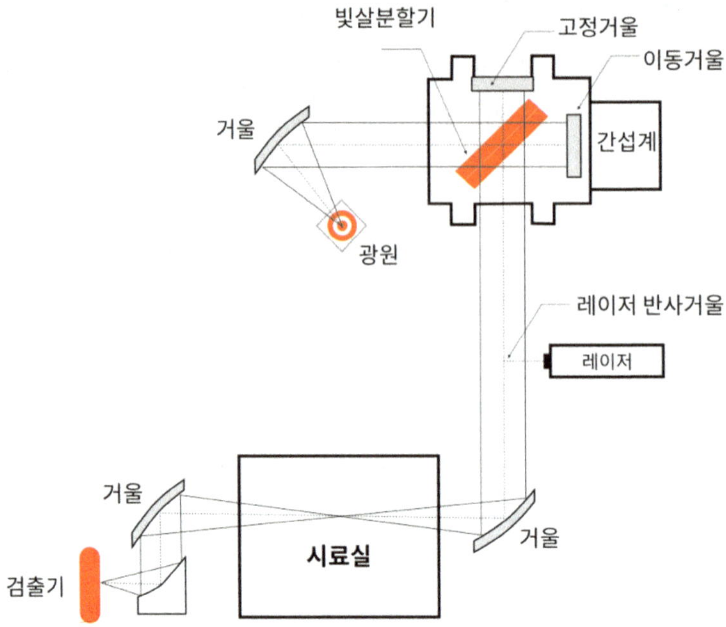

그림 6-22. Michelson 간섭계를 이용한 Fourier 변환 분광기

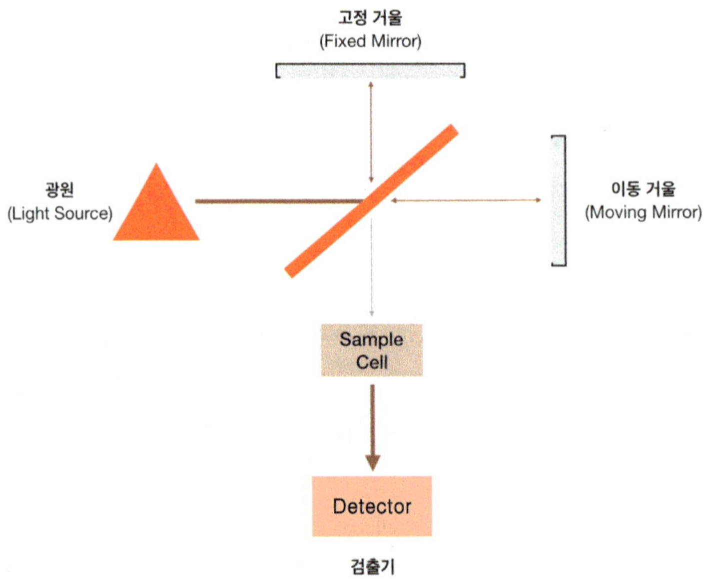

그림 6-23. Michelson Interferometer 구조

또한 아래쪽으로 반사되거나 투과되는 두 빛살은 각각의 광경로차(optical path difference : OPD)에 의해 서로 간섭현상이 생기고, 아래의 검출기에서 복사 세기를 측정한다. 하나의 거울을 조금씩 움직이면서 변화하는 복사 세기의 함수를 간섭그림(interferogram)이라 한다. 각각의 투과되거나 반사된 빛살과 광원으로 되돌아간 빛살의 간섭현상으로 만들어진 빛살의 세기 변화를 빛살 분할기에서 나누어진 두 빛살의 진행거리 차이(지연, δ)의 함수로서 측정함으로써 시간 영역 스펙트럼인 간섭그림(interferogram)이 얻어진다.

적외부 복사선의 진동수 ν, 파장 λ, 파수 $\bar{v}$와 간섭그림의 진동수 f 사이의 관계는

$$f = \frac{2v_M}{c}v = \frac{2v_M}{\lambda} = 2v_M\bar{v}$$

※ vM은 거울의 속도(cm/s), c는 빛의 속도(3×1010 cm/s)

간섭그림(Interferogram)의 세기 비는 여러 가지 파장에서의 흡수량의 정보를 모두 포함하므로 이를 Fourier로 변환시켜 분산형 분광기로 얻은 것과 같은 흡수 스펙트럼을 얻을 수 있다. Fourier 변환은 짧은 시간에 여러 번 측정이 가능하고 낮은 농도의 시료도 분석이 가능하다. 정밀도가 우수하고 분해능을 일정하게 유지할 수 있으며, 시료가 변질할 우려가 거의 없다.

▸ 간섭그림(Interferogram)이란?

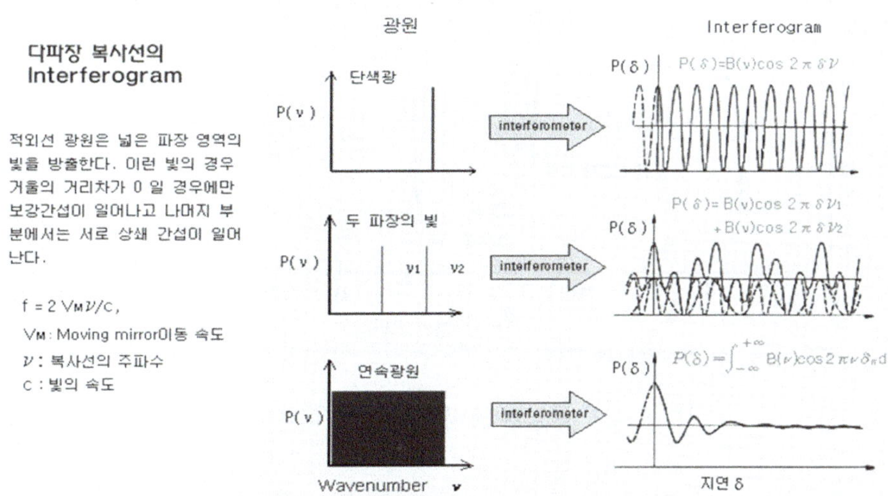

또한 간섭광을 사용하므로 떠돌이 복사광이 아주 적고 데이터가 디지털 형식으로 기록되기 때문에 아날로그 형식으로 기록될 때 생기는 에러가 없어 정성 및 정량 분석의 정확도가 높아진다. 정성분석을 할 때는 보통 300~5000 cm^{-1} 영역을 관찰하며 관능기 영역(functional group region)과 지문영역(fingerprint region)으로 나누어 관찰한다. 관능기 영역은 기능기들의 종류를 나타내는 밴드를 관찰하는 것으로 1200~3600 cm^{-1}을 관찰하며, 이것은 항상 같은 위치를 나타내는 것을 아니고 용매나 환경의 영향으로 위치의 변화가 있을 수 있다. 그리고 지문 영역을 700~1200 cm^{-1}을 관찰하며 구조나 주변 환경이 조금만 바뀌어도 변하기 때문에 해석은 어렵지만 물질 확인에 매우 유용하다.

정량 분석은 Beer-Lambert의 법칙에 의거하여 실시하며, 이 경우에는 발색하지 않고 정량할 수 있다. 그리고 혼합물이나 구조가 유사한 화합물들이 상호 영향을 받지 않도록 각 화합물의 흡수 띠를 선택할 수 있다. 정성 및 정량 분석 모두 적합하며, 특히 유기화합물의 확인, 분자 속에 있는 작용기의 종류를 확인하여 구조 결정, 표준 화합물의 스펙트럼과 비교하여 미지의 화합물 확인, 이성질체 확인, 수소결합 연구, 유기화학에서 반응이 진행되었는지 확인하는 데에 유용하게 이용할 수 있다. 그리고 만족할 만한 간섭그림을 얻기 위해서는 이동거울의 속도가 일정하고, 어느 순간에라도 이동거울의 위치는 정확히 알려져야 하고, 거울은 10 cm 이상 움직이는 동안 평면을 잘 유지해야 한다.

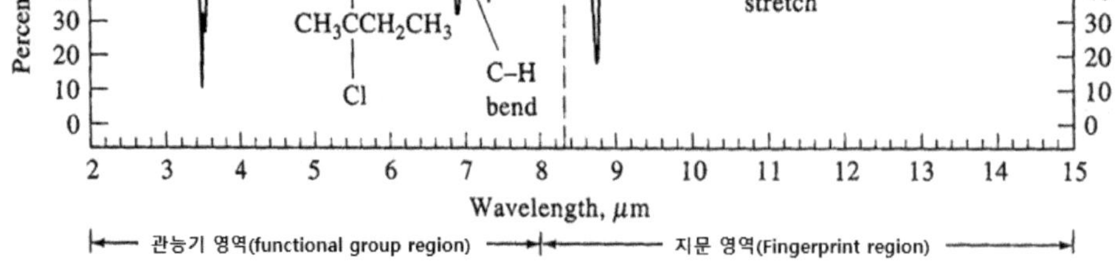

그림 6-24. 관능기 영역과 지문 영역의 스펙트럼

5. 적외선 스펙트럼의 해석

미지 물질의 구조를 추정하기 위하여 중요한 관능기의 유무를 파악하는 것이 중요하다. C=O, N-H, C-O, C=C, C≡C, C≡N, NO_2 등의 흡수대는 특징적이므로 쉽게 인식할 수 있다. 3000 cm^{-1} 근처의 C-H 흡수는 거의 모든 화합물에서 나타나므로 중요하지 않다. 다음은 전반적인 구조 추정과정을 설명한 것이다.

(1) C=O의 확인하기

1820～1660 cm^{-1}에서 강한 흡수가 있다. 가끔 스펙트럼 중에서 가장 강하며, 보통의 폭을 가지고 있다. 이 흡수대의 인식은 매우 중요하다.

(2) C=O가 있으면 관능기의 종류 파악하기

① O-H : 3400～2400 cm^{-1}에서 넓은 흡수대가 나타난다. (보통 C-H와 중복되어 나타남)
② N-H : 3500 cm^{-1} 근처에서 보통 강도의 흡수, 경우에 따라 비슷한 두개의 흡수대를 보인다.
③ C-O : 1300～1000 cm^{-1}에서 강한 흡수가 나타난다.
④ C=O : 1810 cm^{-1}와 1760 cm^{-1}에서 두 개의 C=O 흡수를 보인다.
⑤ C-H : 탄화수소 C-H 흡수의 오른쪽(2850～2750 cm^{-1})에서 두개의 약한 흡수(알데히드성 C-H)를 보인다.

(3) C=O가 없으면 다음을 확인하기

① O-H : 3500～3200 cm^{-1}에서 넓은 흡수, 수소결합이 없으면 3650～3600 cm^{-1}에서 좁은 흡수가 있다.
② C-O : 1300～1000 cm^{-1}에서 흡수를 보인다. 그리고 O-H, C-O 모두 존재하면 알코올 또는 페놀류의 물질로 추정이 가능하고, O-H가 없고 C-O가 존재하면 ether류로 추정할 수 있다.
③ N-H : 3500 cm^{-1} 근처에서 흡수가 보이면 amine류로 추정할 수 있다.

(4) C=C 이중결합이 지방족 물질에서는 1650 cm^{-1}에서 약한 흡수, 방향족은 1650～1450 cm^{-1}에서 보통 또는 강한 흡수를 보인다. 이 물질이 지방족인지 방향족인지를 확인하는 데는 방향족과 vinyl의 C-H는 3000 cm^{-1} 왼쪽에서 지방족의 C-H는 3000 cm^{-1} 오른쪽에서 흡수된다는 사실도 추정할 수 있다.

(5) C≡N은 2250c cm^{-1} 근처에서 보통 강도의 날카로운 흡수를 보인다. C≡C는 2150 cm^{-1} 근처에서 약하고 날카로운 흡수가 있으며, 이것은 acetylene성 C-H (3300 cm^{-1})로도 확인이 가능하다.

(6) NO_2는 1600～1500 cm^{-1}와 1390～1300 cm^{-1}에서 2개의 약한 흡수가 보인다.

(7) 탄화수소는 3000 cm^{-1}(C-H 신축), 1450 cm^{-1}와 1375 cm^{-1}(CH_3 변각) 등에서 흡수가 있을 뿐이며, 스펙트럼이 대체로 단순하다.

위에서 살펴본 관능기의 대부분은 4000～1300 cm^{-1} 영역에서 흡수되는 것을 알 수 있다. 이외에도 900～650 cm^{-1} 영역에서는 주로 방향족과 heteroaromatic 화합물의 C-H 변각 진동에 의한 흡수가 일어난다. 적외선 분광학에서는 이 두 영역을 관능기 영역(functional group region)이라 한다. 이 두 영역의 사이에 위치하는 1300～900 cm^{-1} 영역을 지문 영역(fingerprint region)이라 하는데, 이 영역에서는 진동 양식의 상호작용에 의한 복잡한 흡수 형태가 나타난다. 비슷한 화합물에 대하여 관능기 영역의 스펙트럼은 완전히 일치할 수 있어도 지문 영역의 스펙트럼은 각각의 화합물에 대하여 특징적이므로 모든 화합물에 있어서 서로 다르다고 할 수 있다. 이 영역의 스펙트럼을 비교할 때는 peak의 형태가 매우 중요하므로 스펙트럼의 파수 단위로 표현된 것인가 아니면 파장 단위로 표현된 것인가에 주의해야 한다.

표 6-1. 관능기 영역과 적외선의 흡수 파장

관 능 기	특성 흡수대(파수 cm^{-1})
1. 수산기	3600～3200
2. 아민의 염산염	2500 부근
3. 카르보닐기	(1700 부근)
카르본산	1650～1700(3400～2600에 OH)
에스테르	1670～1800, 1250, 1100
케 톤	1720 부근
4. 방향환	900～650, 1600, 1500, 3010
올레핀	1000～650, 1650~1550
5. 니트로기	1530 부근, 1300 부근

6. 적외선 흡수 스펙트럼을 이용한 정량분석

물질의 농도와 흡수된 광선 사이에는 Lambert-Beer 법칙이 성립한다. 적외선 흡수 스펙트럼은 일반적으로 투과도로 표시되어 있으므로 이것을 흡광도로 환산하여 정량 분석 할 수 있다.

$$A = \log \frac{Io}{I} = \log \frac{AC\text{의 길이}}{BC\text{의 길이}}$$

A : 흡광도

Io : 입사광의 강도

I : 투과광의 강도

스펙트럼 상에서 입사광과 투과광의 강도는 기준선(baseline)을 정확하게 잡기가 힘들므로 흡수 피크의 양쪽 끝을 지나는 접선으로부터 구한다. 즉, AC의 길이를 입사광의 강도, BC의 길이를 투과광의 강도로 잡는다. 이렇게 하여 얻은 흡광도 값을 농도와 같이 도시하여 검량선을 얻은 후 이것으로부터 미지 농도를 구할 수 있다.

7. 적외선 분광법의 응용 분야

1) 물질의 구조 확인

각 화합물의 작용기에 대한 특성적인 스펙트럼이 얻어지므로 이를 확인하면 그 구조를 확인할 수 있다는 것은 이미 설명하였다. 합성에서 반응물질을 알고 있을 때 생성물질의 확인은 여러 개의 흡수 띠를 해석하지 않아도 반응물질의 어떠한 흡수 띠가 없어지고 새로운 것이 나타나느냐의 여부로 생성물을 예상할 수 있다.

그리고 미지의 단일 시료일 경우에는 IR 스펙트럼만으로는 확인이 곤란하므로 확인에 도움을 줄 수 있는 여러 가지 실험적 자료를 얻는 것이 좋다. 가령, 원소분석과 분리량을 측정하여 그 결과로부터 분자식을 구하고, 끓는점, 녹는점, 선광도 및 특수한 시약과의 반응성 등과 같은 물리 화학적 성질을 측정, 비교함과 동시에 NMR, UV-Vis 및 MS 등의 스펙트럼을 함께 이용해야 할 것이다. 그러나 혼합물이거나 고분자 물질인 경우에는 스펙트럼이 매우 복잡하여 위와 같은 과정으로는 확인이 곤란하다.

따라서 이 경우에는 적당한 방법으로 분리한 다음 스펙트럼을 얻어 해석해야 할 것이다. IR 스펙트럼은 광학 이성질체를 제외하고는 물질이 다를 때에는 동일한 조건에서 측정한 스펙트럼은 서로 다르다. 따라서 흡수 띠를 해석하기 곤란한 경우일지라도 두 물질의 스펙트럼 자체를 비교하면 같은 물질인지의 여부를 쉽게 판단할 수 있다. 또, Sadtler 또는 Aldrich 등에서 제공된 많은 유기 화합물의 표준 스펙트럼과 비교해도 좋다. 그러나 반드시 유의해야 할 점은 같은 물질이라 하더라도 그 조건에 따라서는 흡수 위치나 모양이 변한다는 사실이다.

2) 수소 결합의 검정

적외선 스펙트럼의 이 분야에 대한 응용은 최근에 들어와 생체 내 단백질 및 핵산의 입체적 구조와 생체 내에서의 다른 물질과의 상관관계를 추정하는 데 많이 이용되고 있다. 분자 내에 존재한 -OH나 -NH 등은 대부분이 전기 음성도가 큰 원자들과 수소결합을 하고 있으며, 이러한 경우 O-H의 신축 진동 운동에 의한 흡수 피크를 관찰함으로써 용이하게 알 수 있다.

즉, 수소 결합을 하지 않는 유리 O-H나 N-H의 경우 비교적 흡수 세기가 큰 예민한 피크로 3650～3590 cm^{-1} 및 3500～3300 cm^{-1}에서 각각 나타나지만, 수소 결합을 하는 경우 -OH나 -NH의 신축 진동의 흡수가 낮은 파수 쪽으로 이동하며, 흡수 피크의 강도가 감소하고 둔하게 나타나는 것이 특징이다. 또, 이들 수소 결합은 물질의 물리적 상태, 시료의 농도, 측정 용매, 측정시의 온도 등 여러 가지 인자에 따라 변화하므로 필요한 조작 조건이 요구된다.

3) 정량분석 및 순도 측정

적외선 분광법에 의한 정량 분석은 사용하는 용매에 많은 제한이 있기 때문에 표준 시료의 제조가 용이하지 않아 특수한 경우를 제외하고는 별로 사용되고 있지 않지만, 이러한 어려운 점을 극복할 수 있다면 Beer-Lambert 법칙에 따라 자외선 분광법에서와 같이 정량에 응용할 수 있다. 특히, 2개의 시료가 혼합되어 있을 경우, 이들 흡수 피크 중에서 서로 겹치지 않는 독특한 피크를 표준으로 하여 측정한다면 서로의 혼합비를 알 수 있다.

이러한 원리는 혼합물 중의 두 물질의 확인에도 이용될 수 있다. 예를 들면, 미반응의 원료나 부산물이 혼합되었을 경우, 이들의 순수한 흡수 스펙트럼과 혼합물질의 스펙트럼을 비교한다면, 각각에 의한 흡수 피크가 서로 겹치지 않은 부분에 모두 존재할 것이므로 혼합물의 단일 성분을 추정할 수가 있다.

8. 실험 예

1) 실험제목

미지시료에 대한 적외선 스펙트럼 측정

2) 실험목적

(1) Infrared microscopy의 원리 및 구조, 사용법을 습득한다.

(2) IR 측정으로 얻은 자료를 바탕으로 미지시료의 구조를 확인한다.

3) 실험원리

(1) 적외선 분광법(Infrared spectroscopy)은 시료에 적외선을 쬐어 분자의 진동과 회전운동을 반영하는 적외선 스펙트럼을 측정하여 분자종의 동정과 정량을 하는 분광법이다.

(2) IR 파장 영역은 다음과 같다.

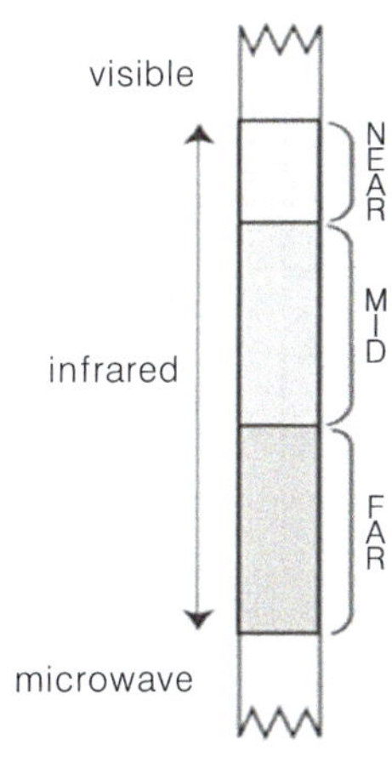

	λ, cm	λ, ㎛	λ, cm^{-1} (wavenumber)	energy(E)
NEAR	7.8×10^{-5} to 3×10^{-4} (.000078–.0003)	0.78 to 3	12820 to 4000	10–37 Kcal/mole
MID	3×10^{-4} to 3×10^{-3} (.0003–.003)	3 to 30	4000 to 400	1–10 Kcal/mole
FAR	3×10^{-3} to 3×10^{-2} (.003–.03)	30–300	400 to 33	0.1–1 Kcal/mole

recall:
㎝ = 10^{-2}m
㎜ = 10^{-3}m
㎛ = 10^{-6}m

(3) IR은 화합물의 구조에 대한 정보뿐만 아니라 화합물의 순도를 측정하는 분석적인 도구로도 사용하기도 한다.

4) 기구, 장비 및 시약

(1) 막자, 막자사발
(2) Die
(3) 압축틀(X-press)
(4) KBr
(5) FT-IR 분광기

5) 실험내용

(1) KBr 100 mg만 막자사발에 넣어서 혼합한 후 곱게 간다.
(2) 곱게 간 sample을 Die에 넣는다. 이때 시료가 골고루 분포할 수 있도록 한다.
(3) Die를 X-press에 넣는다.
(4) 윗부분의 핸들을 시계방향으로 돌려서 Die를 고정시킨 다음 뚜껑을 닫고 앞 작동단추를 눌러 약 8～10 ton 가량 되게 3～5분 동안 압축시킨다.
(5) X-press의 핸들을 반시계 방향으로 서서히 돌려 Die를 꺼낸다.

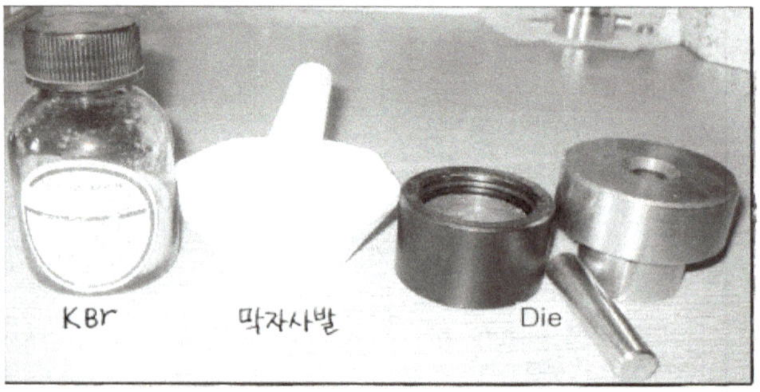

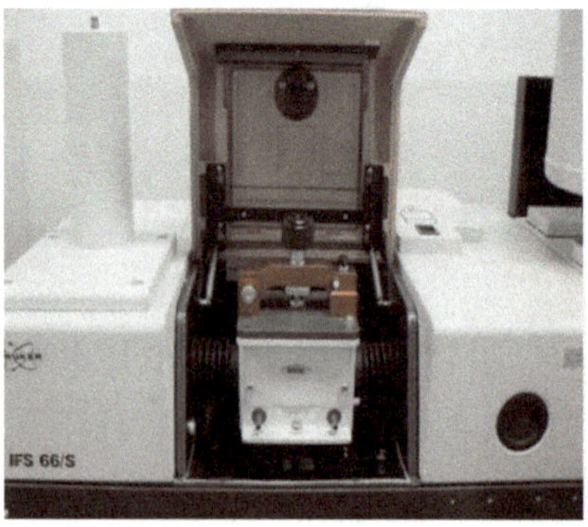

(6) 만들진 KBr Pellet을 조심스럽게 빼낸다.

(7) 먼저 KBr만 들어 있는 pellet을 시료 홀더에 장착한 뒤 IR 기계에 넣어 측정하여 back ground를 잡는다.

(8) 측정하고자 하는 미지 시료 1～2 mg을 KBr 100 mg과 혼합하여 막자사발에 넣고 곱게 간다.

(9) 곱게 간 시료에 들어간 sample을 골고루 분포할 수 있도록 Die에 넣는다.

(10) Die를 X-press에 넣는다.

(11) 윗부분의 핸들을 시계방향으로 돌려서 Die를 고정시킨 다음 뚜껑을 닫고 앞 작동단추를 눌러 약 8～10 ton 가량 되게 3～5분 동안 압축시킨다.

(12) X-press의 핸들을 반시계 방향으로 서서히 돌려 Die를 꺼낸다.

(13) 만들어진 시료가 들어 있는 KBr Pellet을 조심스럽게 빼낸다.

(14) 시료가 혼합된 KBr pellet을 시료 홀더에 장착한 뒤 IR기계에 넣어 측정한다.

(15) 측정된 스펙트럼을 관찰하여 그 시료가 무엇인지를 분석한다.

6) 질문 및 토론

제 7 장

원자흡광광도법

1. 원 리

원자흡광광도법(Atomic absorption spectroscopy)은 시험용액 중에 들어있는 금속원소(metallic element)를 불꽃이나 전기가열 등으로 원자증기화하여 생긴 바닥상태의 원자가 그 원자증기층을 통과하는 빛으로부터 특정 파장의 빛을 흡수하는 현상을 이용하여 흡광도를 측정하고, 시험용액 중의 목적하는 금속원소의 농도를 구하는 방법이다.

원자는 원소의 성질을 갖고 있는 최소입자로 원자핵과 전자로 구성되어 있으며, 원자 중심에 (+)전하를 띠고 있는 원자핵은 (-)전하를 띠는 전자로 둘러싸여져 있다. 원자는 낮은 에너지를 가진 상태(바닥상태, ground state)와 높은 에너지를 가진 상태(들뜬상태, exited state)로 존재할 수 있다. 바닥상태의 원자는 낮은 에너지를 갖고 있어, 외부로부터 에너지를 가하면 그 에너지를 흡수하여 외각의 전자가 불안정한 상태인 들뜬상태로 변한다.

바닥상태와 들뜬상태의 에너지 차이는 금속원소에 따라 다르기 때문에 흡수되는 빛의 파장도 원소에 의해 결정된다. 들뜬상태의 원자는 안정한 상태로 되돌아가기 위하여 흡수된 에너지와 같은 양의 에너지를 방출하고 안정한 바닥상태의 원자가 된다. 원소마다 특유의 전자구조를 가지고 있어, 방출된 에너지의 파장은 그 금속원소의 특성이 될 수 있다. 따라서 원자흡광광도법은 분석하려는 원자에 해당하는 파장의 광원을 사용하여 원자의 정성 및 정량 분석이 가능한 분석법이다.

예를 들면 그림 7-1에서 보는 바와 같이 나트륨(Na)은 주로 두 유형의 들뜬상태가 있는데, 각각 바닥상태보다 2.2 eV 및 3.6 eV의 높은 에너지를 가지고 있다. 바닥상태의 나트륨 원자에 2.2 eV의 높은 에너지를 가하면 (I)의 들뜬상태가 되고, 3.6 eV의 높은 에너지를 가하면 (II)의 들뜬상태가 된다. 여기서 2.2 eV 및 3.6 eV의 에너지

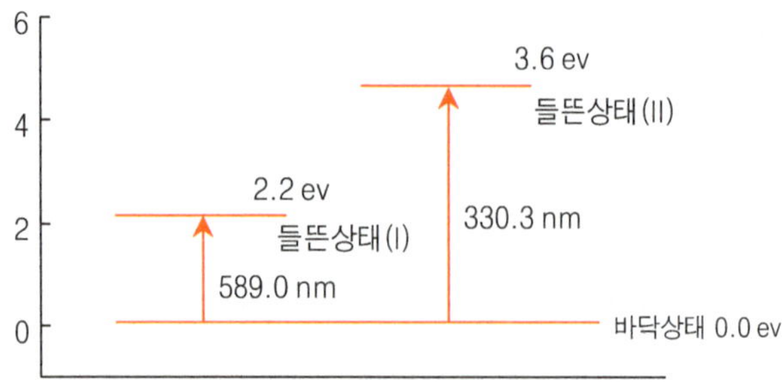

그림 7-1. 나트륨의 에너지 상태

는 각각 589.0 nm와 330.3 nm 파장의 빛 에너지에 상당한다. 바닥상태의 나트륨 원자는 그 파장의 빛만 흡수하고, 다른 파장의 빛은 전혀 흡수하지 않는다.

바닥상태와 들뜬상태의 에너지의 차이는 원소에 따라 다르기 때문에 흡수되는 빛의 파장도 원소에 의해 결정된다. 원자흡광광도법에서는 중공음극램프(hollow cathode lamp, HCL)라고 하는 원소 고유의 파장의 빛을 내는 램프를 광원으로 사용하여 그 빛의 흡수량을 측정하고, 이로부터 원자의 농도를 구한다. 즉, 바닥상태의 원자에 어떤 강도의 빛을 조사하면 그 빛의 일부가 원자에 의해 흡수되는데, 그 흡수되는 비율은 원자의 농도에 의해 결정된다.

그림 7-2와 같이 c 농도의 원자가 들어 있는 ℓ 길이의 광로장(원자화장치의 버너헤드 길이)에 I_0 강도의 빛(입사광)을 입사하면 원자에 의해서 빛이 흡수되어 I_t 강도의 빛(투과광)으로 그 강도가 약화된다. 이와 같이 입사광은 흡수에 의해 지수관계적으로 약해져 입사광의 강도 I_0와 투과광의 강도 I_t 사이에는 다음 관계식이 성립된다.

$$I_t = I_0 \times 10^{-\kappa \cdot \ell \cdot c} \tag{5.1}$$

식 5.1의 κ는 물질, 파장 및 온도 등에 의해 결정되는 비례정수이다. 투과도(transmittancy, T)는 식 5.2와 같이 입사광에 대한 투과광의 분율(I_t/I_0)로서 정의되고, 특

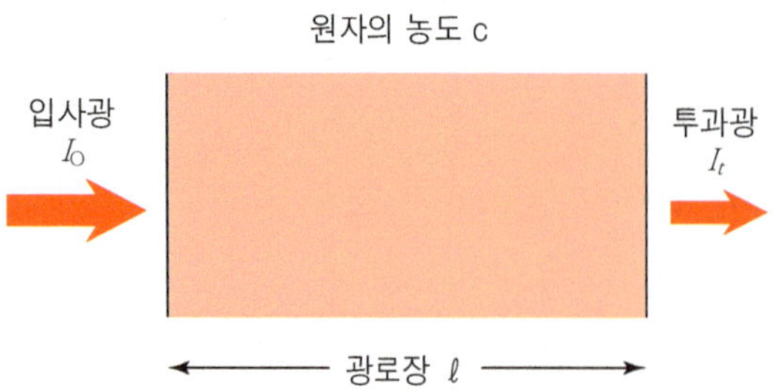

그림 7-2. 원자흡수의 원리

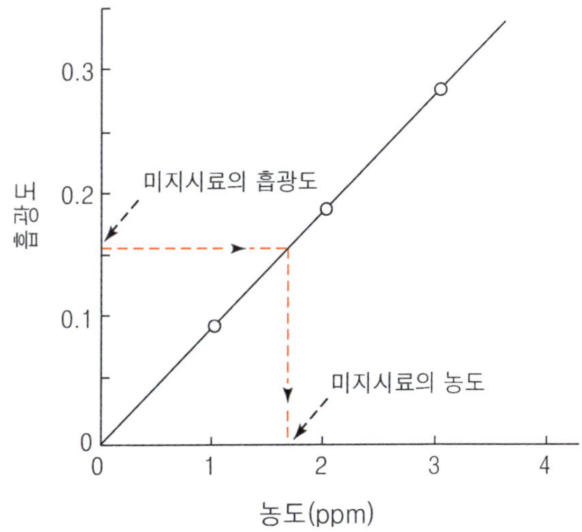

그림 7-3. 검량선

히 흡광도(absorbance, A)는 식 5.3과 같이 투과도의 역수의 상용대수로 나타내므로 5.1의 식으로부터 5.4의 식이 성립된다.

$$T = I_t / I_o \tag{5.2}$$

$$A = \log(I_o / I_t) \tag{5.3}$$

$$A = \kappa \cdot \ell \cdot c \tag{5.4}$$

위의 식 5.1 또는 5.3 및 5.4를 Lambert-Beer의 법칙이라 하며, 이 법칙은 원자의 농도 c가 일정할 경우 흡광도(A)는 광로장 ℓ에 비례하고(Lambert의 법칙), 광로장 ℓ이 일정할 경우 흡광도는 원자의 농도 c에 비례한다(Beer의 법칙)는 것을 나타내고 있다. 예를 들면 그림 7-3과 같이 1, 2, 3 ppm의 시료에 대해서 흡광도를 측정하여 그래프를 그리면 직선을 얻을 수 있다. 이와 같이 흡광도와 농도와의 관계를 그래프에 나타낸 것을 검량선이라 한다. 그림 7-3에서와 같이 미지시료의 흡광도를 측정하고, 이 검량선으로부터 시료의 농도가 결정된다.

2. 장 치

원자흡광광도법은 원자흡광광도계(Atomic absorption spectrometer, AAS)를 이용하여 주로 무기원소를 분석한다.

원자흡광분석장치는 그림 7-4와 같이 광원부, 시료 원자화부, 분광부(파장선택부) 및 측광부로 구성되어 있고, 단광속형과 복광속형이 있다. 원자 흡광분석장치는 그림 7-5와 같으며, 단광속형이 많다. 또 여러 원소의 동시 분석이나 내부 표준법에 의한 분석을 목적으로 할 때는 위의 구성요소를 여러 개 복합한 멀티 채널형(multichannel 형) 장치를 이용하기도 한다.

1) 광원부

(1) 광원램프

원자흡광분석에서 사용하는 가장 보편적인 광원은 중공음극등(hollow cathode lamp ; HCL)로서 그림 7-6에서 보는 바와 같다.

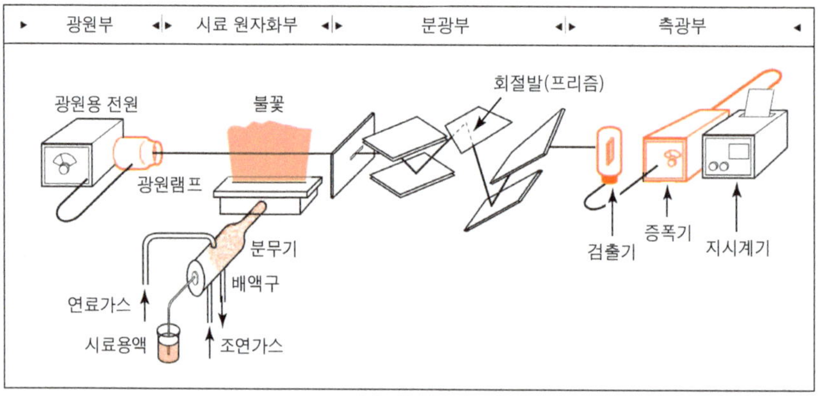

그림 7-4. 원자흡광분석장치의 구성

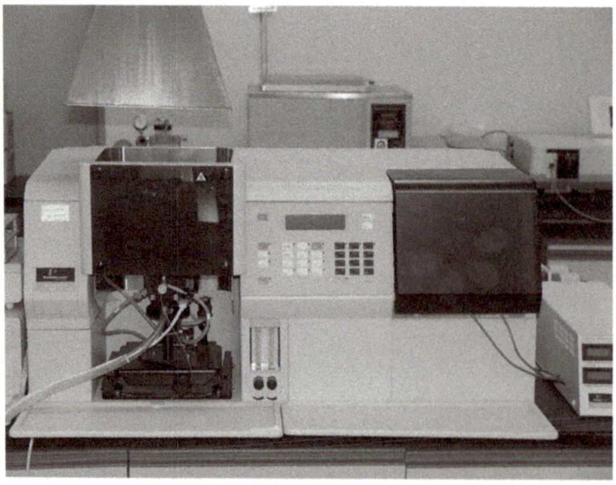

그림 7-5. 원자흡광분석장치

또 그림 7-7에서 보는 바와 같이 중공음극램프는 분석하려고 하는 목적원소와 같은 금속이나 합금으로 코팅된 내경 10 mm 정도의 음극과 텅스텐으로 된 양극이 석영으로 된 창(window)을 가진 유리관에 들어 있고, 내부는 네온(Ne)이나 아르곤(Ar)과 같은 불활성 충전기체가 10 torr(1 torr = 1 mmHg) 이하의 낮은 압력으로 채워져 밀봉되어 있다. 충전기체는 음극에 따라 다르지만 아르곤 기체가 많이 사용된다.

전극 사이에 300 V의 전압을 걸어주면 불활성 충전기체의 이온화가 일어나 양이온(Ar^+ 또는 Ne^+)이 생성되고, 이 양이온들이 음극 표면 쪽으로 끌려가 충돌하여 일정 에너지를 얻게 되면 음극 표면에서 다소의 금속원자를 떼어내는 스퍼터링(sputtering) 현상이 일어나게 된다. 이렇게 분출된 금속원자는 다시 양이온과 충돌하여 들뜨게 되고, 이들 들뜬상태의 원자들은 불안정하여 바닥상태로 떨어질 때 금속 고유의 복사선을 방출한다.

(2) 램프 점등장치

중공음극램프(Hollow cathode lamp, HCL)를 동작시키는 방식에는 직류점등 방식과 교류점등 방식이 있다. 직류점등 방식에서는 광원램프와 시료의 원자화부 사이에 광단속기(chopper)를 넣어 빛을 변조시키고, 측광부에서는 변조된 교류 신호만을 검출 증폭하여 불꽃 자신이나 시료의 발광 등에 의한 영향을 제거하도록 하는 것이 보

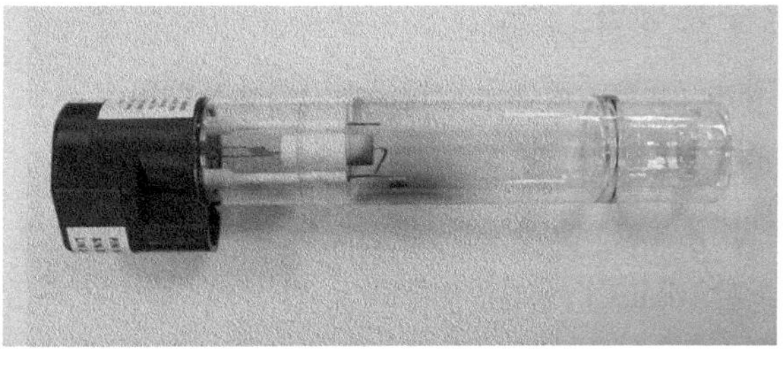

그림 7-6. 중공음극램프(Hollow cathode lamp)

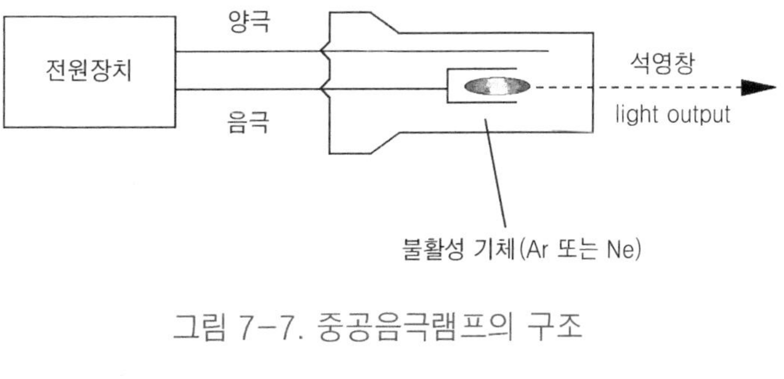

그림 7-7. 중공음극램프의 구조

통이다. 교류점등방식은 광원의 빛 자체가 변조되어 있기 때문에 빛의 단속기는 필요하지 않다. 직류 또는 교류점등 방식 모두 광원램프의 점등장치로서는 아래와 같은 조건을 구비하여야 한다.

- 전원회로는 전류 또는 전압이 일정하여야 한다.
- 램프의 전류값을 정밀하게 조정할 수 있어야 한다.
- 램프의 수에 따라 필요한 만큼의 예비점등 회로를 가지고 있어야 한다.

2) 시료 원자화부

원자흡광분석에서는 시료 중에 존재하는 이온이나 분자를 열 해리시켜 원자증기를 생성시킨다. 시료를 원자화시키는 방법에는 불꽃 원자흡수분광법, 전기가열 원자흡수분광법, 수소화물 생성 원자흡수분광법, 환원기화 원자흡수분광법 등이 있다.

불꽃 원자흡수분광법은 용액상태로 만든 시료를 불꽃 중에 분무하여 원자화시키는 방법으로 일반적으로 많이 이용된다. 화학불꽃 대신에 전기적으로 가열하여 시료를 원자화시키는 전기가열 원자흡수분광법, 환원제를 가하여 금속 수소화물로 만든 다음 아르곤-수소 불꽃에서 원자화시키는 수소화물 생성 원자흡수분광법 및 환원제를 가하여 중성원자를 만든 다음 광로로 유도하여 실온에서 분석하는 환원기화 원자흡수분광법 등이 있다.

(1) 불꽃 원자흡수분광법

불꽃 원자흡수분광법(Flame atomic absorption spectrophotometry, FAAS)은 분석하고자 하는 금속원소를 화학적 불꽃으로 원자화하여 바닥상태의 중성원자를 생성시키고, 특정 파장의 전자파를 통과시켜 흡수정도를 측정함으로써 금속원소의 농도를 구하는 방법이다. 이는 비교적 신속 정확하여 간섭의 영향이 적고, 선택성이 좋으며, 낮은 농도에서 높은 농도까지 분석이 가능하고 사용이 간편하며 저렴하여 널리 이용되고 있다.

이 방법은 불꽃을 사용하여 원자화하기 위해 버너가 필요하고, 이 버너에서 불꽃을 만들기 위해 연료가스와 조연가스가 필요하며, 이들 가스의 압력과 유량을 조절하기 위하여 기체유량 조절기를 필요로 한다. 그러나 가연성 가스가 필요하고, 무인분석이 불가하며 용해된 고체시료의 양이 과도하지 않아야 한다.

① 버너

버너에는 시료용액을 일단 분무실 내에 불어넣고 미세한 입자만을 불꽃 속으로 보내는 예비혼합식(premix type) 버너와 시료용액을 직접 불꽃 속으로 분무하여 원자화하는 총소비식(total consumption type) 버너가 있다.

예비혼합식 버너는 그림 7-8에서 보는 바와 같이 분무실 및 버너헤드(burner head)로 구성되어 있고, 버너헤드에는 감도를 높이기 위한 폭 4～10 mm와 길이 50～100 mm의 가늘고 긴 슬릿이 있기 때문에 슬릿버너(slit burner)라고도 하는데, 이 슬릿을 통하여 얇은 판막모양(laminar 형)의 안정된 불꽃(flame)이 만들어진다. 버너헤드의 슬릿은 사용하는 연료가스와 조연가스의 종류에 따라 다르므로 올바르게 선택해서 사용해야 한다.

원자흡광분석에 주로 사용되는 예비혼합식 버너에서는 그림 7-8 및 그림 7-9에서 보는 바와 같이 시료용액이 모세관으로 흡입되어 안개상태로 분무기의 분무실로 들어가며, 여기에서 연료가스 및 조연가스와 혼합되어 불꽃 속으로 주입된다. 이때 비교적 큰 입자는 분무실 내벽에 포집되어 배수통으로 배출되고, 작은 입자만이 불꽃 속으로 들어가는데, 흡입된 시료용액의 5～10% 정도가 측정에 이용된다.

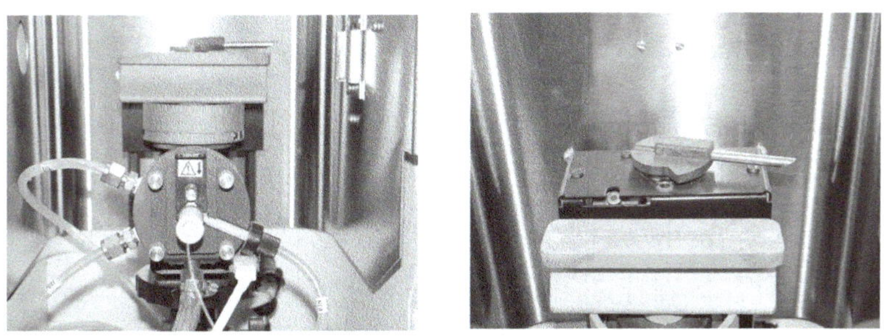

(A) (B)

그림 7-8. 예비혼합식 버너(A)와 버너헤드(B)

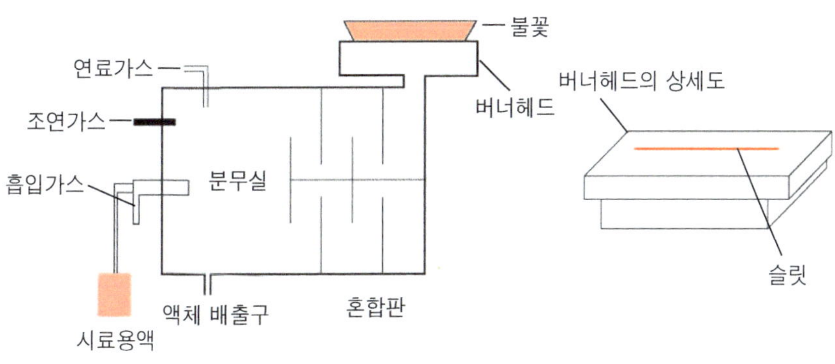

(A) (B)

그림 7-9. 예비혼합식 버너(A)와 버너헤드(B)의 구조

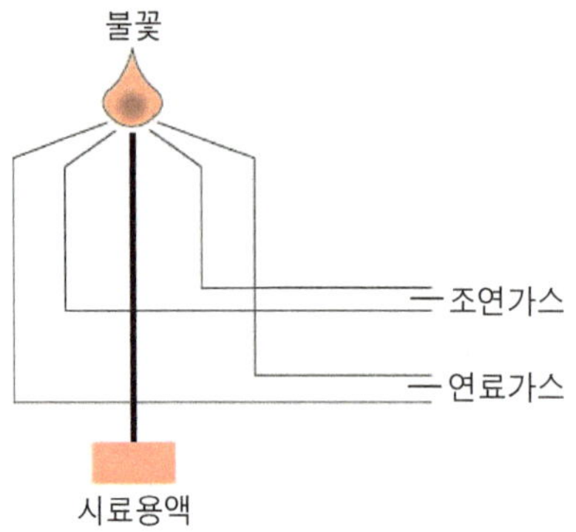

그림 7-10. 총소비식 버너의 구조

총소비식 버너는 그림 7-10에서 보는 바와 같이 연료가스와 조연가스가 버너의 선단부에서 혼합되어 불꽃을 형성하고, 이 불꽃 속에 시료용액을 직접 분무하는 방식으로, 시료의 도입률은 높으나 안정된 불꽃을 얻을 수 없는 결점이 있다.

② 연료가스와 조연가스

원자흡광분석에 사용되는 불꽃을 만들기 위한 연료가스와 조연가스의 조합에는 표 7-1에서 보는 바와 같이 프로판-공기, 수소-공기, 아세틸렌-공기, 아세틸렌-산소 및 아세틸렌-아산화질소 등이 있다. 이들 가운데 일반적으로 수소-공기, 아세틸렌-공기 및 아세틸렌-아산화질소 계가 가장 널리 사용된다. 그 중에서도 수소-공기 계와 아세틸렌-공기 계는 거의 대부분의 원소 분석에 유효하게 사용되는데, 수소-공기 계는 원자외 영역에서의 불꽃자체에 의한 흡수가 적기 때문에 이 파장영역에서 분석선을 갖는 원소의 분석에 적당하다.

또 표 7-1에서 보는 바와 같이 아세틸렌-아산화질소 불꽃은 불꽃의 온도가 높기 때문에 불꽃 속에서 해리하기 어려운 내화성 산화물(refractory oxide)을 만들기 쉬운 원소의 분석에 적당하다. 프로판-공기 불꽃은 불꽃온도가 낮고 일부 원소에 대하여 높은 감도를 나타낸다. 어떠한 종류의 불꽃이라도 연료가스와 조연가스의 혼합비는 감도에 크게 영향을 주며, 최적 혼합비는 원소에 따라 다르다. 연료가스로는 순도가 높은 것을 사용해야 한다. 조연가스로서의 공기는 일반적으로 공기압축기에 의하여 공급되는 것이 보통이고, 먼지는 충분히 제거한다.

불꽃 중에서의 원자증기의 밀도 분포는 원소의 종류와 불꽃의 성질에 따라 다르다. 따라서 광원에서 나오는 빛을 불꽃의 어느 부분에 통과시키느냐에 따라 감도가 달라지기 때문에 분석온도나 분석조건에 따라서 불꽃 속의 가장 적당한 곳에 빛이 통과하도록 버너의 위치를 조절해 줄 필요가 있다.

표 7-1. 불꽃의 종류와 온도

연료가스	조연가스	최고온도 (℃)
프로판(Propane, C_3H_8)	공기	1,700
수소(Hydrogen, H)	공기	2,100
아세틸렌(Acetylene, C_2H_4)	공기	2,300
아세틸렌(Acetylene, C_2H_4)	산소	3,100
아세틸렌(Acetylene, C_2H_4)	아산화질소(Nitrous oxide, N_2O)	3,000

③ 기체유량 조절기

기체유량 조절기(그림 7-11)는 연료가스와 조연가스의 압력과 유량을 조절하여 적당한 혼합비로 안정한 불꽃을 만들어 주기 위하여 사용된다.

(2) 전기가열 원자흡수분광법

전기가열 원자흡수분광법(Graphite furnace atomic absorption spectrophotometry ; GFAAS)은 화학불꽃 대신에 흑연로나 텅스텐 필라멘트 등에 전류를 통하여발생하는 전열을 이용하여 시료를 원자화하는 방법이다. 전기가열법에 의한 원자화 장치로는 흑연로가 가장 널리 이용되며, 흑연로 원자화장치의 구조는 그림 7-12에서 보는 바와 같다. 흑연로 원자화 장치는 비활성가스를 흑연로에 공급하고 열을 가하여 분석시료를 탈용매화 및 원자화 한다. 즉, 흑연로의 중앙에는 흑연관이 있는데, 이 흑연관은 내경이 약 4.5 mm, 길이가 약 50 mm이고, 양쪽 끝에는 금속전극이 붙어 있으며, 중앙의 윗부분에 구멍이 있어 이곳으로 시료용액을 주입한다.

그림 7-11. 기체유량 조절기

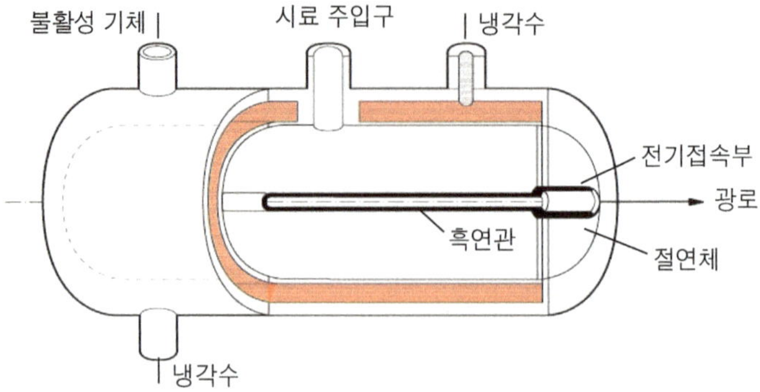

그림 7-12. 흑연로 원자화 장치의 구조

흑연로 원자흡수분광법에서 원자화는 건조, 회화, 원자화 3단계로 일어난다. 흑연로에서 시료가 원자화되는 과정을 보면 우선 주입된 시료용액은 100~300℃에서 건조되어 용매가 제거되고(drying step), 다시 500~800℃에서 회화되어 유기물이 열분해(ashing step)된 다음 1,500~2,800℃에서 원자화(atomization step)된다. 이때 흑연관의 내부에 아르곤 기체를 흘려보내서 흑연의 산화를 방지한다. 수십 μℓ의 적은 시료량으로도 높은 감도로 측정할 수 있으나 흑연로를 균일하게 가열하기가 어렵고, 탄화물의 생성에 의한 원자화 효율의 저하나 바탕값이 크게 되는 등의 결점이 있다. 이것을 개량하기 위하여 고융점 금속인 탄탈(tantalum, Ta)이나 텅스텐(tungsten, W)을 사용한 금속 아토마이저(atomizer)가 개발되어 있다.

(3) 수소화물 생성 원자흡수분광법

수소화물 생성 원자흡수분광법(hydride generation atomic absorption spectrophotometry, HGAAS)은 시료용액에 환원제를 가하여 수소화물로 분리시켜 분석하는 방법으로 비소(As), 안티몬(Sb), 주석(Sn), 셀레늄(Se), 비스무트(Bi) 등과 같이 저온에서 수소화물을 잘 생성하는 원소분석에 사용한다. 이들 원소들은 산성조건 하에서 수소화붕소나트륨(sodium borohydride, $NaBH_4$)과 같은 강한 환원제에 의해 생성된 수소 라디칼(H・)과 반응하여 휘발성 수소화물로 되고, 이들 수소화물들은 다시 가열에 의해 원자화된다.

예를 들어, 비소의 경우 시료용액에 환원제를 가하여 휘발성 비소의 수소화물로 만든 다음 이 수소화비소를 아르곤-수소 불꽃에서 원자화시켜 흡광도를 측정하고 비소(As)를 정량한다.

$$NaBH_4 + Acid \longrightarrow 2H\cdot + H_2$$

$$As^{3+} + 3H\cdot \longrightarrow AsH_3$$

$$As^{2+} + 2H\cdot \longrightarrow AsH_2$$

$$AsH_3 \text{ or } AsH_2 \xrightarrow[\text{Heated quartz cell}]{\text{Flame}} As^0 + H_2$$

(4) 환원기화 원자흡수분광법

환원기화 원자흡수분광법(Cold vapour atomic absorption spectrophotometry, CVAAS)은 수은(Hg)과 같이 실온에서 증기압이 높은 금속의 분석에 널리 이용되고 있다. 이들 금속은 휘발성이 비교적 크므로 불꽃법이나 에너지를 이용한 전기가열법 등으로는 중성원자를 만들기가 부적당하다. 따라서 적당한 시약을 시료에 가하여 화학적 방법으로 중성원자를 만들며, 원자의 생성효율이 대단히 좋아서 감도가 높은 편이다.

예를 들어, 수은(Hg)을 분석할 때 원자증기를 만드는 과정을 보면 시료를 Hg의 손실이 없도록 주의하면서 산 분해하여 Hg^{2+} 상태로 만들고, 그림 7-13과 같은 환원기화장치가 연결된 원자흡광광도계를 이용하여 염화제일주석(stannous chloride, $SnCl_2$)과 같은 강한 환원제를 가하여 환원시켜 중성상태의 Hg 원자를 만든 다음, 생성된 Hg 원자증기를 광로로 보내어 흡광도를 측정한다.

$$Hg^{2+} + Sn^{2+} \longrightarrow Hg^0 + Sn^{4+}$$

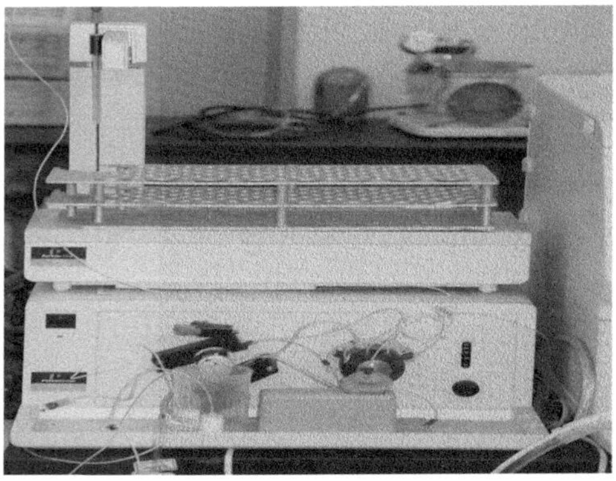

그림 7-13. 환원기화장치

이 방법은 ppb 또는 그 이하 농도의 수은을 분석할 수 있으므로 현재 환경오염 시료분석에 널리 이용되고 있다. 최근에는 수은 자동분석기(automatic mercury analyzer, AMA)나 환원된 수은증기를 원자형광법으로 분석하는 장치가 개발되어 시판되고 있다.

3) 분광부

분광부(파장선택부, monochromater)는 슬릿(입구・출구), 거울, 렌즈 및 회절발로 구성되어 있다. 입사된 빛 중에 원하는 파장의 빛만을 골라내기 위하여 사용되며, 가장 중요한 부분은 회절발로서 프리즘에 비해 분해능이 훨씬 뛰어나다. 알칼리나 알칼리토 금속원소와 같이 광원의 스펙트럼 분포가 단순한 것에서는 회절발이나 프리즘 대신에 광학필터를 사용할 수도 있다.

분광부는 광원램프에서 방사되는 휘선스펙트럼 중에 필요한 분석선만을 다른 근접선이나 바탕(back ground)으로부터 분리해 내기에 충분한 분해능을 갖는 것이어야 한다. 근접선이나 바탕의 상태는 사용하는 광원램프에 따라 다르기 때문에 목적 원소에 따라 슬릿의 폭을 바꾸어 목적하는 분석선만을 선택해 내야 할 필요가 있다. 이때 슬릿의 폭은 목적하는 분석선을 분리해 낼 수 있는 범위 내에서는 되도록 넓게 하는 것이 좋다.

4) 측광부

측광부는 원자화된 시료에 의하여 흡수된 빛의 흡수 강도를 측정하는 것으로서 검출기, 증폭기 및 지시계기로 구성되어 있다.

▸ **스펙트럼(Spectrum)**

여러 가지 파장이 혼합된 빛이 프리즘과 같은 분광기를 통과하면 파장의 차이에 따라 분리되어 파장의 순서대로 색띠가 생기는데, 이를 스펙트럼이라 한다. 형상에 따라 스펙트럼은 태양 빛과 같이 빨강에서 보라까지 연속적인 띠를 형성하는 연속스펙트럼과 수은이나 네온램프의 빛과 같이 띄엄띄엄 몇 줄의 선으로 특정한 파장만 나타나는 선스펙트럼으로 나눌 수 있다. 단일 원자에서 나오는 빛의 스펙트럼은 선스펙트럼이고, 고체나 액체로부터 복사되어 나오는 빛의 스펙트럼은 연속스펙트럼이다.

▸ **근접선(Neighbouring line)**

목적하는 스펙트럼선에 가까운 파장을 갖는 다른 스펙트럼선을 말한다.

(1) 검출기

사용하는 분석선의 파장에 따라 적당한 분광감도 특성을 갖는 검출기가 사용된다. 원자흡광분광법에서 주로 사용하는 검출기는 자외선 및 가시광선의 파장 범위(185~850 nm)에서 예민한 광전물질로 만들어진 광전자증배관(photomultiplier tube, PMT)이다. 이 검출기는 관을 두드리는 복사세기에 비례하여 전류를 발생시키며, 검출기의 감응은 들어오는 광자의 파장에 따라 다르게 나타난다.

광전자증배관에는 빛에 예민한 물질이 입혀져 있는 음극과 다이노드(dynode)라 불리는 전극이 9~13개 들어 있다. 음극에 광전자가 입사되면 광전자 한 개마다 몇 개의 전자들이 추가로 방출되며, 이 전자들은 음극보다 전위가 90 V 더 높은 첫 번째 다이노드에 조사되어 다시 더 많은 전자를 생성한다. 이렇게 생성된 광전자들은 90 V씩 전위가 더 높은 다이노드들을 거쳐 가면서 10^8~10^{10}배까지 증폭되어 양극에 모여 아주 작은 세기의 빛도 측정할 수 있는 전기적 신호로 바뀐다. 검출기로부터의 출력 전류를 측정하는 방식에는 직류방식과 교류방식이 있다. 직류방식은 광원을 직류로 동작시키는 경우에 사용되며, 교류방식은 광원을 교류로 동작시키는 경우나 광원을 직류로 동작시키고 광단속기(chopper)로 단속시키는 경우에 이용된다.

(2) 증폭기

직류방식일 때는 검출기에서 나오는 출력신호를 직류 증폭기에서 증폭하고, 교류방식일 때는 교류증폭기에서 증폭한 후 정류하여 지시계기로 보낸다. 교류방식에서는 불꽃의 빛이나 시료의 발광 등의 영향이 적다.

(3) 지시계기

지시계기는 증폭기에서 나오는 신호를 흡광도나 흡광률(%) 또는 투과율(%) 등으로 나타내기 위한 것으로, 주로 직독식 미터, 기록계, 디지털 표시기 등이 사용된다. 이때 대수 변화기나 눈금확대기 등이 사용되고, 측광 정밀도를 높이기 위하여 적분장치가 사용되기도 한다.

3. 측정법

1) 시료의 조제

(1) 표준용액

표준용액은 순도가 높은 표준용 시약을 정확하게 채취하여 물이나 적당한 용매에 용해한 후 희석하여 만든다. 분석 시료용액 중에 존재하는 목적원소의 농도에 따라 최저 3단계 농도의 표준용액을 만든다. 시약은 1급 이상의 것을 사용하고, 특히 화학 변화 등에 의한 농도의 변화가 없는 것이어야 한다. 이때 필요하면 재결정, 승화 또는 재침전 등에 의하여 불순물을 제거 또는 정제하여 사용한다. 표준용액은 분석시료 용액과 물리화학적 성질이 비슷하고, 특히 공존물질의 조성이나 존재량이 같도록 조제하여 간섭을 피하도록 하여야 한다.

(2) 사용하는 용매, 시약 및 기구

원자흡광분석에서는 미량농도의 원소를 정량하는 경우가 많기 때문에 용매나 시약 및 기구를 사용할 때에는 세심한 주의를 필요로 한다.

① 용 매

용매로 가장 많이 사용되는 것은 증류수인데, 시료용액을 희석하거나 분석시료에 의한 오염물질을 세척・제거하기 위해서는 아주 순수한 증류수가 필요하다. 따라서 양・음이온 교환수지층을 통과시켜 얻은 탈이온수나 재증류수를 일반적으로 사용한다. 그러나 이온교환수지로는 용존하는 콜로이드(colloid)성 물질이나 용존가스 등을 제거할 수 없기 때문에 증류와 이온교환 처리를 병용하는 것이 좋다. 용존가스는 증류해도 완전히 제거되지 않지만, 실험실에서 문제되는 가스는 수돗물 중의 염소 이외에 CO_2, SO_2 또는 그 밖에 흔히 예상할 수 있는 가스가 대부분이기 때문에 적당한 방법으로 제거할 수 있다.

유기용매는 일반적으로 증류에 의하여 정제할 수 없지만, 다른 시약을 첨가하여 증류하거나 분액깔때기를 사용하여 씻어 낸 다음 증류하는 방법을 사용한다. 한편, 원자 흡광분석에서는 사용하는 용매에 따라 감도가 변하는 경우가 있다. 예를 들면, 강한 산성 또는 강한 알칼리성 용액의 경우 용액의 점성이 증가하여 흡광도가 떨어진다. 또 특정 음이온(PO_4^{3-}, SO_4^{2-} 등)을 함유하는 용매는 목적원소와 간섭을 일으켜 흡광도를 떨어뜨리는 경우가 많다.

② 시 약

시료 중에 존재하는 목적원소의 종류나 농도에 따라서는 특급시약을 사용해도 불순물이 문제가 되는 경우가 있다. 특히 시료 분해에 사용되는 산의 경우 전자급(electronic grade, EL)을 사용하여 시약에 의한 오염을 방지하여야 한다. 목적에 맞는 시약이 입수되지 않을 경우, 반드시 시약을 정제하여 사용하여야 한다.

③ 기 구

분석에 사용되는 용기나 기구에 금속이 함유되어 있는 경우 사용 중 금속이 용출될 위험이 있다. 따라서 용기나 기구의 용도와 그 성질을 고려하여 사용할 용기나 기구를 결정하지 않으면 안 된다. 예를 들어 유리기구에서는 유리의 종류나 액성(pH나 용존물질의 종류 등)에 따라서 금속이 용출되어 흡착이나 이온교환 등을 일으킬 수 있다. 또한 폴리에틸렌(polyethylene)이나 테프론(teflon)에서는 금속의 용출은 거의 없지만, 표면에서의 흡착이 일어날 수 있다.

(3) 분석 시료용액

불꽃 원자흡수분광법에서 시료는 용액상태로 측정된다. 그러므로 고체시료는 증류수에 녹여 희석한 다음에 분석하는 것을 원칙으로 한다. 증류수에 녹지 않는 시료는 적당한 산이나 알칼리 또는 유기용매 등을 사용하여 녹이든지, 가열회화 또는 기타 방법에 의하여 가용성으로 한 다음 증류수로 추출한다. 어떠한 경우든지 얻어진 불용성 물질은 다시 적당한 방법을 사용하여 별도로 재용해시킨다. 액체시료는 직접 증류수로 희석하여 분석하는 경우가 많으나 지방성 시료 같은 물질은 유기용매를 사용하여 용해시킨 후 희석한다. 이때 필요하면 여과, 원심분리 또는 고체시료에서와 같은 화학적 처리를 해야 될 경우도 있다.

시료용액은 일반적으로 불필요하게 농도를 높게 하는 것보다 오히려 묽은 용액의 상태로 측정하는 것이 정밀도가 높은 분석결과를 얻을 수 있다. 시료용액 중에 있는 다량 또는 어떤 특정한 공존물질로 인하여 미량의 목적원소 분석이 간섭받을 경우에는 표준용액에 동일한 공존물질을 동일한 양을 첨가하여 분석하거나, 특수한 유기시약이나 유기용매로 목적원소만을 추출하여 분석하거나, 또는 일정한 시약을 첨가하여 간섭을 억제하는 방법 등을 이용한다.

조제한 시료용액은 장시간 방치하면 가수분해나 산화·환원 등의 화학변화가 발생할 수 있다. 특히 용기에 뚜껑이 없이 공기 중에 노출되는 경우에는 먼지 등에 의한 오염이나 용매의 증발에 의한 농도변화가 일어나기 쉬우므로 조제 후에는 가능한 신속하게 분석해야 한다. 시료용액의 조제방법에는 습식회화법과 건식회화법이 있고, 또 습식회화법에는 황산-질산법과 황산-질산 환류법이 있다.

① 습식회화법

가) H_2SO_4-HNO_3법

이 방법은 아연(Zn), 카드뮴(Cd), 크롬(Cr), 주석(Sn), 구리(Cu), 비소(As) 등의 시험에 적합하다.

㉠ 검체(건조물로 5～20 g에 상당하는 양)를 분해플라스크에 취해 물 50～70 mℓ, 질산(HNO_3) 10～40 mℓ를 넣고 혼합하여 방치한다.

㉡ 가열하여 격렬한 반응이 그치면 냉각시킨 후, 황산(H_2SO_4) 5～20 mℓ를 가하여 다시 가열한다.

㉢ 내용물이 암갈색이 되기 시작하면 질산 2～3 mℓ를 반복적으로 추가하면서 가열을 계속하여 내용물이 미황색～무색이 되었을 때까지 가열하여 시료를 분해시킨다.

㉣ 분해액을 식힌 후 물 30～50 mℓ, 포화 수산암모늄(ammonium oxalate) 용액 10～25 mℓ를 가해서 황산의 흰 연기가 발생할 때까지 가열한 후 냉각시킨다.

㉤ 물을 가하여 일정량으로 한 후 시험용액으로 한다.

㉥ 공시험 용액에 대해서도 같은 조작을 하여 시험용액을 보정한다.

나) H_2SO_4-HNO_3 환류법

이 방법은 수은(Hg) 분석에 시험에 적합하다.

㉠ 검체(건조물로 5～10 g에 상당하는 양)를 분해플라스크에 취하고, 물 10 mℓ 및 질산(HNO_3) 20 mℓ를 넣어 혼합하여 잠시 방치한 다음, 황산(H_2SO_4) 20 mℓ를 천천히 넣는다.

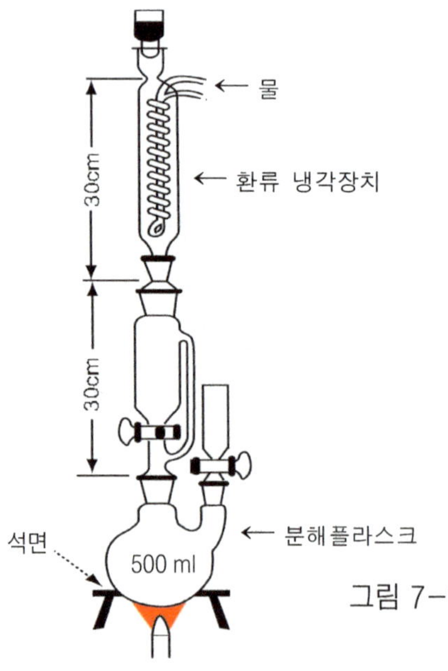

그림 7-14. 수은(Hg) 분해장치

㉡ 그림 7-14와 같이 환류냉각기를 연결하여 주의하면서 분해액이 담황색으로 투명하게 되어 NO_2의 발생이 끝날 때까지 가열한 후 냉각시킨다.

㉢ 분해액이 담황색으로 투명하게 되지 않을 때에는 냉각 후 질산(HNO_3) 5 ㎖를 넣어 다시 가열하고, 이 조작을 반복하여 분해액이 담황색으로 되고 NO_2의 발생이 끝나면 냉각시킨다.

㉣ ㉢에 물 50 ㎖와 10% 요소용액 10 ㎖를 넣어 10분간 끓인 후 냉각시키고, 과망간산칼륨(potassium permanganate, KMnO4) 1 g을 넣고 10분간 흔들어 섞는다.

㉤ 자홍색이 없어지면 다시 과망간산칼륨 1 g을 넣고 흔들어 섞는다. 이 조작을 분해액에 자홍색이 남을 때까지 반복한 후에 20분간 가열하여 액의 자홍색이 없어지면 냉각시킨 다음, 과망간산칼륨 1 g을 넣고 다시 20분간 가열한다. 이때 액의 자홍색이 없어지면 과망간산칼륨의 첨가 및 가열조작을 다시 2회 반복하고 냉각시켜 용액이 무색투명하게 될 때까지 10% 과산화수소용액을 주의하여 적가한다. 다만, 비색의 경우에는 과산화수소(hydrogen peroxide, H_2O_2) 대신 20% 염산히드록실아민용액을 이용한다.

㉥ 냉각 후 장치의 내부 및 연결부분을 1% 황산 용액 20 ㎖로 씻고 플라스크에 합쳐 일정량으로 하여 시험용액으로 한다. 지방분이 많은 검체는 헥산 20 ㎖씩으로 3회 추출하여 수용액을 시험용액으로 한다.

② 건식회화법

㉠ 검체(건조물로 5~20 g에 상당하는 양)를 도가니나 백금접시에 취해 건조하여 탄화시킨 다음 450~550℃에서 회화한다. 회화가 잘 되지 않으면 일단 냉각시킨 후 35% 질산(HNO_3) 또는 50% 질산마그네슘($Mg(NO_3)_2$) 용액 또는 질산알루미늄($Al(NO_3)_2$) 40 g과 질산칼륨 20 g을 물 100 ㎖인 녹인 액 2~5 ㎖로 적시고 건조한 다음 회화를 계속한다. 회화가 불충분할 때는 위의 조작을 1회 반복하고, 35% 질산 2~5 ㎖를 가하여 완전하게 회화를 한다.

㉡ 회화가 끝나면 회분을 물로 적시고 염산(HCl) 2~4 ㎖를 가하여 수욕상 또는 건조장치에서 건조한 다음, 염산 1~2 ㎖ 또는 각 시험법에서 지정한 용매(원자흡광광도법에 의한 직접법의 경우 주석(Sn)은 1 N 염산, 그 밖의 금속은 0.5 N 질산)를 가하여 가온해서 녹이고, 불용물이 있으면 석면 또는 유리여과기로 여과한 다음에 일정량으로 하여 시험용액으로 한다. 다만 회화보조제로서 염산, 산화마그네슘(MgO), 탄산나트륨($CaCO_3$) 등을 사용해도 좋으나, 주석(Sn)을

분석할 때에는 질산염 또는 질산을 사용해서는 안 되며, 그 밖의 금속의 경우에도 시험조작에 영향이 없을 때에만 사용하여야 한다. 공시험 용액에 대해서도 같은 조작을 하여 시험용액을 보정한다.

2) 측정 조건의 결정

불꽃을 사용한 원자흡광분석법에서는 다음과 같은 점에 유의하여 측정조건을 결정해야 한다. 원자 흡광분석에서 원소별로 많이 사용되는 분석선의 파장과 감도 및 불꽃의 종류는 표 7-2에서 보는 바와 같다.

(1) 버너 및 불꽃의 선택

분석시료와 목적원소의 성질에 따라 가장 알맞는 버너와 불꽃을 선택한다. 시료용액이 불꽃 속에 들어가서 원자증기가 생성되는 과정은 그림 7-15에서 보는 바와 같다. 즉, 시료용액은 분무실에서 미세한 물방울이 되고, 불꽃 속에 들어가면 용매의 증발이 일어나면서 고체미립자가 형성되어 열해리에 의하여 원자증기가 생성된다. 이때 일부는 이온화되거나 이미 존재하는 이온이나 연료가스에서 유리되는 산소 라디컬 등과 재결합하여 산화물이나 수산화물 분자가 생성된다.

이 불꽃법은 원자증기에 의한 흡광을 측정하는 것이므로 가능하면 이온화나 분자화합물의 생성을 억제하고 효과적으로 원자증기가 생성되도록 조건을 설정할 필요가 있다. 높은 온도의 불꽃을 사용하면 이온이나 들뜬 원자가 생기는 비율이 높게 되므로 목적원소의 성질에 맞는 불꽃을 선택하는 것이 매우 중요하다. 또한 연료가스와 조연가스의 유량비를 변화시킴으로써 불꽃온도를 조절할 수 있다. 일반적으로 아세틸렌-공기 불꽃이 많은 원소를 감지할 수 있기 때문에 많이 사용된다. 분석선의 파장이

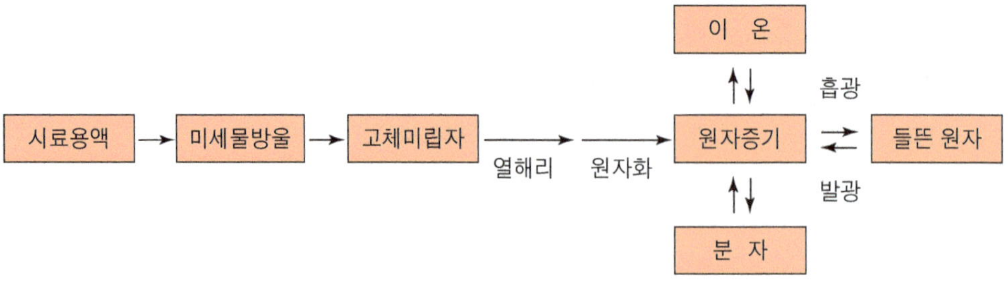

그림 7-15. 원자증기의 생성과정

단파장에 있는 비소(As)나 셀렌(Se) 등에 대해서는 수소-공기 불꽃이 적당하며, 아세틸렌-아산화질소 불꽃은 높은 온도가 얻어지므로 해리에너지가 높은 내화성산화물을 만드는 원소에 주로 사용된다.

표 7-2. 원자 흡광분석의 분석선, 감도 및 불꽃의 종류

원소	파장 (nm)	감도[1] (μg/ml)	불꽃[2]	원소	파장 (nm)	감도 (μg/ml)	불꽃
Ag	328.1	0.08	A	Mo	313.2	0.4	B
Al	309.3	1.0	B	Na	589.0	0.04	A
As	193.7	1.0	C	Nb	334.4	20	B
Au	242.8	0.5	A	Nd	463.4	10	B
B	249.8	30	B	Ni	232.0	0.1	A
Ba	553.6	0.2	B	Os	290.9	1.0	B
Be	234.9	0.03	B	Pb	217.0	0.3	A
Bi	223.1	0.7	A	Pd	247.6	0.3	A
Ca	422.7	0.03	A	Pr	495.1	13	B
Cd	288.8	0.04	A	Pt	265.9	2	A
Co	240.7	0.1	A	Rb	780.0	0.2	A
Cr	357.9	0.1	A	Re	346.0	15	B
Cs	852.1	0.5	A	Rh	343.5	0.4	A
Cu	324.7	0.1	A	Ru	349.9	2	A
Dy	421.2	0.7	B	Sb	217.5	1.0	A
Er	400.8	0.9	B	Sc	391.2	1.0	B
Eu	459.4	0.8	B	Se	196.0	2	C
Fe	248.3	0.1	A	Si	251.6	1.0	B
Ga	287.4	1.0	A	Sm	429.7	10	B
Gd	368.4	20	B	Sn	224.6	0.5	B
Ge	265.2	2.0	B	Sr	460.7	0.2	A
Hf	307.2	10	B	Ta	271.5	10	B
Hg	253.7	1.0	A	Tb	432.6	7.5	B
Ho	410.4	2.0	B	Te	214.3	2	A
In	303.9	0.4	A	Ti	364.3	1.0	B
Ir	264.0	0.8	A	Tl	276.8	0.2	A
K	776.5	0.1	A	V	318.4	1.0	B
La	550.1	30	A	W	400.9	35	B
Li	670.8	0.07	A	Y	407.7	2.0	B
Lu	331.2	15	B	Yb	398.8	0.2	B
Mg	285.2	0.008	A	Zn	213.6	0.04	A
Mn	279.5	0.05	A	Zr	360.1	20	B

[1] 1%의 흡수를 나타내는 농도

[2] A : 아세틸렌-공기, B : 아세틸렌-아산화질소, C : 수소-공기

(2) 분석선의 선택

스펙트럼선 중에서 감도가 가장 높은 스펙트럼선을 분석선으로 하는 것이 일반적이지만, 공존물질이 있어서 분리가 어려울 경우에는 다른 파장의 스페트럼선을 사용한다. 예를 들어 니켈(Ni)의 232 nm 선은 감도가 가장 높으나, 231.6 nm의 니켈 이온선과 분리가 어려우므로 감도가 낮은 니켈의 341.48 nm 선을 분석선으로 사용하기도 한다. 또한 목적원소의 농도가 높을 때에는 비교적 감도가 낮은 스펙트럼선을 선택하는 경우도 있다.

(3) 광원램프 전류값의 설정

일반적으로 광원램프의 전류값이 높으면 발광세기는 증가하지만, 램프의 감도가 떨어지고 수명이 감소되므로 광원램프는 장치의 성능이 허락하는 범위 내에서 되도록 낮은 전류 값으로 작동시킨다.

(4) 분광기 슬릿 폭의 설정

양호한 SN 비(signal to noise ratio, 신호/잡음 비)를 얻기 위하여 분광기의 슬릿 폭은 목적하는 분석선을 분리할 수 있는 범위 내에서와 이웃하는 스펙트럼선과 겹치지 않는 범위 내에서 되도록 넓게 한다.

(5) 연료가스와 조연가스의 유량과 압력조정

시료의 성질, 목적원소의 감도, 안정성 등을 고려하여 연료가스와 조연가스의 유량과 압력을 가장 적당한 값으로 설정한다.

(6) 광로위치의 결정

불꽃 중의 원자증기는 농도분포를 가지고 있으므로 광원으로부터의 빛다발이 불꽃의 최적 위치를 투과하도록 버너의 위치를 조절한다. 실제로는 흡광도를 측정하면서 조절한다. 참고로 측정조건을 결정할 때는 장치에 관한 다음과 같은 특성을 알고 사용하여야 한다.

① 측정 가능한 파장범위
② 분광기의 슬릿 폭과 인접선과의 관계
③ 광원램프의 휘선 스펙트럼의 프로필과 흡광감도
④ 광원램프의 특성
⑤ 불꽃의 성질과 버너의 특성

⑥ 각 원소에 대한 장치의 흡광감도
⑦ 검출기의 분광감도 특성

3) 측정 순서

(1) 원자흡광광도계의 전원을 켜고, 소프트웨어를 작동시킨다.
(2) 가스 조정밸브(그림 7-16)를 열어 아세틸렌가스와 공기를 공급하고, 가스의 압력을 조정한다. 이때 공기압축기를 가동한다.
(3) 소프트웨어에서 분석하고자 하는 원소의 최적의 분석조건을 작성하고 중공 음극램프(hollow cathode lamp)를 점등시킨 후 약 10～20분 정도 안정화시킨다.
(4) 기체 유량조절기로 연료가스와 조연가스의 유량을 조절한다.
(5) 불꽃을 점화시킨다.
(6) 시료 도입부를 깨끗이 닦아낸 후 공시료(blank)로 0을 맞춘다.
(7) 검량선 측정을 위한 용액을 주입시켜 검량선을 작성한다.
(8) 시료를 주입하여 분석한다.
(9) 작성된 검량선을 이용하여 목적원소를 정량한다.

4) 검량선의 작성과 정량법

원자흡광분석법에서 시료 중에 존재하는 목적원소의 농도는 표준용액을 사용하여 작성한 검량선으로부터 결정하는데, 그 농도를 구하는 방법으로는 그림 7-17에서 보는 바와 같이 검량선법, 표준첨가법 및 내부표준법이 있다. 원자 흡광분석에 있어서의 검량선은 일반적으로 저농도 영역에서는 양호한 직선성을 나타내지만, 고농도 영역에서는 여러 가지 원인에 의하여 휘어진다. 따라서 정량을 행하는 경우에는 직선성을 나타내는 농도나 흡광도의 영역에서 실험하여야 한다.

그림 7-16. 가스 조정밸브

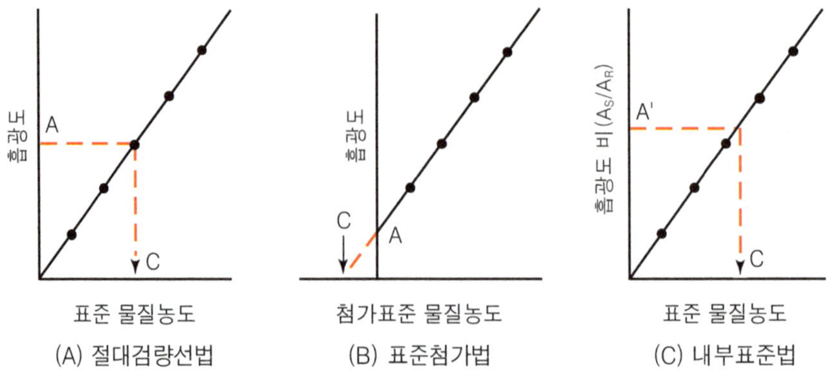

그림 7-17. 각종 검량선법

A : 분석 시료용액의 흡광도 A_S : 목적원소의 흡광도
A' : 분석 시료용액의 흡광도 비 A_R : 내부 표준원소의 흡광도
C : 목적원소의 농도

(1) 검량선법

검량선법은 시료 중에 존재하는 목적원소의 농도를 표준용액을 사용하여 구하는 일반적으로 사용되는 측정법이다. 대상원소에 대한 농도가 다른 3가지 이상의 표준용액을 제조하여 흡광도를 측정한 후 표준물질의 농도를 가로(x) 축에, 흡광도를 세로(y) 축에 표시하여 검량선을 작성한 후 분석시료에 대하여 흡광도를 측정하고, 검량선의 직선영역에서 목적성분의 농도를 구한다(그림 7-17 A). 검량선법을 적용할 경우 시료용액의 조성과 표준용액의 조성이 일치하거나 유사하여야 한다.

(2) 표준첨가법

표준첨가법은 시료용액의 일정량의 검액을 3개 이상을 취하고, 여기에 표준물질이 각각 다른 농도로 함유되도록 표준용액을 첨가하여 목적원소의 농도가 다른 용액들을 조제한다. 각각의 용액에 대한 흡광도를 측정하여 가로(x) 축에 용액영역 중의 표준물질 농도를, 세로(y) 축에는 흡광도를 취하여 그래프를 그려서 검량선을 작성한다.

그림 7-17(B)에 있어서 목적 성분의 농도는 검량선이 가로(x) 축과 교차하는 점으로부터 첨가 표준물질의 농도가 영점까지의 거리로써 구한다. 이 방법은 검량선이 저농도 영역까지 좋은 직선성을 나타내고, 검량선이 원점을 지나는 직선일 경우에만 적용한다.

(3) 내부표준법

목적원소의 농도가 다른 몇 개의 표준용액에 목적원소와 물리·화학적 성질이 유사한 원소의 용액을 내부 표준용액으로 일정량 첨가하고, 이들 두 원소의 흡광도를 동시에 측정한 후, 목적원소의 농도에 대하여 두 원소의 흡광도 비를 그래프에 그려서 검량선을 작성한다. 즉, 그림 7-17(C)에서와 같이 목적원소에 의한 흡광도(A_S)와 표준원소에 의한 흡광도(A_R)의 비(A_S/A_R 값)를 구하고, 이 값과 표준 물질농도와의 관계를 그래프에 작성하여 검량선을 만든다. 시료용액에도 같은 양의 내부표준원소 용액을 가하고 흡광도비를 측정하여 분석값을 얻는다.

내부표준법은 분석값의 재현성이 높고, 정밀도가 좋다. 일반적으로 구리(Cu), 마그네슘(Mg), 망간(Mn) 등의 측정에는 카드뮴(Cd)이, 칼륨(K)의 측정에는 리튬(Li)이 내부표준원소로 사용된다.

4. 간섭

측정값에 영향을 미치는 현상을 **간섭**(interference)이라 하며, 원자흡광분석에서 일어나는 간섭은 일반적으로 분광학적·물리적·화학적 간섭으로 분류한다.

1) 분광학적 간섭

분광학적 간섭은 장치나 불꽃의 성질에 기인하는 것으로 다음과 같은 경우에 일어난다.

(1) 분석에 사용하는 스펙트럼선이 다른 인접선과 완전히 분리되지 않은 경우에 간섭현상이 발생한다. 이 경우에는 파장 선택부의 분해능이 충분하지 않기 때문에 일어나며, 검량선의 직선영역이 좁고 구부러져 있어 분석감도와 정밀도가 저하된다. 이때는 다른 분석선을 사용하여 재분석하는 것이 좋다.

(2) 분석에 사용하는 스펙트럼선이 불꽃 중에서 생성되는 목적원소의 원자증기 이외의 공존물질에 의하여 흡수되는 경우에 간섭현상이 발생한다. 이 경우에는 표준용액과 시료용액의 조성을 더욱 비슷하게 하면 간섭의 영향을 어느 정도까지 피할 수 있다.

2) 물리적 간섭

시료용액의 점도, 비중 및 표면장력 등의 물리적 조건의 영향에 의하여 일어나는 간섭으로, 예를 들어 시료용액의 점도가 높아지면 분무 능률이 저하되어 흡광의 강도가 감소된다. 이러한 종류의 간섭은 표준용액과 시료용액의 조성을 거의 같게 하면 피할 수 있다.

3) 화학적 간섭

화학적 간섭은 불꽃 속에서 일어나는 화학반응으로 목적원소의 원자증기 농도가 변하면서 일어나는 간섭이며, 원소나 시료조성이 특이한 경우에 일어난다. 예를 들면 시료가 인산칼슘($Ca_3(PO_4)_2$)인 경우에 Ca이 PO_4와 열에 안정한 $Ca_3(PO_4)_2$를 형성하여 Ca의 원자화를 감소시키는데, 해방제(releasing agent)를 가하여 열에 안정한 화합물의 생성을 막거나 더 높은 온도의 불꽃을 사용하여 생성된 화합물을 분해시켜 원자화의 감소를 막는다. 해방제로는 란타늄(La), 스트론튬(Sr) 및 에틸렌디아민사아세트산(ethylenediaminetetraacetic acid, EDTA) 등이 사용되며, 더 높은 온도의 불꽃으로는 아세틸렌-아산화질소(C_2H_2-N_2O, 2,600~2,800℃) 불꽃을 사용하여 분석 원소의 이온화를 방지할 수 있다.

이와 같이 화학적 간섭은 목적원소가 공존물질과 작용하여 해리하기 어려운 화합물이 생성되어 흡광에 관계하는 바닥상태의 원자수가 감소하는 경우이다. 여기에는 공존하는 물질로 음이온인 경우와 양이온인 경우가 있는데, 일반적으로 음이온 쪽이 영향이 더 크다. 이러한 간섭을 피하기 위해서는 다음 방법을 사용한다.

- 이온교환이나 용매추출 등에 의한 방해물질의 제거
- 과량의 간섭원소의 첨가
- 간섭을 피하는 양이온(란타늄, 스트론튬, 알칼리 원소 등), 음이온 또는 킬레이트제 등의 간섭억제제의 첨가
- 목적원소의 용매추출
- 표준첨가법의 이용

4) 이온화 방해

불꽃 중에서 원자가 이온화되는 경우이다. 이온화 전압이 낮은 알칼리 및 알칼리토금속원소의 경우, 고온 불꽃을 사용하면 원자의 일부가 열에너지 때문에 이온화되므로 불꽃 속의 원자농도가 감소하게 되어 간섭이 일어난다. 이러한 경우에는 불꽃온도가 낮은 화학불꽃을 사용하거나, 목적원소보다 이온화 전압이 더 낮은 원소를 첨가하여 목적원소의 이온화를 방지함으로써 간섭을 피할 수 있다.

예를 들면, 인산칼슘($Ca_3(PO_4)_2$) 이 들어 있는 용액의 분석 시에 화학적 방해를 막

기 위해 아세틸렌-아산화질소(C_2H_2-N_2O, 2,600~2,800℃) 불꽃을 사용한 경우에는 Ca의 이온화가 일어나는데, 여기에 Ca보다 잘 이온화되는 K을 가해 주면 Ca의 이온화를 막아 주게 된다.

이와 같이 가해 주는 알칼리염을 **이온화 억제제**(ionization suppressant)라고 한다. 표준용액과 시료용액에도 같은 양의 이온화 억제제를 가해 주어야만 이온화 방해(ionization interference)를 제거할 수 있다.

5. 주의사항

1) 장치의 설치

(1) 온도, 습도 및 직사일광

장치는 고온이나 저온, 급격한 온도변화, 습기가 많은 장소 및 직사광선이 닿는 곳을 피하여 설치한다.

(2) 먼 지

가능한 한 먼지가 적은 장소를 택한다. 실험실 내에서는 실내화를 착용하는 것이 좋다.

(3) 진 동

가능한 한 진동이 적은 장소이어야 한다.

(4) 환 기

통풍이 잘 되는 장소가 좋고, 불꽃 연소부의 상방에 후드 등의 배기설비를 갖추어야 한다.

2) 고압가스의 취급

고압가스의 취급은 고압가스 취급법에 의거하여 충분히 주의하여 행하고, 고압가스통을 사용하는 경우에는 규격에 맞는 검사필한 것을 사용하여야 하며 가스통의 가스가 완전히 소비될 때까지 사용하여서는 안 된다. 왜냐하면 아세틸렌이나 프로판 가스통이 거의 비게 되면 가스의 조성이 변화하여 가스를 다시 충전시킬 때 사고가 일어날 위험이 있기 때문이다. 가스통은 가능한 옥외에 설치하고, 가스는 배관을 통하여

장치에 도입되도록 하는 것이 좋다. 아세틸렌(acetylene)을 사용할 경우에는 구리 또는 구리합금의 관을 사용하여서는 안 된다.

3) 불꽃의 취급

불꽃의 점화 및 소화 시에 특히 주의하여야 한다. 아세틸렌을 사용하는 경우, 특히 아세틸렌-아산화질소 불꽃을 사용하는 경우에는 역화와 폭발을 특별히 주의하여야 한다. 또 아산화질소용 감압밸브는 동결 방지형의 것을 사용한다. 만일의 경우에 대비하여 소화기나 소화용 모래를 준비해 두어야 한다.

6. 실험 예

1) 실험제목

식품 중의 구리(Cu) 정량

2) 실험목적

(1) 불꽃 원자흡수분광법에 의한 식품 중의 구리(Cu)의 정량원리와 방법을 이해한다.
(2) 구리 표준용액의 조제방법을 이해한다.
(3) 검량선 작성방법을 이해한다.

3) 기구 및 장비

(1) 열교반기(Hot plate)
(2) 비커(250 mℓ)
(3) 여과지(Advantec Toyo filter paper No. 5B)
(4) 메스플라스크(Volumetric flask, 100 mℓ와 250 mℓ)
(5) 홀 피펫(Hole pipet, 1～10 mℓ)

▸ **역화(flame back)**

불꽃의 연소속도가 크고, 혼합기체의 분출속도가 작을 때 연소현상이 내부로 옮겨지는 것을 말한다.

(6) 전자저울(Balance)
(7) 원자흡수 분광광도계(Atomic absorption spectrophotometry)
(8) 아세틸렌가스(Acetylene gas)
(9) 압축공기(Air gas)

4) 시 약

(1) 질산(HNO_3) : 전자급(electronic grade) 이상으로서 불순물로 분석대상 성분을 포함하지 않아야 한다.
(2) 과산화수소수(H_2O_2, hydrogen peroxide) : 전자급(electronic grade) 이상으로서 불순물로 분석대상 성분을 포함하지 않아야 한다.
(3) 표준원액(Stock standard solution) : 시판 구리(Cu) 표준원액(농도 : 1,000 μg/mℓ, 용매 : 2% HNO_3)을 구입하여 사용한다.
(4) 증류수 : 3차 증류수 또는 이와 대등한 순도의 물로 분석대상 성분을 포함하지 않아야 한다.

5) 실험내용

(1) 시료 및 시약조제

① 바탕시료(Blank sample) : 바탕시료는 실험과정에서의 보정값 보정과 실험 중 발생할 수 있는 오염을 파악하기 위하여 사용되는 시료를 말한다. 시약바탕시료(Reagent blank)란 분석대상 성분을 포함하지 않고 분석과정에 따라 모든 시약과 용매를 처리하여 측정한 것으로, 이때 시약, 실험측정 장비 등으로부터 야기되는 오염물질을 확인할 수 있다.
② 구리(Cu) 표준용액의 조제 : 100 mℓ의 메스플라스크에 구리 표준원액 10 mℓ와 2% 질산 2 mℓ를 가한 후 증류수를 플라스크의 표선까지 채운다. 이 Cu 표준용액 중의 Cu의 농도는 100 mg/ℓ 이다.
③ Cu 검량선 용액의 조제 : 앞에서 조제한 ② 용액을 희석하여 조제한다. 즉, 4개의 100 mℓ 메스플라스크에 ② 용액 1, 2, 3 및 4 mℓ를 넣고, 여기에 2% 질산용액을 각각 99, 98, 97 및 96 mℓ를 가하여 최종 용액의 부피를 100 mℓ가 되도록 한다. 이 Cu 검량선 용액 중의 Cu의 농도는 각각 1, 2, 3 및 4 mg/ℓ 이다.

(2) 시료의 전처리

A. 시료의 균질화를 위하여 분말형태의 시료는 막자사발을 사용하고, 액상형태의

경우는 시료를 충분히 흔들어 시료를 균질화한다.

B. 균질화 된 시료의 일정량(약 0.5～1 g)을 비커에 취한 후 질산을 각각 5 mℓ씩 첨가한다.

C. 시계접시(Watch glass)를 덮은 후 예비 탄화를 충분히 식힌 다음 열교반기 위에서 가온하여 유기물을 분해시킨다.

D. 전처리 용액에 갈색 연기가 나지 않을 때까지 질산 약 5 mℓ씩 첨가를 반복한다.

E. 용액에 지방성분이 있을 경우 과산화수소수를 서서히 가하여 지방을 분해한다.

F. 전처리 용액에 갈색 연기가 나지 않으면 비커를 강하게 가열하여 산의 양을 조절하여 준다.

G. 방냉 후 증류수를 넣고 가열한 다음 다시 방냉한다.

H. 시료가 탁할 경우 여과지(No. 5B)를 사용하여 여과한 후 일정 부피로 정용한다.

(3) 분석 순서

분석은 전처리 장비 및 분석장비의 청결상태를 확인한 후 다음의 순서로 이루어진다.

A. 원자흡광광도계의 전원을 켜고, 소프트웨어를 작동시킨다.

B. 가스 조정기를 열어 아세틸렌가스와 공기를 공급하고, 가스의 압력을 조정한다. 이때 공기압축기를 가동한다.

C. 소프트웨어에서 구리(Cu)의 최적 분석조건을 작성하고, 구리 중공음극램프(Cu hollow cathode lamp)를 점등시킨 후 약 10～20분 정도 안정화시킨다. 분석조건은 다음과 같다.

Parameters	Conditions
Wavelength(nm)	324.7 nm
Gas	Acetylene/air
Type	Flame
Slit(nm)	0.2
Lamp	구리 중공음극램프(Cu hollow cathode lamp)

D. 기체 유량조절기로 아세틸렌 가스와 압축공기의 비율을 5 : 10(또는 3 : 8) 정도로 설정한다.

E. 불꽃을 점화시킨다.
F. 시료 도입부를 깨끗이 닦아낸 후 blank 시료(①)로 영점을 맞춘다.
G. 검량선 용액(③)을 주입시켜 검량선을 작성한다.
H. 시료를 주입하여 분석한다.
I. 작성된 검량선을 이용하여 구리(Cu)를 정량한다.
J. 구리(Cu)함량 계산

$$\text{Cu함량(mg/kg)} = \frac{\text{시험용액 중의 Cu농도(mg/}\ell\text{)} \times \text{최종부피(}\ell\text{)} \times \text{희석배수} \times 1{,}000}{\text{시료 중량(g)}}$$

6) 질문 및 토론

7) 주의사항

시료를 일정량 취할 때에는 전체 시료를 대표할 수 있어야 한다. 시료가 불균일하다고 판단될 때에는 전체를 대표할 수 있도록 분쇄하거나 섞어 주어야 한다. 시료의 오염을 최소화할 수 있도록 시료를 취한 후 산에 넣어 충분한 시간을 둔 다음(예비탄화) 전처리를 한다.

제 8장

기체 크로마토그래피

1. 기체 크로마토그래피 개론

1) 기체 크로마토그래피의 역사

누구나 한번 쯤 초등학교 아마도 자연시간 쯤에 길게 잘라놓은 하얀 종이에 사인펜으로 점을 찍은 후 한쪽을 물에 남그는 실험을 했던 기억이 있을 것이다. 신기하게도 물은 종이를 한쪽부터 천천히 적셔가면서 까맣게만 보이던 사인펜의 점이 파랑색, 빨강색 그리고 노란색으로 나누어져 전개되던 것 또한 기억하고 있을까? 필자에게 그 당시 실험은 참으로 놀라운 경험이었다. 까만 잉크가 단지 까만색만이 아니라는 사실 뿐만 아니라 좀 더 나아가 세상의 모든 만물들도 어쩌면 그 까만 잉크처럼 내면에는 참으로 다양한 세계들이 들어있는 것은 아닐까하는 철학적(?) 상상까지 말이다.

필자가 대학에 들어가 접하였던 기기분석이란 과목시간에 크로마토그래피(Chromatography)라는 용어를 접하였을 때 초등학교 시절 까만 잉크의 전개 실험이 기억난 것은 너무도 당연한 일이었다. 사실상 크로마토그래피의 어원은 Color와 Writing이 조합된 단어이기 때문이다. 지금으로부터 102년 전 러시아의 식물학자 Michael Tswett 또한 탄산칼슘을 채운 유리관에 석유 에테르를 채운 후 식물 색소 혼합물을 주입하여 전개함으로써 처음으로 크로마토그래피라는 용어가 등장하게 된다.

색소들은 처음에는 하나의 색처럼 보였으나, 탄산칼슘 관을 따라 아래로 전개되면서 다양한 색들로 분리되는 현상을 관찰하고 색깔(Color)의 기록(Writing)이라는 의미로 크로마토그래피라는 용어가 탄생되었기 때문이다. 이후 지금까지 약 100여 년 동안 크로마토그래피는 과학 발전에 있어 실로 경이로운 발전과 기여를 하게 된다. 이전까지 혼합물 상태를 그대로 연구했거나, 개별 성분을 분리한다 하더라도 번거롭고 비효율적인 방법들만이 존재하던 과학계에 크로마토그래피의 등장은 마차를 이용하던 시대에서 자동차를 이용하는 시대로 넘어가는 것과 견줄 만한 중대한 과학 발전의 전환점이 되었기 때문이다.

현재는 과학 분야에 있어 크로마토그래피가 사용되는 분야를 찾는 것 보다는 사용되지 않는 분야를 찾는 것이 어쩌면 더 손쉬운 일인지도 모른다. 가장 최근에 개발되어 아직도 그 성능 및 연결기기 등에 대한 연구 여지가 많은 모세관 전기영동(Capillary electrophoresis)의 경우 생물학 분야에서 활발한 적용이 이뤄지고 있으며 크로마토그래피 분야에서 가장 우수한 분리능(Resolution)을 바탕으로 앞으로도 생물학 분야에서의 활용 가능성은 무궁무진하다고 할 수 있다(표 8-1. 참조).

앞에서 설명한 바와 같이 크로마토그래피 기술은 처음 액상의 용매 안에서 적용이 되기 시작하였다. Michael Tswett이 시도하였던 색소의 분리를 1941년 Martin과 Synge는 이론적으로 정립하여 액체-액체 분배 크로마토그래피를 소개하게 되며, 3년 후에는 우리가 초등학교 시절 실험하였던 종이를 이용한 크로마토그래피 즉, 종이크로마토그래피(Paper Chromatography)를 소개함으로써 1952년 두 사람에게 공동으

표 8-1. 크로마토그래피 발달 연표

- 1905 : Ramsey separated mixtures of gases & vapors on adsorbents like charcoal.
- 1906 : Michael Tswett separated plant pigments by liquid chromatography.
- 1941 : Martin & Synge developed liquid-liquid chromatography.
- 1952 : James & Martin introduced gas-liquid chromatography.
- 1954 : Martin & Synge received Nobel Prize with Plate theory for chromatography.
- 1937~1972 : Chromatography played vital role in 12 nobel prizes

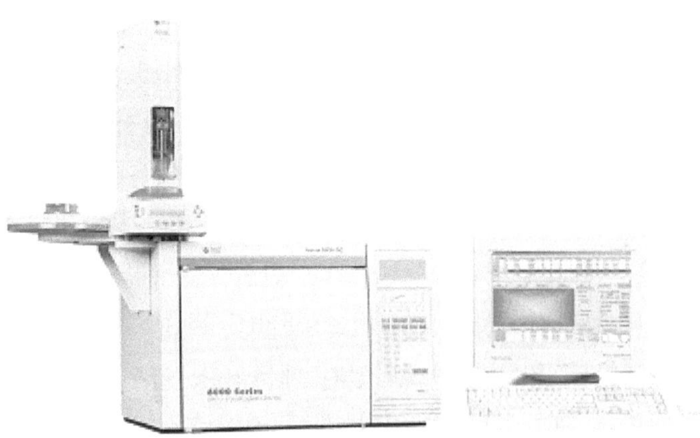

그림 8-1. 현대적 기체크로마토그래프(영린기기 Co.)

로 노벨상의 영광을 안겨주게 된다. 실제로 간단하면서도 사용이 편리한 종이크로마토그래피는 천연물 성분 분리에 매우 활발히 사용되어 천연물 화학 분야에 지대한 공헌을 한 역사를 가지고 있다.

이에 비하여 독자들이 공부하고 하는 기체크로마토그래피(Gas Chromatography ; GC)는 1951년 Cremer E.가 가스-고체 크로마토그래피(Gas-Solid Chromatography ; GSC)를 소개하면서 시작되었다. 그러나 현재 대부분의 기체크로마토그래피에 적용되고 있는 기체-액체 크로마토그래피(Gas-Liquid Chromatography ; GLC)의 원리는 이듬해인 1952년 James와 Martin에 의하여 개발되었으며, 이 방법으로 휘발성 유기산의 분리를 시도한 것이 주요한 사건으로 알려져 있다. 이후 Column(컬럼)의 재질이 모세관을 가능케 하는 fused silica(합성 석영)로 전환되면서 성능이 획기적으로 개선된 고분리능 기체크로마토그래피(high resolution gas chromatography ; HRGC)가 보급되면서 기체크로마토그래피는 수많은 이성체들을 포함하는 석유 계통 성분들의 분석 등 휘발성이 있으면서 매우 복잡한 시료들을 분리하는 데 현재까지도 가장 효과적으로 사용되고 있다.

2) 기체 크로마토그래피의 원리

크로마토그래피는 이동상(Mobile Phase)과 고정상(Stationary Phase)이 충진된 관(Column)에서 진행되는 조작이다. 분리하고자 하는 성분은 기체크로마토그래피를 제외하고는 대개의 경우 용액상태로 주입되며, 주입된 시료 성분들은 고정상에 대한 친화도에 따라 컬럼 끝에서 용출되는 시간이 달라짐으로써 분리가 이뤄진다.

필자의 대학원 지도 교수님은 남다른 유머로 강의 시간을 즐겁게 해주시곤 하였는데, 이 크로마토그래피에 대한 이론 설명도 예외는 아니어서 지금도 학생들에게 크로마토그래피를 강의할 때는 빼놓지 않고 들려주는 이야기가 있다. 거의 모든 대학교 주변은 학생들에게 필요한 다양한 인프라가 구축되어 있다. 재미있는 것은 그 시대 상황에 따라 매우 다양한 형태로 그 인프라들의 성격이 달라진다는 점이다.

필자가 대학을 다니던 80년대 초에는 한창 오락실이 유행이던 시절이었다. 우후죽순 (雨後竹筍)처럼 늘어나는 오락실들은 참새 방앗간처럼 늘 우리들의 발길을 붙잡곤 했던 기억이 난다. 그렇다면, 이것을 이용하여 크로마토그래피의 원리를 이해해 보기로 하자. 다수의 학생들이 수업이 끝난 후 귀가를 위하여 학교 정문을 나서고 있다. 유일한 귀가 방법은 약 500m 떨어진 지하철역까지 가는 것이다. 사람들은 각기 다른 성격으로 취향 또한 각기 다르다. 여기서 학생들의 군집은 우리가 분리하고자 하는 성분들의 집합체인 혼합물이 된다(그림 8-2 참조).

학생들은 길을 건너 지하철역으로 향한다. 학교 정문 바로 앞의 횡단보도 때문에 모두들 같은 시간에 출발하게 되었다. 지하철역까지 가는 길에는 다양한 볼거리, 먹을거리, 놀거리 등 학생들의 발길을 잡는 것들이 늘어서 있고, 이것들은 크로마토그래피의 고정상이라고 할 수 있다. 학생들은 그날의 번잡함에 따라 사람들의 흐름 속에서 지하철역으로 전진하게 된다. 그런데, A라는 학생은 유난히 오락을 즐기는 학생이 있다고 하자. 이 학생은 학교 앞에 즐비한 오락실에 수차례 머물면서 오락을 즐기게 된다. 또 B라는 학생은 A학생만큼 오래는 아니지만, 학교 앞에 유일한 책방에 들러 좋아하는 새로 발간된 추리소설의 처음 몇 페이지를 읽고 있다. 또한 먹는 것을 즐기는 학생들은 식당에서, 그리고 악세사리를 좋아하는 여학생들은 악세사리 가게에서 각자 시간을 보내게 되어 결국 출발은 같았지만, 학생들이 지하철역에 도착하게 되는 시간은 각기 달라지게 되는 것이다.

A라는 학생이 제일 늦게 그리고 그 바로 전에 B라는 학생이 도착하였으며, 아무 곳에도 들르지 않고 도착한 C라는 학생이 가장 빨랐다고 가정하자. 여기서 가장 먼저 도착한 C학생은 크로마토그래피 충진관의 고정상에 거의 머무름이 없는 성분과 같다고 할 수 있다. 즉 이 학생은 별로 취향에 맞는 곳이 없었기에 가장 빨리 지하철역에

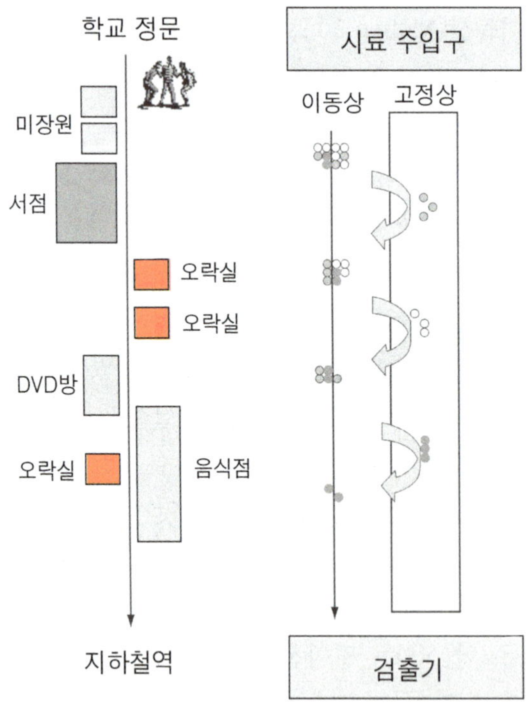

그림 8-2. 크로마토그래피 원리 설명을 위한 모식도

도착한 것처럼, 고정상과 친화력이 없는 성분들은 가장 먼저 용출되어 나온다는 말이다. 다음으로 빨리 도착한 B학생의 경우 책을 좋아하지만, 책방은 단 한군데 밖에 없었기에 A학생 보다는 빨리 지하철역에 도착한 것이다. 만약 책방이 오락실만큼이나 많았다면 B학생의 도착시간은 A학생만큼이나 늦어질 수 있다는 말이다. 즉, 고정상은 B성분과 그렇게 높은 친화력을 가지고 있지는 않지만, C성분 보다는 고정상과 보다 강한 친화력을 가지는 경우라고 할 수 있다.

A학생의 경우 더 설명할 필요 없이 고정상과 가장 높은 친화력을 보이는 성분이라고 할 수 있다. 고정상의 오락실이 늘어날수록 A학생의 도착시간은 더 지연될 것이다. 여기서 학생들이 학교 정문에서 출발하여 지하철역에 도착하기까지 걸린 시간을 크로마토그래피에서는 머무름 시간(retention time)이라고 부른다. 이 머무름 시간의 차이에 따라 혼합물 중의 개별 성분들은 분리가 이뤄진다.

(1) 기체 크로마토그래피의 분리 이론

실제 크로마토그래피의 경우 특히 이동상이 액상인 경우에는 이동상과 고정상에 대한 분리대상 성분의 친화성에 따라 머무름 시간이 달라지게 되는데, 이것은 우리가 물리화학시간에 공부하였던 분배(Partition)의 원리에서 그 이론적 배경을 찾을 수 있다.

여기서 조건은 1번 용매와 2번 용매는 서로 섞이지 않는다는 것이다. 분배하고자 하는 용질은 용매 1과 용매 2에 대한 각각의 용해도에 따라 두 개의 상에 분포하게 된다. 이것은 간단히 아래의 식으로 나타낼 수 있다.

$$K_D = \frac{[S]_2}{[S]_1} \tag{8.1}$$

여기서 $[S]_1$과 $[S]_2$ 각각은 용매 1과 2에 존재하는 용질의 몰농도이며, K_D는 **분배계수**(Partition Coefficient) 혹은 **평형상수**(Distribution Constant)라고 칭한다. 크로마토그래피에서는 이동상과 고정상에 분배되는 분석대상 성분의 몰농도로 표시하여 분배계수 K_D를 다음의 식으로 표시한다.

$$K_D = \frac{C_S}{C_M} \tag{8.2}$$

C_S와 C_M은 각각 고정상 내의 용질의 몰농도 및 이동상 내의 용질의 몰농도를 말한다. 서로 다른 용매에 대한 개별 용질들의 K_D는 고유한 값이 되기 때문에 상기에서와 같이 평형상수라는 용어를 사용하기도 한다.

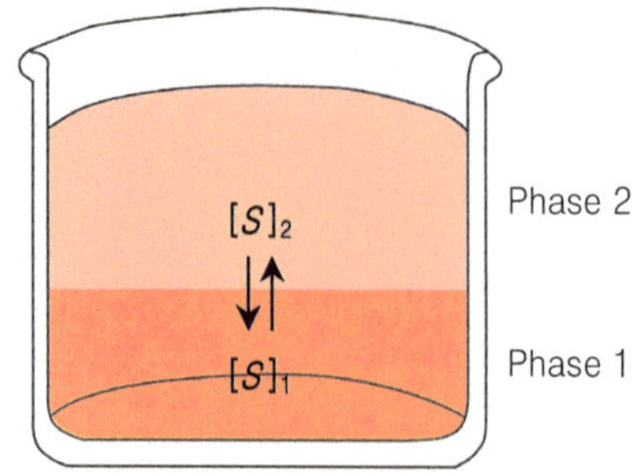

그림 8-3. 서로 섞이지 않는 두 액상 사이의 용질 분배

그러나 최근 IUPAC(국제 순수 · 응용화학협회, International Union of Pure and Applied Chemistry)에서는 평형상수보다는 분배계수라는 용어를 사용할 것을 권장하고 있다. 식 8.1과 8.2의 차이점은 분배 작용이 단일 행위로 끝나는 것과 연속적인 분배의 차이이다.

크로마토그래피는 식 8.2와 같이 서로 섞이지 않는 2개의 상 사이에서 연속적인 분배가 일어나는 원리이기 때문이다. 즉, 식 8.2에 따르면 K_D는 이동상에 분포된 용질의 농도(C_M)에 대한 고정상에 분포된 용질의 농도 (C_S)의 비율로서 C_M이 큰 경우 K_D 값은 작아지며 머무름 시간도 짧아지게 된다. 반대로 C_S가 큰 경우 용질은 고정상에 더 오래 머물게 되고 K_D 값은 커지게 되는 자연스런 현상이 나타나게 되는 것이다. 만약 자연계 성분들의 분배계수가 모두 다 같았다면 크로마토그래피는 존재할 수 없는 이론이 되었을 것이다.

이동상이 액상인 액상크로마토그래피와 달리 매우 질소, 헬륨과 같은 매우 한정된 기체만을 이동상으로 사용하는 기체 크로마토그래피의 경우 C_M은 거의 변화가 없으며 C_S 즉, 컬럼 내 고정상의 형태와 컬럼의 온도에 따라 K_D 값이 달라지게 된다.

(2) 기체 크로마토그래피의 분리 기작

상기에서 살펴본 바와 같이 크로마토그래피에서 성분의 분리를 유발하는 기본 원리는 분배계수의 차이에 의한 분포평형이다. 그러나 실제적으로 크로마토그래피의 종류에 따라 다양한 고정상을 사용함으로써 보다 세분화된 다양한 분리 기작을 나타내게 된다. 이러한 분리 기작에 관련된 분포평형은 흡착(adsorption), 분배(partition), 이온교환(ion-exchange), 크기 배제(size-exclusion) 및 친화(affinity) 등으로 나눌 수 있으며, 이들 중 흡착, 분배 및 크기 배제의 3가지 기작이 기체크로마토그래피와 관련되며, 나머지는 액상크로마토그래피 부분에서 참고하기 바란다.

현재 가장 많이 사용되고 있는 기체 크로마토그래피의 분리기작은 단연 분배이다. 분배는 고정상에 코팅된 액상 용매에 대한 분석대상 용질의 용해도 차이에 의한 분리를 말한다. 이는 1941년 Martin과 Synge가 소개한 이론으로 용매의 극성 정도에 따라 컬럼의 성질이 달라지게 된다. 즉, 비극성 용매가 코팅된 고정상의 경우 비극성의 용질들은 비극성 고정상에 오래 머물게 되어 머무름 시간은 커지게 된다. 반대로 극성의 용질들은 비극성 고정상에 대한 용해도가 낮으므로 빨리 용출되어 머무름 시간은 작아지게 된다. 대부분의 기체크로마토그래피 컬럼(column)들이 이러한 방식이며, 현재는 고체 지지대(Solid Support)에 용액상태의 고정상을 코팅하는 기술이 발달하여 안정하면서도 다양한 성질을 가진 컬럼들이 공급되고 있다.

흡착은 가장 오래된 분리방식으로 1951년 Cremer E.가 소개한 기체-고체 크로마토그래피의 이론이다. 분배와는 달리 고체 고정상 표면의 흡착부위에 대한 친화 정도에 따라 용질들이 흡착하여 머무르는 원리이다. 가장 흔히 사용되는 실리카젤(Silicagel), 후루로실(Flurosil) 등이 대표적인 예로서 대부분 고정상은 극성이 높은 성질을 나타내어 용질 또한 어느 정도 극성이 있는 성분들의 분리에 적합하다.

크기 배제는 1959년 Porth와 Flodin에 의해 소개된 방법으로 용질의 크기에 따른 분리 기작이다. 이 때 사용되는 고정상은 다공성의 고체이며 분리하고자 하는 용질 분자의 크기가 작을수록 고정상의 다공에 유입되어 머무를 가능성이 커지므로 늦게 용출된다. 반대로 다공보다 큰 분자 크기를 가지는 성분들은 머무르지 못하고 바로 용출되므로 머무름 시간이 짧아지게 된다. 대개 크기 배제의 경우 어느 정도의 흡착 작용을 동반하게 된다. 크기 배제 크로마토그래피는 다양한 가스 분석에 주로 사용된다.

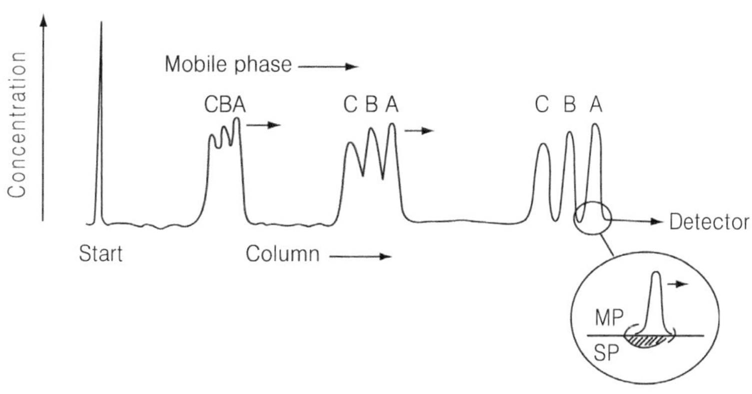

그림 8-4. 기체크로마토그래피의 분리 방식

(3) 기체 크로마토그래피의 분류

그림 8-5는 전체적인 크로마토그래피의 분류 체계를 정리한 것이다. 비록 기체와 액체의 중간 정도에 해당하는 초임계유체 크로마토그래피를 제외하고는 크게 기체와 액체 크로마토그래피로 나눌 수 있다. 어느 경우이든 고정상의 형태는 유사하나 액상의 이동상을 사용하느냐 아니면 기체상태의 이동상을 사용하느냐에 따라 크게 분류된다. 그러나 액체크로마토그래피의 경우 이동상과 고정상이 접촉하게 되는 물리적 상태에 따라 컬럼을 사용하는 컬럼크로마토그래피와 종이(Paper Chromatography) 혹은 코팅된 유리판(Thin-Layer Chromatography)을 이용하는 일명 평판크로마토그래피로 나눠진다.

기체 크로마토그래피는 흡착원리에 의한 기체-고체 크로마토그래피(Gas Solid Chromatography ; 이하 GSC)와 분배에 의한 기체-액체 크로마토그래피(Gas Liquid Chromatography ; 이하 GLC)로 나눌 수 있다. GSC의 경우 실리카겔(Silica gel), 알루미나(Alumina), Molecular Sieve, 활성탄(Activated Carbon), 사이클로덱스트린(Cyclodextrin) 등과 같은 고체 상태의 흡착제들을 고정상으로 사용하여 한정된 용도로 사용되고 있으나 GLC에 비하여 선택성이 큰 관계로 동위원소의 분리, 무기가스, 저분자량 탄화수소 분리에 적합하다. 이에 반해 GLC는 현재 사용되고 있는 기체크로마토그래피(GC)의 대부분을 차지하고 있는 것으로 앞에서도 설명하였던 바와 같이 1952년 James와 Martin의 개발 이후 현재까지 급속한 발전을 이뤄온 분야이다.

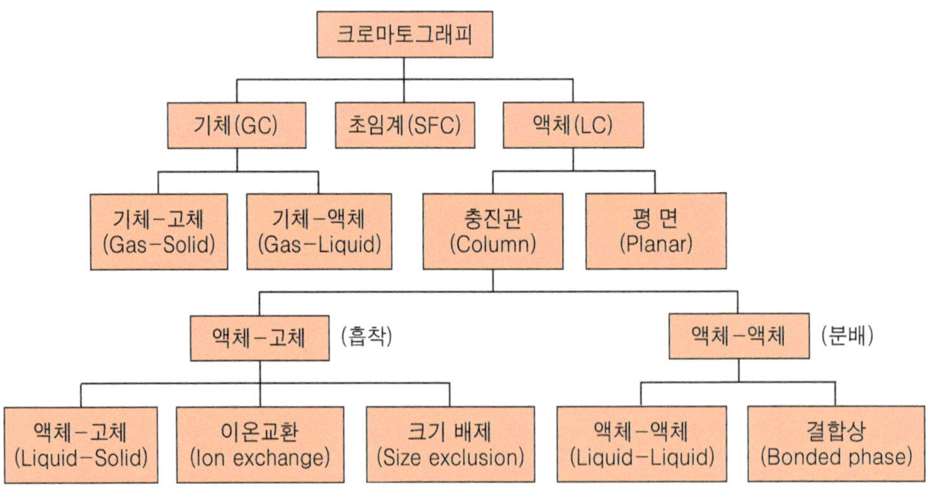

그림 8-5. 크로마토그래피의 분류

여기서 액체는 고정상에 코팅된 용액을 이르는 말로 분석대상 성분은 이동상인 질소, 헬륨 등의 기체와 고정상의 액상 용액 사이를 오가면서 분리가 이뤄지게 된다. 앞서 크로마토그래피 원리에서 설명하였던 바와 같이 분리하고자 하는 성분(용질)과 액상 고정상 사이에 어느 정도의 친화력이 있는 경우 기체 이동상에 실린 용질들은 고정상의 용액에 용해되고, 이동상과 평형을 이루는 분배 작용을 연속적으로 거치면서 액상 고정상과 혼합물 중 개별 용질 사이의 용해도 차이에 따라 용출 순서가 달라지게 된다.

휘발성이 낮은 다양한 고분자 형태의 액상 용액이 고정상으로 사용될 수 있기 때문에 GSC에 비하여 매우 다양한 컬럼(column)의 개발이 가능하여 현재는 다양한 제조회사로부터 수십, 수백 가지의 다양한 컬럼들이 생산되고 있다. GLC가 응용되는 과학 분야는 너무도 다양하지만, 액체크로마토그래피와는 달리 분석하고자 하는 성분들이 휘발성이 있는 경우에 적용이 가능하다.

그림 8-6은 식품 및 환경 분야 등에서 주로 분석되어지는 성분들의 휘발성 및 극성(물에 대한 용해도)에 따라 위치시킨 그림이다. 그림 중간의 대각선을 중심으로 좌측 하단은 GC분석이 가능한 성분들이며, 우측 상단의 성분들은 액체크로마토그래피(HPLC)로 분석이 가능한 성분들이다. GC 분석에 가장 적합한 성분들은 좌측 하단

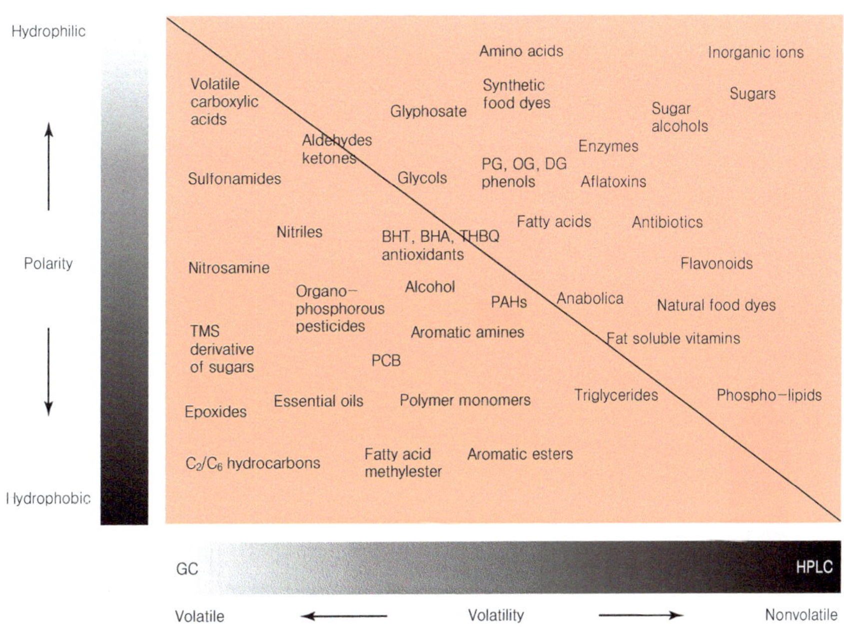

그림 8-6. 분석대상 성분의 특성에 따른 적절한 적용기기의 선택 가이드라인

에 있는 가벼운 탄화수소(C_2/C_6 Hydrocarbons), essential oil 및 Fatty acid methyl ester와 같은 것들로서 휘발성이 있으면서 극성이 낮아 물에 잘 섞이지 않고 유기용매에 잘 섞이는 성질을 가지며, 우측 상단의 무기 이온(Inorganic ion) 및 당(Sugars) 등은 비휘발성이면서 물에 대한 친화성이 강한 극성의 성질을 가지므로 GC로 분석하기에는 가장 적합하지 않은 것들이다.

2. 기체 크로마토그래피 기기

기체 크로마토그래피(Gas Chromatography) 원리를 이용하는 기기를 기체 크로마토그래프(Gas Chromatograph ; GC)라고 부른다. 1952년 James와 Martin의 기체 크로마토그래피 원리 발표 이후 GC는 50년대 중반부터 상품화되기 시작하였다. 크로마토그래피의 역사를 살펴볼 때 액체크로마토그래피의 원리는 이미 1941년 Martin과 Synge에 의해 발표되었으나, 상품화는 오히려 GC가 더 빨랐던 셈이다. 이는 닫힌 시스템 하에서 액체의 흐름은 엄청난 압력을 수반하므로 액체의 누수(leak)가 가장 큰 문제점으로 대두되었으나, 상대적으로 가스의 경우 훨씬 적은 압력을 받기 때문에 실제로 상품화에는 유리하게 작용했기 때문이다.

1) 기체 크로마토그래피 기기 구성

가스크로마토그래프는 그림 8-7에서 보는 바와 같이 시료주입구(Injector), 컬럼(Column) 및 검출기(Detector)의 3가지 주요 요소들로 이루어져 있으며, 이동상을 공급해주는 가스통 및 검출기에서 나오는 결과를 처리해주는 데이터 시스템이 추가된다.

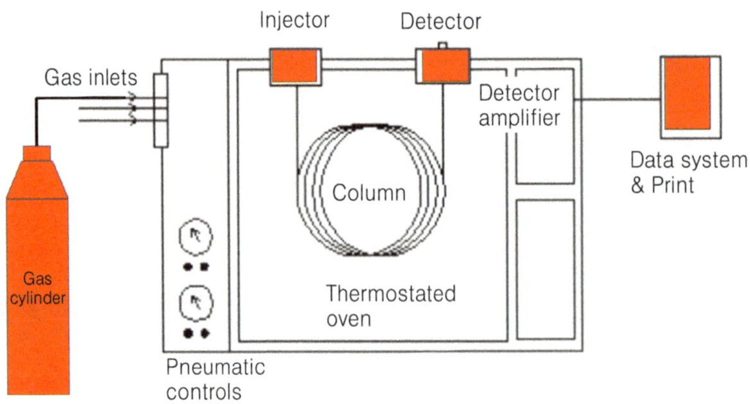

그림 8-7. GC의 일반적 기기 구성

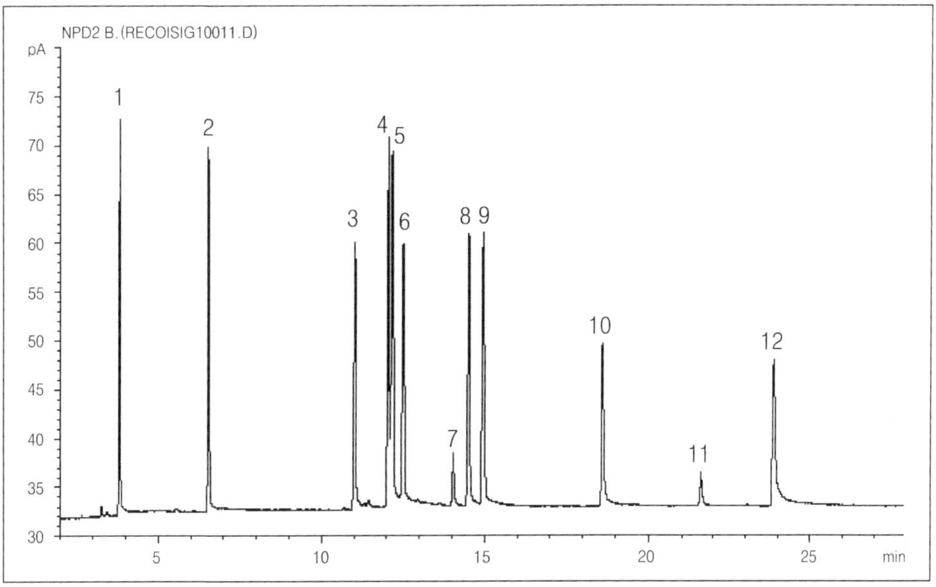

그림 8-8. 기체크로마토그래피 크로마토그램

주입구를 통하여 이동상에 수입된 액상 혹은 기체상의 시료는 주입구에서 휘발된 후 (주입방식에 따라 다를 수 있음) 컬럼에서 개별 성분으로 분리되고 검출기에서 검출된 후 데이터 시스템을 통하여 그림 8-8과 같은 크로마토그램 상의 개별 피크(Peak)로 용출된다.

(1) 운반기체

GC에 사용되는 이동상은 활성이 없는 기체로서 고정상에 대한 선택적 용출의 작용을 하지는 않으며, 단지 시료를 실어 나르는 역할을 하므로 일반적으로 운반기체(Carrier Gas)라고 부른다. 운반기체로 주로 쓰이는 것으로는 질소, 헬륨 및 수소 등이 있으며 이들은 모두 비활성이며, 점도가 낮고 비교적 높은 순도를 얻을 수 있는 기체들이다. 다만, 수소의 경우 가장 우수한 운반기체 임에도 불구하고 폭발성 때문에 사용에 주의를 요하며, 컬럼의 재질이 금속인 경우 수소화 가능성도 있어 다소 활성에도 문제가 있으나, 최근 상용화된 컬럼은 금속을 사용하는 경우가 많지 않으므로 사용상에 큰 문제는 없으며, 오히려 헬륨에 비하여 약 2배 이상의 빠른 유속에서도 헬륨과 동일한 분리 성능을 발휘하므로 분석시간을 대폭 단축시킬 수 있는 장점이 있다.

운반기체의 선택은 컬럼의 종류와는 크게 상관없으나, 사용하는 검출기의 종류에 따라서는 다소 선택에 신중을 기할 필요가 있다. 예를 들어, 분석 성분들의 열전도도

표 8-2. 개별 검출기에 적합한 운반기체

	검출기	운반기체	설 명
널리 쓰이는 GC 검출기	TCD	He	적합
		H_2	가장 우수한 감도 제공
		N_2	수소를 분석하는 경우 사용
	FID	N_2	적합
		H_2, He	사용 가능
	NPD	He	우수
		N_2	가장 우수한 감도 제공
	ECD	N_2	가장 우수한 감도 제공
		Ar/CH_4	가장 넓은 시료 농도범위에서 직선성을 가짐
	FPD	N_2	적합
Detectors for comp. identification	MSD	He	Mass Range 10～800 *m/z*로 인하여 반드시 He이 사용되어야 함
	IRD	N_2	

의 차이에 의한 검출 원리를 가지고 있는 열전도도 검출기(Thermal Conductivity Detector)의 경우 운반기체의 열전도율이 높은 헬륨이나 수소를 사용할 경우 최대의 감도를 얻을 수 있는 반면, 성분을 태운 후 발생하는 이온의 차이에 따라 감응하는 불꽃이온화 검출기(Flame Ionization Detector)의 경우 질소가 가장 우수한 이동상이다.

앞에서 살펴본 운반기체의 요건 중 기체의 점도는 GC의 분리능 및 분석시간 등과 밀접한 관계가 있다. 그림 8-9는 GC에 가장 널리 사용되는 질소(N_2), 헬륨(He) 및 수소(H_2)의 유속에 따른 분리능의 변화를 보여주는 Van Deemter 곡선을 나타낸 것이다. 여기서 일단 HETP는 컬럼의 분리능을 말하는 것으로, 값이 작을수록 분리능이 뛰어나다는 것만 기억하기로 한다. X좌표에서는 좌에서 우로 갈수록 속도가 증가하고 있다.

결론부터 이야기하면 여기서 가장 우수한 기체는 수소이며, 다음으로는 헬륨 그리고 질소의 순이다. 수소의 경우 약 20 cm/sec 이후 넓은 유속 범위에서 가장 안정된 분리능을 보여주고 있다. 헬륨은 수소에 비해 약간의 분리능 손실이 있으나 질소의 경우는 10 cm/sec가 지난 후부터는 곡선이 매우 급하게 상승함으로써 분리능의 손실이 급격하게 일어남을 알 수 있다.

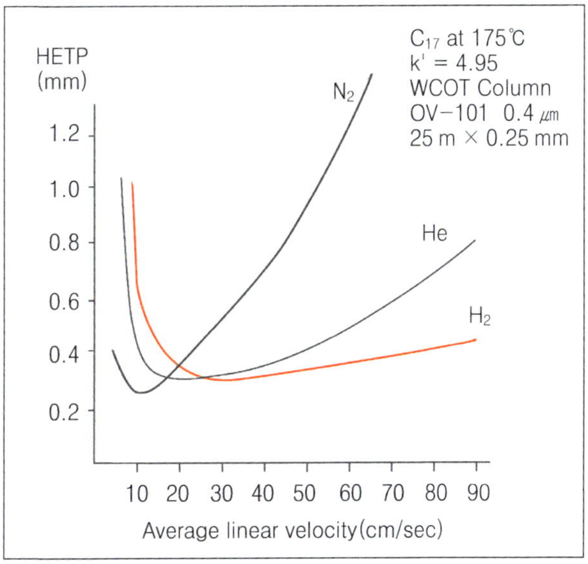

그림 8-9. 개별 운반기체의 유속에 따른 분리능의 변화(Van Deemter 곡선 비교)

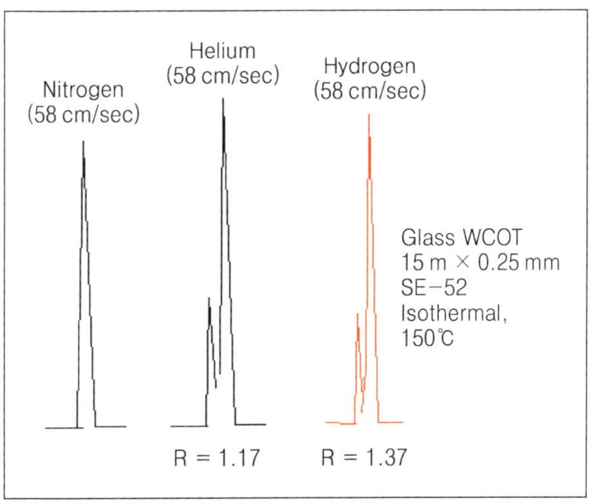

그림 8-10. 서로 다른 운반기체에 따른 heptadecane과 pristane 성분의 분리능

이러한 분리능의 손실은 각 기체의 점도와 큰 연관이 있는데, 실제로 질소, 헬륨 및 수소의 점도(0℃, 1기압에서 cP×10^2)는 각각 1.66, 1.07 및 0.84로 질소의 점도가 가장 높음을 알 수 있는데, 유속이 빨라질수록 관내 저항이 증가하게 되고, 이동상 내 용질의 이동은 상대적으로 느려지면서 확산 현상이 가속화된다. 이렇게 확산된 용질은 넓은 범위에서 용출되므로 피크의 폭(width)이 넓어지면서 분리능이 떨어지

게 되는 것이다. 때문에 질소 대신 수소 혹은 헬륨을 사용할 경우 훨씬 빠른 유속으로 분석시간을 절약하면서도 우수한 분리능을 얻을 수 있다. 그림 8-10은 질소를 운반기체로 사용했을 때 겹쳤던 두 개의 피크가 헬륨 및 수소를 사용한 경우 우수한 분리능으로 개별 피크로 분리·용출되는 것을 보여준다.

상기에서 설명한 바와 같이 운반기체의 선택 및 유속은 GC의 분리능에 직접적인 영향을 끼치는데 가능한 Van Deemter 곡선에서 가장 낮은 이론단을 나타내는 선속도를 선택한다면 가장 최적의 유속이 된다. 그러나 매번 해당 곡선을 측정할 수는 없으므로 표 8-3을 참조하거나 구입하는 컬럼의 설명서 등을 참조하도록 한다.

운반기체의 유속은 분리관의 끝 혹은 검출기 끝에 그림 8-11과 같은 비누방울 유량계(Soap bubble meter) 혹은 디지털 유량계를 사용하여 측정하는데, 최근의 GC

▶ HETP(Height Equivalent Theoretical Plate)란 무엇인가?

HETP는 "이론단 높이"라고 해석할 수 있다. 아래 그림에서와 같이 오래 전부터 석유화학 분야 및 증류주 제조분야 등에 증류(Distillation) 조작은 매우 흔하게 이용된 방법이다. 서로 다른 끓는점을 가진 혼합물들을 보다 개별 성분으로 분리하기 위해서는 가능한 탑 높이를 높여 보다 많은 수의 증류단이 장치되도록 하여야 한다.

크로마토그래피에서 컬럼(column)의 분리능을 증류탑의 증류단에 비유하여 설명하는 것을 단이론(plate theory)이라고 하며, 일정한 높이에 얼마나 많은 이론단이 설치되어 있는가를 이론단수(theoretical plate number)로 표현하며, 숫자가 클수록 분리능이 우수하다. 다른 방법으로는 상기에 설명한 이론단 높이(HETP)로 표현하여 해당 높이가 작을수록 동일한 높이에 더 많은 수의 이론단이 위치하게 되어 보다 우수한 분리능을 가지게 된다.

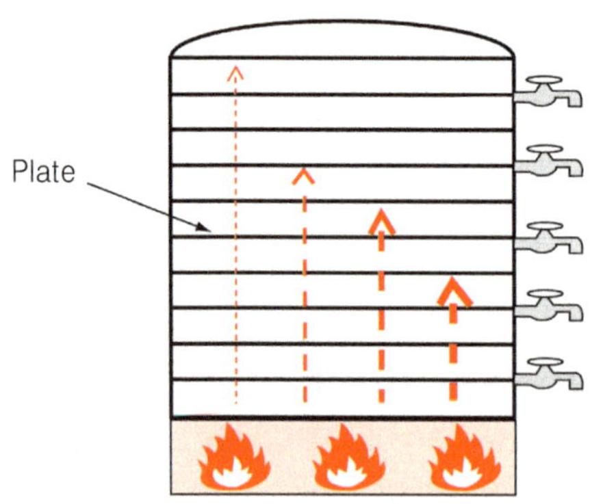

증류탑의 원리 및 증류단(plate)

기기들은 기체의 유속을 전자적으로 제어하는 Electric Pressure Controller(EPC)를 내장하고 있어 GC 기판 혹은 연결된 컴퓨터에서 직접 제어가 가능하다. 그러나 EPC 모듈은 순간적 압력에 의해 손상받기 쉬우며, 사용하면서 정확도 및 정밀도에 차이가 생기는 경우가 빈번하므로 자주 비누방울 유량계 혹은 외부의 디지털 유량계 등을 사용하여 EPC 기능의 정확성 여부를 점검하여야 한다.

운반기체는 대개 고순도(99.995%)가 사용되며, 가능한 초고순도(Five 9s ; 99.999%)의 기체가 바람직하다. 운반기체는 대개 실린더에 압축하여 공급되거나 발생기를 이용하여 직접 공급하기도 하는데, 어떤 경우이든 그림 8-12와 같은 형태의 기체 정제 장치를 부착하여야 한다.

표 8-3. GC 컬럼의 종류 및 내경에 따른 적절한 운반기체 유속

컬 럼	컬럼 내경	적절한 운반기체 유속	
		ml/min	cm/sec
충전 컬럼	1/4 inch	50～60	2.6～3.2
	1/8 inch	20～30	4.2～6.3
모세관 컬럼	0.53 mm	3～5	22～38
	0.32 mm	1～3	20～62
	0.2 mm	0.5～1	26～53
	0.1 mm	0.2～0.5	42～106

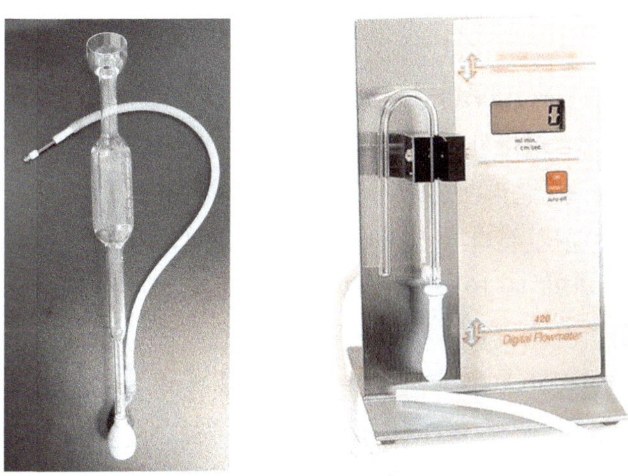

그림 8-11. (좌)비누방울 유량계 및 (우)디지털 유량계(Humonic Optiflow 520)

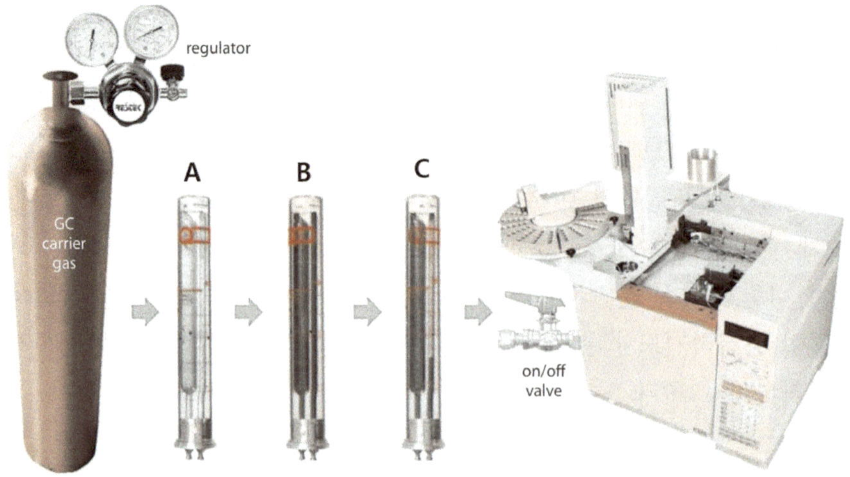

그림 8-12. 기체크로마토그래프용 가스 정제기(Gas Purifier, Restek)

공급기체가 처음 통과하게 되는 그림 8-12의 A는 수분제거용 트랩(Moisture trap)으로 모든 종류의 가스에 포함되어 기기에 문제를 유발시키는 수분을 제거한다. 내부는 분자체(Molecular sieve)가 충진되어 있으며, 정기적으로 GC오븐에서 질소를 흘려주면서 활성화시켜 재사용이 가능하다. B는 탄화수소 제거용 트랩(Hydrocarbon trap)이며, 마지막으로 설치된 C는 산소제거용 트랩(Oxygen trap)으로 밖에서 보이도록 투명한 유리로 제작되어 있으며, 산소가 포화되면 내부 충진물의 색깔이 변하여 쉽게 교체시기를 알 수 있다.

(2) 컬 럼

시료가 주입되는 순서대로라면 시료주입구에 대한 설명을 먼저 해야 할지도 모르나, 분리관의 종류에 따라서 시료주입구의 종류 및 사용법 등이 달라질 수도 있으므로 본서에서는 GC용 분리관에 대하여 먼저 알아보기로 하자.

실제로 시료 성분의 분리가 일어나는 분리관은 GC에서 심장과도 같은 존재라고 할 수 있다. 분리관의 모양이 원통형의 관이므로 분리관은 영어로 column이라고 통칭하여 부른다. 하지만, 현재 가장 널리 사용되는 모세관컬럼(Capillary column)의 경우는 머리카락만큼이나 가는 것도 있으므로 원통이라는 표현이 어울리지 않는다.

그림 8-13은 초기 GC에 주로 사용되었고, 현재도 사용되고 있는 충전컬럼의 그림이다. 1/4 혹은 1/8인치의 내경을 가지며 스테인리스 혹은 유리 재질을 사용한다. 이름에서 알 수 있듯이 충전컬럼은 내부에 충전물(고정상)을 직접 충전하여 사용할 수 있기 때문에 사용자의 목적에 따라서 매우 다양한 분리관을 만들 수 있으며, 저렴한

장점이 있다. 충전물은 GLC의 경우 규조토(Diatomite) 혹은 할로카본(Halocarbon) 등이 사용되며, 여기에 표 8-4와 같은 다양한 액상 고정상이 코팅된 후 분리관에 충전되어 사용된다. GSC의 경우는 다공성중합체(Porous Polymer), 분자체(Molecular sieve, 천연으로는 제오라이트) 및 카본 물질(Carbonaceous material) 등을 직접 분리관에 충전하여 사용하며, 주로 가스 분석 등에 널리 사용되고 있다.

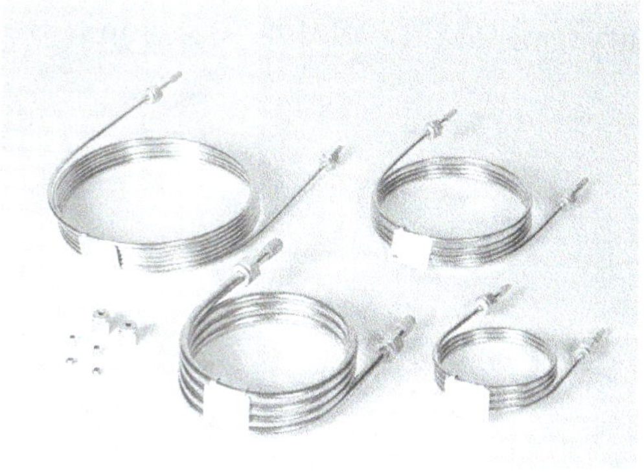

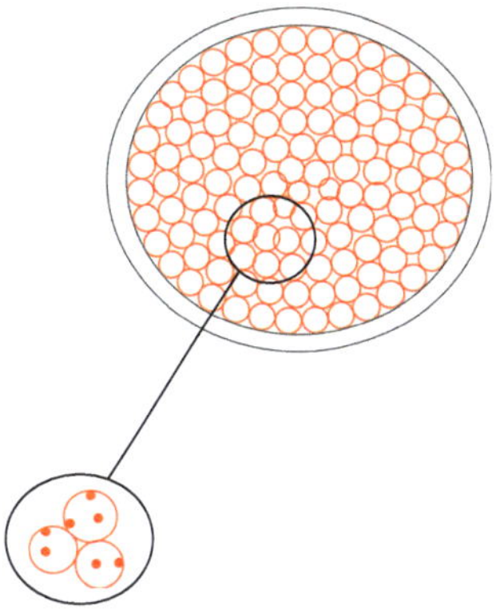

그림 8-13. GC 충전컬럼(Packed Column, OV Specialty company) 및 단면도

표 8-4. GC 충전 컬럼용 고정상의 종류

줄임말(혹은 상표명)	고정상 화학명
Arochlor	Chlorinated biphenyls
DEGA	Diethylene glyco adipate
DEGSE	Diethylene glyco sebacate
DEGS	Diethylene glycol succinate
EGA	Ethylene glycol adipate
EGIP	Ethylene glycol isophthalate
EGSE	Ethylene glycol sebacate
EGS	Ethylene glycol succinate
HMPA	Hexamethylphosphoramide
IGEPAL	Nonyl phenoxy polyoxyethylene ethanol
NPGS	Neopentyl glycol succinate
SE-30	Methyl silicone gum rubber
THEED	Tetrahydroxyethyl ethylene diamine
TCP	Tri cresyl phosphate
TWEEN	Polyoxyethylene sorbitan monooleate

그러나 대부분 현재 사용되고 있는 분리관은 모세관컬럼으로 거의 모든 경우 대규모 회사에서 제작하여 상용화된 것들을 구입하여 사용한다. 모세관컬럼과 충전컬럼의 가장 큰 차이점은 관의 내부가 비어 있는가 아닌가의 차이이다.

그림 8-14는 모세관컬럼의 외형과 내부를 그림으로 나타낸 것이다. 모세관 컬럼은 1957년 미국 미시간주 랜싱에서 개최되었던 Instrumental Society of America와 연이어 이듬해 네덜란드 암스텔담에서 개최되었던 International GC symposium에서 Perkin-Elmer Corp.에 몸담고 있던 M. J. E. Golay 박사가 발표한 세계 최초의 GC 모세관 크로마토그램(Capillary Chromatogram)으로 그 역사가 시작되었다(그림 8-15).

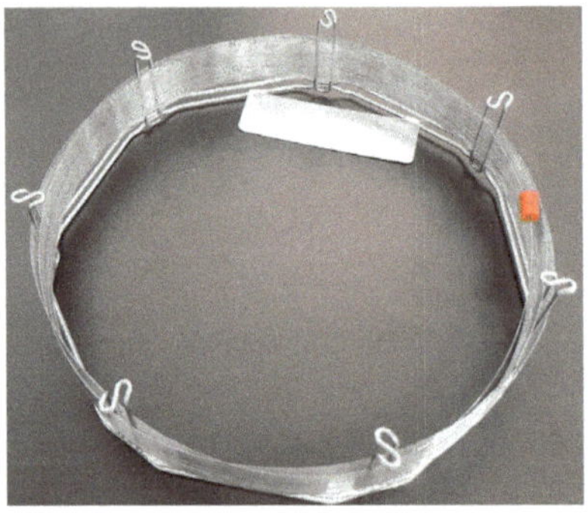

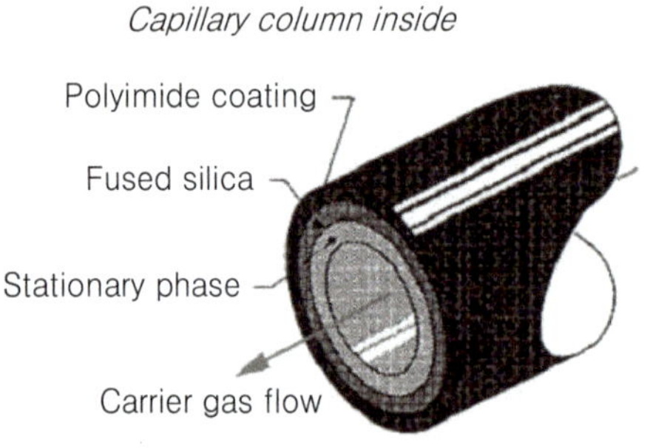

그림 8-14. 모세관컬럼의 외형 및 단면도(Agilent Co.)

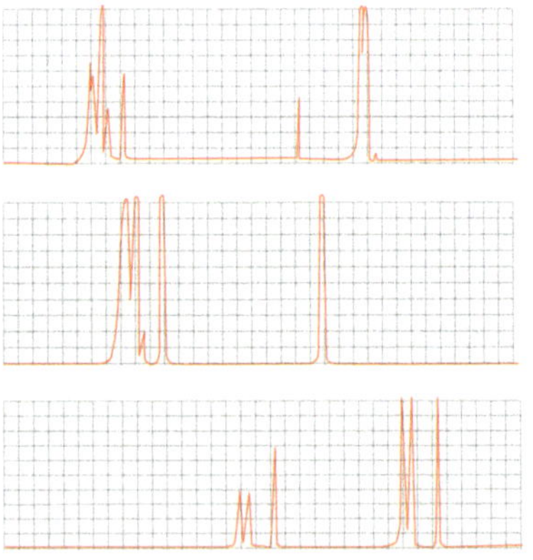

그림 8-15. M. J. E. Golay 박사(사진)가 1957년 스테인레스 재질의 12 ft × 0.055 inch 사이즈 관에 Carbowax 1540(polyethylene glycol)이 코팅된 세계 최초의 수제 모세관 컬럼으로 분석한 Phillips 37 혼합물 및 pentanes 이성체 화합물의 GC 크로마토그램(Reprinted with permission from Dr. Ettre Leslie and LC/GC)

초기 모세관컬럼의 외부 재질은 스테인리스 스틸과 같은 활성이 큰 금속재질이거나, 유리와 같이 깨지기 쉬운 재질이었던 관계로 활성이 큰 성분을 분석하거나 장착하고 사용하기에 많은 문제점들이 잇따랐으나, 1979년 4월 29일~5월 3일에 열린 제 3회 Hindelang Symposium에서 R. D. Dandeneau와 E. H. Zerenner가 발표한 초박형 유연 석영 컬럼(thin-walled, flexible fused-silica columns)에 대한 생산 및 사용에 대한 발표가 있은 이후 GC 컬럼 분야의 혁명이 시작되었다. 석영 모세관컬럼의 외부 물질은 퓨즈드실리카(fused silica)라는 성분으로 자연적으로는 석영(quartz)과 동일하나, 단지 silicon tetrachloride라는 화학성분으로부터 합성하여 불순물이 더 적도록 만든 물질이다. 이 물질은 탄성이 우수하여 웬만큼 구부려도 부러지지 않으므로 장착하고 사용하기에 매우 편리한 장점이 있다.

① 충전컬럼과 모세관컬럼의 비교

모세관컬럼이 충전컬럼에 비하여 월등한 분리능을 가지는 이유는 여러 가지가 있으나 가장 큰 요인은 실제 사용가능한 관의 길이에 따른 영향이다. 표 8-5는 충전컬럼과 모세관컬럼의 특성을 비교한 것이다. 컬럼 1 m당 이론단수는 약 2배 정도의 차이를 보이나 실제 사용가능한 컬럼의 길이를 고려하면 무려 30배 이상의 차이를 보인다. 충전컬럼의 경우 컬럼 오븐의 크기 때문에 5 m 이상을 만들 수 없으나, 모세관컬럼의 경우 관이 개방되어 있어 운반기체가 과도한 압력 없이 수백 미터까지도 관의 길이를 늘일 수 있기 때문이다.

그림 8-16은 창포기름(Calamus essential oil)을 각각 충전컬럼과 모세관컬럼에서 분석한 결과이다. 충전컬럼 분석으로 얻은 시료들은 대개 피크의 폭이 넓어 하나의 피크에 다수의 성분 피크들이 겹친 반면 모세관컬럼으로 얻은 피크들은 충전컬럼의 피크 하나가 여러 개의 개별 성분 피크로 분리된 것을 알 수 있다.

표 8-5. GC 모세관컬럼과 충전컬럼의 특성 비교

특 성	모세관컬럼	충전컬럼
길이(m)	5~100	1~5
내경(mm)	0.1~0.8	2~4
유속(cm^3 min^1)	0.5~10	10~100
운반기체 압력(psig)	3~40	10~40
이론단수(단수/m)	5,000 이상	2,000~3,000
컬럼 전체 이론단수	150,000(50 m)	5,000(2 m)
피크당 최대 용질량(㎍)	0.05 미만	10
고정상 필름두께(㎛)	0.1~2	1~10

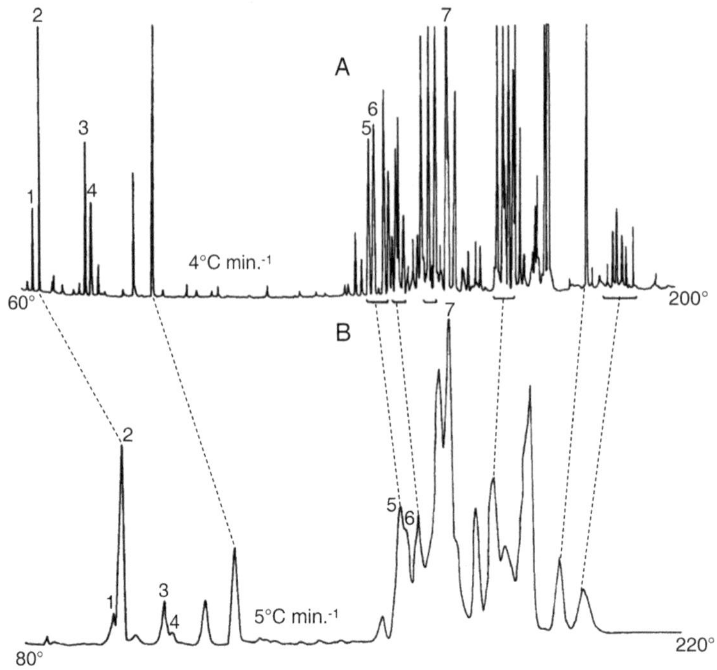

그림 8-16. 50m 모세관컬럼(A) 및 4m 충전컬럼(B)에 의한 창포기름의 GC 크로마토그램
(출처 : Bartle KD, Myers P(2002) History of gas chromatography, Trends in Analytical Chemistry, 21(9+10), 547-556)

모세관컬럼의 경우 표 8-5에서와 같이 주입할 수 있는 시료 용질의 양이 적은 단점이 있으나 0.53 mm의 내경을 가지는 소위 530마이크로 컬럼(Megabore column)의 경우 액체 고정상의 두께를 약 5㎛까지 증가시켜 다량의 시료 주입이 가능하다.

② 모세관컬럼의 종류

현재 기체크로마토그래피 분야에서 사용되고 있는 컬럼의 대부분은 모세관컬럼이라고 하여도 무리가 없을 정도로 그 사용의 폭이 넓다. 이는 모세관컬럼의 분리능이 뛰어날 뿐만 아니라 사용하기 편리하고 매우 다양한 고정상을 가진 다양한 크기의 컬럼들을 상업적으로 구입 가능하기 때문이다.

모세관컬럼 중 가장 널리 쓰이는 3가지 형태를 그림 8-17에 나타내었다. 이들 중 WCOT(wall coated open tubular) 컬럼은 고정상을 컬럼의 내벽에 직접 코팅한 형태를 말하며 내경 0.2～0.35 mm의 좁은 내경(narrow bore) WCOT 컬럼을 비롯하여 0.5～0.75 mm의 넓은 내경(wide-bore) WCOT가 있다.

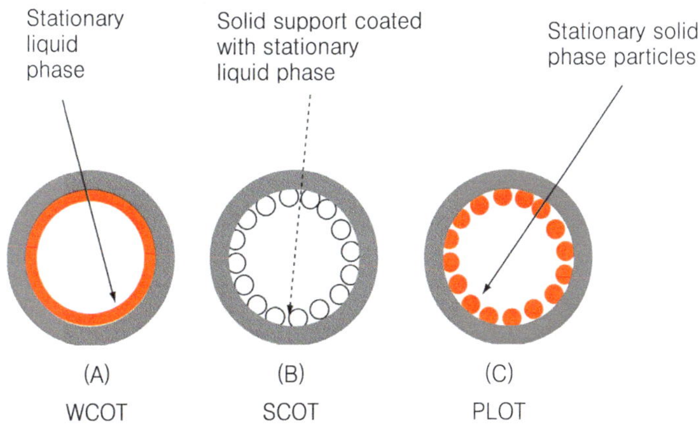

그림 8-17. 모세관컬럼의 종류 및 특성

WCOT 컬럼은 현재 사용되고 있는 대부분의 모세관컬럼 형태이기도 하다. 이와는 달리 컬럼 내벽에 매우 작은 입자상태의 고체 지지대와 액체 고정상의 혼합물을 코팅한 SCOT(support-coated open tubular) 컬럼이 있다. SCOT 컬럼은 다양한 액체 고정상의 이용이 가능한 장점이 있으나 실제로 모세관컬럼에 이용되는 몇 가지 종류의 고정상만으로도 현재는 사용상 불편이 없어 SCOT 컬럼이 널리 사용되고 있지는 못하다.

PLOT(porous layer open tubular) 컬럼은 GSC의 일종으로 알루미늄 옥사이드, 알루미나, molecular sieve, graphatized carbon, 다공성 폴리머 등의 다양한 고정상들을 수마이크론 사이즈의 입자로 만들어 10～30 ㎛ 정도의 두께로 컬럼 내벽에 코팅하거나, 컬럼 내벽에서 중합반응 시켜 코팅하여 제작한다. 이러한 PLOT 컬럼은 충전컬럼을 사용하는 GSC를 대체하여 가스 분석 등 비교적 가벼운 화합물들의 분석에 주로 사용되며, WCOT에 비하여 단위 길이 당 훨씬 높은 이론단수를 가지고 있어 고분해능을 요하는 분석에 최근 많이 사용되고 있으나, 고정상 입자들이 컬럼 내벽에 코팅된 형태로 인하여 심한 충격 및 휨 등에 의하여 컬럼이 손상되기 쉬우므로 사용에 유의할 필요가 있다.

③ 모세관컬럼의 효율

컬럼의 효율이 우수하다는 말은 크로마토그래피의 원래 목적상 혼합물을 개별 성분으로 효과적으로 분리시켜 준다는 의미이다. 여기서 효과적 분리는 소위 분리능이라는 용어로 대변되기도 한다. 여기서는 컬럼의 분리능과 관련한 이론적 배경을 살펴보기로 한다.

앞에서 설명한 바 있는 HETP는 컬럼의 성능을 나타내주는 지표로 사용된다. 여기서 단의 높이 H(height)는 다음 식으로 표현 가능하다.

$$H = \frac{L}{N} \tag{8.3}$$

H = Height a equivalent to an effective theoretical plate(mm)
L = Column length(mm)
N = Effective theoretical plate number(N)

여기서 N은 이론단수를 말한다. 즉, 길이가 이론단수와 높이는 서로 반비례 관계에 있다. 그렇다면 실제로 컬럼의 이론단수는 어떻게 측정 가능할까? 그것은 용출되는 성분 피크의 머무름 시간(retention time ; RT)과 해당 피크의 너비를 가지고 식 8.4와 같이 계산 가능하다. 이들 식 중 실제로 주로 사용되는 식은 가운데 식으로 피크의 중간 높이에서 측정한 피크의 너비를 사용한다. 이는 피크의 바닥에서 측정한 너비의 경우 바탕선 상의 주위 피크 혹은 다른 요인들로 인한 바탕선 상승으로 정확한 너비 측정이 힘들기 때문에 정확한 이론단수의 계산이 힘들기 때문이다.

$$N = \left(\frac{t_R'}{\sigma}\right)^2 = 5.545\left(\frac{t_R'}{W_h}\right)^2 = 16\left(\frac{t_R'}{W_b}\right)^2 \tag{8.4}$$

N = Effective theoretical plate number
σ = Standard deviation
W_h = Peak width at half height(time)
W_b = Peak width at base(time)

앞에서 설명했던 바와 같이 컬럼의 이론단수 혹은 단높이는 종국적으로 컬럼이 피크들을 얼마나 잘 분리하는가 하는 지표인 분리능을 계산해내기 위한 식에 곧바로 이용될 수 있다. 그림 8-19는 세 가지 형태의 서로 다른 피크 분리 양상을 보여주는 그림이다. 누구나 알 수 있듯이 두개의 피크가 완전히 분리되었다고 얘기할 수 있는 경우는 중간의 R=1.5가 되는 크로마토그램의 경우 및 우측의 R=1.99의 경우이다.

여기서 R은 분리능(resolution)을 말하는 것으로, 일반적으로 R값이 1.5 이상이 되었을 때 완전한 피크의 분리가 이뤄졌다고 이야기한다. 이러한 분리능은 식 8.5 혹은 8.6과 같은 방법으로 측정가능하다. 식 8.5와 8.6의 차이는 식 8.4에서 설명하였던 바와 같이 피크의 너비를 중간 높이에서 측정하는 것(식 8.5)과 바탕 선에서 측정하는 것(식 8.6)이다.

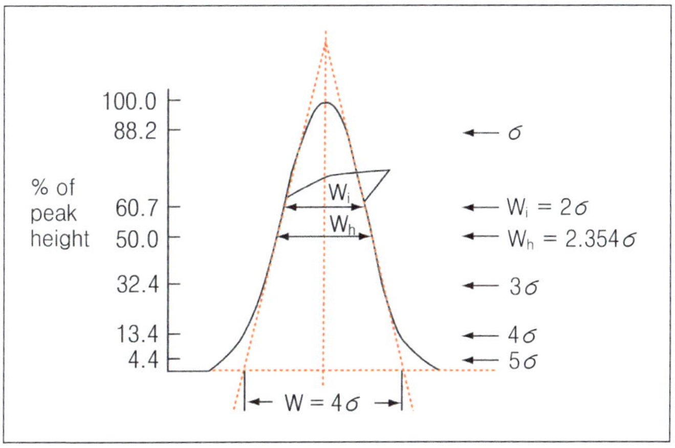

그림 8-18. 정규분포 형태를 가지는 피크의 높이 위치에 따른 피크 너비(표준편차)

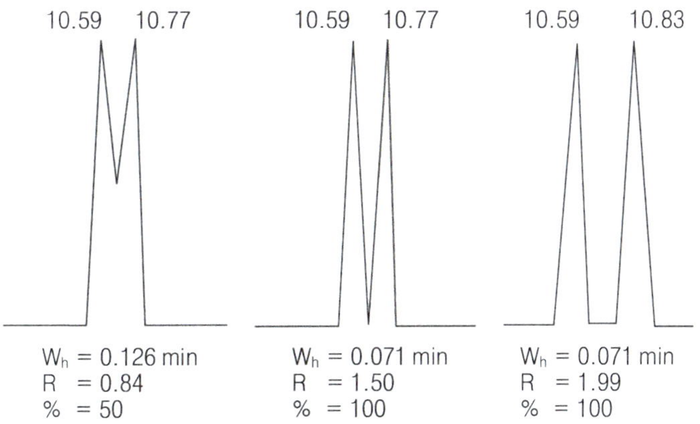

그림 8-19. 분리능(R)에 따른 피크의 분리 정도

간단히 설명하면, 식 8.5와 8.6에서 계산되어지는 분리능(R) 값은 용출되는 2개의 피크 사이의 머무름 시간 차이가 커질수록, 그리고 두개 피크의 너비가 작아질수록 커지는 것을 알 수 있다. 이는 그림 8-21과 같이 벤취에 앉은 사람들을 비교하여 쉽게 이해할 수 있다.

좌측의 사람들은 모두 뚱뚱한 사람들로서 의자가 넓음에도 불구하고 비좁게 앉아 있으나 우측의 사람들은 의자가 짧음에도 불구하고 모두 날씬함으로 인하여 여유 있게 앉아있는 것을 볼 수 있다. 마찬가지로 크로마토그램 상의 피크들도 좌측의 경우보다 우측의 경우가 높은 분리능을 보이는 경우로서 각 피크의 너비가 좁을수록 높은 분리능을 나타내게 되는 것이다.

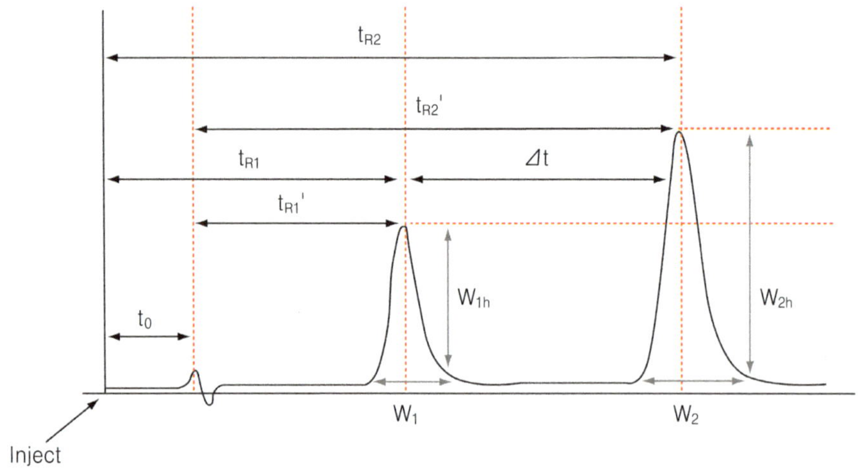

그림 8-20. 식 6.5와 식 6.6의 설명을 위한 크로마토그램상 피크의 요인들

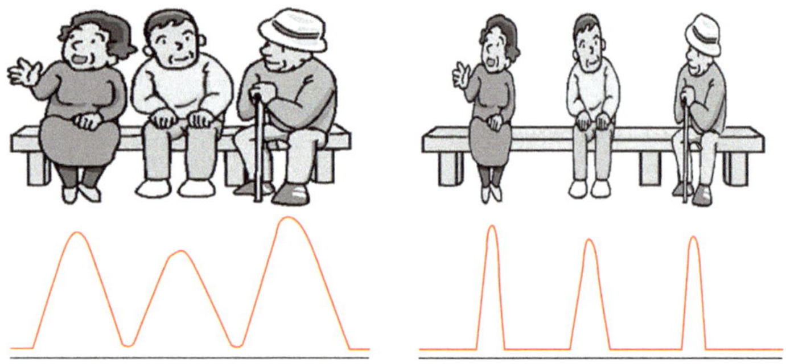

그림 8-21. 피크의 너비에 따른 분리능의 비교

때문에 연구자가 크로마토그래피에서 추구하는 것은 가능한 너비가 좁은 날씬한 피크를 만들고, 이들 피크들이 서로 멀리 떨어지도록 함으로써 좋은 분리능을 얻는 것이다.

$$R = 1.18\left(\frac{t_{R2} - t_{R1}}{W_{h1} + W_{h2}}\right) \tag{8.5}$$

$$R = 2\left(\frac{t_{R2} - t_{R1}}{W_{b1} + W_{b2}}\right) \tag{8.6}$$

R = Resolution

t_{R1} = Retention time of the first peak

t_{R2} = Retention time of the second peak

W_{h1} = Peak width at half height(in units of time) of the first peak

W_{h2} = Peak width at half height(in units of time) of the second peak

W_{b1} = Peak width at base(in units of time) of the first peak

W_{b2} = Peak width at base(in units of time) of the second peak

이러한 분리능을 보다 수식으로 표현하면 식 8.7과 같이 나타낼 수 있다. 여기서 앞서 소개되지 않은 것은 k와 α 값이다. k는 쉽게 이야기하면 단위를 가지지 않는 상대적인 머무름 시간이라고 표현할 수 있으며 용량인자, Capacity factor 혹은 Retention factor라고 칭한다. 식 8.8과 같이 표현할 수 있다. 여기서 t_M은 그림 8-20의 t_0와 같은 의미로 "hold-up time" 혹은 "dead-time"이라고 칭한다. 이는 분석되는 대상 성분이 컬럼의 고정상에 전혀 머무르지 않고 곧바로 빠져 나오는데 걸리는 시간을 말하며, 실험적으로는 메탄 성분을 GC에 주입하여 피크로 나오는 머무름 시간을 사용한다.

$$\text{Resolution} = \frac{1}{4}\sqrt{\frac{L}{h}} \times \frac{k}{k+1} \times \frac{\alpha - 1}{\alpha} \tag{8.7}$$

$$\begin{aligned} k &= (t_R - t_M) \ / \ t_M \\ &= t'_R \ / \ t_M \end{aligned} \tag{8.8}$$

용량인자의 실제 계산방식을 그림 8-22에 알기 쉽도록 표기하였다. 여기서 머무르지 않는 피크(unretained peak)의 머무름 시간은 0.2분이 된다. 여기서 컬럼에 머무르지 않는 unretained peak의 k값은 0이 되는 반면 그림 8-22의 A피크의 k값 10은 해당 성분이 고정상에 이동상보다 10배 오래 머문 것을 의미한다.

α 값은 분리인자 혹은 Selectivity라고 칭하는데, 인접한 피크들의 분리 선택성을 말하는 것으로 컬럼의 성질에 따라서 결정되어진다. 선택성은 식 8.9와 같이 나타낼 수 있는데, 여기서 k_1은 앞서 용출되는 피크를 말하며, k_2는 뒤에 용출되는 피크를 말한다.

$$\alpha = \frac{k_2}{k_1} \tag{8.9}$$

k_1 = Retention factor of first peak

k_2 = Retention factor of second peak

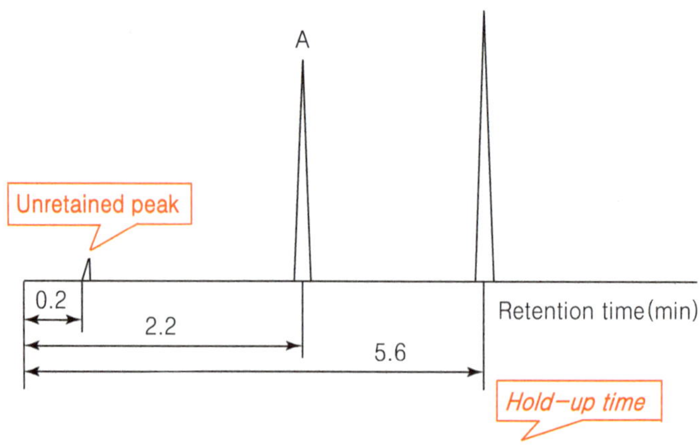

k for compound A = (2.2−0.2) / 0.2 = 10
k for compound B = (5.6−0.2) / 0.2 = 27

그림 8-22. 용량인자의 계산 실제 예

두 성분이 겹칠 때 α 값은 1이 되며, 두 피크가 분리되는 경우 값은 1보다 커지게 된다.

다시 식 8.7로 돌아가서 분리능에 영향을 주는 인자들을 살펴보면, 컬럼의 길이의 제곱근에 비례하며, 이론단 높이의 제곱근에 반비례한다. 이 말은 분석자가 보다 나은 피크 분리능을 얻기 위하여 긴 컬럼을 사용하는 경우 분리능은 1:1 비례로 증가하는 것이 아니라 제곱근으로 비례함을 의미한다. 기타 용량인자 및 분리인자의 증가에 따라서도 분리능은 비례적으로 증가하나, 컬럼의 길이나 이론단 높이 등에 비하여 그 영향은 미미하다.

④ 띠넓힘과 컬럼효율

이제 독자들은 그림 8-23에서 크로마토그램 c가 상기 크로마토그램 a 혹은 b보다 훨씬 나은 분리능을 가진 것이라는 사실을 이해하고 있을 것이다. 또한 분리능의 증가를 위하여 컬럼의 길이를 늘린다거나, 이론단 높이가 작은 컬럼을 사용하는 것이 보다 효율적이라는 것도 공부하였다.

그러나 실제로 무조건 긴 컬럼을 사용할 경우 컬럼의 효율을 심각하게 떨어뜨리게 되는 다른 요인이 존재한다. 그림 8-23을 자세히 관찰하면 실제로 a, b 및 c의 세 가지 크로마토그램 중 b 크로마토그램은 피크 사이의 거리가 늘어난 경우이나, c는 a와 두 개 피크의 봉우리 위치는 변함이 없으나 피크의 너비가 크게 줄어들어 분리가 이뤄진 경우이다. 이렇게 피크의 너비에 영향을 주게 되는 가장 큰 요인 중의 하나가 **확산**(diffusion)이다.

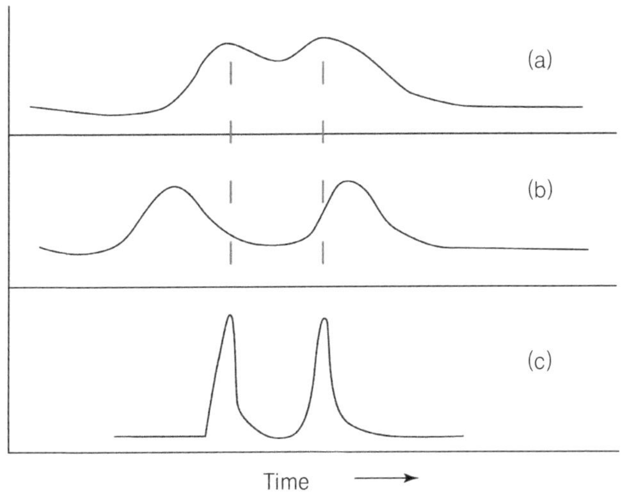

그림 8-23. 피크의 띠넓음 감소로 인한 분리능의 증가

$$H = A + \frac{B}{u} + C \times u \qquad (6.10)$$

식 8.10은 1950년대 Van Deemter라는 네덜란드 화학공학자가 이론적으로 정립한 Van Deemter 式이다. 이 이론은 비교적 이동상의 흐름이 아주 느린 경우를 제외한 상태에서 이동상의 흐름이 확산을 지배할 경우 적용되는 이론이다. 여기서 H는 이론단 높이(cm)이고, A는 소용돌이 확산계수(eddy diffusion coefficient), B는 세로방향 확산계수(longitudinal diffusion coefficient)이다. u는 이동상의 선속도(cm/s^2)이며, C는 질량 이동계수(mass-transfer coefficient)를 나타낸다.

그림 8-24는 계수 A, 즉 소용돌이 확산을 설명하는 그림이다. 이는 특히 충전컬럼에서 주로 발생하는 확산의 원인으로 충전물질의 크기가 서로 다름으로 인하여 출발한 성분들이 서로 다른 경로를 지나게 되어 발생되는 띠넓힘 현상이다. 그러나 이 계수는 HPLC 등에서는 매우 영향력이 큰 계수이나 속이 비어있는 모세관 컬럼에서는 무시할 정도의 수준이므로 거의 영향이 없다고 보아도 무방하다.

계수 B, 세로방향 확산 계수는 이동상에 실린 분석대상 성분 자체의 확산계수(D_m)에 2배로 비례하는 것으로 알려져 있다. 보통 기체에서의 확산계수는 액체에서의 확산계수보다 100배가 큰 것을 감안하면 이 계수가 왜 GC에서 매우 영향력이 큰 계수인지 짐작할 수 있을 것이다.

그림 8-9의 Van Deemter 곡선 그림을 보면 기체 이동상의 선속도가 15 cm/sec 이

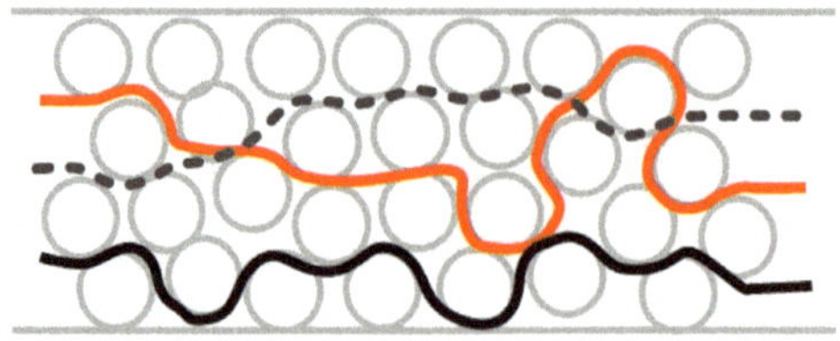

그림 8-24. 소용돌이 확산 모식도

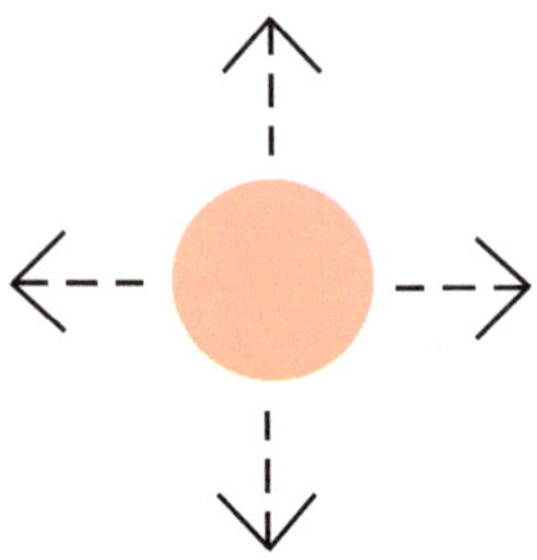

그림 8-25. 세로방향 확산 모식도

하에서 이론단 높이가 급속이 넓어지는 것을 알 수 있다. 이는 특히 느린 이동상 하에서 분석대상 성분의 세로방향 확산이 급속히 일어남을 보여주는 예이다. 때문에 이동상의 속도를 적정 수준으로 높여 주는 경우 세로방향 확산의 영향을 최소화 할 수 있다.

계수 C, 질량 이동계수는 고정상에서의 질량 이동과 고정상에서의 질량 이동의 두 가지 항이 결합되어 있다. 그림 8-26에서 볼 수 있듯이 이동상을 타고 진행하는 용질은 크로마토그래피 원리상 고정상과 이동상을 오가면서 연속적으로 발생하는 평형을 이루면서 진행한다. 이때 이동상의 이동속도에 적합한 평형 속도를 유지한다면 이로 인한 띠넓힘 현상은 최소화되겠지만, 고정상에 용해되어 들어간 용질의 일부가 고정상 및 이동상에 대한 느린 용해속도로 인하여 이동상으로 돌아오는 속도가 느려지게 된다면 띠넓힘 현상은 발생하게 된다.

때문에 앞서 세로방향 확산계수에 직접 연관된 확산계수(D_m)이 여기서는 두 가지 질량 이동계수 모두에서 역으로 작용하여 이동상과 고정상 모두에서 분석대상 성분(용질)이 얼마나 빨리 용해하는가 하는 것이 반비례 요인으로 작용한다. 모세관컬럼에서는 고정상의 질량 이동계수보다는 이동상의 질량 이동계수에 의한 영향을 더 크게 받게 되는데, 고정상의 질량 이동계수는 관내 벽에 코팅된 고정상의 두께가 두꺼울수록 커지게 되고, 이동상의 질량 이동계수는 관의 내경이 커질수록 커지게 된다. 즉, 내경이 작으면서 고정상의 두께가 얇은 컬럼을 사용하며, 너무 느리지 않는 적절

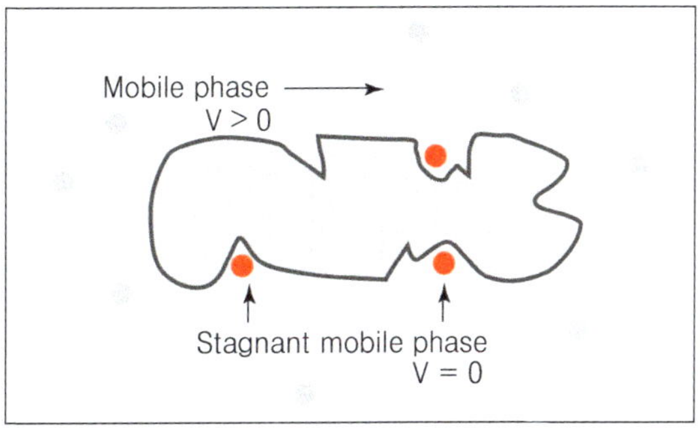

그림 8-26. 질량 이동계수 설명 모식도

한 이동상의 선속도를 맞추어 준다면 모세관컬럼 GC에 있어 전체적인 확산 요인은 최소화할 수 있다.

⑤ 모세관컬럼 고정상의 종류

현재 모세관컬럼은 충전컬럼에 비하여 연구자가 제작하여 사용하는 경우가 거의 없으므로 제작사들이 생산하는 고정상 중 주로 사용되는 고정상은 몇 가지로 요약할 수 있는데, 먼저 살펴볼 내용은 현재 가장 많이 사용되는 폴리실옥산(polysiloxane), 아릴린(Arylene), 폴리에틸렌글리콜(Polyethylene glycol) 및 다공성폴리머(Porous polymer) 등이다.

그림 8-27은 현재 가장 많이 사용되고 있는 GC용 컬럼의 액체 고정상인 폴리실옥산 및 R 그룹 치환체 들을 나타낸 것이다. R그룹에 메틸기가 치환된 경우 DB-1, HP-1, Rtx-1과 같은 상표명을 가진 가장 비극성인 컬럼이 되며, 50%의 페닐기와 메틸기가 R그룹을 치환하는 경우에는 DB-17, HP-50 혹은 Rtx-50와 같은 상표명의 중간 극성 컬럼이 된다.

또한 상기 DB-17과 같은 컬럼에 3%의 사이아노프로필 (Cyanopropyl)기가 혼합되는 경우 DB-1701 컬럼이 되는데, DB-17과는 다른 선택성을 나타내어 두 가지 모두 널리 쓰이고 있다. 그러나 사이아노프로필 (Cyanopropyl)기가 혼합되는 경우 유도체화 된 아미노산과 같은 성분 분석 시 유도체화 된 아민그룹의 유도체 부분을 컬럼 고정상에 빼앗기는 현상으로 인하여 피크가 사라지는 현상이 발생하므로 DB-1701 컬럼은 유도체화 된 성분 분석 시 주의가 필요하다.

그림 8-28은 위에 설명한 폴리실옥산과는 달리 중간 중간에 페닐기가 들어가 있는 구조를 가진 아닐린 고정상의 구조이다. 이 경우에도 역시 메틸기를 페닐 등 기타 치환기로 교체하여 서로 다른 선택성을 가진 컬럼을 생산할 수 있다. 이러한 아닐린 구

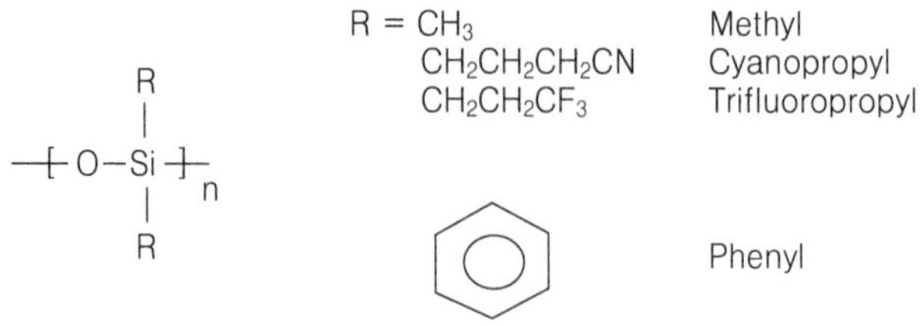

그림 8-27. GC 컬럼의 액체 고정상 폴리실옥산(polysiloxane) 구조 및 치환기들

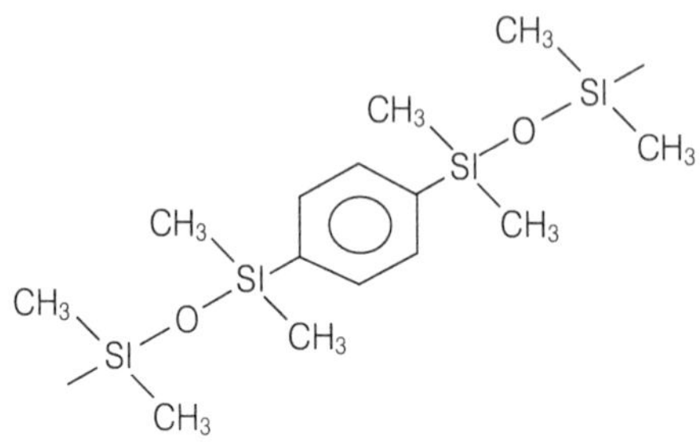

그림 8-28. GC(MS) 컬럼의 액체 고정상 아릴린(arylene)의 구조

조의 고정상이 개발된 이유는 가능한 컬럼 브리딩(bleeding) 현상을 가능한 줄이려는 노력 때문이다. 컬럼 브리딩 현상은 과거 물리적 코팅에 의한 컬럼 고정상들이 고온 등의 극단적 환경에 노출되면서 코팅되었던 고정상들의 일부가 떨어져 나오는 현상으로 크로마토그램의 바탕 선을 높게 만들고, 종국적으로는 컬럼이 못쓰게 되는 원인이다.

그러나 최근의 컬럼들은 횡적연결(cross-linked)라는 화학적 결합방식을 사용함으로써 비극성컬럼의 경우는 용매 세척까지도 가능할 정도로 고정상들이 매우 안정적으로 결합한 상태로 존재하나, 그런 상황에서도 고온에서 컬럼을 사용할 시 바탕선이 상승하는 등 컬럼 브리딩 문제는 여전히 존재하며, 경우에 따라서는 분석 자체를 어렵게 만드는 주요 원인이 되므로 각 컬럼 제조회사들은 사활을 걸고 컬럼 브리딩을 낮추는 기술을 연구 개발하고 있는 실정이다. 상기 아닐린 고정상도 그러한 노력의 일환으로 80년대 초반에 개발된 것으로 DB-5ms 등 주로 ms(혹은 MS)라는 이름이 따라붙는 컬럼들이 모두 이 계통에 속한다. 이러한 이름의 기원은 GC 검출기의 하나인 질량분석기(mass spectrometer)의 경우 특히 컬럼 브리딩에 민감하므로 가능한 컬럼 브리딩을 줄인 컬럼을 필요로 했기 때문이다. 그러나 해당 이름 때문에 자주 연구자들을 혼란스럽게 하는 부분은 DB-1과 DB-1ms 혹은 DB-5와 DB-5ms와 같은 컬럼들이 같은 이름이 들어있게 되면 컬럼 브리딩 정도에만 차이가 있고 선택성은 같을 것이라고 생각하는 부분이다.

실제 같은 성분들을 분석해 보면 대개의 경우 ms 컬럼과 보통 컬럼에서 용질 성분들이 용출되는 순서는 유사하나, 어떤 경우 같은 규격(길이, 내경 및 고정상 필름 두께 등)에서도 성분들의 용출 순서가 바뀌는 현상들이 발생한다. 이는 비록 R그룹의 치환된 상황은 같을지라도 고정상의 골격(back-bone) 자체가 다를 경우 컬럼의 선택성은 완전히 달라질 수 있음을 의미한다. 또한 그 선택성은 서로 다른 화학적 결합방식(cross-linking 방법 등)을 사용하는 제조회사 마다의 차이로 인하여 같은 계열의 컬럼이라고 하여도 선택성은 유사하지 않을 수도 있음을 명심하여야 한다. 제조회사마다의 컬럼 제조방식은 비밀 노하우이므로 파악하기 어렵다.

상기 설명한 두 가지 고정상 골격이 주로 비극성에서 중간 극성컬럼에 사용되는 것이라면 그림 8-29의 폴리에틸렌클리콜은 극성컬럼 고정상의 대표적 성분이다. 주로 Wax, FFAP 등의 이름을 가진 컬럼들에 사용되나, 폴리실옥산 등에 비하여는 구조적으로 다소 불안정하고 견고하지 못함으로 인하여 한계 온도가 낮은 것이 특징이다. 그러나 과거 약 220℃ 정도의 한계 온도를 가지던 극성컬럼들이 제조회사들의 제조방법 개선으로 240℃ 이상으로 한계 온도가 높아져 그 사용 편리성은 나날이 나아지고 있다.

주의할 점은 유기산, 알콜 등 극성이 큰 성분을 실릴유도체화 하여 GC 분석할 경우, 알콜 기능기가 대부분인 극성컬럼에는 절대 주입해서는 안 된다는 점이다. 표 8-6은 대표적 GC 컬럼 생산회사인 J&W사에서 생산 중인 GC 컬럼들을 극성에 따라 열거해 놓은 것이다. 대개의 경우 뒤에 붙은 숫자가 작을수록 비극성 컬럼이나 이는 제조회사마다 다를 수 있으므로 구매 시 해당 고정상의 확인이 필요하다.

또한 요즘의 컬럼 제조 추세는 특별한 분석분야에 맞추어 맞춤 방식으로 고정상을 변형하여 해당 분석 대상의 이름을 붙이거나(例 DB-Dioxane) EPA 등의 분석 프로토콜에 맞도록 생산한 DB-624와 같은 컬럼의 시장 점유율도 높아지고 있는 추세이다. 그러나 실험실에서 이러한 특수 컬럼의 사용이 늘면 고정상의 조성을 알고 있는 컬럼들과는 달리 고정상에 대한 정보가 거의 없어 분석분야 상호간의 호환성이 떨어지며, 표준화로 인한 비용절감에도 역행할 수 있으므로 GC 컬럼의 사용이 많은 실험

$$HO[-CH_2-CH_2-O-]_n H$$

그림 8-29. GC 컬럼의 액체 고정상 폴리에틸렌 글리콜 (polyethylene glycol)의 구조

표 8-6. GC 컬럼의 극성 순서(J & W Co.※)

In Order of Increasing Polarity	
DB-1	↓
DB-5	
DB-VRX	
DB-XLB	
DB-1301/DB-624	
DB-35	
DB-1701	
DB-17/DB-608	
DB-200	
DB-Dioxin	
DB-210	
DB-225	
DB-23	
DB-WAX	

※ 현재 Agilent Co.에 병합됨

실일수록 컬럼의 종류를 적게 단순화함으로써 방법의 표준화를 기하고 비용을 절감하는 것이 바람직하다.

(3) 시료주입구

GC에서 시료주입구(inlet)는 사람의 입과 같은 역할을 한다고 생각할 수 있다. 사람이 음식을 섭취하기 위해서는 우리 몸이 받아들일 수 있는 상태로 분쇄, 효소처리 등의 조작을 거치듯, 기체 상태의 시료만이 분리관에서 처리될 수 있는 GC의 경우 대부분의 경우 시료주입구에서 시료를 기화시켜 분리관으로 전달하는 역할을 하게 된다. GC 시료주입은 주로 전용 주사기(syringe)를 이용한 액체 혹은 기체의 직접 주입방식으로 이뤄지거나 가스 등을 전용 밸브를 이용하여 주입하는 방식 등이 사용된다. 본서에서는 널리 사용되는 주사기 주입방식의 주입구에 대하여 주로 살펴보기로 한다.

① 충전컬럼 주입구

충전컬럼 주입구(packed column inlet or injection port)는 다음에 설명하는 모세관컬럼 주입구에 비하여 간단한 구조를 가지고 있다. 그림 8-30에서와 같이 주입구의

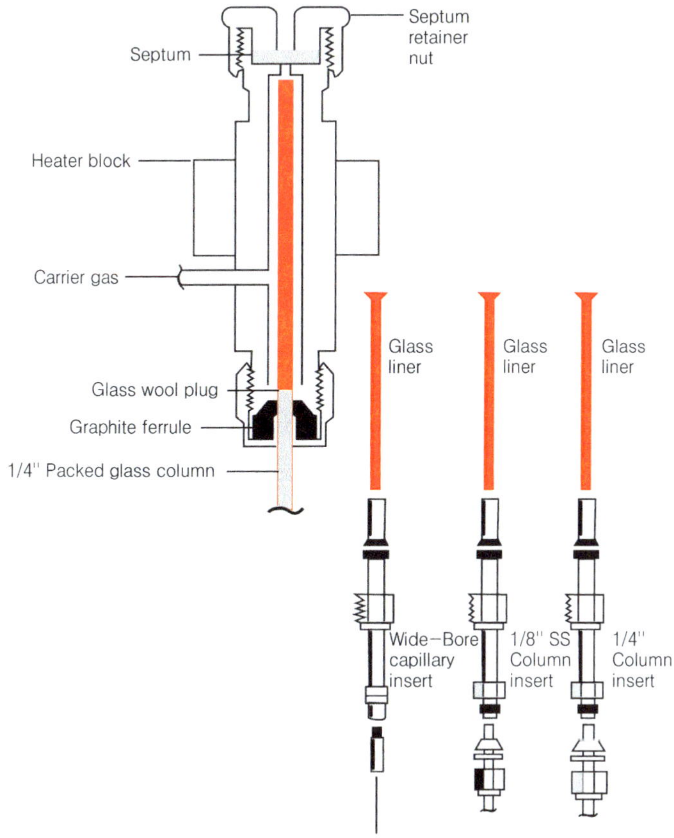

그림 8-30. 유리컬럼이 연결된 충전컬럼 주입구의 전형적인 예(Agilent Co.)

상단은 셉텀(탄성격막, septum)으로 막혀져 있어 이동상이 계속 흐르는 상태에서 주사기를 이용하여 주입구 내부에 장착된 유리 라이너(glass liner) 안쪽에 시료를 주입하게 된다. 주입된 시료는 이미 약 200℃ 이상의 온도를 유지하고 있는 유리 라이너에서 순간적으로 휘발되어 약 30 mℓ/min의 유속으로 이동상이 흐르고 있는 컬럼으로 보내어져 분리가 일어난다.

충전컬럼 주입구는 주입된 시료들 중 비휘발성 시료를 제외한 나머지 모든 시료들이 컬럼으로 전달된다. 그러나 GC 주입구의 대부분이 그렇듯이 주입구내 고온으로 인하여 열에 약한 성분들의 경우 분해될 가능성이 있다. 현재는 충전컬럼의 사용비율이 매우 적은 관계로 해당 주입구의 사용빈도 또한 적은 편이나 본 주입구는 라이너 등 몇 가지 부품의 교체만으로 530메가보어 컬럼의 장착이 가능하여 해당 응용분야에 아직도 사용되고 있다. 본 주입구는 분석대상 용질의 휘발 온도를 고려한 적절한 주입구 온도를 유지하고, 컬럼의 규격에 적합한 이동상의 유속을 유지하며, 셉텀 및 유리 라이너의 적절한 유지관리만 수행된다면 사용에 문제점은 없다.

② 모세관컬럼용 분할·비분할 주입구

모세관컬럼용 주입구 중 가장 널리 사용되는 것은 단연 분할주입구(Split inlet) 방식이며, 대개 같은 주입구에서 사용이 가능한 비분할 주입구(Splitless inlet) 방식이다. 분할주입구는 모세관컬럼 크로마토그래피를 위하여 처음 개발된 방식으로 1959년 Desty 등이 처음 소개하였다. 충전컬럼 주입구는 수 mℓ/min의 매우 느린 모세관컬럼의 유속 때문에 그대로 적용이 불가능하였다. 주입구에 공급되는 수십 mℓ/min 이상의 빠른 유속을 1~2 mℓ/min의 낮은 컬럼 유속에 맞추기 위해서는 대부분의 유량을 다른 곳으로 우회시켜 제거해야 했기 때문이다. 때문에 그림 8-31과 같이 주입구로 유입되는 이동상 유량의 대부분이 유리 라이너 부분을 아래 방향으로 통과한 후 유리 라이너 바깥부분을 윗 방향으로 통과하여 분할 출구(split vent)를 통하여 제거될 수 있도록 디자인한 것이다.

그림 8-31은 현재 사용되고 있는 분할 주입구의 모식도로 개발 초기에는 장착되어 있지 않았던 셉텀 퍼지 출구(septum purge vent)가 장착되어 있어 약 3 mℓ/min의 유속의 이동상이 지속적으로 셉텀에서 유출되는 불순물들을 제거하도록 디자인되어 있다. 결국 그림 8-31의 경우에서처럼 약 101 mℓ/min의 이동상 유량이 주입구 내 유리 라이너로 공급되었지만, 컬럼으로 유입된 유량은 1 mℓ/min으로 한정된다.

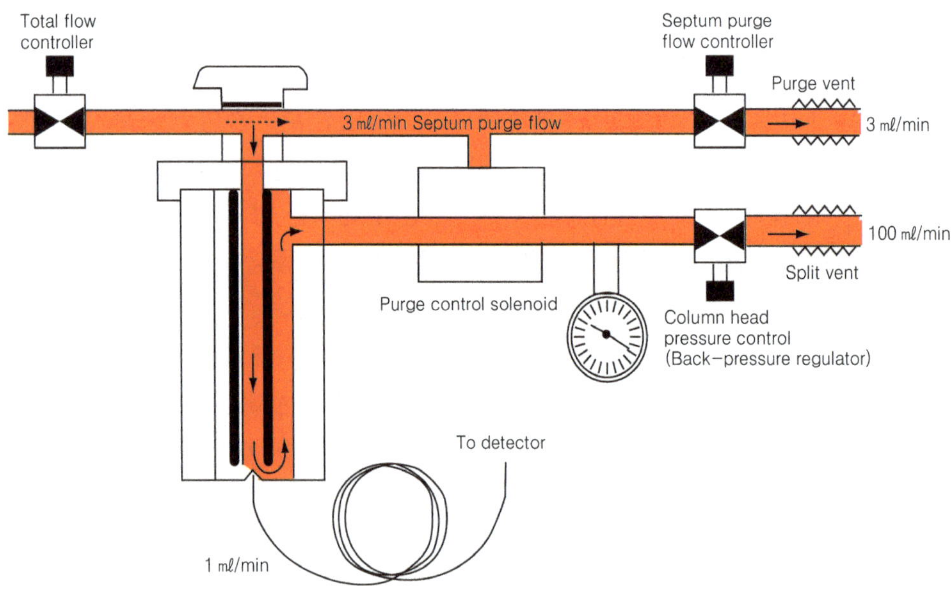

그림 8-31. 모세관컬럼용 분할주입구(Agilent Co.)

이러한 분할 주입구의 구조적 메커니즘으로 인하여 유리 라이너에 주입된 시료 또한 고온에서의 순간적 휘발 후 대부분의 시료는 분할 출구를 거쳐 외부로 제거되며, 비율로 약 1/100에 해당되는 시료만이 1 mℓ/min의 유속이 흐르고 있는 모세관컬럼으로 유입되는 것이다. 때문에 모세관컬럼의 유속 및 분할출구의 유량에 따라 시료의 주입비율이 달라지게 되는데, 이러한 주입비율을 분할비(split ratio)라고 부르며 식 8.11과 같은 간단한 식으로 계산된다.

$$\text{Split ratio} = \frac{\text{Split vent flow rate} + \text{Column flow rate}}{\text{Column flow rate}} \qquad (8.11)$$

예를 들면 분할 출구의 속도(split vent flow rate)가 99 mℓ/min이고, 컬럼유속(column flow rate)이 1 mℓ/min인 경우 **분할비**(split ratio)는 100이 되며, 대개의 경우 100 : 1이라고 칭한다. 시료가 매우 농축된 경우를 제외하고는 대개의 경우 약 10~50 : 1 정도의 분할비를 이용하는데 30 : 1 정도의 비율이 무난하다.

분할주입구는 시료의 일부만이 컬럼으로 유입되므로 반복된 시료 분석 중 매 분석 시 유입되는 시료양이 달라질 수 있다. 때문에 정확한 정량분석이 필요한 경우 가능한 내부표준법(internal standard method)를 사용하여 시료 주입 시 손실될 수 있는 부분을 보완해 주어야 한다. 분할주입구를 비롯하여 충전컬럼 주입구 등에서는 가능

▸ 모세관컬럼 장착 GC에서의 분할 주입구의 분할비 설정 방법

분할비 설정을 위하여는 실무적으로 다음의 순서에 따라 수행 가능하다. 모든 유속 측정은 그림 8-11과 같은 비누방울 유량계 혹은 디지털 유량계로 측정한다.

① GC 주입구 및 검출기에 컬럼이 연결된 상태에서 GC 오븐 온도를 일정 온도로 맞춘다.
② 컬럼 헤드압력 조절기(column head pressure controller)를 이용하여 컬럼에 적절한 압력을 설정한다(구입한 컬럼의 사용설명서를 참조).
③ 컬럼이 연결된 검출기의 출구에 어댑터(adaptor) 등을 이용하여 비누방울 유량계를 장착한 후 유량을 측정한다.
④ 셉텀 퍼지 출구의 유속을 3~5 mℓ/min로 조절한다.
⑤ 식 8.11에 따라 원하는 분할비에 맞추어 분할 출구(split vent)의 유량을 조절한다.

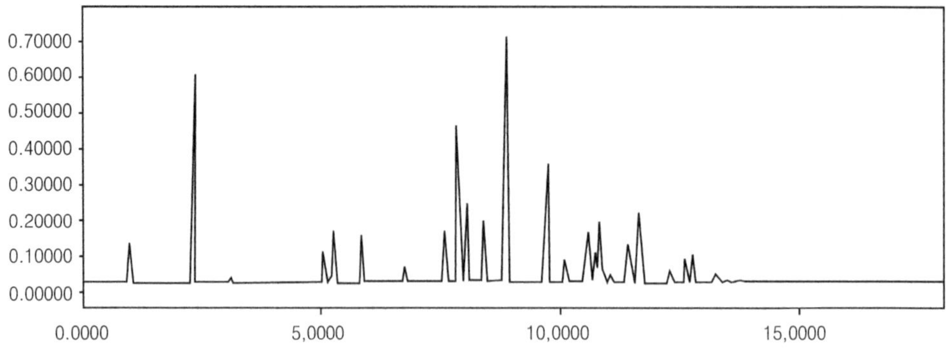

그림 8-32. 폴리에스터 중 휘발성 유기성분(VOC)을 분할주입 방식으로 분석한 크로마토그램 ; HP-5 컬럼, 불꽃이온화 검출기 사용(영린기기)

한 빠른 주입 방식이 필요한데, 이는 주입구 내부의 극도로 신속한 시료 휘발과정을 고려할 때 주입속도가 느릴 경우 피크의 너비가 넓어지거나, 갈라진 형태로 용출될 수 있기 때문이다.

비분할 주입구는 분할 주입구와 같은 주입구를 이용하여 운영 가능하다. 비분할주입 방식의 발견은 우연한 실수로 유발되었다고 한다. GC 분야에 수많은 업적을 남긴 Grob 박사는 어느 날 분할 방식을 이용한 GC 실험 중 실수로 분할 출구를 닫은 채로 시료를 주입하게 되었다고 한다. 잠시 후 본인의 실수를 깨달은 Grob 박사가 분할 출구를 열고 크로마토그램을 보는 순간 예상과는 달리 용출되는 피크들의 폭이 넓지 않고 정상적이었던 것이다. 이후 Grob 박사는 이러한 현상을 이론적으로 설명하게 되면서 비분할주입 방식을 개발하게 되었으며, 현재 분할주입 방식과 함께 비분할 주입 방식은 가장 널리 사용되는 GC 시료 주입방식이다.

그림 8-33은 비분할 방식의 주입 과정을 그림으로 묘사한 것이다. 분할 방식과 다른 점은 대부분의 시료가 장시간에 걸쳐 컬럼으로 유입된다는 사실이다. 이를 위하여 주입구로 유입되는 전체 유량 중 소량의 컬럼 유량을 제외하고는 아예 유리 라이너로 유입되지도 않고 곧바로 셉텀 퍼지 유로를 통하여 솔레노이드 밸브(Solenoid valve)까지 전진한 후 솔레노이드밸브 내부의 바뀐 유로를 따라 분할 출구 쪽으로 방향을 바꾸어 모두 외부로 유출되는 방식을 취하며, 이러한 상태를 **퍼지 오프**(purge off)라고 부른다. 이러한 퍼지-오프 상태가 지속되는 동안을 **퍼지 지연시간**(purge delay time)이라고 부르며, 이 시간 동안 주입구 내부의 유리 라이너 안에 주입된 시료는 약 1분 이내의 장시간동안 차츰 휘발되면서 컬럼의 유속으로 서서히 컬럼으로 유입된다.

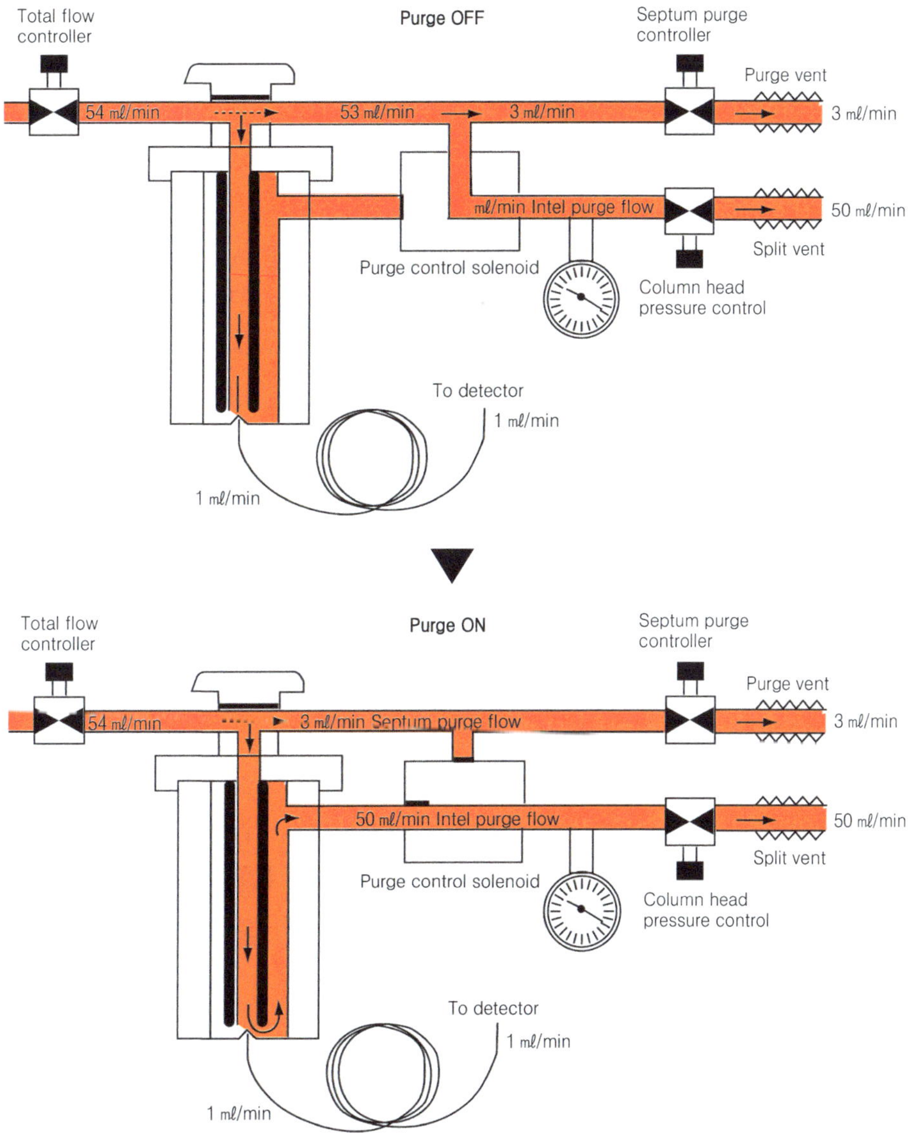

그림 8-33. 비분할 주입방식의 모식도. 초기 '퍼지 오프(purge off)' 상태에서 주입된 시료는 '퍼지 온(purge on)' 상태로 되기 전까지 서서히 컬럼으로 유입된다(Agilent Co.)

이후 그림 8-33의 아래 그림에서와 같이 분할 방식 주입구의 모식도에서와 똑같은 형태로 솔레노이드 밸브의 방향을 바꾸어 주입구로 유입되는 전체 이동상의 대부분이 유리 라이너를 통과하면서 남은 시료의 대부분을 차지하고 있는 용매 성분들을 분할 출구를 통하여 모두 제거하게 되며, 이 상태를 **퍼지 온**(purge-on)이라고 부른다.

퍼지 온이 필요한 이유는 라이너 내부에 남아있는 과량의 용매들이 상당 시간 동안 지속적으로 컬럼으로 유입됨으로써 용매 피크의 끌림 현상으로 인한 초기 피크들의 손실을 방지하기 위한 조치이다. 만약 분석대상 시료가 크로마토그램 상 아주 늦은 뒷부분에서 용출될 경우에는 퍼지 온 과정을 생략하는 것도 가능하다.

비분할 주입방식은 퍼지 온을 수행하는 경우 충전컬럼의 주입방식처럼 완전히 모든 성분들이 컬럼으로 유입된다고는 말할 수 없으나, 비분할 방식 요인을 제대로만 설정해 준다면 충전컬럼 주입방식처럼 거의 모든 성분들을 분할에 의한 손실 없이 컬럼으로 전달할 수 있다. 때문에 비분할 방식은 내·외부 표준물질 방식을 이용한 간편한 정량분석에 쉽게 적용이 가능하다. 그러나 비분할 주입방식에 의한 장점을 제대로 취하기 위해서는 다소 복잡한 조건의 설정이 필요하다.

우선 비분할 방식의 가장 큰 문제점은 약 1분에 이르는 매우 긴 시간 동안 기화된 시료 성분들이 컬럼 내부로 유입된다는 점이다. 표 8-3에 의하면 내경 0.2 mm의 모세관컬럼의 경우 분당 1 mℓ의 유속을 흘려줄 경우 무려 3.18 m를 진행하게 되며, 내경 0.32 mm의 컬럼에서도 1.2 m를 진행하게 된다. 즉, 시료가 주입되는 사이 엄청나게 긴 시료 띠가 형성되어 그대로 놓아둘 경우 대부분 피크들의 폭이 넓어짐으로써 결국 분리능이 현저히 떨어지는 문제를 일으키게 된다.

이러한 문제는 특히 앞부분 피크들에서 더욱 심각하게 일어나게 되는데, 늦게 용출되는 피크들의 경우 다행히도 장시간 컬럼을 여행하면서 피크의 폭을 줄일 수 있는 기회를 가질 수 있기 때문이다. 다행히 이러한 문제는 용매효과(solvent effect)를 이용하여 해결이 가능하다. 그러나 용매효과를 주기 위해서는 다음의 몇 가지 조건을 만족시킬 필요가 있다.

- 컬럼의 고정상과 친화성이 있으면서 가능한 끓는점이 높은 시료 용매를 선택한다.
- 사용하는 유리 라이너는 가능한 충분한 내부 부피를 가진 것을 사용한다. 또한 주입하는 시료의 양은 기화 시 유리 라이너의 내부 부피를 넘지 않는 양으로 제한한다.
- 컬럼 오븐의 초기온도는 시료 용매의 끓는점보다 약 20℃ 정도 낮게 설정한다.
- 가능한 빠른 컬럼 이동상 유속을 사용한다.
- 퍼지 온 시간이 지난 후에는 컬럼 오븐의 온도를 용매의 끓는점보다 높은 온도로 가능한 빠른 속도로 상승시킨다.

용매효과를 얻기 위해서는 우선 기화되었던 시료가 컬럼으로 유입되자마자 다시 액상으로 전환되어야 한다. 때문에 오븐의 초기 온도를 시료 용매의 끓는점보다 훨씬 낮게 설정함으로써 액상전환을 유도하는 것이다. 이후 액체로 전환된 시료 중 대부분을 차지하고 있는 시료 용매는 컬럼의 앞부분을 충분히 적실 정도의 양이므로 포함된 시료들에 대하여 마치 고정상과 같은 역할을 하면서 전체 시료의 띠넓이를 줄여주게 된다(그림 8-34).

이 효과는 마치 펼쳐놓았던 양탄자를 마는 것과 유사하다고 생각하면 쉽게 이해할 수 있는데, 시료 용매가 시료 용질에 대하여 이처럼 고정상과 같은 역할을 하기 위해서는 컬럼의 고정상과 친화성이 있어야 한다. 친화성이 없을 경우에는 마치 얼음 위에서 미끄러지듯이 용매 층이 충분히 고르게 컬럼을 적시지 못하게 되므로 용매효과를 기대하기는 힘들다. 이렇게 시료의 좁은 띠가 형성되면 퍼지 지연시간의 종료와 함께 급속한 온도 상승(분당 30℃ 이상)에 따라 컬럼 내부에서 휘발하게 되고 정상적인 분리과정이 진행된다. 비분할 주입 방식은 수질 오염시료, 유기인계 농약 분석 및 약물 스크리닝 등과 같이 분석대상 성분의 농도가 매우 낮은 희석된 시료들의 분석에 주로 이용된다.

앞에서 언급하였던 바와 같이 유리 라이너의 선택은 매우 중요하다. 그림 8-35에서 볼 수 있듯이 각기 주입방식에 따라 모양이 달라지는데, 대체적으로 분할 주입방식은 시료에 의한 컬럼의 오염을 방지하고 효과적인 순간 휘발을 유발하기 위하여 유리솜(glass wool) 혹은 제조사마다의 특수한 유리솜 대체물질을 내면에 충진한 형태의 라이너를 사용하기를 권고한다.

반면 비분할 방식은 시료가 서서히 기화되므로 내면의 유리솜 충전이 필요 없다. 대신 비분할방식 주입구의 요건인 충분한 내면 부피의 확보를 위하여 가능한 충분한

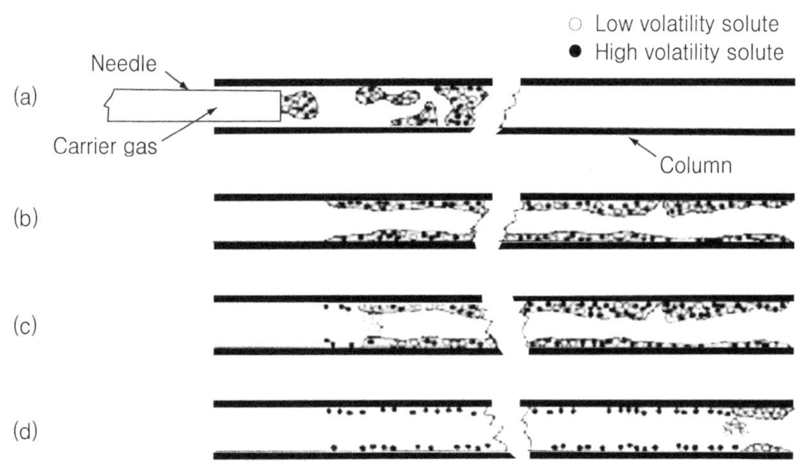

그림 8-34. 비분할 주입시 컬럼 내부의 용매효과 모식도(Agilent Co.)

부피의 라이너를 사용할 것을 권고한다. 기타 아직 설명하지 않은 직접주입 방식의 경우는 마치 충전컬럼 주입구를 모세관컬럼에 맞도록 수정한 경우라고 생각하면 이해가 빠르다. 직접주입 방식의 주입구에는 가능한 내면 공간이 적은 라이너의 사용을 권고한다.

표 8-7. 비분할 주입시 용매에 따른 적절한 컬럼 초기온도

용 매	끓는점(℃)	적절한 초기 오븐 온도 범위(℃)
Diethyl ether	36	10～25
n-Pentane	36	10～25
Methylene chloride	40	10～30
Carbon disulfide	46	10～35
Chloroform※	61	25～50
Methanol※	65	35～55
n-Hexane	69	40～60
Ethyl acetate※	77	45～65
Acetonitrile	82	50～70
n-Heptane	98	70～90
i-Octane	99	70～90
Toluene	111	80～100

※ 해당용매들은 반드시 횡적연결 화학적 결합방식으로 제작된 고정상에만 사용되어야 함.

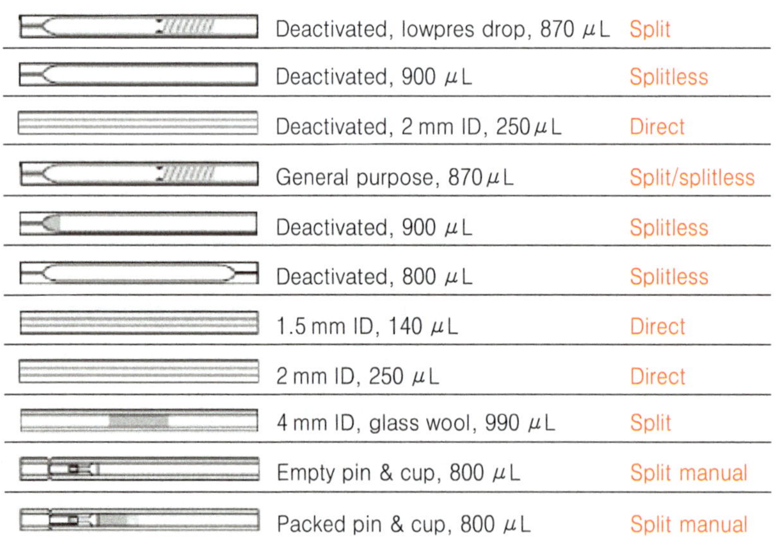

그림 8-35. GC 분할(split), 비분할(splitless) 및 직접(direct) 주입구에 사용되는 유리 라이너(glass liners)(Agilent Co.)

③ 온 컬럼 주입구

온 컬럼 주입법(on-column injection method)은 분할 및 비분할 주입법 등 시료가 주입구의 열에 의하여 기화되는 대부분의 GC 시료주입법의 문제점인 열에 의한 시료 분해 및 성분 차별(discrimination) 등을 개선하기 위하여 고안된 방법이다. 간단히 그 장점을 살펴보면 아래와 같다.

- 시료의 성분 차별이 없다.
- 시료(열에 의한)의 변형이 없다.
- 가장 우수한 분석 정밀성을 제공한다.

온 컬럼 주입법은 1977년 Schomburg 등이 처음으로 소개한 후 Grob 등이 1978년 내경 0.32 mm의 컬럼에 특수 온 컬럼용 주사기를 이용하여 주입하는 기구 및 방법을 소개한 것이 기원이다. 온 컬럼 주입법의 어원은 글자 그대로 컬럼 상에 시료를 직접 주입 해준다는 데서 기인한다.

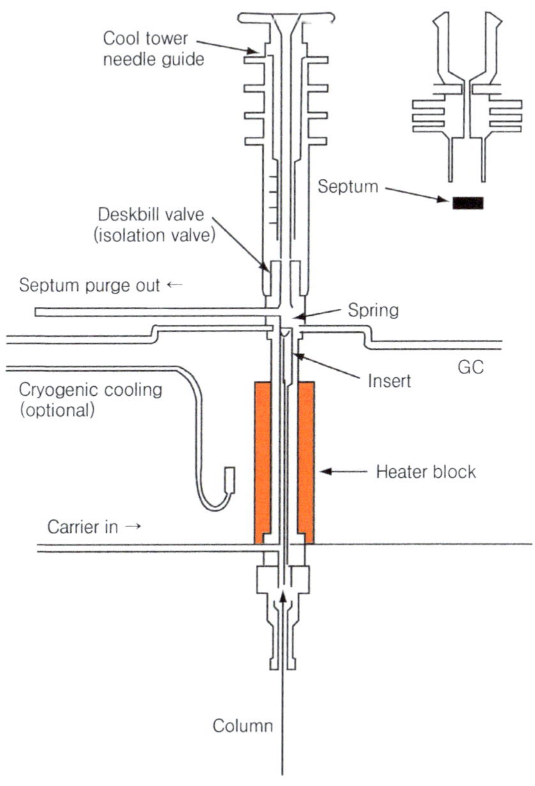

그림 8-36. 냉각 온 컬럼(cool on-column) 주입구의 단면도(Agilent Co.)

실제로 그림 8-36에서와 같이 모세관컬럼은 GC 몸체의 경계선 부근에 위치한 삽입물(insert) 중간까지 올라와 있으며, 시료 주입 시 컬럼의 내경보다 작은 외경을 가진 스테인리스 스틸 혹은 석영(fused-silica) 재질의 바늘을 사용하여 바늘의 끝부분이 컬럼 내로 삽입되도록 한 후 컬럼에 직접 액체 상태의 시료용액을 점적하여 준다. 이때 컬럼오븐은 시료의 주성분인 용매성분의 끓는점보다 약 5℃ 정도 낮게 설정되어 있으므로 주입된 시료는 액상을 유지한다. 즉, 온-컬럼 주입법은 시료가 기화된 후 컬럼으로 주입되는 기타 방식과는 달리 액체가 직접 주입됨으로써 열에 약한 성분들도 변형 없이 곧바로 컬럼으로 주입될 수 있는 장점을 가진다. 온-컬럼 주입방식은 가능한 빠른 주입방식을 권고하는데, 그림 8-37과 같이 느린 주입법을 이용할 경우 주사기 바늘 끝부분에 시료가 접촉됨으로써 시료의 손실이 일어날 수 있기 때문이다.

표 8-8. 온 컬럼 주입시 적절한 초기온도

Solvent	Boiling point(℃)	Recommanded initial temperature(range, ℃)
Diethyl ether	35	30～45
Pentane	36	30～45
Methylene chloride	40	35～50
Carbon disulfide	46	40～55
Hexane	69	60～80
Heptane	98	90～110
Iso-octane	99	90～110
Octane	125	120～130

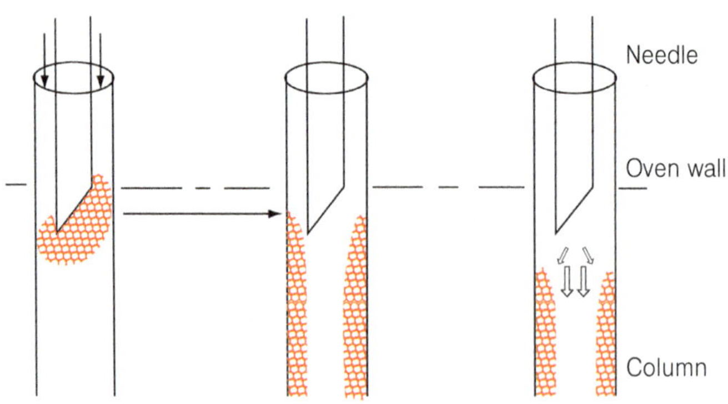

그림 8-37. 온 컬럼 주입방식 중 느린 주입법과 빠른 주입법에 의한 시료 점적 현황 차이(Agilent Co.)

온 컬럼 주입법은 주사바늘이 컬럼의 상단부까지 직접 삽입되기 때문에 바늘이 컬럼 상단의 벽면을 긁을 수 있는 위험성이 있어 그림 8-38과 같은 가드컬럼(guard column)의 사용을 필요로 한다. 또한 가드컬럼을 사용함으로써 **머무름 갭**(retention gap)이라고 하는 농축효과도 얻을 수 있다. 가드컬럼은 일종의 비활성 처리된 빈 컬럼이지만, 비극성과 극성 두 가지로 판매되며, 비극성 컬럼에는 비극성 가드컬럼을, 그리고 극성컬럼에는 극성 가드컬럼을 사용하는 것이 바람직하다.

가드컬럼은 그림 8-38에서 보듯이 유리 유니온(glass union)을 이용하여 연결하거나, 비극성 컬럼의 앞부분 약 5 m 정도를 화학처리하여 빈 컬럼으로 만들어 판매하기도 한다(Integra Guard, Restek Co.). 머무름 갭 효과는 앞서 공부한 용매효과 및 가드컬럼과 본 컬럼이 연결되는 부위의 본 컬럼 상에서 발생하는 농축효과의 혼합물이다. 그림 8-39에서와 같이 가드컬럼 상에 홍수지대(flooded zone)을 형성한 용매가 휘발되면서 휘발성이 강한 시료 중 용질 성분들은 용매효과에 의해서 용매 상에 농축되며, 기타 비휘발성 성분들은 본 컬럼의 상단에 농축된 후 분리가 시작된다.

효과적으로 홍수지대를 형성하기 위해서는 약 1$\mu\ell$ 수준의 미량 주입이 필요하며, 컬럼과 친화성이 있는 용매를 선정할 필요가 있다(가드컬럼이 없을 경우 이 문제는 더욱 심각하다). 극성이 유사하지 않은 용매를 사용할 시에는 피크가 갈라져서 나오는 등의 문제점을 유발시킬 수 있으며, 시료 주입량이 많을 경우에는 상기와 같은 용매에 의한 농축효과를 볼 수 없으며 피크들 또한 갈라진 형태로 나올 수 있어 주의가 요망된다.

온 컬럼 주입방식은 시료 전체가 조금의 손실도 없이 기화되지 않고 액상으로 곧바로 컬럼에 주입되므로 가장 정밀성 및 정확성이 뛰어난 GC 주입방식이다. 그러나

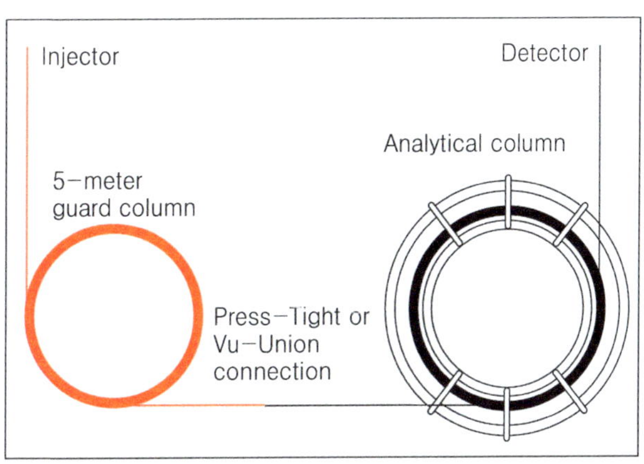

그림 8-38. 가드컬럼이 장착된 모세관컬럼

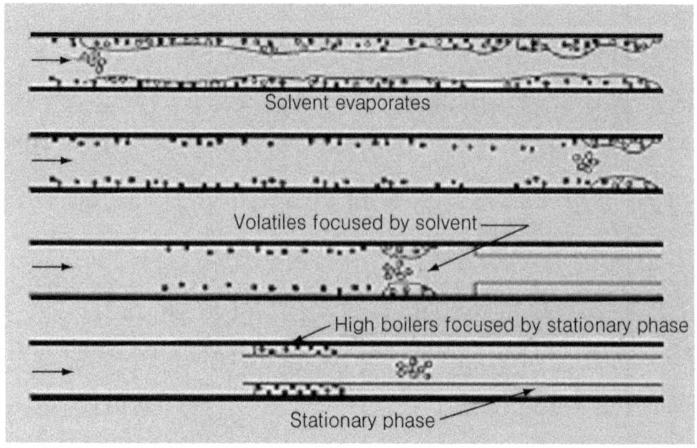

그림 8-39. 가드컬럼 장착 컬럼에서의 머무름 갭 효과(Agilent Co.)

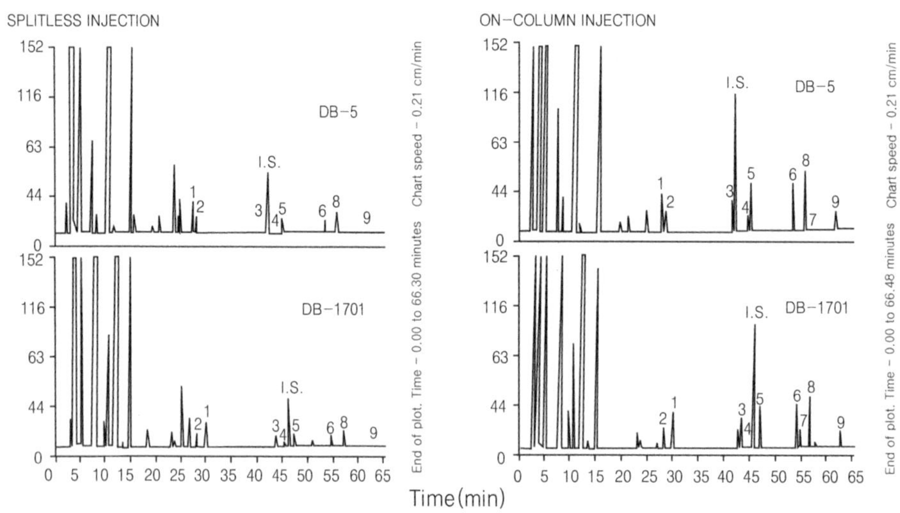

그림 8-40. 비분할 주입(좌측) 및 온 컬럼 주입(우측)에 의한 실릴유도체화 된 산 혼합물의 크로마토그램(상단은 비극성 DB-5 컬럼, 하단은 중간극성 DB-17 컬럼)

앞에서 지적되었던 바와 같이 주입 가능한 시료의 양이 컬럼의 사이즈에 따라 매우 제한적이기 때문에 사용에 불편이 따르며, 휘발에 의한 시료 중 비휘발성 성분들의 제거 과정이 없으므로 특히, 천연물에서 추출한 시료 등 다양한 비휘발성의 고분자 성분들이 많은 경우 반복된 주입에 의한 컬럼 손상이 급격히 일어날 수 있는 단점이 있다.

이와 같은 사용상의 어려움에도 불구하고 그림 8-40은 온컬럼 주입방식에 의한 분석이 비분할 주입방식에 의한 분석에 비하여 얼마나 뛰어난 결과를 나타내는지를 말해준다. 한눈에 볼 수 있듯이 전반적 피크들의 크기가 온컬럼 주입분석에서 월등히 뛰어나며, 비분할 주입방식 분석결과에서 사라져 버린 7번 피크(nonadecanoic acid) 또한 우측의 온 컬럼 주입 결과에서는 찾을 수 있는 것을 볼 수 있다. 이처럼 기화방식의 주입구에서 잃어버리는 많은 부분을 온 컬럼 주입방식에서는 그대로 살려 얻을 수 있다.

④ 기타 주입법

앞에서 설명한 GC 주입구 및 주입법은 현재 가장 널리 쓰이는 것들에 한정하여 설명하였다. 그러나 이외에도 매우 다양한 GC 주입법들이 존재한다. 특히 매우 휘발성이 큰 성분이 복잡한 시료 매질에 섞여 있어 시료 전처리가 매우 어려운 경우 가장 흔하게 쓰이는 방법으로 헤드 스페이스 샘플링 방법(head-space sampling) 방법이 있다.

이 방법은 그림 8-41의 (A)와 같이 GC와는 별도의 헤드스페이스 장치를 GC 분할 및 비분할 주입구에 연결하여 사용할 수 있다. 헤드스페이스 샘플링의 원리는 글자 그대로 시료가 담긴 바이알(Vial)의 비어있는 공간을 채우고 있는 증발물(vapor)를 채취하여 GC에 주입해주는 원리이다. 이 방법은 시료 중의 분석대상 휘발성분이 헤드스페이스 부분에도 고루 퍼져 평형을 이루고 있다는 가정 하에 이뤄진다. 때문에 안정된 평형을 얻기 위한 가열온도, 가열시간, 바이알 내 시료의 용량(부피) 및 헤드

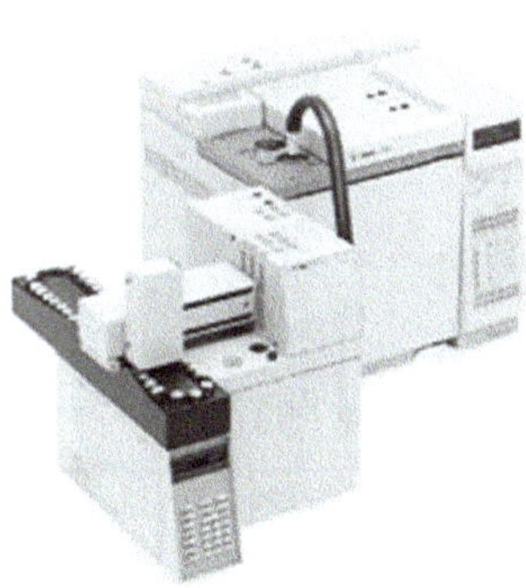

(A)

(B)

그림 8-41. Agilent 6890 GC/FID에 장착된 Agilent 7694 Headspace sampler(A)와 정적 헤드 스페이스 샘플링 모식도(B)

스페이스 용량의 적정비 등을 해당 시료의 매질 및 분석대상 성분에 맞게 최적화 할 필요가 있다.

헤드스페이스 방법은 식품분야에 널리 사용되고 있는데, 향기성분의 분석뿐만 아니라 휘발성 지방산의 분석 및 유지 중의 잔류 헥산 분석 등에 사용되며, 기타 분야에 있어서는 혈중 알콜 분석 등에 주로 사용된다(그림 8-42). 또한 상기와 같은 정적 헤드스페이스 (Static head-space) 방법과 달리 흡착제 컬럼에 기체상태의 시료를 포집·농축하여 분석하는 동적 헤드스페이스(Dynamic head-space) 방법도 매우 희석된 휘발성분을 분석하는 목적으로 사용되어 환경시료 등에 널리 쓰이고 있다.

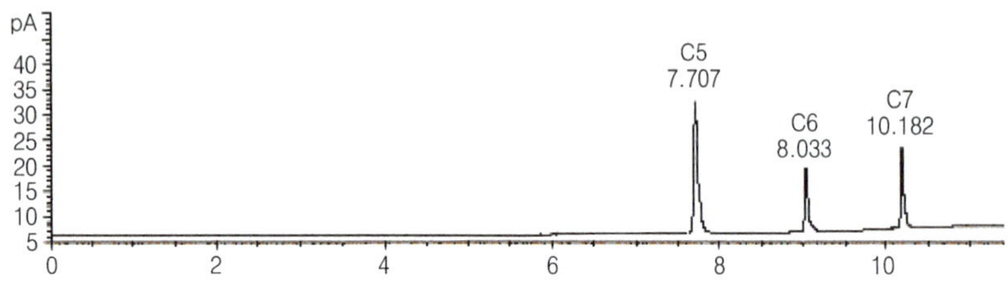

그림 8-42. PLOT컬럼이 장착된 정적 헤드 스페이스 샘플러-GC/FID로 분석한 펜탄, 핵산 및 헵탄의 크로마토그램

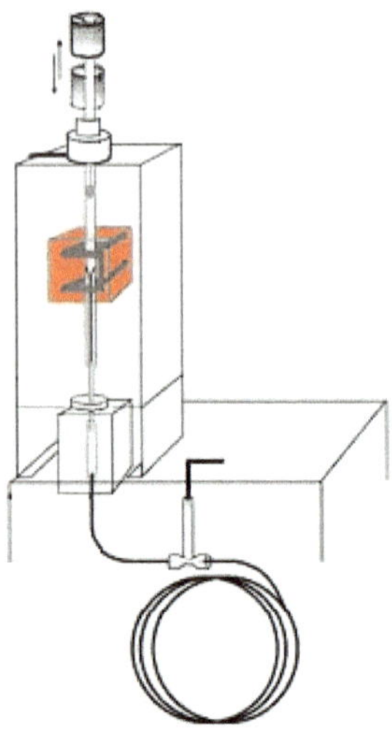

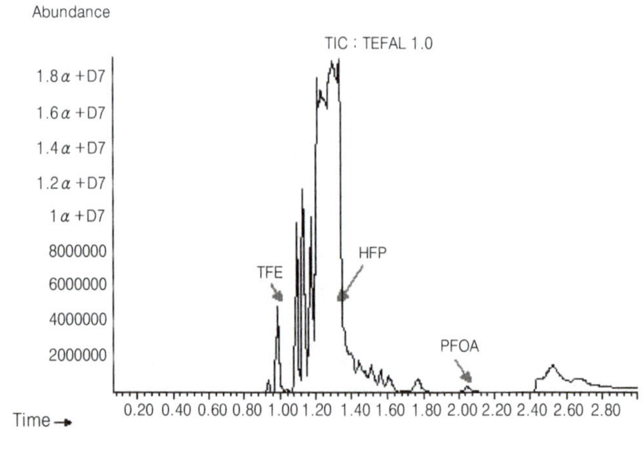

(A) (B)

그림 8-43. Frontier Lab사의 PY2020D 열분해 주입장치(A)와 후라이팬 테프론 코팅물질의 GC-MSD 열분해 크로마토그램(B)

이밖에도 고체상태의 시료를 600∼1,000℃ 정도의 고온에서 분해시켜 그 휘발성분을 분석하는 열분해 주입장치(pyrolyzer)가 GC에 연결되어 사용된다. 그림 8-43의 (A)는 열분해 주입장치의 모식도이며, (B)는 열분해 주입장치를 GC-MSD(질량분석기)에 연결하여 분석한 크로마토그램(pyrogram)이다.

이 방법은 고분자 물질에 섞여있는 첨가물 등 미량 성분을 정성 분석하는 데 매우 유용한데, 이를 이용하여 합성 고분자 물질의 품질 분석 및 유사여부 등을 판단하는 데 매우 유용하게 사용된다. 그러나 이 방법은 매우 소량의 고체 시료 물질(0.1∼0.5 mg)을 사용하는 관계로 시료의 대표성에 문제가 있을 수 있으며, 정량적 재현성이 결여되는 문제가 있다.

이 외에도 흡착제(adsorbent)로 코팅된 주사바늘 형태의 가는 막대를 수용액 시료에 삽입하여 원하는 분석대상 성분을 흡착시킨 후 곧바로 시료주입구에 삽입하여 탈착 분석하는 고상미량추출(solid-phase micro extraction : SPME) 시료 주입법도 소개되어 연구목적 등으로 널리 사용되고 있다. 최근에는 캐나다에서 식품 중 발암성분으로 알려진 퓨란 분석에 사용된 바 있다.

(4) 검출기

검출기(detector)는 데이터 처리를 위한 컴퓨터를 제외하고는 GC 분석의 가장 마지막 단계에 위치한다. 주입구를 통하여 주입된 혼합 시료가 컬럼을 지나면서 단일 성분으로 분리되고, 분리된 단일 성분들은 검출기에 이르러 전기적 신호로 바뀌게 된다(그림 8-44).

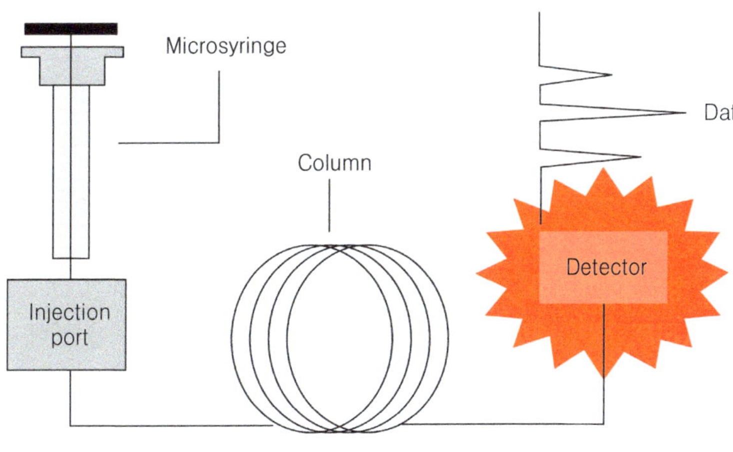

그림 8-44. 단순화된 GC의 기본 구성도

이러한 전기적 신호를 화면 혹은 종이에 표시한 것이 바로 크로마토그램(chromatogram)인 것이다. 그러므로 우리가 분석하고자 하는 성분에 선택성과 감응도가 큰 검출기를 선택할 필요가 있다.

① 검출기 개론

검출기는 그 선택성에 따라 다음 두 가지 그룹으로 분류할 수 있다.

㉮ 범용 검출기(universal Detector)

- 열전도도 검출기(Thermal Conductivity Detector 이하 TCD)
- 질량분석기(Mass Spectrometer 이하 MS 혹은 MSD)
- 적외선 검출기(Infrared Detector 이하 IRD)
- 불꽃 이온화 검출기(Flame Ionization Detector 이하 FID)

㉯ 선택성 검출기(selective Detector)

- 질소/인 검출기(Nitrogen Phosphorus Detector 이하 NPD) 혹은 열 이온화 검출기(Thermionic Ionization Detector 이하 TID)
- 전자 포획 검출기(Electron Capture Detector 이하 ECD)
- 불꽃 광도 검출기(flame photometric detector ; FPD)
- 광이온화 검출기(Photo Ionization Detector 이하 PID)
- 전자 전도도 검출기(Electrolytic Conductivity Detector 이하 ELCD)
- 펄스 방전 검출기(Pulsed Discharge Detector 이하 PDD)

또한 검출기는 성분의 농도 의존형 검출기(Concentration dependent detector)와 질량 감응 검출기(Mass sensing detector)로 나뉜다. 농도 의존형 검출기의 감응도는 검출기 부피로 나눈 용질 성분의 양에 비례하며 TCD, PID 및 IRD 등이 이에 속한다. 질량 감응 검출기는 주어진 시간 동안 흘러간 용질 성분의 양에 비례하는데 즉, 질량 유속에 비례한다고 말할 수 있으며 FID, NPD, FPD 및 MSD 등이 이에 속한다.

이밖에 시료 성분을 파괴하느냐 아니냐에 따라 비파괴 검출기(TCD, PID, IRD 등) 및 파괴 검출기(FID, NPD, FPD, MSD 등)로 나눌 수도 있다. 이 책에서는 현재 가장 널리 쓰이는 검출기들을 위주로 설명하고자 한다.

② 검출기 관련 기본 이론

분석하고자 하는 성분에 대하여 가능한 우수한 감응을 나타낼수록 우수한 검출기라고 말할 수 있다. 그러나 그 이외에도 여러 가지 검출기로서 갖추어야 할 요건들이 있다.

- 감응도(response)가 높을 것(낮은 수준의 성분 농도에도 감응할 것)
- 잡신호(noise) 수준이 낮을 것(바탕선이 낮을 것)
- 시료 농도 대비 감응 값의 직선 범위(linear dynamic range)가 넓을 것(넓은 농도 범위에서 직선성을 유지할 것)

이외에도 기기로서 갖추어야 할 견고성, 온도에 대한 무감각성 등이 요구된다. 여기서 첫 번째 요건이었던 감응은 주어진 성분의 무게로 인하여 산출된 전기적 신호(signal)의 크기이다. 또한 감응도는 두 개의 서로 다른 분석대상 성분의 농도가 같더라도 성분의 물리화학적 차이에 의하여 크로마토그램상의 피크 크기에 차이가 생길 수도 있다. 이러한 감응도를 수치로 나타낸 것이 **감응인자**(response factor : RF)라고 하는데 다음 식과 같이 표시한다.

$$\text{감응인자} = \frac{\text{피크 면적}}{\text{분석대상 성분 무게} } \quad (8.12)$$

여기서 단위는 sec・ampere/gram 혹은 coulomb/gram이다. RF는 흔히 감도(sensitivity 혹은 detectability)라는 용어로 표현하곤 하는데, 시료 양에 대한 감응정도를 나타내어 정량곡선으로 표시되며, 정량곡선의 최하 단계는 최소 검출수준(minimum detectable level 이하 MDL)으로 나타내어진다. 그런데 MDL은 검출기에만 의존하는 수치는 아니며, GC 시스템의 경우 주입구, 컬럼 및 검출기를 망라한 모든 요인들이 반영된 수치이며, 기기상의 잡신호(noise)가 반영된 값이다. 특히 잡신호는 성분의 감도를 결정하는 주요 요인 중 하나인데, 아무리 감응도가 좋더라도 잡신호가 크다면 해당 피크는 잡신호에 묻혀버려 상대적인 크기는 작아지게 되므로 가능한 잡신호의 크기를 낮추는 것이 바람직하다.

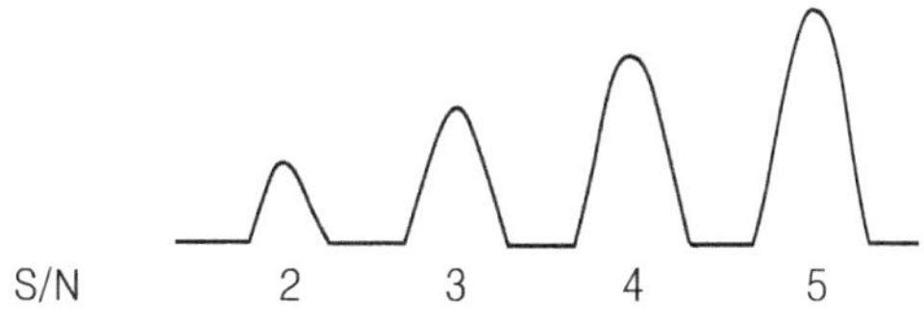

그림 8-45. 신호크기 대 잡신호 비(signal to noise ratio)

그림 8-45는 잡신호에 대한 피크의 신호크기 비율(Signal to noise ratio 이하 S/N 비)을 나타내준 그림이다. 대개의 경우 피크로서 인식되기 위해서는 S/N비 3 이상을 나타내야 한다고 알려져 있다. 상기에 설명한 내용을 보면 검출기는 성분의 농도에 비례하여 보다 큰 피크 크기를 생산하는 것으로 인식된다. 그러나 그림 8-46과 같이 검출기들이 정도의 차이는 있지만, 일정한 범위 내에서만 직선적 비례 관계를 나타낸다. 즉, 직선 범위에 들어오는 시료의 농도범위는 제한적이기 때문에 정확한 정량을 위해서는 해당 범위를 넘는 농도 수준의 시료는 희석한 후 범위 안에 들어오도록 만든 후 분석하여야 한다.

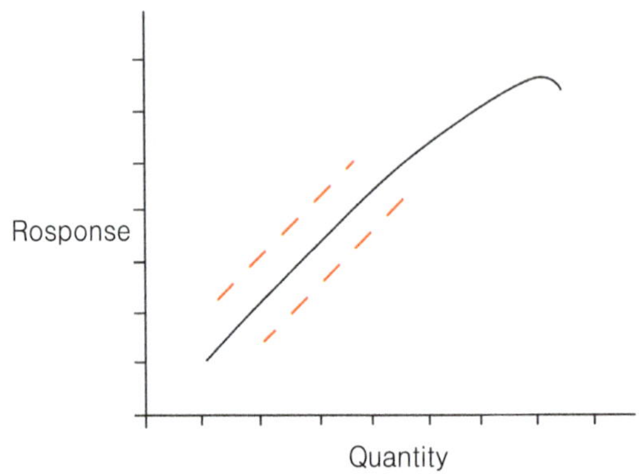

그림 8-46. 성분 농도에 대한 검출기 감응 직선성의 변화

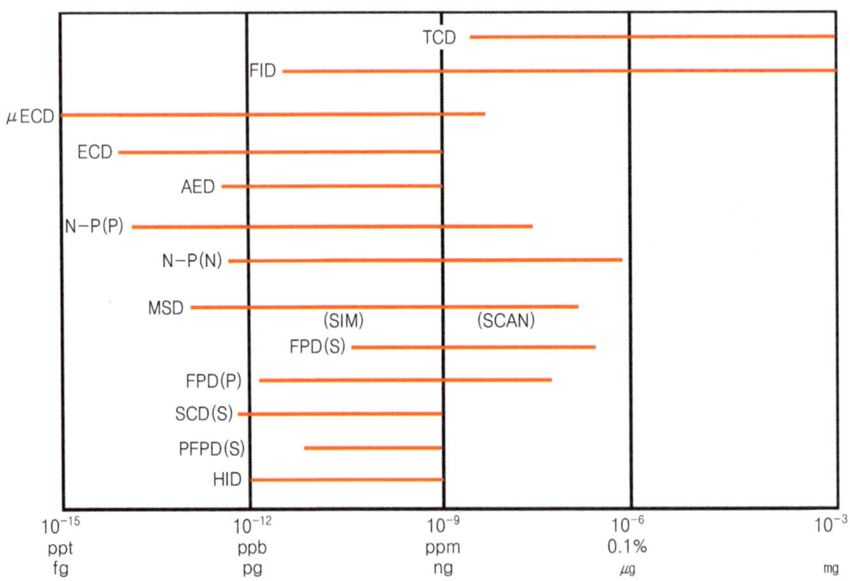

그림 8-47. GC 검출기의 직선농도 범위

검출기들의 직선 범위를 비교한 그림 8-47을 보면 FID의 직선 범위가 가장 넓으며, 감도는 ECD(μ-ECD)가 가장 우수한 것을 알 수 있다. 즉, FID는 넓은 농도범위를 가진 시료들을 별도의 처리 없이 한 번에 분석할 수 있으며, ECD로는 매우 희석된 낮은 농도의 시료를 분석할 수 있다는 것을 의미한다.

③ 불꽃 이온화 검출기

불꽃 이온화 검출기(FID)는 수소와 공기의 불꽃이 연소될 때 양이온과 전자가 생성되는 불꽃 이온화 현상에 근거한 것으로 불꽃으로 이동상만 흘러들어가는 동안에는 거의 이온이 생성되지 않다가, 가연성 유기물질이 불꽃으로 유입되면 이온형성이 급격히 늘어나게 된다. 이때 불꽃 근처에 위치한 극성 전하를 띤 수집기(collector)가 이들 이온들을 끌어당기면서 전류를 형성하게 된다.

그림 8-48에서와 같이 수소는 컬럼 및 보충기체(make-up gas)와 함께 공급되며, 공기는 별도로 공급된다. 여기서 보충기체란 모세관 컬럼의 낮은 유속으로 인하여 컬럼에서 용출되는 성분들이 불꽃까지 전달되도록 돕기 위하여 공급되는 기체를 말하며, 대개 질소가 사용된다. 이들 공기, 수소 등의 비율은 기기 제조사, 모델들 마다 다르지만, 대개 수소 30～40 mℓ/min 그리고 공기는 200～500 mℓ/min 수준이 된다. 이러한 공급 기체의 비율은 검출기의 감응도에도 영향을 미치므로 기기 매뉴얼을 참조하여 제조사의 권고를 따르는 것이 가장 좋은 방법이다.

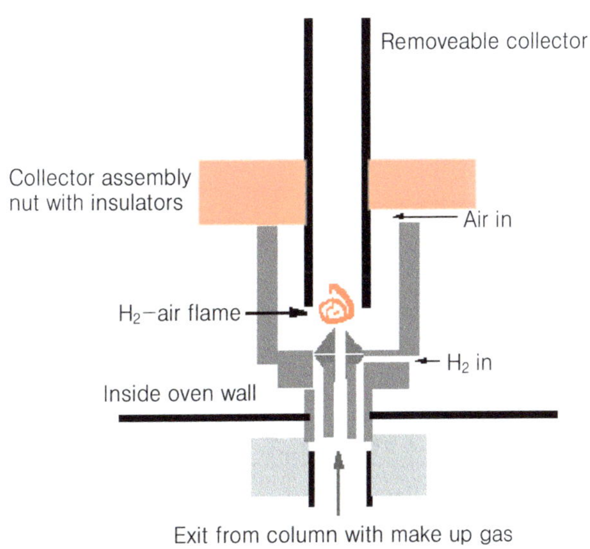

그림 8-48. 불꽃 이온화 검출기의 단면도(Agilent)

FID는 성분의 탄소수에 비례하여 높은 감응도를 보이는데, 일반적인 유기화합물에 대한 감응수준은 10~ 100 pg이며, 직선 범위는 1×10^7 수준이다. FID에 감응하지 않는 화학성분들은 H_2O, CO_2, CO, N_2, NO_2, NH_3, CCl_4, O_2, CS_2, Ar, SO_2, $SiCl_4$ 등이며, 포름알데히드와 개미산(formic acid) 등도 감응하지 않는 것으로 알려져 있다.

그림 8-49는 에탄올을 분석한 크로마토그램으로 직선성 알콜은 직선성 탄화수소의 약 1/2에 해당하는 FID 감응도를 갖는다. FID는 그림 8-50과 같이 석유로부터 유래하는 성분들의 분석에 탁월하여 석유 누출 등에 의한 환경 시료 오염도 측정 등에 자주 사용된다. FID는 불꽃을 사용하므로 검출기의 온도가 너무 낮은 경우 자체 내에 수분이 응축되어 기기가 부식될 가능성이 있으므로 적어도 80 내지 100℃ 이상의 온도를 늘 유지할 필요가 있다.

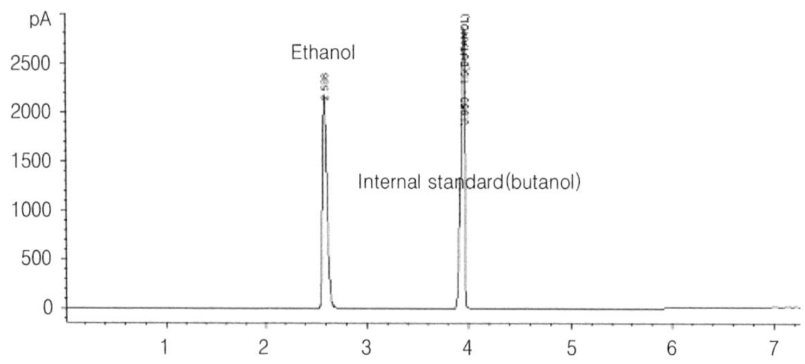

그림 8-49. GC-FID를 이용한 알콜 분석 크로마토그램

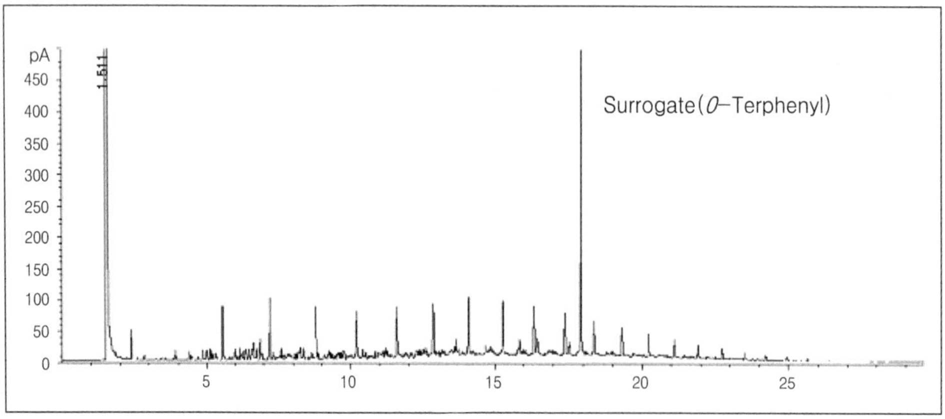

그림 8-50. GC-FID를 이용한 토양 중 총 석유 탄화수소 분석 크로마토그램

④ 전자포획 검출기

전자포획검출기(ECD)는 가장 감도가 좋은 검출기로 알려져 있으나, 그 대상은 주로 할로겐 화합물을 포함하는 성분들에 국한되어 유기염소계 농약 및 PCBs 등의 환경시료 분석에 주로 사용된다. ECD에는 금속 검출실 내면에 β선을 방출하는 63Ni의 얇은 박층막이 있다. 여기서 방출되는 β선은 에너지가 큰 전자 입자들로서 운반기체와 충돌하여 에너지가 낮은 전자들을 생성하며, 이 생성된 전자들이 검출실 내의 양극(anode)으로 포집되면서 기본적 전류(바탕 전류)가 흐르게 된다. 이때 운반기체에 실려 있는 친전자성(electronegative) 화합물들이 유입되면 전자들을 포획하여 바탕 전류가 감소하게 되고, 이러한 차이가 피크의 형태로 증폭되어 나타나게 된다. 90년대 말부터는 그림 8-51의 마이크로 ECD가 Agilent 사에서 생산되기 시작하여 보다 낮은 검출한계를 선보이고 있다.

그러나 ECD는 밀봉성 방사성 동위원소가 포함되어 있는 관계로 구입, 관리 및 폐기에 있어서 까다로운 법적 제약을 받는데, 원자력법 제7장 방사성 동위원소 및 방사선 발생장치 제65조~제75조, 원자력법 제8장 폐기 및 운반 제76조~제90조 3항에 의해 법석 관리를 받으며 방사성 동위원소에서 발생되는 방사선(Radial Rays : RI)의 사용신고 및 사용허가 등은 과학기술부, 한국원자력안전기술원, 한국방사성동위원소협회에서 관리하고 있어 다수의 정부기관에 의한 통제를 받고 있다.

충전컬럼의 경우는 주로 질소나, 메탄이 5~10% 정도 첨가된 아르곤을 사용하며, 모세관컬럼의 경우에는 분리효능이 우수한 헬륨이나 수소를 사용하고, 보충기체로 질

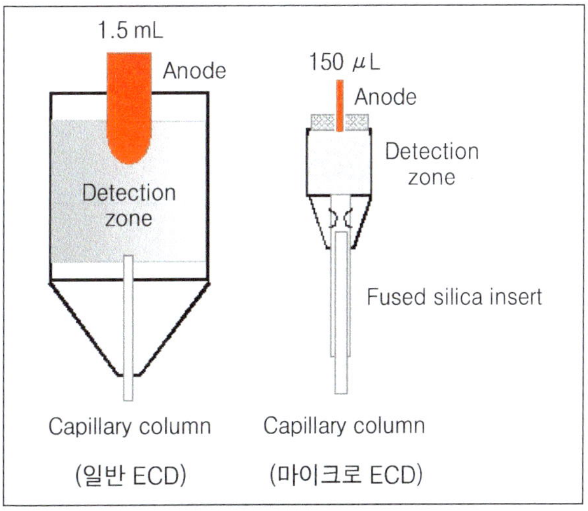

그림 8-51. 일반 ECD 및 마이크로 ECD의 단면(Agilent)

소 혹은 메탄이 5～10% 정도 첨가된 아르곤을 사용한다. 성분에 따라서는 다르지만, 질소를 이동상으로 사용했을 경우 아르곤/메탄을 이동상으로 사용했을 때보다 약 2 배가량의 감응을 나타낸다고 한다. ECD의 검출수준은 염소화학 성분의 경우 0.05～1 picogram 정도이며, 직선범위는 1×10^4 수준이다.

표 8-9에서 보는 바와 같이 ECD에 대한 감응도는 탄화수소를 1로 보았을 때 포함된 할로겐 화합물의 개수가 많을수록 감응도가 높아진다. ECD는 할로겐, 과산화물, 퀴논, 니트로화합물 및 다핵방향족(polynuclear aromatics), 유기금속(organic metal), 유황함유화합물 및 콘쥬게이티드카르보닐(conjugated carbonyl) 화합물에 대한 감응도가 큰 반면, 알콜, 탄화수소 및 아민 등에 대하여는 거의 감응하지 않는다. 또 한 가지 감응도에 영향을 주는 요인으로는 검출기의 온도 영향을 들 수 있는데, 성분에 따라서 비례, 반비례 정도는 제각기 다르므로 분석 시 ECD의 온도는 가능한 같은 온도를 유지할 것을 권고한다.

ECD는 낮은 검출 수준만큼이나, 검출기의 오염 또한 자주 발생한다. 최근에는 오염 가능성이 큰 양극(anode) 부분에 질소를 지속적으로(약 2 mℓ/min의 비활성 기체) 공급하여 세정하는 방식으로 오염 빈도를 낮추고 있다. 그러나 ECD가 오염될 경우 그림 8-52의 상단 크로마토그램과 같이 오븐 온도의 상승과 함께 바탕선이 심하게 상승하는 현상이 나타나게 된다.

이러한 오염을 해결하는 방법은 비교적 간단하여 연결된 모세관 컬럼을 제거하고 입구를 막은 후 보충기체와 양극기체를 흘려주는 상태에서 350℃를 12시간 유지시키면 그림 8-52 하단의 크로마토그램과 같이 바탕선이 안정된 크로마토그램을 얻을 수 있다. 그러나 오염이 심할 경우 검출기 내부 양극 등의 세정을 필요로 하며, 이러한 조작은 법적으로 방사성 동위원소 관련 허가 받은 전문가만이 행할 수 있다.

표 8-9. ECD에 대한 화학성분들의 상대적 감응도

화학성분	상대적 감응도
탄화수소	1
에테르, 에스터	10
직선성 알콜, 케톤, 아민, 단일 염소, 단일 불소 성분	100
단일 브롬, 2개 염소 및 2개 불소 성분	1,000
안하이드리드 및 3개 염소 성분	10,000
단일 요오드, 2개 브롬, 다수 염소 및 다수 불소 성분	100,000
2개 요오드, 3개 브롬, 다수 염소 및 다수 불소 성분	1,000,000

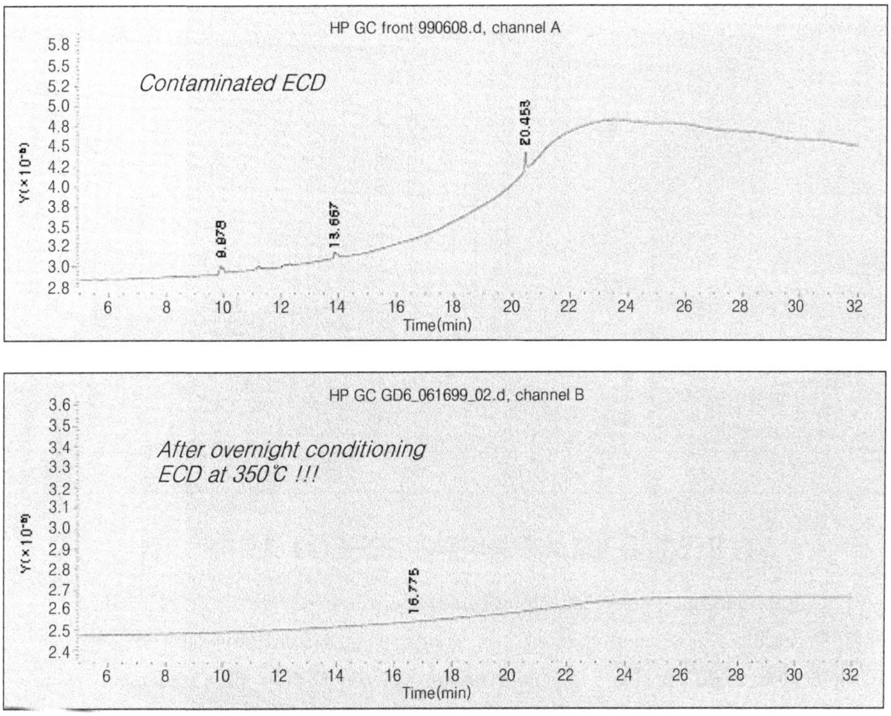

그림 8-52. 오염된 ECD 크로마토그램과 350℃에서 12시간 컨디셔닝 시킨 후 깨끗해진 ECD의 크로마토그램

ECD를 사용할 때는 이동상과 보충가스 및 퍼지가스(purge gas) 등의 순도가 매우 중요한데, 대개 99.9995% 이상을 사용하여야 하며, 수분 및 산소 등이 완전히 제거되어야 한다. 때문에 시스템에 새는 곳이 없는지 철저히 점검할 필요가 있다. 또한 컬럼 브리딩 및 셉텀 브리딩에 의한 오염도 문제가 되므로 모두 사용 전에 충분한 컨디셔닝을 거쳐야 한다.

ECD가 할로겐 화합물에 민감한 관계로 시료 전처리시 사용하는 용매 및 특히 마지막 정용 과정에 혼입되는 용매의 선택에 주의하여야 하는데, 대표적으로 디클로로메탄(dichloromethane)의 사용은 바람직하지 못한 반면, 염소가 하나인 크로로부탄(1-chlorobutane)의 사용은 가능하다. 염소가 하나인 성분은 염소가 2개인 성분에 비하여 약 1/10의 감응도를 가지고 있다.

이미 앞서 여러 차례 언급하였던 바와 같이 ECD는 농약 및 환경 시료 분석 등에 널리 쓰이고 있는 검출기이다. 최근 들어 GC의 검출기로서 질량분석기의 사용이 늘었으나, 아직도 농약 분야에서 ECD의 사용은 그다지 줄지 않고 있다. 이는 아직도 유기염소계 농약들에 대한 ECD의 감응도가 GC-MSD의 감응정도에 비하여 대부분

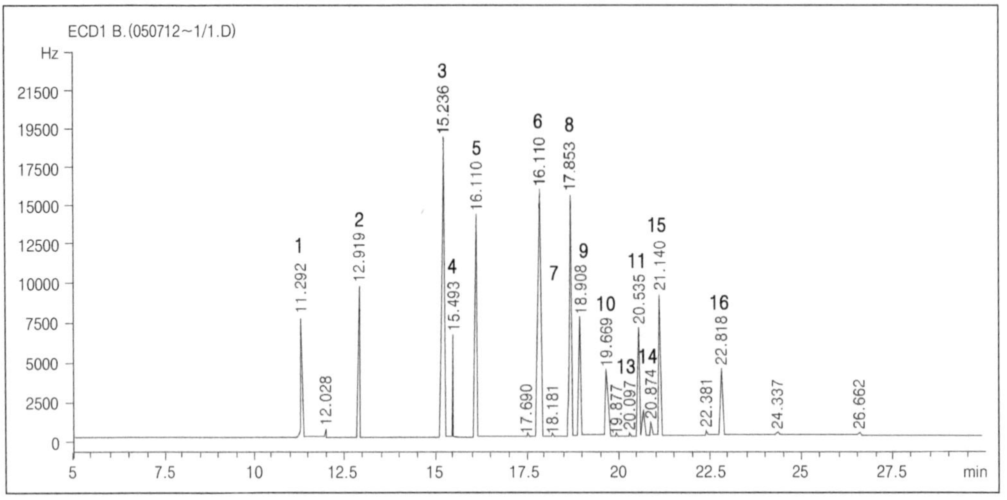

그림 8-53. 유기염소계 농약들의 GC-ECD 크로마토그램

1. Chlorbromuron, 2. Pentachlorobenzene, 3. BHC-β, 4. BHC-δ, 5. Pentachlorphenyl methyl ester, 6. Aldrin, 7. Hetachloro exo epoxide, 8. Hetachloro endo epoxide, 9. Chlorbenside 10. op-DDT, 11. Oxadiazon, 12. Perthane, 13. Tetrasul, 14. Chlordecone, 15. pp-DDT, 16. Leptophos

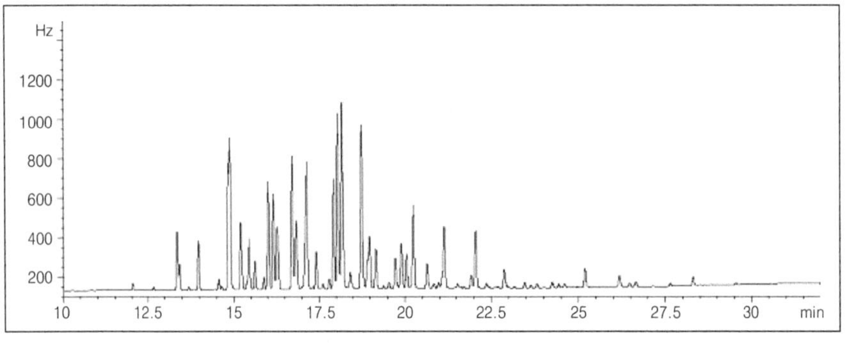

그림 8-54. GC-ECD로 분석한 Aroclor 1248 크로마토그램

매우 높기 때문이다. 그림 8-53은 유기염소계 농약 혼합물을 마이크로 ECD가 장착된 GC로 분석한 크로마토그램이며, 그림 8-54는 절연유 중의 PCBs(Polychlorinated biphenyls) 분석을 위하여 Aroclor 1248 표준품을 분석한 크로마토그램이다.

⑤ 질소/인 검출기(NPD) 혹은 열이온 방출 검출기(TED)

ECD가 유기염소계 농약 분석에 사용되는 대표적인 검출기라면, NPD는 유기인계 농약 분석에 사용되는 대표적인 검출기이며 열이온 방출 검출기(Thermionic emission detector : TED)라고도 불리운다. NPD의 구조는 FID와 유사한데, 차이점은 불꽃을 형성하는 제트(Jet) 상단에 열선에 피복된 알칼리 금속염이 놓여 있고, 음극의 역할을 하는 포집기(Collector electrode)가 장착되어 있다.

이 검출기의 작동원리는 알칼리 금속이온이 수소가 풍부한 불꽃에 존재할 때 질소 혹은 인 화합물의 이온화율이 다른 유기화합물보다 월등히 증가하는 현상에 근거한 것이지만 자세한 이론적 설명은 아직까지도 이뤄지고 있지 못하다.

그림 8-55의 작동 원리를 참고하면 전기적으로 약 600~800℃ 정도로 가열된 알칼리 금속염에서 알칼리 금속 원자가 방출된 후 해당 원자들이 포집기에 포집되면 일정한 전류가 흐르고, 컬럼에서 용출된 분석대상 성분 및 기체가 불꽃에 혼입될 때 특히 질소와 인을 가진 성분들의 이온화가 증가하면서 일정한 전류 흐름에 영향을 주게

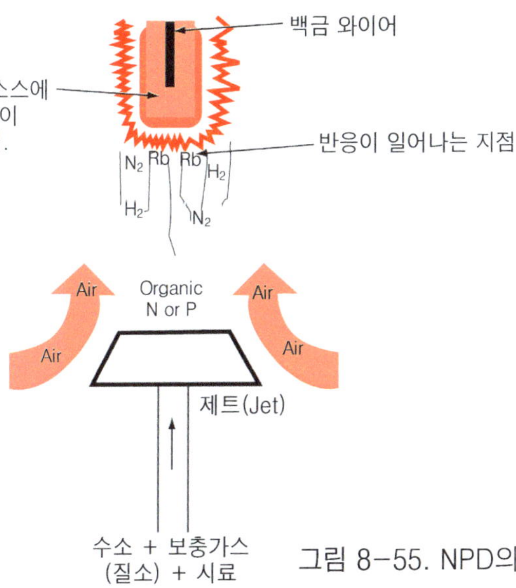

그림 8-55. NPD의 작동원리 설명 모식도

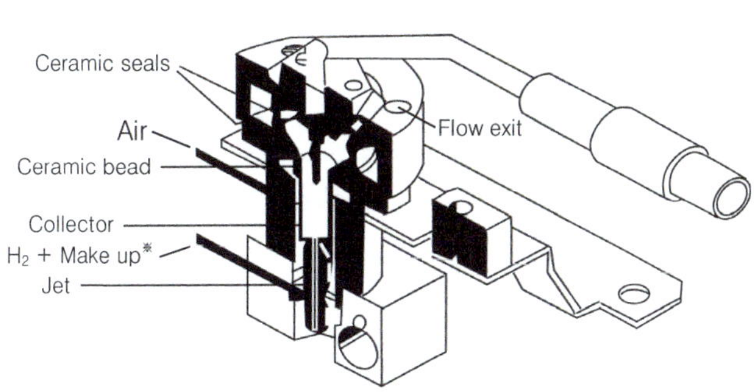

그림 8-56. NPD 단면도(Agilent)

되며, 이러한 변화가 크로마토그램으로 나타나게 되는 것이다. 알칼리 금속염으로는 K, Na, Cs 및 Rd 등이 있으며, 가장 널리 쓰이는 금속염은 루비디움(Rd) 염이다.

NPD는 특히 수소 및 공기의 유속에 많은 영향을 받으므로 제조사에서 권고하는 유속을 유지하는 것이 가장 높은 감응도를 얻기 위하여 필요한 사항이다. NPD의 감응도는 인 함유 성분에 대하여는 0.1～1 picogram 그리고 질소를 포함하는 성분에 대하여는 0.4～10 picogram 수준이나, 질소가 에스터 형태로 붙은 화학성분들에 대하여는 감응이 낮은 반면, 질소가 탄소와 결합된 성분들에 대하여는 우수한 감응도를 나타낸다.

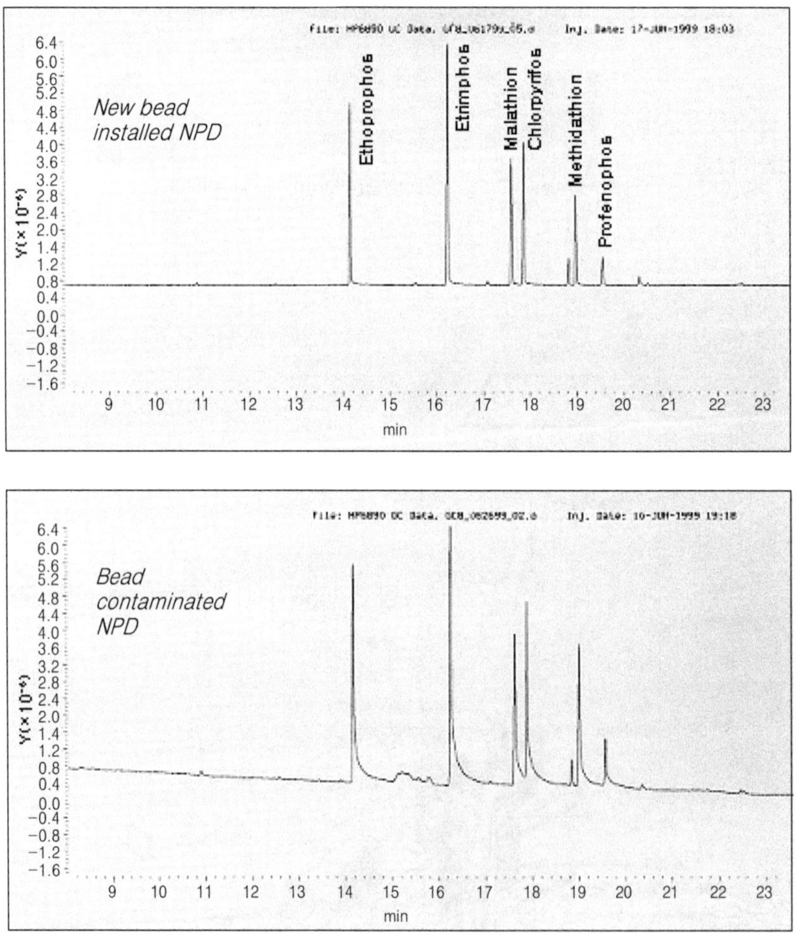

그림 8-57. 비드(bead)가 오염된 NPD(하단) 및 비드 교체 후 NPD로 분석한 크로마토그램 비교

NPD는 인을 함유한 농약 및 약물분석 등에 널리 쓰이지만, 사용상 주의를 요하는 부분들이 많다. 예를 들어 공급 기체의 유속을 적절히 유지시키는데 유의하여야 하며, 인이 함유된 세제의 사용을 피하고 증류수 및 유기용매로 세척하는 것을 권고한다.

시료 안에 포함된 염소계 용매 및 실릴화 시약 등도 알칼리 금속염의 수명을 단축시킬 수 있다. 심지어는 질소가 포함된 컬럼 고정상 등도 나쁜 영향을 줄 수 있다. 이 밖에도 담배연기는 약 30m 밖에서도 검출기에 영향을 줄 수 있으므로 절대 실내에서 흡연하는 일은 없어야 하며, 실내가 너무 습한 경우나 공급 기체에 수분이 있을 경우 쉽게 비드를 상하게 할 수 있으므로 주의를 요한다.

그림 8-57은 하단은 비드 오염 시 가장 쉽게 나타나는 피크의 끌림(tailing) 현상을 나타낸 크로마토그램이다. 너무도 많은 실험실들이 아래와 같이 피크들이 끌림 현상을 나타내고 있음에도 불구하고 해당 기기를 정량 분석 등에 사용하는 경우는 반드시 피해야 한다.

NPD의 경우 비드의 상태에 따라 같은 성분이더라도 감응도가 쉽게 변할 수 있기 때문에 그림 8-57의 하단과 같은 상태에서 정량한 데이터는 정확성 및 정밀성이 결여되어 있는 경우가 다반사이다. 그림 8-57의 상단과 같이 비드를 교체한 후에는 바로 모든 피크들의 끌림 현상이 사라진 것을 알 수 있다. 심지어는 새로 교체한 비드에서도 하단 그림과 같은 현상이 관찰되는 경우가 있으므로 혹시라도 교체 전에 포장을 개봉한 제품은 반드시 데시케이터 안에 보관하여 수분의 접촉을 피하도록 한다.

⑥ 펄스-방전 검출기

앞서 언급하였던 ECD는 밀봉된 방사성 동위원소로 인하여 그림 8-58과 같은 복잡한 정부의 규제를 받는다. 때문에 ECD와 유사한 검출능을 보이면서도 보다 사용상 규제가 덜한 검출기 사용에 대한 사용자들의 욕구가 더욱더 팽배해지고 있다. 이에 본서에는 현재 시중에서 판매되고 있는 검출기들 중 ECD 대체 가능 검출기로서 펄스-방전 검출기(Pulsed Discharge Detector 이하 PDD)를 소개하고자 한다.

PDD는 ECD와는 달리 방사성 동위원소를 사용하지 않으면서 ECD 및 FID와 유사한 검출능을 나타내는 검출기이다. PDD는 펄스화된 방전기전을 이용하여 지속적인 전류를 형성하여 시료를 검출하기 때문에 사용 및 관리에 있어서의 편의성은 ECD보다 우수하다. 또한 도핑을 위하여 공급되는 도판(dopant) 가스의 종류에 따라 ECD를 대체하는 PDECD 모드뿐만 아니라 FID를 대체하는 헬륨모드 등도 가능하며, CO_2, H_2S 뿐만 아니라 산소, 질소 등과 같은 영구 기체의 검출도 가능한 다기능 검출기로서 그 사용범위가 넓은 것이 특징이다.

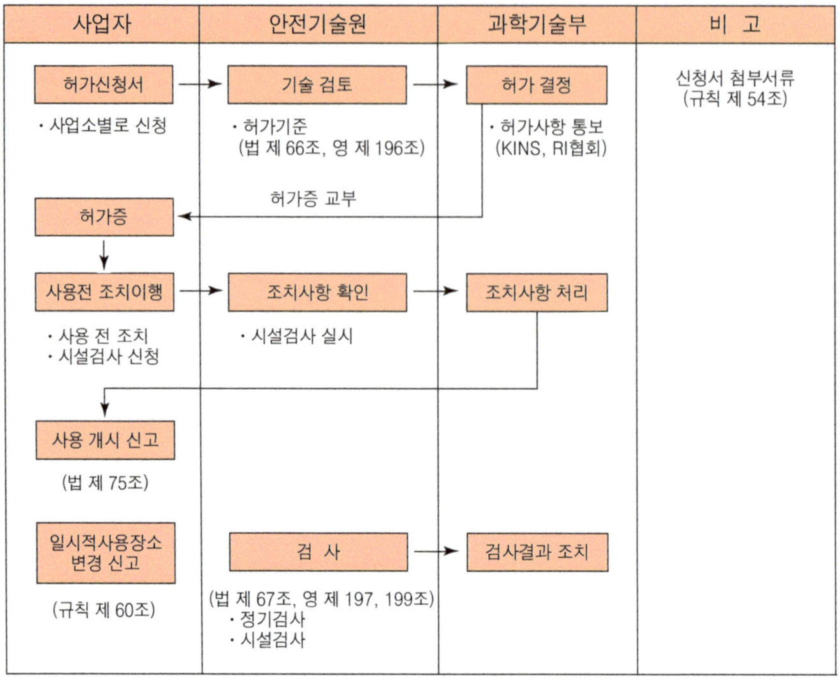

그림 8-58. ECD 관련 방사성 동위원소의 사용, 판매 및 허가 흐름도

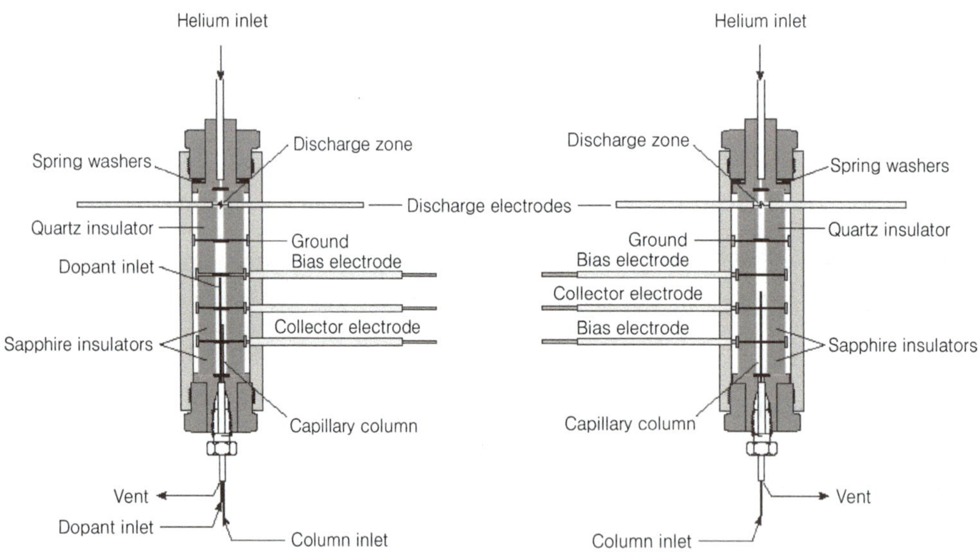

그림 8-59. PDD ECD 모드(좌측)와 FID 헬륨 모드(우측)의 단면도
(Valco Instruments)

PDD의 이온화 소스는 안정적이며, 헬륨 하에서 낮은 파워의 지속적 직류 전압을 방전시키는 것이다. 컬럼으로부터 용출되어 나오는 기체의 흐름은 방전 구역의 헬륨의 흐름과 직각으로 마주치게 되며, 이때 상기에 설명한 헬륨의 방전에서 유발된 광자에 의해 분석대상 성분이 이온화되는 것이다. 이론적으로는 들뜸 상태의 He_2 헬륨이 두 개의 He 바닥상태로 분해되면서 발생하는 방사(radiation)에 의해 광이온화가 일어나는 것이 이온화 모드의 원리이다. 더욱 자세한 설명은 본서를 접하는 독자들에게는 지나치게 이론적인 내용이므로 생략한다.

PDD는 도판 가스로 3%의 제논(Xenon)이 섞인 헬륨을 사용함으로써 ECD와 유사하게 친전자성 화합물들에 대한 감응도를 나타내게 되는데 이를 이용하여 농약 혼합물을 분석한 예를 그림 8-60에 나타내었다.

저자가 약 110개의 농약을 대상으로 PDD와 마이크로 ECD의 감응도를 비교한 결과 약 36개 성분은 PDD가, 그리고 약 30개의 성분은 마이크로 ECD가 보다 우수한 감응도를 나타내는 것을 확인할 수 있었으며, 나머지 성분들은 두 검출기에서 모두 유사한 감응 수준을 나타낸 바 있다. PDD ECD 모드에서는 방전 시 광자에 의하여 도판가스가 먼저 이온화됨으로써 지속적인 전류의 흐름을 형성하게 되며, 전자친화 성분이 유입될 시 지속적 전류흐름의 감소가 유발되어 피크가 형성된다.

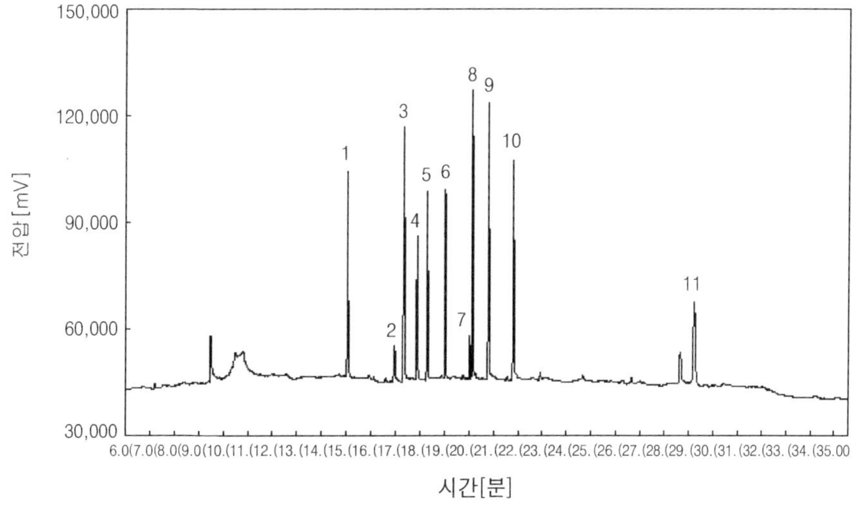

그림 8-60. PDD ECD 모드(PDECD)를 이용한 농약 표준품 분석 크로마토그램

1. Benfluralin 2. Metobromuron 3. Vinclozolin 4. Fenitrothion 5. Chlorpyrifos 6. Tolyfluanid 7. Pretilachlor 8. Oxyfluorfen(내부 표준물질) 9. β-Endosulfan 10. Nuarimol 11. Esfenvalerate

표 8-10. 그림 8-60의 크로마토그램을 얻기 위한 GC-PDD ECD 모드 기기조건

Parameters	Conditions
Instrument	ACME 6000 GC series with ACME 6000 autosampler
Column	DB-5(30 m × 0.32 ㎜ I.D., 0.25 ㎛ d_f)
Column flow	He 1.0 ㎖/min(constant flow mode)
Inj. temp. & injection mode	260℃, Split mode(50 : 1)
Oven temp.	80℃(2 min) → 10℃/min → 280℃(15 min)
Injection vol.	1 ㎕
Make up gas	30 ㎖/min(He)
Detector	Pulsed discharge detector(ECD mode)
Dopant gas	3.0 ㎖/min(3.05% xenon in helium)
Detector temp.	280℃

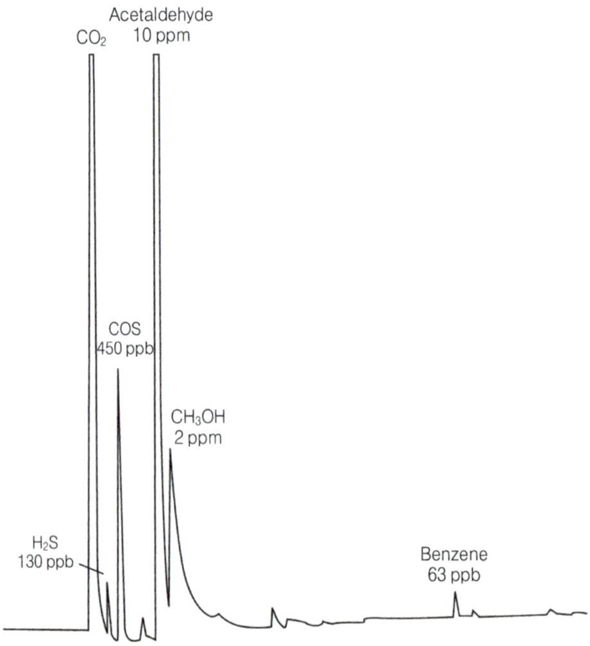

Sample : Bend in CO_2 ; Dynacal permeation oven with permeation tubes
Detector mode : Argon photoionization
Detector temp : 100℃
Column : 30 m × 0.25 mm × 1.0 ㎛ DB-5
Column temp : 25℃ for 5 min, to 130℃ at 20℃/min, hold for 5 min
Sample volume : 100 μL, External loop injection valve
Discharge gas : 2% Ar in helium, 45 mL/min
Carrier gas : He @ 5 mL/min

그림 8-61. 헬륨에 2%의 아르곤을 섞은 방전가스를 이용한 PDD로 분석한 CO_2 중 유기화합물 분석 크로마토그램 및 기기조건(Valco Instruments)

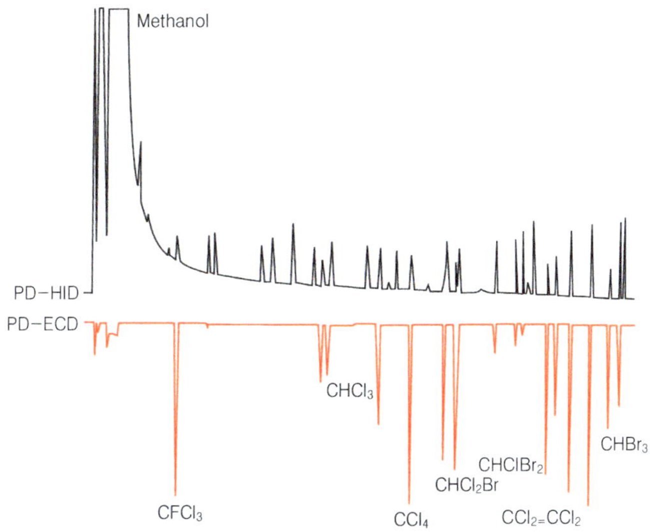

그림 8-62. PDD 헬륨모드(상단) 및 ECD 모드(하단)로 분석한 할로겐탄소화합물의 크로마토그램 비교

그림 8-62는 PDD의 서로 다른 모드에서 같은 시료의 분석결과가 어떻게 차이날 수 있는 가를 보여주는 크로마토그램이다. 성분에 할로겐 화합물이 포함된 성분들의 경우 FID와 유사한 헬륨 모드에 비하여 ECD 모드에서 보다 나은 감응도를 보여줌을 알 수 있다. 기타 ECD 모드에서 검출되지 않은 성분들은 FID에 검출 가능한 성분들이다. PDD는 하나의 검출기를 이용하여 FID, ECD 등과 같은 다양한 모드로 운영가능한 장점이 있으나, 공급기체의 모든 라인을 구리가 아닌 스테인리스 스틸을 사용하여야 하는 제약이 있다. 이는 헬륨의 경우 구리 라인을 투과하는 성질이 있기 때문으로 기타 헬륨을 이동상으로 사용하는 GC-MSD 등에서도 가능하면 스테인리스 스틸을 공급 라인으로 사용하는 것이 바람직하다.

상기에 설명한 GC 검출기 이외에도 가스 등의 검출에 널리 사용되는 대표적 범용 검출기인 열전도도 검출기(Thermal Conductivity Detector : TCD) 및 분석 성분을 이온으로 쪼개어 검출하는 질량분석기(Mass Spectrometer : MS 혹은 MSD), UV 램프를 이용하여 벤젠과 같은 방향족화합물에 대한 감응도가 우수한 광이온화 검출기(Photo Ionization Detector : PID), 그리고 파장에 따라 황과 인에 대한 감응도가 다르면서 선택성이 매우 우수한 불꽃 광도 검출기(Flame Photometric Detector : FPD) 등이 자주 쓰이는 검출기 들이며, 이들에 대하여는 기타 참고서적 및 제조사 홈페이지 등을 참고하기 바란다. 그림 8-63은 분석대상 성분에 따른 검출기의 선택방법을 도식화하여 나타낸 것이다.

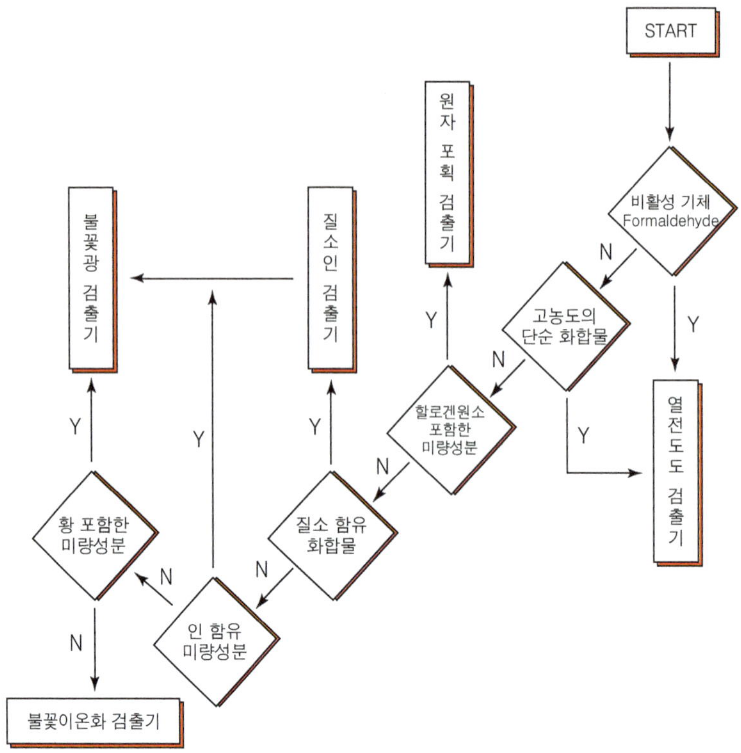

그림 8-63. GC 검출기의 선택방법

3. 응용 예

1) GC 점검 포인트

GC 사용에 있어 가장 첫 번째 점검 대상은 공급 가스의 순도 및 건조 정도 등이다. 또한 그림 8-12와 같이 적절한 필터를 장착하여 가스를 정화해 주는 것도 필요하다. 특히 수분을 제거하기 위한 필터 트랩장치는 어떠한 공급기체를 막론하고 가장 철저히 장착하고 주기적으로 재활성 시킴으로써 수분으로 포화된 필터에서 역으로 수분이 용출되어 나오는 현상을 방지하여야 한다.

GC 본체에서는 주입구의 관리가 우선이다. 이를 위해서는 그림 8-64의 셉텀(septum)을 자주 교체해 주어야 하며, 또한 분할/비분할 주입구 하단에 위치한 골드 플레이트(gold plate) 또한 주기적으로 침착된 탄소 등을 제거하거나 교체를 필요로 하는 부분이다. 그러나 무엇보다도 철저한 관리가 요망되는 부분은 그림 8-35에 나타내었던 유리 혹은 석영 라이너를 자주 교체해주는 것이다. 라이너는 시료가 일차적으로 직접 접촉하며 고온에 노출되는 곳이므로 반드시 용매로 세척한 후 실릴화

(silylation)를 통하여 비활성화 시킨 라이너를 사용하여야 한다.

컬럼은 반드시 사용 전 검출기에 연결하지 않은 상태에서 해당 컬럼의 상한 온도보다 약 20℃ 정도 낮은 온도에서 4시간 이상 컨디셔닝하여 사용하여야 하며, 사용하던 컬럼이라 하더라도 장시간 사용하지 않았을 경우에는 반드시 컨디셔닝 과정을 거쳐야 한다. 컬럼은 검출기 등에 연결 시 자주 끝부분을 절단해줄 필요가 있는데, 그림 8-65의 좌측은 매우 불량하게 절단된 상태이며, 우측은 매우 바람직하게 절단된 상태이다.

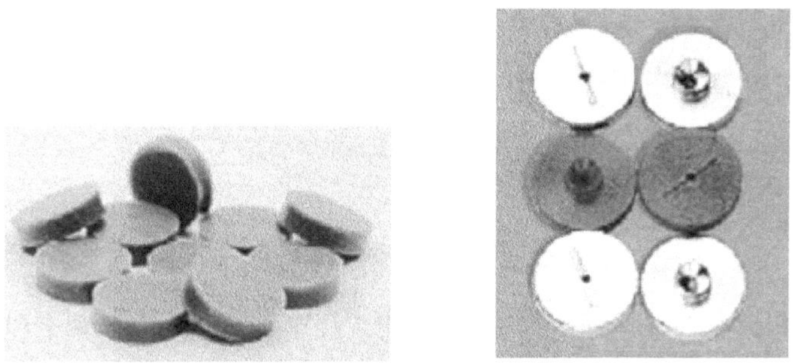

그림 8-64. 셉텀(septum, 좌측) 및 골드 플레이트(gold plate)

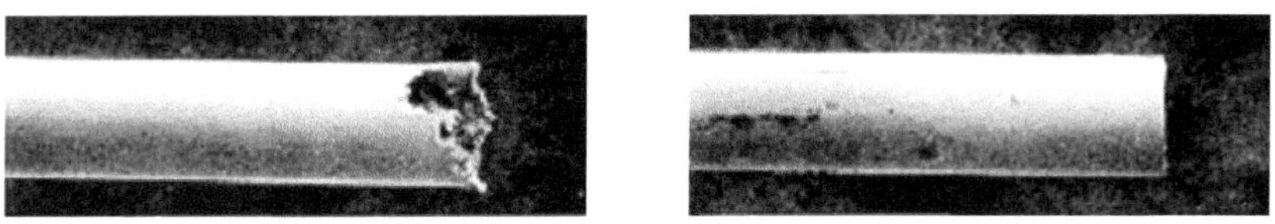

그림 8-65. 모세관 컬럼의 잘못된 절단면(좌측) 및 바람직한 절단면(우측)

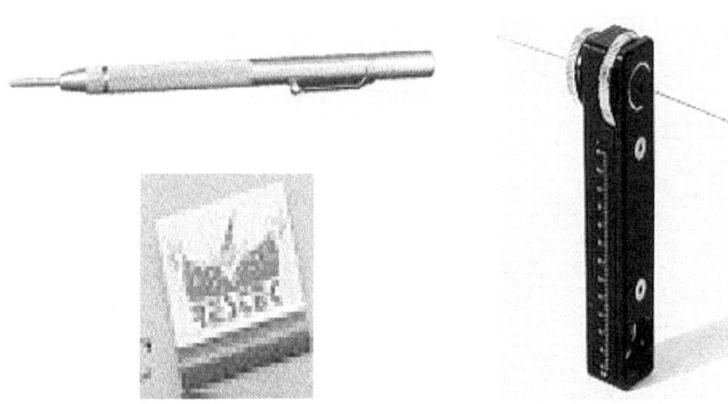

그림 8-66. 모세관 컬럼 절단용 기구들

이러한 절단은 그림 8-66과 같은 다양한 모양의 절단 기구를 사용할 수 있는데, 가격이 비싸긴 하나 가장 우측과 같이 모세관 컬럼의 외곽에 균일한 흠집을 내어 절단하는 다이아몬드 기구가 가장 바람직하다. 이 외에도 모세관 컬럼은 반드시 한계 온도 이하에서 컨디셔닝 및 사용하여야 하며, 사용하지 않을 시에는 가능한 비교적 낮은 온도에서 유지하는 것이 바람직하다. 검출기 또한 가능한 사용 전에 컬럼을 연결하지 않은 상태에서 컨디셔닝 해줄 필요가 있다.

2) GC 분석 응용

앞에서 GC의 각 부분을 설명하면서 가능한 많은 응용 예를 첨가하였으나 여기에서는 보다 실질적인 응용 예를 설명하기로 한다.

(1) 잔류농약 분석

식품 중 잔류농약은 가장 빈번히 검사되는 항목 중의 하나이다. 최근 유기농 등 농약이 함유되지 않은 식품에 대한 관심이 늘어나면서 특히 생으로 섭취하게 되는 엽채류 농산물들에 대한 농약 검사는 정부 및 민간 실험실 등에서 가장 빈번히 행하여지는 검사 중의 하나가 되었다. 최근에는 HPLC로만 분석 가능한 카바메이트 계통의 농약들이 주로 개발 보급되고 있으나, 아직도 상당 부분의 대부분 농약들은 GC로 분석 가능한 것들이다.

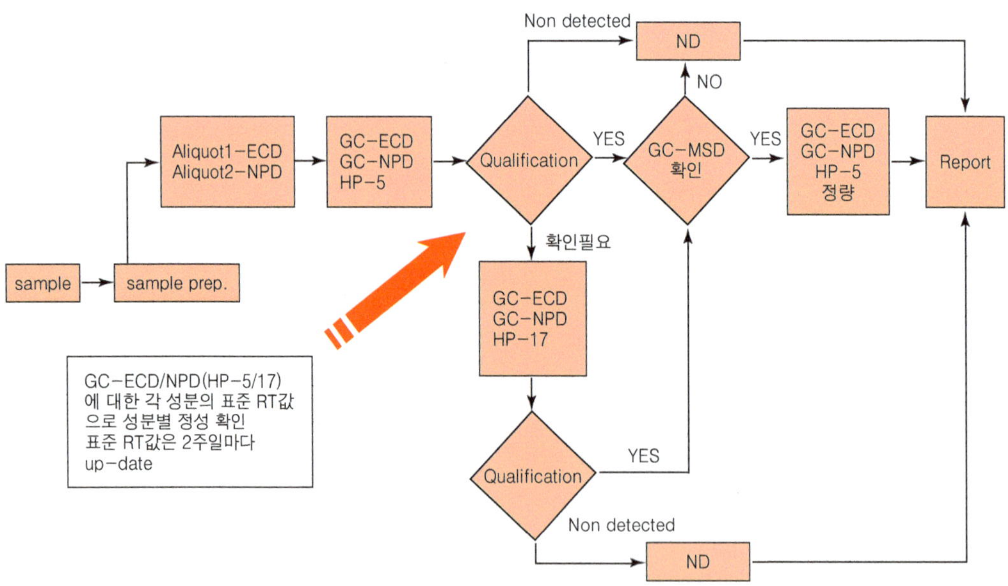

그림 8-67. 잔류농약 검사를 위한 흐름도

이들 농약들은 농산물 등의 시료 전처리 과정을 통하여 가능한 방해 성분을 제거한 후 GC-ECD, NPD, FPD, PDD 등으로 분석하게 되는데, 아직까지 가장 널리 쓰이는 검출기는 유기 염소계 농약 분석을 위한 ECD와 유기인계 농약 분석을 위한 NPD 및 확인을 위해서는 MSD가 사용된다. 식품은 워낙 복잡한 매질을 가지고 있기 때문에 분석 시 방해성분의 용출이 빈번하다. 때문에 그림 8-67은 일차적으로 비극성의 컬럼으로 분석한 후 의심되는 피크가 존재할 시 중간 극성의 컬럼으로 재확인한 후 필요시 다시 GC-MSD로 분석하는 시스템을 보여주고 있다. 서로 다른 두 가지 고정상의 컬럼으로 분석 시 잘못된 해석으로 인한 실수를 예방할 수 있는 것이다.

Data file : /var/chem/GC7.i/99AQA.b/GC7_053199_09.d Page 1
Report date 06/26/1999 12:09
Reviewer : ______________ Date : ________

KFDA
Quantitation report

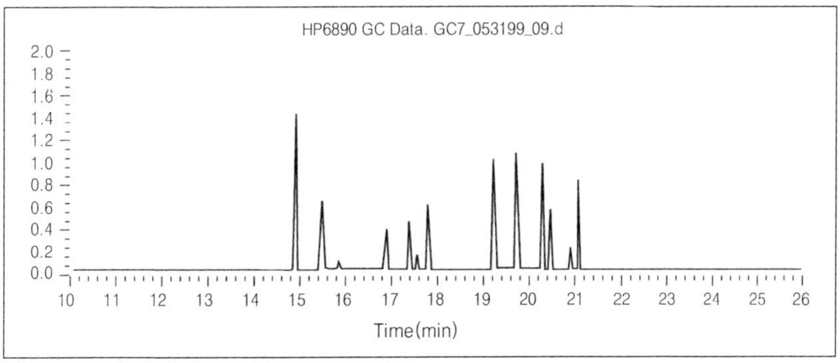

Data file : /var/chem/GC7.i/99AQA.b/GC7_053199_09.d
Method : /var/chem/GC7.i/99AQA.b/GTZ_AQA.m
Injection date : 06/01/99 0154
Operator : Oh Chang-Hwan
Als bottle : 7
Quant type : ISTD
Sample info : GTZ MIX-1 1 ppm(I.S 0.5 ppm)
Misc info : ECD DB-5

Lab Smp Id :
Dilution factor : 1
Integrator : HP genie
Sample type : SAMPLE

RT	Area	Height	Area %	Cpnd name
14.870	341809554	14558011	15.46	alpha-BHC
15.451	164852975	6524692	7.42	beta-BHC
15.812	23981523	874510	1.08	Diazinon
16.826	113809333	3967543	5.12	Parathion-methyl
17.349	128199800	4607172	5.77	Fenitrothion
17.508	37956518	1518652	1.71	Malathion
17.743	166055506	6209113	7.48	Chlorpyrifos
19.157	263156468	10417641	11.85	alpha-Endosulfan
19.644	297492312	10868622	13.40	Dieldrin
20.212	252986941	10075405	11.40	beta-Endosulfan
20.367	151906033	5778910	6.84	O, P'-DDT
20.855	52163001	2047844	2.35	Edifenphos
20.972	224744632	8465465	10.12	Endosulfan-sulfate
	2219114596	85913580	100.00	

그림 8-68. GC-ECD로 분석한 유기염소계 농약 표준품 크로마토그램 및 피크 면적

그림 8-68과 8-69는 각각 GC-ECD 및 NPD로 분석한 유기염소계 및 유기인계 농약의 크로마토그램들이다. 또한 그림 8-70은 실제 시료인 시금치를 전처리한 후 서로 다른 극성의 컬럼 두 개가 하나의 GC에 장착된 dual GC로 분석한 크로마토그램이다. 내부 표준물질(임의로 첨가해 주는 성분)을 제외하고 두 개의 서로 다른 컬럼에서 클로르피리포스(chlorpyrifos) 이외에도 다수의 피크들이 검출되었으나, 그림 8-71에서와 같이 두 컬럼에서의 피크 크기를 비교해 준 결과 가능성이 있는 농약성분은 86.42%의 유사성을 나타낸 클로르피리포스 만이 정성되었다.

비극성 컬럼인 DB-5 컬럼에서 일차 확인되었던 엔도설판(endosulfan), 사이퍼메쓰린(cypermethrin) 등 다수의 피크들이 극성이 다른 DB-17 컬럼에서는 용출되지 않았으며, 클로르피리포스 피크의 크기도 두 컬럼에서 동일한 것으로 확인되어 해당 피크의 존재가 확실하게 입증된 예이다.

Data file : /var/chem/GC8.i/99AQA.b/GC8_061799_4.d Page 1
Report date 06/26/1999 13:34
Reviewer : ______________________ Date : ________

KFDA
Quantitation report

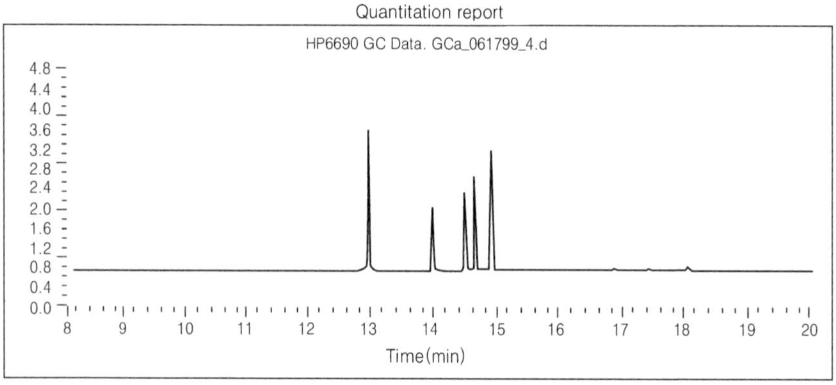

Data file : /var/chem/GC8.i/99AQA.b/GC8_061799_4.d
Method : /var/chem/GC8.i/99AQA.b/GTZquant.m
Injection date : 06/17/99 1403
Operator : Oh Chang-Hwan
Als bottle : 4
Quant type : ISTD
Sample info : GTZ MIX-1 1 ppm(I.S 0.5)
Misc info : NPD DB-5
Lab Smp Id :
Dilution factor : 1
Integrator : HP genie
Sample type : SAMPLE

RT	Area	Height	Area %	Cpnd name
12.923	11636125	283592	25.68	Diazinon
13.928	5706993	134233	12.59	Parathion-methyl
14.445	6426983	160399	14.18	Fenitrothion
14.596	7908324	192196	17.45	Malathion
14.854	11700691	252410	25.84	Chlorpyrifos
17.972	1932076	10716	4.26	Edifenphos
	45311192	1033546	100.00	

그림 8-69. GC-NPD로 분석한 유기인계 농약 표준품 크로마토그램 및 피크 면적

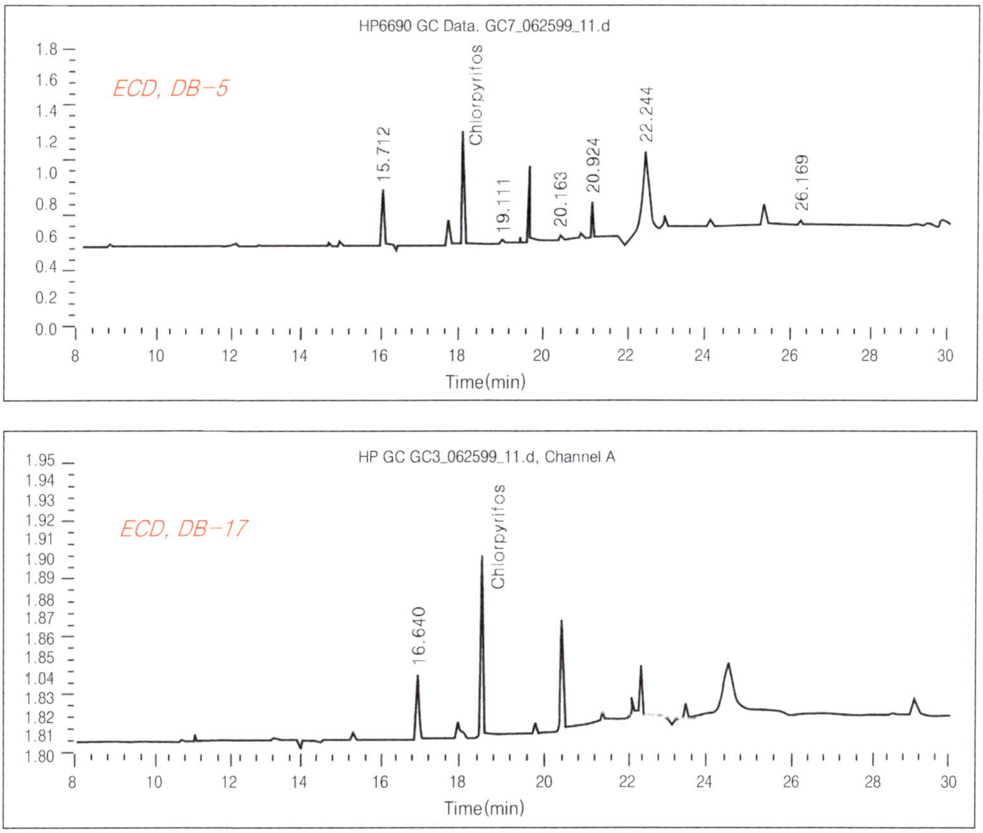

그림 8-70. 비극성 및 중간극성 컬럼이 장착된 GC ECD로 분석한 시금치 중의 잔류 농약 크로마토그램(profenophos는 임의로 첨가해준 내부 표준물질)

그림 8-70은 1999년 실제로 저자가 실험한 크로마토그램으로 잔류농약의 정성 확인이 얼마나 신중하게 이뤄져야 하는지를 보여주는 좋은 예이다.

(2) 유도체화를 통한 아미노산의 분석

GC의 응용한계는 그림 8-6에서와 같이 비극성이면서 휘발성이 있는 성분으로 국한 되지만, 극성이면서 휘발성이 없는 아미노산, 지방산 등의 성분등도 활성 수소를 비활성인 실릴화합물 등으로 교체하여 주는 유도체화 과정을 거침으로써 분석이 가능하다.

그림 8-72는 수용액 상태에서 아미노산의 아민그룹을 유도체화 한 후 산성 하에서 용매추출하고 실릴 유도체화해 주는 과정을 보여주고 있다. 이렇게 유도체화 된 성분은 GC로 분석이 가능할 만큼의 비극성이며 휘발성의 성질을 갖는다.

시료번호	Spinach	취 소

분석 성분명	Retention time		성분 검출	Peak height compare		비교결과 ※ (%)※※	정량 여부
	DB-5	DB-17		DB-5	DB-17		
alpha-Endosulfan	19.111		불검출	0.0955		0.00	NO
beta-Endosulfan	20.163		불검출	0.14		0.00	NO
Chlorpyrifos	17.704	18.212	검출	1.4298	1.6381	86.42	YES
Cypermethrin 3	25.274		불검출	0.3761		0.00	NO
Endosulfan-sulfate	20.924		불검출	0.5456		0.00	NO
pp-DDT	20.924		불검출	0.5456		0.00	NO

$$※\text{비교결과} = 1 - \frac{|\text{relative peak height(DB-5)} - \text{Relative peak height(DB-17)}|}{[\text{Relative peak height(DB-5)} + \text{Relative peak height(DB-17)}]/2} \times 100$$

※※이 결과는 100%에 근접할수록 일치함.

그림 8-71. Dual 컬럼으로 분석한 시금치 중 잔류농약 성분을 피크 면적 비교 시스템
(시스템으로 정성 확인한 결과. Chlorpyrifos 만이 최종 확인됨)

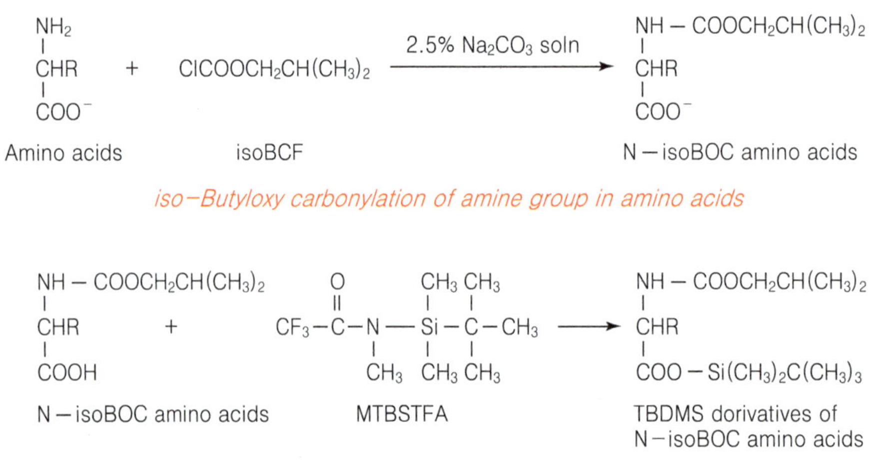

그림 8-72. 아미노산의 GC 분석을 위한 유도체화 과정

그림 8-73은 서로 다른 세 가지의 컬럼으로 분석한 단백질성 및 비단백질성 아미노산 약 50여 가지의 GC-FID 분석 크로마토그램들이다. 자연계에는 우리 몸을 구성하는 20개의 단백질성 아미노산 이외에도 약 600여 가지 넘는 비단백질성 아미노산들이 존재하고 있으며, 이들은 아직까지 과학적으로 밝혀지지 않은 2차 메타볼리즘

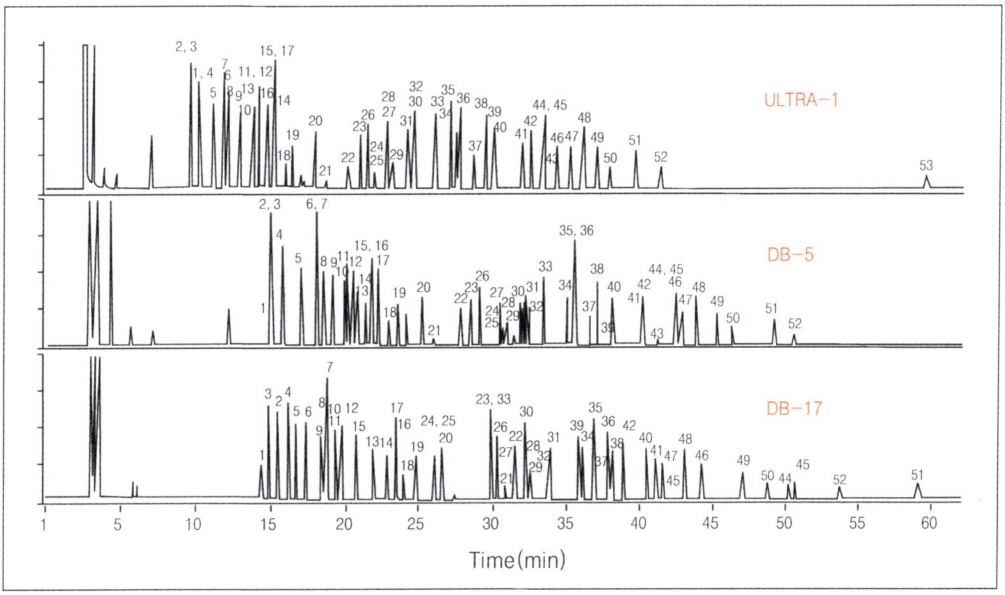

그림 8-73. Isobutyloxycarbonylation 및 *tert.*-butyldimethylsilylation 방법으로 유도체화한 단백질성 및 비단백질성 아미노산의 GC-FID 크로마토그램

(secondary metabolism)에 관여하고 있는 것으로 알려지고 있으며, 이들 중 GABA (gamma amino butyric acid) 등과 같은 성분들은 견과류 등 자연계에 널리 존재하면서 뇌신경계통에 작용하는 성분으로 알려져 있다.

(3) 식물 유래 메탄올 분석법

① 분석원리

식물체 혹은 식물체로부터 물로 추출한 식물추출물 중 포함된 메탄올을 정적 헤드스페이스(Static Headspace : SH) 방법으로 전처리한 후 바이알 헤드스페이스에 포화된 기체를 기체크로마토그래프로 측정한다.

② 장 치

자동(혹은 매뉴얼) 정적 헤드스페이스샘플러 기체크로마토그래프

③ 표준용액

Teflon lined cap을 장착한 15～25 mL 바이알(이하 모든 바이알은 Teflon-lined cap이 장착된 바이알 사용)에 증류수 9.1 mL를 취한 후 메탄올 0.9 mL를 정밀한 시린지로 취하여 혼합하여 제조한 90,000 μg/mL 용액을 stock solution으로 한다. 기타

낮은 농도의 표준품은 stock solution으로부터 정밀한 시린지를 이용하여 희석시켜 사용한다.

④ 내부 표준용액

15～20 mL 바이알에 증류수 10 mL를 취한 후 2-Butanol 90㎕를 정밀한 시린지로 취하고 혼합하여 제조한 3,000 ㎍/mL를 내부 표준용액 stock solution으로 사용한다.

⑤ 시험용액의 조제

정성실험용 시료 조제를 위하여 20 mL 사이즈의 HS용 바이알(Teflon liner가 장착된 Metal 재질 cap, 이하 동일한 HS용 바이알 사용)에 메탄올 및 내부 표준물질이 10 ㎍/mL 수준이 되도록 첨가한 후 시료 총량이 6 mL가 되도록 증류수로 정용한다. 정량곡선용 시료 조제를 위해서는 20 mL 사이즈의 HS용 바이알에 메탄올 1, 5, 10, 50 및 100 ㎍/mL 수준이 되도록 첨가하고 내부 표준물질은 10 ㎍/mL 수준이 되도록 첨가한 후 시료 총량이 6 mL가 되도록 증류수로 정용한다.

분석용 시료의 조제를 위해서는 정량곡선용 시료 조제에 사용한 것과 동일한 바이알에 내부 표준물질이 10 ㎍/mL 수준이 되도록 첨가한 후 시료 총량이 6 mL가 되도록 증류수로 정용한다. 이때 추출 등 가공처리된 시료는 증류수로 희석하여 15～20° Brix 수준으로 점도를 조정한 후 시료로 사용하며, 정량값에 희석배수를 곱하여 최종 정량값을 산출한다(당이 적으나 점도가 높은 펙틴과 같은 추출 정제 가공품은 °Brix 수치의 적용이 불가능하므로 희석한 후 pasteur pipette에 희석액을 채우고 중력을 이용하여 떨어뜨릴 때 10초 내에 15방울 이상이 떨어지도록 점도를 조절한다).

⑥ 시험조작

㉮ 자동 헤드스페이스 샘플러

- 바이알 부피 : 20mL
- 시료(부피) : 20mL
- 바이알 온도 : 70℃
- 바이알 평형시간 : 10분
- 바늘 온도(Needle temp.) : 80℃
- 이송 관 온도(Transfer line temp.) : 90℃
- 가압시간(Pressurization time) : 0.4분
- 루프 평형시간(Loop equilibration) : 0.1분

㉯ 수동 헤드스페이스 샘플링

- 바이알 부피 : 20mL
- 시료(부피) : 20mL
- 바이알 온도 : 70℃
- 바이알 평형시간 : 10분
- 바이알 가열방법 : 250 mL 사이즈 비이커에 Sea sand를 채운 Sand bath를 70℃ 오븐에 넣어서 사용함.
- 주입 시린지 : 250 mL 사이즈 gas-tight 시린지
- 주입 시린지 온도조절 : 주입 직전 헤어드라이어로 약 20초 가열하여 사용.
- 헤드스페이스 가스 시료 주입방법 : 1mL 공기를 취하고 바이알 헤드스페이스로 주입한 후 시린지 바늘을 꽂은 채로 10초간 기다린다. 이후 바이알 헤드스페이스 기체 1mL를 취하고 시린지 바늘을 꽂은 채로 약 3초 기다린 후 빼내어 가스크로마토그래프에 천천히 주입한다.

㉰ 기체크로마토그래프 조건 I (자동 헤드스페이스 샘플러용)

- 칼 럼 : DB-624 캐필러리칼럼(60m × 0.25 mmI.D., 1.40㎛) 또는 이와 동등한 것
- 칼럼온도 : 50℃에서 6분간 유지하고 분당 8℃씩 온도를 높여 100℃에 도달하도록 한 후 5분간 유지한다. 필요에 따라 적절히 조절 가능하다.

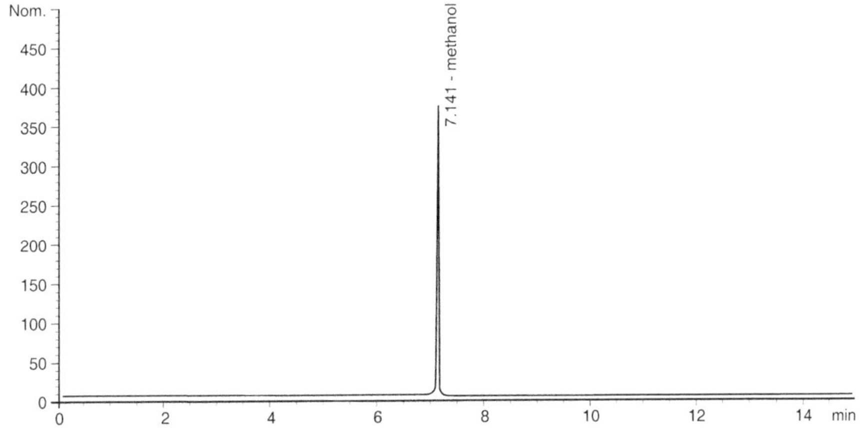

그림 8-74. 자동 헤드스페이스 샘플러에 의한 메탄올 분석(DB-624 column)

- 주입부 온도 : 150℃
- 주입방식 : 비분할주입(퍼지지연시간 1분)
- 검출기 : 불꽃이온화 검출기
- 검출기 온도 : 190℃
- 운반기체 : 질소(유속 : 분당 1 mL)

㉣ 기체크로마토그래프 조건 II (수동 헤드스페이스 샘플링용)

- 칼 럼 : CP-PoraBOND U 캐필러리칼럼(25m × 0.32 mm I.D., 7㎛) 또는 이와 동등한 것
- 칼럼온도 : 40℃에서 2분간 유지하고 분당 20℃씩 온도를 높여 120℃에 도달하도록 한 후 곧바로 분당 10℃씩 온도를 높여 190℃에 도달하면 5분간 유지한다. 필요에 따라 적절히 조절 가능하다.
- 주입부 온도 : 140℃
- 주입방식 : 비분할주입(퍼지지연 시간 1분)

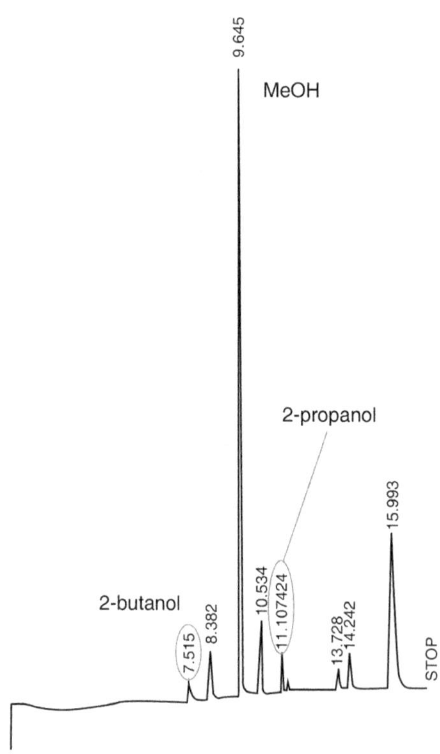

그림 8-75. 수동 헤드스페이스에 의한 메탄올 분석
(PLOT-U column, 자몽시료, 2-propanol 및 2-butanol 임의 첨가)

- 검출기 : 불꽃이온화 검출기
- 검출기온도 : 190℃
- 운반기체 : 질소(유속 : 분당 1.5 mL)

⑦ 정성시험

헤드스페이스 샘플링법에 따라 준비한 시험용액 및 표준용액의 헤드스페이스 기체를 각각 1 mL씩 주입하여 기체크로마토그래프 측정조건에 따라 기체크로마토그래피를 행하고, 시험용액 크로마토그램의 피크 검출시간과 표준용액 크로마토그램의 메탄올 및 내부 표준물질의 피크 검출시간이 일치하는지 확인한다.

⑧ 정량시험

정량곡선 작성용 농도별 표준용액을 헤드스페이스 샘플링법에 따라 전처리한 후 기체크로마토그래프 측정조건에 따라 기체크로마토그래피를 행하고, 내부표준법 및 외부표준법(자동 헤드스페이스 샘플러에 제한함)으로 정량곡선을 작성한다. 시험용액을 헤드스페이스 샘플링법으로 처리한 후 기체크로마토그래프 측정조건에 따라 기체크로마토그래피를 행하고, 내부표준법에 의한 정량을 위해서는 메탄올/내부 표준물질 피크면적 비를 구한 후 내부 표준법용 정량곡선에 대입하여 메탄올을 정량한다. 외부표준법에 의한 정량을 위해서는 내부표준법 정량법과 동일하게 수행하되 내부 표준물질을 제외하고 메탄올 피크의 면적만을 외부 표준법용 정량곡선에 대입하여 메탄올을 정량한다.

제 9 장

기체 크로마토그래피-질량분석

1. GC-MS 개론

GC-MS는 Gas chromatograph-Mass spectrometer의 약자로 가스크로마토그래프와 질량분석기(Mass Spectrometer)를 연결하여 사용하는 기기 시스템을 말한다. 과거엔 비교적 고가인 관계로 널리 쓰이지 못하다가 최근에 가격이 하락함에 따라 그 사용빈도가 크게 늘었다. 과거와 달리 질량분석기의 종류가 다양해짐에 따라 크기가 줄어들고, 마치 GC의 검출기 중 하나로서 인식되어지면서 질량분석 검출기(Mass spectrometric detector ; MSD), 즉 GC-MSD로도 불리운다.

GC-MS는 GC의 기타 검출기들이 가질 수 없는 매우 중요한 특장점들을 지니고 있는데, 그것은 질량분석기 특유의 장점으로서 개별 분석대상 성분들마다 고유한 질량스펙트럼(Mass spectrum)을 얻을 수 있으며, 이를 이용하여 미지의 성분 규명이 가능하다는 점이다.

질량스펙트럼은 마치 인간의 지문이 서로 모두 다른 패턴을 가지듯 거의 모든 화학성분들은 서로 다른 패턴을 가지고 있다. 때문에 범죄현장의 지문을 이용하여 데이터베이스에 저장된 사람들의 지문과 비교하거나, 용의자의 지문을 채취하여 비교함으로써 용의자를 밝혀내듯이 데이터베이스 상의 화학성분을 확인하거나 추정 성분을 확인할 수 있다.

비록 전자포획 검출기나 질소인 검출기와 같이 할로겐 화합물 혹은 질소나 인을 함유한 성분들을 선택적으로 검출하는 것이 가능하기는 하나, 개별 성분들이 구체적으로 어떤 성분인지를 구별해내는 것은 불가능하지만 GC-MS는 성분의 구체적 확인이 가능하므로 그 활용도는 그 어떤 기타 검출기보다도 월등히 우수하다.

질량분석기는 GC에 연결되어 하나의 검출기로 사용되지만, 기타 여러 가지 시료도입방법을 사용하여 크로마토그래피의 도움 없이 단독으로 사용되거나, 혹은 HPLC 등 기타 크로마토그래피 방법들과 연계되어 매우 다양한 활용도를 자랑하고 있다.

2. GC-MS 기기

1) GC-MS의 기본 구성

GC-MS는 대부분 그림 9-1과 같이 GC와 MS가 한 시스템으로 구성되어 판매되고 있다. 과거 MS 시스템의 부피가 컸던 때와는 달리 현재 사용하는 사중극자(quadrupole) 및 이온트랩(ion trap) 방식의 질량분석기는 그 부피가 GC보다도 작기 때문에 일반적 GC 시스템과 크기에 있어 별 차이가 없다.

GC-MS의 일반적 구성은 그림 9-2와 같이 GC에서 분리되어 나온 개별 성분이 인터페이스를 통하여 MS의 이온원(ion source)에서 이온화된 후 분석관(analyzer)을 통과하면서 질량대 하전비(mass to charge ; m/z)에 따른 분리가 이뤄지고, 검출기(detector)에서 검출된 후 증폭되고 전자적 신호로 바뀌어 데이터시스템에 기록되어진다.

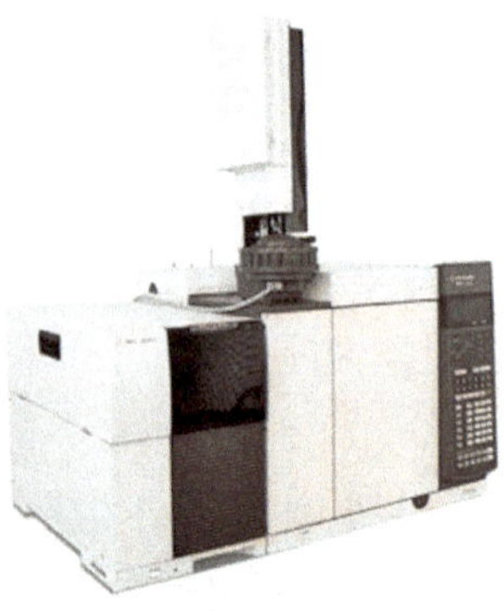

Agilent 5977B (Agilent Technologies)

ISQ 7000 (ThermoFisher Scientific)

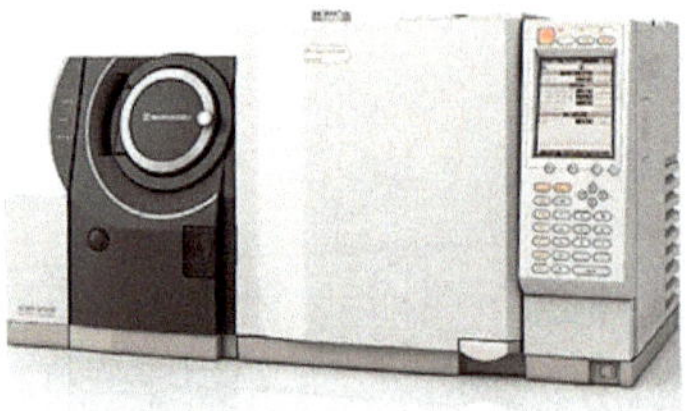

QP2010 SE (Shimadzu)

그림 9-1. 다양한 single quadrupole GC-MS

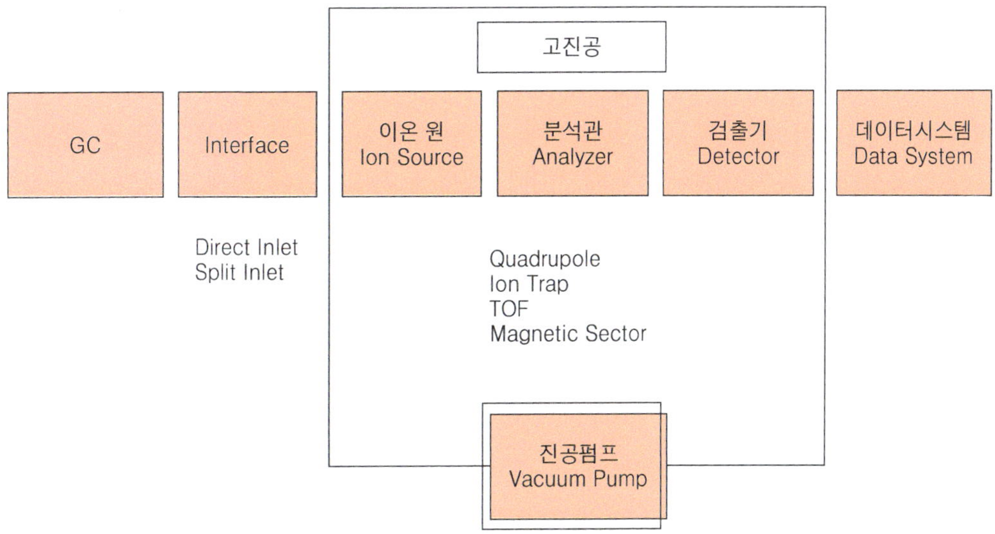

그림 9-2. GC-MS의 일반 구성

2) GC-MS의 개별 구성

(1) GC-MS 인터페이스와 진공

GC-MS는 GC에서 분리되어 나온 개별 성분을 질량분석기로 검출하는 시스템으로서 상압상태(혹은 가압상태)인 GC에서 분리된 성분들이 GC와 MS를 연결하는 인터페이스(interface)를 거친 후 $2\sim10^{-7}$ Torr 정도의 감압상태인 MS에서 검출되는 간단한 구조를 가지고 있다. 두 기기를 연결하는 인터페이스는 가능한 MS쪽의 감압상태에 영향을 주지 말아야 하며, 분리된 성분이 전달되는 동안 성분의 변화가 있어서는 안 되는 조건을 가지고 있다.

과거에는 상압상태인 GC와 감압상태인 MS를 연결하는 기술적 문제로 다양한 연결방법이 시도되었으나, 현재는 직접연결(direct interface) 방식과 분할연결(split interface) 방식이 주로 사용되고 있으나, 대부분은 직접연결 방식이다. 직접연결은 GC의 모세관 컬럼이 MS의 이온원까지 직접 연결되는 것으로, 과거 모세관컬럼이 화학적 결합법으로 제조된 것이 아닌 경우 문제가 있었으나, 현재 대부분의 모세관컬럼은 화학적 결합법으로 제조되어 해당 컬럼이 이온원에 직접 연결되어도 문제가 없으며, 다만 최적 이온화를 유발할 수 있는 컬럼 끝부분의 MS내 위치를 제대로 맞추어 주는 것이 중요하며, 해당 위치는 MS의 제조회사에 따라 다르다. 때문에 모세관컬럼을 MS에 연결할 때는 MS의 제조회사에서 권고하는 모세관컬럼의 삽입 깊이를 고려하여야 한다.

그러나 직접연결의 경우 모세관컬럼에서 유출되어 나오는 이동상의 양은 약 2 mL/min 부근에서 제한되는데, 이는 너무 많은 양의 이동상이 MS로 유입될 경우 충분한 진공상태를 유지할 수 없기 때문이다. 때문에 직접연결에 의해 대개의 GC-MSD에 사용 가능한 모세관컬럼의 내경은 대략 0.25 mm 정도까지로 제한된다. 때문에 0.53 mm 내경의 megabore 컬럼과 같은 경우는 그림 9-3과 같이 GC와 MS 사이에 일정부분의 GC 용출액을 분할하여 제거하고, MS 이온원의 진공상태가 손상되지 않을 만큼의 일부 용출액만을 MS쪽으로 도입시키는 분할연결 방식이 사용된다. 해당 방법은 GC 컬럼에서 나오는 과량의 이동상(및 분리성분)을 일부 분할하여 진공펌프로 제거하고, MS의 진공이 허락하는 수준의 이동상 흐름만을 MS로 전달하는 시스템이다. MS의 진공상태는 MS의 가장 중요한 필수 요소 중의 하나인데, 진공이 더 강력할수록 시스템 내의 탄화수소(hydrocarbon) 함량이 줄어들게 되며, GC에서 주입된 분석 성분분자가 탄화수소들과의 충돌 없이 이온원을 거쳐 검출기(detector)에 도달할 수 있는 환경을 제공한다.

이렇게 기체 분자가 다른 기체 분자와의 충돌 없이 비행할 수 있는 평균거리를 평균자유행정(行程)(mean free path ; MFP)이라고 한다. 진공 10^{-5} Torr(1.3 mPa) 하에서의 기체 분자의 MFP는 10^{4} cm 정도이다. 일반적인 모세관컬럼 유속(0.5～2.0mL/min)에서 로타리펌프에 의한 1차 진공은 0.02에서 0.1 Torr(2.7～13.3 Pa) 정도이며, 터보펌프에 의한 2차 진공은 1×10^{-6}에서 1.4×10^{-4} Torr(0.13～13.3 mPa) 수준으로서 충분한 기체 분자들의 평균자유행정을 제공한다. 하지만 진공상태가 충분

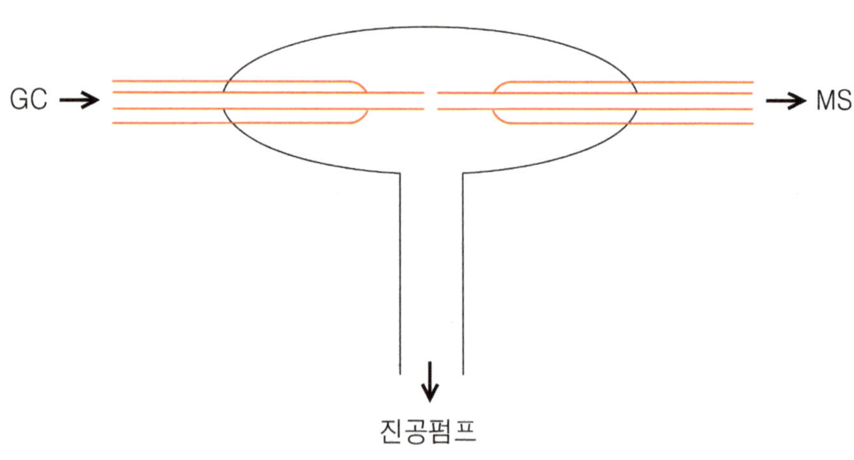

그림 9-3. GC-MS 분할연결(open split interface) 모식도

표 9-1. 다양한 압력 단위

1 psi = 1 pound per square inch = 0.07 atm
1 atmosphere(atm) = 1.013 bar = 101308 Pa
1 Torr = 1 mmHg = 1.333 mbar = 133.3 Pa
1 pascal (Pa)* = 1 newton (N) m^{-2}
1 bar = 10^6 dyn cm^{-2} = 105 Pa

* 공식 SI unit은 Pa.

하지 않으면 분자들의 평균 자유행정이 짧아지면서 탄화수소와 같은 다른 분자들과의 충돌이 빈번해지고 검출기에 도달할 수 없게 된다. 때문에 MS의 진공을 확보하는 것은 매우 중요하며, 진공의 누출(leak)이 있을 경우 분석은 제대로 이뤄질 수 없다.

(2) 이온원(ion source)

이온원은 모세관컬럼으로부터 용출되는 성분 분자를 이온화시켜 분석관으로 전달하는 역할을 한다.

① 전자충격 이온화법(electron impact ionization ; EI)

이온화 방법 중 가장 간단하며 널리 사용되는 것이 전자충격 이온화법이다. GC에서 분리된 성분분자는 먼저 이온화가 이뤄져야 분석관에서의 분리가 가능하다. 이러한 이온화는 전자가 분자 근처를 매우 인접하여 지날 때 발생하는데, 전자가 결합하여 음이온화가 일어날 수도 있으나, 대개의 경우 양이온화가 발생한다. 실상 음이온화가 일어날 확률은 양이온화에 비하여 약 1/100에 불과하다. 그림 9-4에서와 같이 주로 rhenium으로 만들어진 필라멘트가 가열되면서 방출되는 전자(electron)는 필라멘트 파트에 설치된 음극(-)의 자성과 양극(+)의 반대편 트랩(trap)의 끌림 현상에 의해 가속화되어 이온원을 가로질러 이동하면서 모세관컬럼에서 용출되어 나온 분자들과 충돌하게 된다. 이때 분자는 전자의 충돌에 의하여 스스로의 전자 하나를 내어주고 아래와 같이 양이온화된다.

$$M + e^- \rightarrow M^+ + 2e^-$$

이렇게 발생한 양이온은 반발판(repeller)에 걸린 양전하에 의하여 밀쳐져 이온원을 빠져 나오게 되며, 이온원 출구에 설치된 슬릿에 집중된 후 음전하로 하전된 렌즈(lens)들에 의해 포커싱(focusing)되면서 가속되어 분석관으로 이동한다.

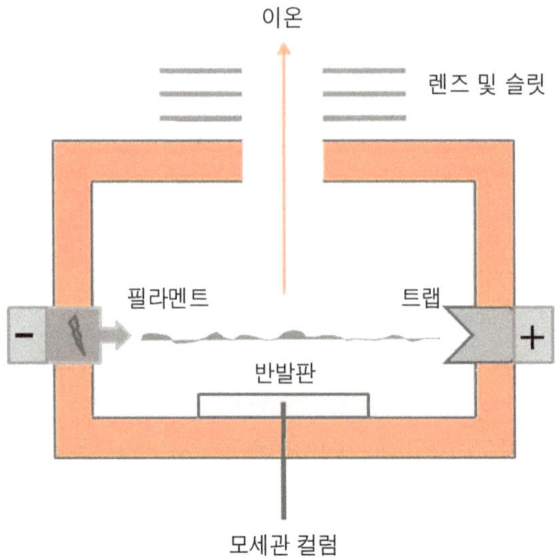

그림 9-4. 전형적 전자충격 이온원(electron impact ionization chamber)의 구조

② 화학이온화법(Chemical Ionization ; CI)

화학이온화법은 전자충격 이온화법에 비하여 낮은 에너지 과정의 이온화법으로 시약기체(reagent gas)를 이용하여 중성분자들과 이온들이 서로 작용하여 새로운 이온을 형성시키는 방법이다. 이 방법은 전자충격 이온화법으로 분자이온을 관찰할 수 없는 경우에 특히 유용한데, 분자이온의 m/z를 확인하는 데도 효과를 발휘한다. 화학이온화법은 전자충격 이온화법과 근본적으로는 동일한 이온원을 사용하는데, 다만 보다 작고 꽉 찬(tight한) 구조의 이온원과 시약기체를 사용한다. 시약기체는 주로 암모니아와 같은 것을 이용하는데, 이렇듯 시료분자가 메탄(methane)이나 암모니아와 같은 시약기체와 반응하여 새로운 이온을 형성하는 방법을 이온-분자반응이라고 부른다. 시약기체는 시료분자와 약 100 : 1의 비율로 공급되어진다. 양이온과 음이온이 모두 생성되는데 이온원의 전압, 검출기 설정 등에 따라 양이온 혹은 음이온만 검출하게 된다.

화학이온화법에서 이온분자들은 이온화된 시약기체 가스분자(G)와 휘발성의 중성 시료분자(M) 사이의 이온분자 반응이 일어나 종종 유사(pseudo) 분자이온인 MH^+ (양이온 모드) 혹은 $[M-H]^-$(음이온 모드)를 형성한다. 전자충격 이온화법의 분자이온과는 달리 이온의 토막화는 거의 일어나지 않고 MH^+ 및 $[M-H]^-$ 이온이 주된 이온으로 관찰된다. 양이온 및 음이온 모드에서의 반응식은 다음과 같다.

■ 양이온 모드(Positive ion mode)

$$GH^+ + M \longrightarrow MH^+ + G$$

■ 음이온 모드(Negative ion mode)

$$[G-H]^- + M \longrightarrow [M-H]^- + G$$

화학이온화법에 사용되는 이온원의 압력은 대개 0.1～2 torr 정도가 걸리는데, 이는 시약기체 분자와 시료 중성분자들 간의 충돌을 극대화하여 감도를 증가시키는 효과를 준다. 화학이온화법에서 사용되는 시약기체로는 암모니아, 메탄 및 이소부탄 등이 있다. 어떤 기체를 선택하느냐에 따라 유사 분자이온의 토막화가 달라지게 된다. 아래는 시약기체에 따른 화학이온화 과정을 나타낸 것이다.

■ 양이온 화학이온화(positive chemical ionization)

시약기체 : 메탄(methane)

$$CH_4 + e \longrightarrow CH_4^{+\cdot} + 2e \longrightarrow CH_3^+ + H^\cdot$$
$$CH_4^{+\cdot} + CH_4 \longrightarrow CH_5^+ + CH_3^\cdot$$
$$CH_4^{+\cdot} + CH_4 \longrightarrow C_2H_5^+ + H_2 + H^\cdot$$

주요 발생 이온 : MH + (base peak), $[M + CH_5]^+$, 및 $[M + C_2H_5]^+$

시약기체 : 이소부탄(isobutane)

$$i\text{-}C_4H_{10} + e \longrightarrow i\text{-}C_4H_{10}^{+\cdot} + 2e$$
$$i\text{-}C_4H_{10}^{+\cdot} + i\text{-}C_4H_{10} \longrightarrow i\text{-}C_4H_9^+ + C_4H_9 + H_2$$

주요 발생 이온 : MH^+

시약기체 : 암모니아(ammonia)

$$NH_3 + e \longrightarrow NH_3^{+}\cdot + 2e$$
$$NH_3^{+}\cdot + NH_3 \longrightarrow NH_4^+ + NH_2\cdot$$
$$NH_4^+ + NH_3 \longrightarrow N_2H_7^+$$

주요 발생 이온 : MH^+ and $[M+NH_4]^+$.

가장 널리 사용되는 시약기체는 암모니아(NH_3)로서 CH_5^+에 비하여 NH_4^+의 에너지 전이가 낮기 때문이다. NH_3를 시약기체로 사용할 경우 대개 MH^+ 및 MNH_4^+(17 mass units 차이)가 주로 관찰된다.

■ 음이온 화학이온화(negative chemical ionization)

음이온은 열전자를 첨가하거나, 전자교환과정을 거치거나, 양성자를 제거하는 과정 등을 통하여 생성이 가능하다. 비록 전자충격 이온화법에서 극히 미량이 생성되기도 하나 검출이 될만한 수준은 아니다. 음이온 화학이온화법은 아래와 같은 세 가지 메커니즘으로 음이온 화학이온화를 설명할 수 있다.

- 전자포획반응 : 비교적 움직임이 느리며, 낮은 에너지를 가지고 있는 "열화된" 전자는 다른 것들에 비하여 보다 효율적으로 시료 분자에 전달이 용이하다. GC-ECD의 검출과정과 유사하며 때문에 전자친화도가 높은 할로겐화합물 등에 대한 음이온 화학이온화법의 특이적인 민감도에 큰 기여를 한다.
- 이온화된 시약기체로부터의 전자 이동 : 예를 들어 NH_2^-이 NH_2보다 더 큰 전자친화도를 가지고 있는 분자에 전자를 전달하는 것, 즉 시약이온과 시료분자 간의 전자 이동시 시료분자의 전자친화도가 전자를 제공하는 시약이온의 전자친화도보다 클 때 해당 반응이 일어날 수 있다.
- 양성자 제거반응 : 시료분자로부터 양성자를 제거할 때 일어나는 반응. 주로 시약기체 이온의 양성자에 대한 친화도가 시료분자의 양성자 친화도보다 클 때 발생할 수 있다. 양성자 친화도가 큰 시료분자로는 산성 수소를 가진 알콜, 페놀과 같은 성분을 들 수 있다[2].

음이온 화학이온화법에 의한 질량스펙트럼에서 주로 관찰되는 이온은 M^- 또는 $[M-H]^-$ 등이다.

(3) (질량)분석관(Analyzer)

분석관은 이온원에서 빠져나온 이온들을 질량 대 전하비율(mass to charge ; m/z)에 따라 분리하는 기능을 수행하는 MS의 핵심부분으로 전기장 및 자기장이 단독 혹은 혼합하여 사용된다. 분석관은 자기형(magnetic), 사중극자형(quadrupole), 이온포집형(ion trap) 및 비행시간형(time of flight) 등이 있다.

---

2) 김택제, 명승운, 조현우, 김명수 저 「실용적인 기체 액체 크로마토그래피와 질량분석법」, 2002, 자유아카데미

① 사중극자형

현재 GC-MSD에 가장 널리 사용되는 분석관이다. 그림 9-5에서와 같이 사중극자형 분석관은 4개의 평행한 금속봉으로 구성되어진다. 서로 대칭으로 서로 바라보는 봉들은 같은 극성을 가지고 있으며, 각각 DC(direct current)와 RF voltage(radio frequency voltage)가 걸려 있다. 때문에 DC가 RF voltage와 겹쳐지게 된다. 두 개의 서로 바라보고 있는 봉들은 +(U+Vcos(ωt)) 및 -(U+Vcos(ωt))를 가지고 있다. 여기서 'U'라고 표시한 것은 고정 전위(電位, fixed potential)이며, Vcos(ωt)는 진폭(amplitude) 'V'에 걸리는 RF를 말한다. 그리고 'ω'는 진동수(frequency)를 나타낸다. 서로 바라보고 있는 한 쌍의 봉에 걸어주는 전위는 cos(ωt) cycles을 가지고 시간(t)에 따라 사인곡선의 모양으로 변하게 된다. 봉들의 중앙에는 특정 이온들이 장(場) 자유영역(field free region)을 진동(oscillation)을 그리면서 지나갈 수 있게 된다. 이러한 진동은 개별 이온들의 *m/z*에 따라 복잡한 이온들의 이동경로를 형성하게 되며, 전위 'U'와 'V' 그리고 진동수 'ω'의 특정 조합에 따라 특정 이온(들)은 사중극자를 거쳐 검출기에 무사히 도달할 수 있게 된다. 그리고 해당 조합 조건에 맞지 않는 모든 다른 *m/z*를 지닌 이온들은 사중극자 봉에 부딪혀 사멸되어 검출되지 않는다(그림 9-6). 분석범위(분자의 질량) 및 분해능(resolution)은 사중극자 봉의 길이와 내경에 따라 달라진다.[3)]

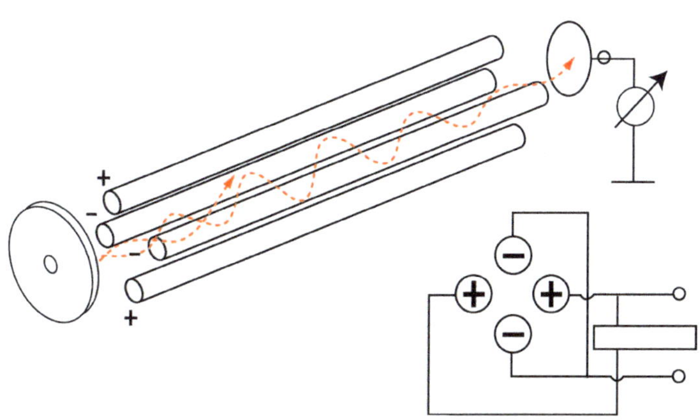

그림 9-5. 사중극자질량 분석관(그림 출처[4)] InProcess Instruments, Germany, http://www.in-process.com)

3) The University of Bristol, School of Chemistry, http://www.chm.bris.ac.uk/ms/theory/quad-massspec.html
4) https://www.in-process.com/service/know-how.html

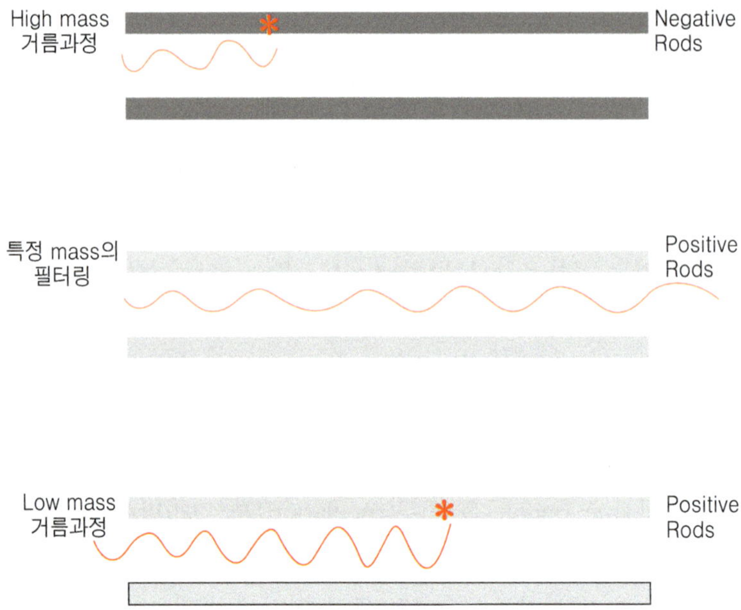

그림 9-6. 사중극자 분석관을 통한 특정 *m/z* 성분의 선택과정 및 기타 선택하지 않은 *m/z* 성분들의 거름과정 모식도

사중극자형 분석관은 주사 모드(scan mode)에서는 낮은 *m/z*로부터 높은 *m/z*로 정해진 시간 동안 이온을 검출하게 된다. 예를 들어 *m/z* 100에서부터 1,000까지 1초 동안 주사하게 되면 0.001초에 1 단위의 *m/z*에 머물게 되므로 단속(斷續)적인 검출이 이뤄지게 되어 엄밀히 말하자면 모든 이온을 검출하지는 못한다. 때문에 경우에 따라 용출되는 피크의 정점을 놓치게 되면 정밀한 정량분석에 문제가 생길 수 있으므로 주사조건, 즉 scan/sec와 같은 조건 설정에 주의를 기울여야 한다.

주사모드에 의해 발생되는 크로마토그램을 TIC(total ion chromatogram)라고 하는데, 이것은 보통의 GC 크로마토그램과 유사하나, 개별 피크는 그림 9-7(a)와 같이 하나의 질량스펙트럼으로 이뤄져 있어 GC 크로마토그램에 비하여 데이터 파일의 크기가 매우 크다.

사중극자형을 비롯하여 아래 설명할 자기형 및 이온포집형 분석관에서는 SIM 모드(selective ion monitoring mode)라는 특정 주사방법을 사용하여 이온의 선택성 및 감도를 획기적으로 증가시킬 수 있다(그림 9-7(b)). SIM 모드란 *m/z* 범위 대신 지정한 *m/z* 숫자를 선택하여 선택적으로 모니터링 하도록 하는 방식을 말한다. 그림 9-8에서와 같이 주사모드에서는 넓은 *m/z* 범위를 정해진 시간 동안 반복하여 주사함으로써 개별 *m/z*에 대해 모니터링 하는 시간은 매우 제한적인데 반해 SIM 모드에서는

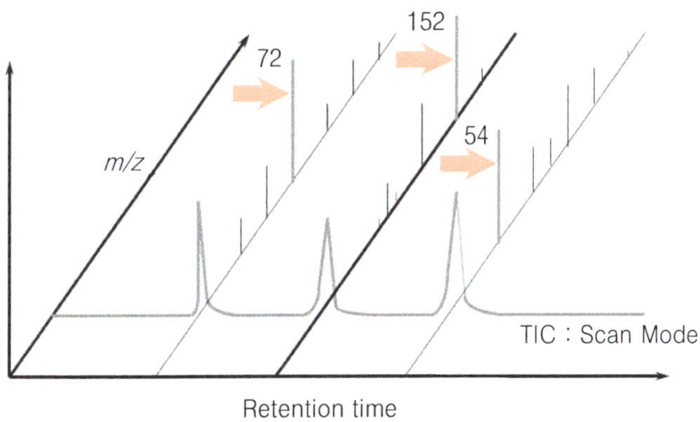

(a) 주사모드(scan mode)를 통한 이온크로마토그램
및 질량스펙트럼 모식도

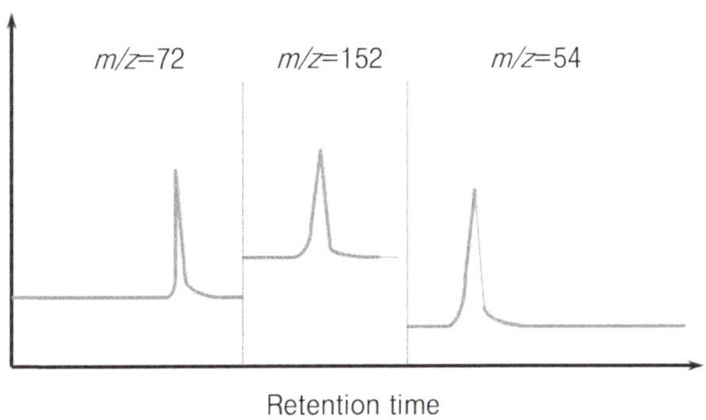

(b) 선택주사모드(SIM mode)를 통한 이온크로마토그램
및 질량스펙트럼 모식도

그림 9-7. 사중극자형 분석관을 통한 이온크로마토그램 및 질량스펙트럼 모식도[5)]

지정한 몇 개의 특정 *m/z*만을 미리 정한 머무름시간(dwell time) 동안 모니터링 함으로써 개별 *m/z*를 모니터링 하는데, 상대적으로 장시간을 소요할 수 있어 감도가 크게 향상되므로 결과적으로 훨씬 더 적은 양의 성분도 검출할 수 있게 된다. 또한 검출하고자하는 성분의 몇 가지 *m/z*만을 선택함으로써 만약 방해성분이 겹쳐져 있는 경우 방해 성분이 가지지 못한 *m/z*를 선택함으로써 보다 정밀하고 정확한 정량이 가능하다. 주사모드로 얻은 피크에는 개별 성분의 전체 질량스펙트럼이 담겨 있으므로 해당

5) 부경대학 공실관 VOCs/냄새 분석실 제작 「GC-MS의 원리 및 이론」 ppt 자료

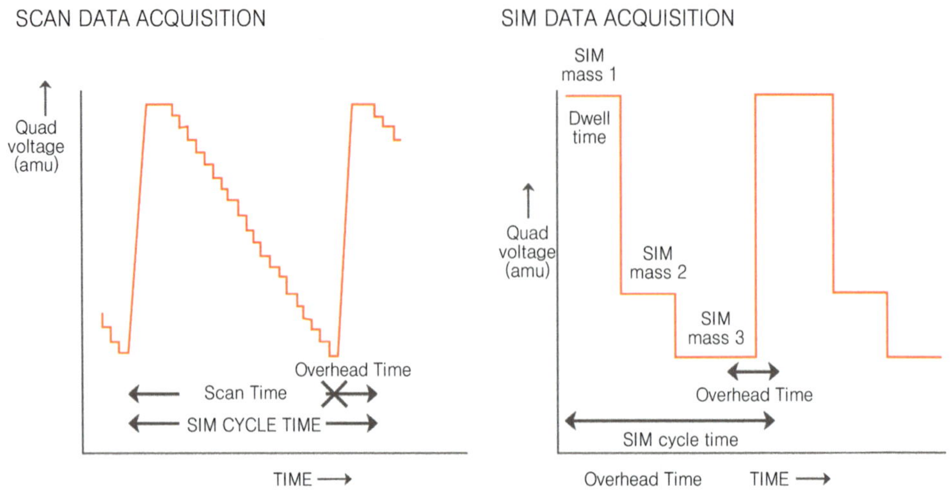

그림 9-8. 주사모드(Scan mode) 및 SIM 모드의 주사 및 모니터링 과정

성분의 확인에 매우 유용한 반면, 바탕에 깔리는 노이즈(noise) 및 방해 성분 등이 겹칠 수 있을 가능성이 있으므로 정량분석에는 유용하지 않은 경우가 많다.

일반적으로 사중극자형 질량분석기는 정수 질량만을 분리할 수 있는 낮은 분해능(low resolution)을 가지고 있다. 기기마다 차이는 있으나, 대부분의 중저가 GC-MSD의 *m*/*z* 범위는 10~800 정도이며, 고가 기기의 경우 약 *m*/*z* 2000 정도까지 검출 가능하다. 그러나 내경이 크며 짧은 컬럼을 사용하고, 온컬럼주입법과 같은 특수한 시료주입법을 사용하지 않는 한 GC 분석이 가능한 휘발성을 가지는 분자들의 질량은 약 700 정도가 한계이므로 GC-MS에 있어 800 이상의 *m*/*z* 범위는 큰 의미가 없다.

② 이온포집형

사중극자형 분석관과 함께 현재 GC-MSD에 매우 빈번하게 사용되는 분석관이 이온포집형 분석관이다. 이온포집형 분석관은 도넛과 같은 모양을 하고 있는 고리형 전극(ring electrode)과 반구형의 덮개형 전극으로 이뤄져 있다. 고리형 전극은 $-(U+V\cos(\omega t))$를 가지며, RF voltage가 걸리면 덮개형 전극은 접지상태가 된다. 사중극자형 분석관과 마찬가지로 특정한 전위 'U'와 'V' 그리고 진동수 'ω'를 걸어주면(즉, 간단히 말해 RF voltage를 걸어주면) 해당 상태에서 머무름이 가능한 *m*/*z*의 이온이 고리형 전극과 덮개형 전극 사이의 중앙에서 안정한 궤도를 가지며 회전하게 된다. 즉, 음전하가 걸리는 고리형 전극의 상태로 인하여 양전하를 가지는 분자시료들은 포집이 가능한 것이다. 이때 전압을 차츰 증가시키면 모든 이온들이(최대 15분까지) 포집되었다가 U, V 및 ω를 변화시켜 주면 작은 m/z를 가지는 이온부터 빠져 나오고 차츰 큰 m/z를 가지는 이온들이 빠져 나오게 된다.

이온포집형 분석기의 가장 큰 장점은 이온들이 포집되어 있는 시간이 사중극자형 등의 기타 분석관에 비하여 길어짐으로써 농축의 효과가 있으며, 이온원으로부터 검출기에 이르는 거리가 상대적으로 짧기 때문에 감도가 우수하다는 점이다. 하지만 분석에 방해가 되는 성분들의 경우도 마찬가지 효과를 받게 됨으로써 바탕 노이즈가 커질 수 있는 단점도 있다.

또한 필자의 경험에 의하면 이온포집형 분석관을 사용하는 질량분석기의 경우 시료의 농도에 따라 질량스펙트럼의 양상이 크게 변하는 현상이 나타난다. 이러한 현상은 특히 시료가 고농축 상태일 때는 이온화된 분자의 토막화가 일어나지 않은 분자이온의 비율이 상대적으로 크게 나타나며, 농도가 줄어들수록 토막화가 많이 일어난 형태의 질량스펙트럼이 산출된다는 것이다. 때문에 사중극자형 분석기에 비하여 이온포집형 분석기로 산출된 질량스펙트럼의 경우 라이브러리를 이용한 성분 확인의 정확성이 떨어지는 경우가 있을 수 있다. 이온포집형의 분리능 및 m/z 범위는 사중극자형과 유사하여 주로 낮은 분리능(단위 분리능으로 정수)과 m/z 2000 이내의 범위를 나타낸다.

③ 자기형(磁氣形)

자기형 분석관(magnetic sector analyzer)은 가장 오래된 질량분석기에 사용된 분석관 형태로 크게 나누어 단일초점형(single focusing)과 이중초점형(double focusi-

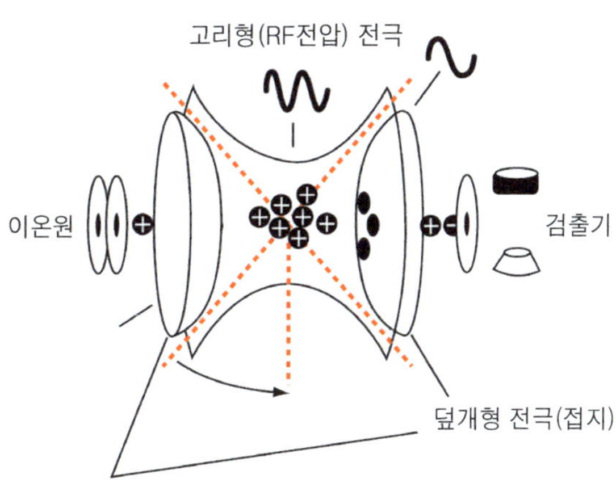

그림 9-9. 이온포집형 분석관(ion trap analyzer)

ng)으로 나뉜다. 그림 9-10은 이중초점형 자기형 분석관을 나타내고 있는데, 해당 그림에서 정전기분석관이 제거되면 단일초점형 분석관이 된다. 이온원에서 이온화된 시료분자들은 슬릿을 통해 자기형 분석관으로 이동되며, 이들 이온들은 아래 식 7.1과 같은 운동에너지를 가지게 된다.

$$KE = \frac{1}{2} mv^2 = zV \tag{7.1}$$

여기서 m은 이온의 질량, v는 이온의 이동 속도, z는 이온의 charge를 나타내며, V는 분석관에 걸어주는 가속전압(voltage)을 말한다. 만약 질량 m을 가진 이온이 속도 v로 반경 r을 가진 원주를 통과하면 해당 이온은 원심력을 겪게 되며 식 $\frac{mv^2}{r}$ 이라는 식으로 표현할 수 있다. 이온이 경로에서 벗어나지 않고 휘어진 분석관을 제대로 통과하기 위해서는 원심력에 상응하는 힘을 적용하여 균형을 맞추어 주어야 한다. 바로 이 힘이 질량분석기에 걸어주는 자기력(magnetic force)으로서 Bzv로 표현하며, 여기서 B는 분석관의 자기장에 걸어주는 세기(magnetic field strength)이다. 만약 두 힘이 정확히 같다면 해당 힘을 받는 이온은 무사히 휘어진 분석관을 통과할 것이며, 아래 식이 가능하다.

$$\frac{mv^2}{r} = Bzv \tag{7.2}$$

상기 식 7.1과 7.2를 산술적으로 풀어내면 아래 식 7.3과 같이 표현이 가능하다.

$$\frac{m}{z} = \frac{B^2r^2}{2V} \tag{7.3}$$

즉, 어떤 특정한 값 B(자기장의 세기)와 가속 전압 V가 걸린 상태에서 곡률반경 r을 지나서 검출기에 도달할 수 있는 이온은 특정한 m/z 값을 가진 이온이라는 말이다. 기타 모든 다른 이온들은 부채꼴형 분석관의 벽면에 부딪쳐 사멸하게 된다.

만약 이온의 속도가 일정하다면 운동에너지도 일정할 것이다. 즉, MS에서 모든 동일한 m/z 값을 가지는 이온들은 모두 동일한 운동에너지를 가지게 되어 같은 이동속도를 가지게 된다. 전자기는 이들 이온들을 각 이온들의 질량, charge 및 속도에 따라 분리시켜 주는 일종의 velocity focussing의 결과를 낳게 된다. 그런데 실상 단일초점형 질량분석기에서 나타나는 현상을 보면, 동일한 m/z를 가지는 이온들이라고 할

지라도 가속 후에는 모두 똑같은 운동에너지를 갖는 것은 아니다. 이 때문에 질량분석기의 분리능에 한계가 나타나게 된다. 같은 m/z를 가지고 있는 이온들의 운동에너지에 차이가 나게 되는 원인 중에는 이온원 내부에 걸리는 이온화 에너지의 분포가 일정치 않다는 점으로 동일한 m/z를 가지는 이온이라고 할지라도 이온원 내부에서 발생한 위치에 따라 서로 다른 전위차를 겪게 됨을 의미한다. 이 때문에 최종적인 질량스펙트럼의 피크 너비는 넓어지게 되며, 분리능은 떨어지게 된다. 여기서 분리능은 크로마토그래피의 피크 분리능과 비슷하게 생각하면 된다. 크로마토그램의 피크가 성분 하나를 나타내는 것이라면 질량스펙트럼의 피크란 한 성분이 이온화되면서 쪼개어진 토막이온을 말하는 것이다.

상기에 설명한 분리능의 손실을 개선하기 위하여 도입된 것이 이중초점형 분석관이다. 그림 9-10과 같이 단일초점형 자기형 분석관에 정전기 분석관이 더해진 것이 이중초점형 분석관이다. 이온화된 분자는 분석관으로 도입되면서 이미 설명한 바와 같이 식 7.1과 같이 운동에너지를 가지게 되는데, 이때 정전기 분석관의 양극(+) 및 음극(-) 사이의 전위차 E가 걸리는 영역을 먼저 만나게 된다. 아래쪽에 위치한 음극으로 인하여 양극을 띠고 있는 이온은 아래쪽으로 향하면서 우측 각도로 휘게 된다. 이때 휘는 힘의 크기는 F로 나타내며, 아래 식 7.4와 같이 이온의 charge와 정전기 분석관의 전위차에 비례하는데 F 덕분에 이온은 휘어진 경로를 따라서 문제없이 이동하게 된다.

$$F = zE \tag{7.4}$$

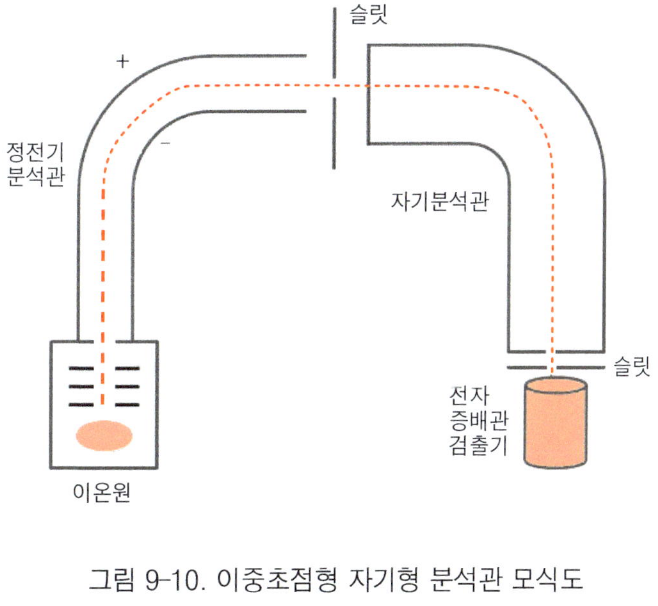

그림 9-10. 이중초점형 자기형 분석관 모식도

이러한 전기적 힘은 원심력과 평형을 이루게 되어 이온은 v라는 속도로 정전기장의 곡률반경 R을 가지는 원주를 따라 움직이게 되며, 이는 아래 식 7.5와 같이 나타낼 수 있다.

$$zE = \frac{mv^2}{R} \tag{7.5}$$

식 7.5를 식 7.2와 함께 결합시키면 곡률반경 R, 자기분석관의 가속전압 V 그리고 정전기 분석관의 전위차 E에 대하여 아래 식들로 나타내어질 수 있다.

$$mv^2 = 2zV = zER$$

$$R = \frac{2V}{E} \tag{7.6}$$

그러므로 이온은 가속전압 V와 전위차 E를 통과하면서 같은 운동에너지를 가지고 있는 m/z와 상관없이 곡률반경 R을 따라 움직이는데, 운동에너지가 더 높은 이온일수록 원심력의 영향을 더 받아 곡률반경 R 만큼 우측 각도로 휘지 못하게 되며, 운동에너지가 적으면 원심력의 영향을 덜 받아 보다 우측으로 휘게 되어 두 경우 모두 검출기에 이르지 못하게 된다. 때문에 이중초점형 분석관에서는 정전기 분석관과 자기분석관 사이에 슬릿을 두어 정전기 분석관을 통과한 이온들 중 오직 정확한 곡률반경 R과 일치하는 이온만을 자기분석관으로 들여보내 해당 질량스펙트럼 피크의 띠넓힘 현상을 줄여 주게 됨으로써 질량분석기의 분리능을 최대 100,000까지 극대화시킬 수 있다. 이러한 고분해능을 이용하면 소수점 4자리까지 정확한 m/z 확인이 가능하여 동일한 정수값의 m/z를 가지는 성분이 많고 검출 농도가 ppt 수준까지 떨어지는 다이옥신, PCBs 등의 이성질체 혼합체 분석에 주로 사용된다.

④ 비행시간형

비행시간형 분석관의 이온 분리 방식은 해당 이온의 질량에 전적으로 의존하게 되므로 마치 매우 정밀한 저울을 사용하는 것과 유사하다. 이름에서도 알 수 있듯이 비행시간형 방식은 이온의 질량에 따라 가벼운 것은 비행시간이 짧고, 무거운 것은 비행시간이 길어지는 원리를 이용하여 검출기에 도달하는 시간에 차이가 생기게 된다(그림 9-11). 순차적으로 검출기에 도달한 이온들은 질량스펙트럼의 x 좌표에 m/z에 따라 피크로 표시된다. 때문에 이온들이 공기 등 다른 방해성분들과 충돌 없이 검출기에 이르기 위해서는 충분한 진공이 필수적이며, 대개 고진공하에서 이온의 평균자

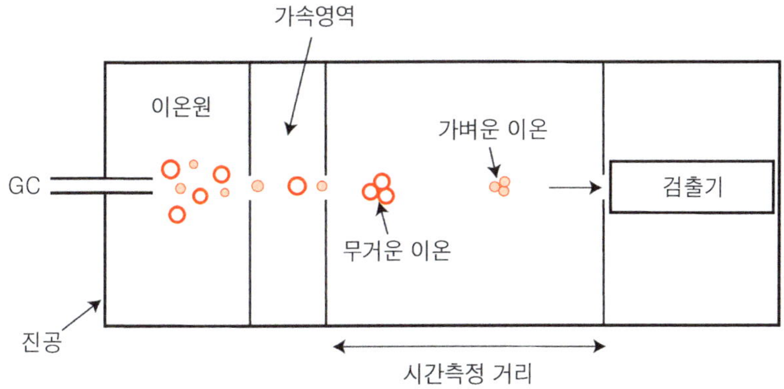

그림 9-11. 비행시간형 분석관을 장착한 질량분석기 모식도

유행정은 약 600 m에 이른다. 이온들은 20～30 kV 정도의 고전압의 전기장 펄스에 의해 모두 같은 운동에너지를 가지고 동시에 출발·가속되며, 가속된 이온들은 *m*/*z*에 반비례하여 전기장이 없는 분석관 영역으로 들어간다. *m*/*z*에 반비례하므로 질량이 큰 성분은 느리게 이동하게 되며, 비행시간은 대략 1～30 μs 수준이다.

이온화되어 비행시간형 분석관으로 들어간 이온이 가지게 되는 속도는 아래 식으로 표시된다.

$$v = \sqrt{\frac{2 \times E}{m}} \tag{7.7}$$

여기서 *v*는 이온의 속도이며, *E*는 펄스 전기장에 의한 운동에너지, 그리고 m은 질량이다. 즉, 이온속도의 제곱은 질량에 반비례한다. 또한 식 7.7은 아래 식 7.8과 같이 나타낼 수 있다.

$$t = \frac{l}{v} = l \times \sqrt{\frac{m}{2 \times E}} \tag{7.8}$$

*t*는 비행시간, *l*은 비행거리이다. 비행거리 0.6 m를 가지는 비행시간형 분석관에서 분자량 26을 가지는 성분의 경우 비행시간은 6 μsec 정도로 계산되어진다. 서로 다른 질량을 가진 이온들을 충분히 분리하기 위해서는 약 2 nsec 정도의 분리능을 가져야 한다. 이온원에서 이온화된 분자는 매 20 μsec마다 *m*/*z*가 기록되어진다. 1초 내

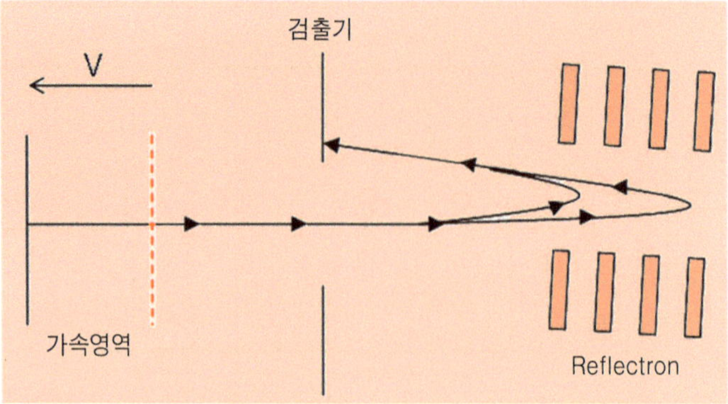

그림 9-12. 이온 반사경(Reflectron) 비행시간형 분석관 모식도6)

에서는 5만 번의 분석 사이클을 가지게 된다. 때문에 비행시간형 질량분석기는 매우 빠른 A/D 컨버터(Analogue/Digital converter)가 필요하다.

비행시간형 분석관에서 분석되어지는 이온들은 펄스 형태로 분석관에 주입되어야 하는데, 이때 비록 같은 *m*/*z*를 가진 이온들이라 하여도 비행시간의 차이가 발생할 수 있으며, 이러한 차이는 분리능 저하로 나타날 수 있다. 이러한 분리능 저하는 관의 길이를 늘리거나 가해주는 펄스 전기장의 세기를 강하게 함으로써 어느 정도 상쇄가 가능하다. 또한 이온들의 지연추출법(delay extraction) 및 이온 반사경을 이용한 방법 등도 효과적으로 분리능 저하를 줄여 줄 수 있다. 특히 그림 9-12와 같은 구조를 가지는 이온 반사경은 실제 기기에 많이 응용되는 기술로서 동일한 *m*/*z*를 가지는 이온 이온의 운동에너지가 다른 경우 비행시간형 분석관을 날아서 도달하는 반사경(reflectron)에 파고드는 깊이가 달라지는 원리를 이용과 것이다. 즉, 운동에너지가 큰 이온은 반사경에 깊이 도달한 후 반사되며, 운동에너지가 작은 이온은 반사경에 얕게 파고든 후 반사되므로 각각의 운동에너지에 의한 차이가 상쇄되어 종국적으로 검출기에 도달하는 시간은 같게 된다.

비행시간형 분석관 방식의 질량분석기는 여러 가지 장점을 가지고 있는데, 장점 중 하나는 정해진 시간내 분석사이클의 수가 기타 분석관과는 비교가 안 될 정도로 빠르므로 타 분석관 방법에서 놓칠 수 있는 피크 내 포인트를 모두 데이터로 확보 가능하다는 점이다. 그림 9-13에서와 같이 150 msec 내에서 용출되는 dodecane 피크를 10회 주사한 것과 250회 주사한 것의 모양은 큰 차이가 있다. 10회 주사한 경우는 해당 피크의 정점을 놓치게 됨으로써 정밀·정확한 분석이 힘들지만, 250회 주사한 경

6) KORE Technology, http://www.kore.co.uk

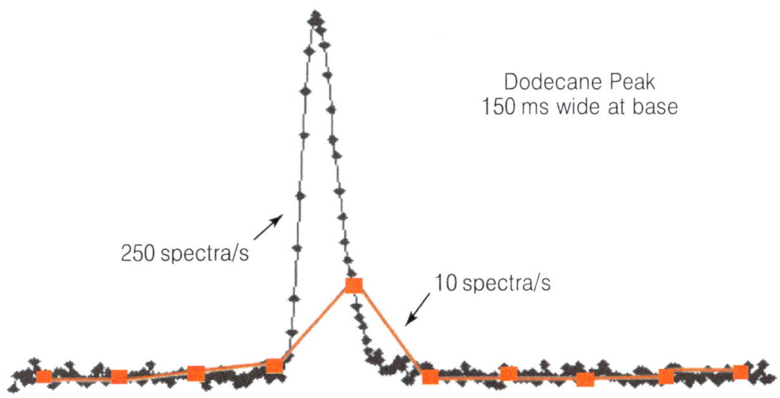

그림 9-13. Dodecane 피크의 150 msec 내 주사수에 따른 피크 모양 비교(Leco 자료)

우는 피크의 모양이 제대로 갖추어진 것을 볼 수 있다. 비행시간형 주사관 방식에서는 연속적인 개별 포인트의 연속적인 기록이므로 주사라는 용어가 정확한 표현은 아니다. 그러나 비행시간형 질량분석기의 경우 기타 방법들과 달리 주사방식이 아니기 때문에 SIM 모드는 불가능하며 항상 전체 주사형식의 질량스펙트럼이 얻어진다. 내개의 경우 SIM 모드를 통하여 감도의 획기적 향상이 가능한 점을 고려하면 비행시간형 질량분석기의 경우 감도상의 약점이 있을 수 있으나, 각 회사별 기기들의 특성 차이가 심하므로 단편적인 비교는 불가능하다.

(4) (이온) 검출기

보통 GC에 익숙한 사람은 검출기라고 하면 FID나 ECD 등과 같은 것들을 생각할 것이다. 그러나 질량분석기를 구성하는 검출기는 보다 협의적 의미의 검출기로 생각할 수 있다. 즉, 분석관에서 m/z에 의하여 분리되어 나온 이온을 전기적 신호로 바꾸어주는 역할을 하는 기기 구성단위이다. 검출기에 가장 많이 사용되는 방식은 전자증배관(electron multiplier; EM)으로서 증배관 내부에 도입된 이온이 연속적 다이노드(continuous dynode) 형태의 증배관 내부 벽에 반복적으로 반사되면서 증폭되는 원리이다. 일차충돌에 의하여 방출되는 이차 전자가 두 개의 전자를 방출하게 되는 2차 전자방출(secondary electron emission) 방식은 증폭되는 전자가 증배관의 바닥에 도달할 때까지 계속된다[7]. 전자충격 이온화법 등으로 생성된 이온들의 절대적인 숫자

7) NASA, Huygens Probe Gas Chromatograph Mass Spectrometer, http://huygensgcms.gsfc.nasa.gov/MS_Detector_1.htm

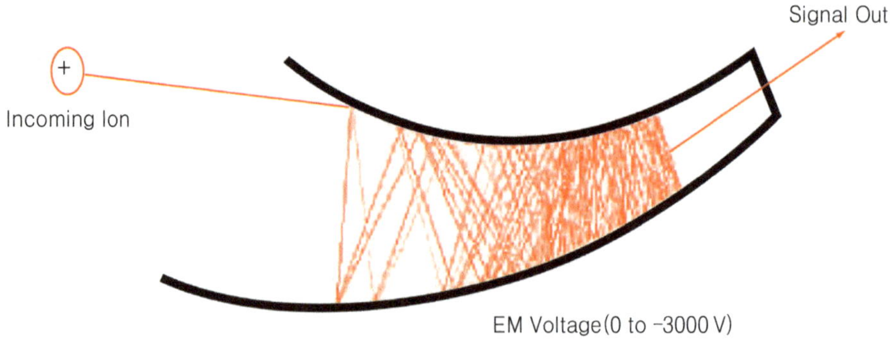

그림 9-14. 전자증배관을 통한 이온 증폭과정

는 피크로 표시하기에 너무 적은 수이므로 신호 증폭이 필요하게 된다. 이러한 전자증배관이 없다면 100 pg 시료에 대하여 단지 10^4개의 이온만이 관찰될 것이다. 각 이온들은 단지 1.6×10^{-19} Coulomb의 전하를 띠고 있으므로 최상 조건에서 생성된 전류라고 하더라도 매우 미약한 수준이다[8].

3. 질량분석법의 원리

1) 질량분석법의 개념

질량분석기의 성분 검출 방법인 질량분석법을 간단히 설명하면 하나로 맞춰져 있는 퍼즐에 임의의 힘을 가해 개별적 퍼즐 조각으로 분리한 후 각 퍼즐조각을 모아 질량스펙트럼이라는 그림으로 표현한 것이라고 할 수 있다.

그림 9-15에서와 같이 분자량 350을 가지는 유명한 유기인계 농약인 크로르피리포(Chlorpyrifos)의 질량스펙트럼은 그림 9-16과 같다. 각각의 막대그래프 x좌표는 이온화 과정에서 모화합물(질량 350)이 조각조각 쪼개어지고, 이온화된 개별 조각 성분(양이온)들이며, y좌표는 조각 성분들의 이온화된 비율을 말한다.

시료로부터 분자나 원자를 이온화시킨 후 얻어지는 질량에 대한 전하의 비율(mass to charge ratio ; m/z)에 따라서 이온을 분리·측정하는 질량분석법은 그림 9-16과 같이 이온원(ion source)에서 전자빔에 의해서 충격 받은 모화합물은 상대적으로 약한 결합이 깨어진 토막이온들을 형성하여 질량스펙트럼으로 나타난다. 모화합물이 이

8) 김택제, 명승운, 조현우, 김명수 저 「실용적인 기체 액체 크로마토그래피와 질량분석법」, 2002, 자유아카데미

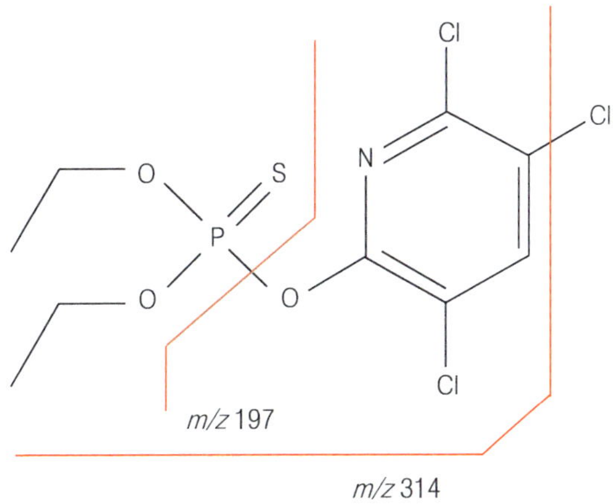

그림 9-15. 농약 크로르피리포스의 구조식

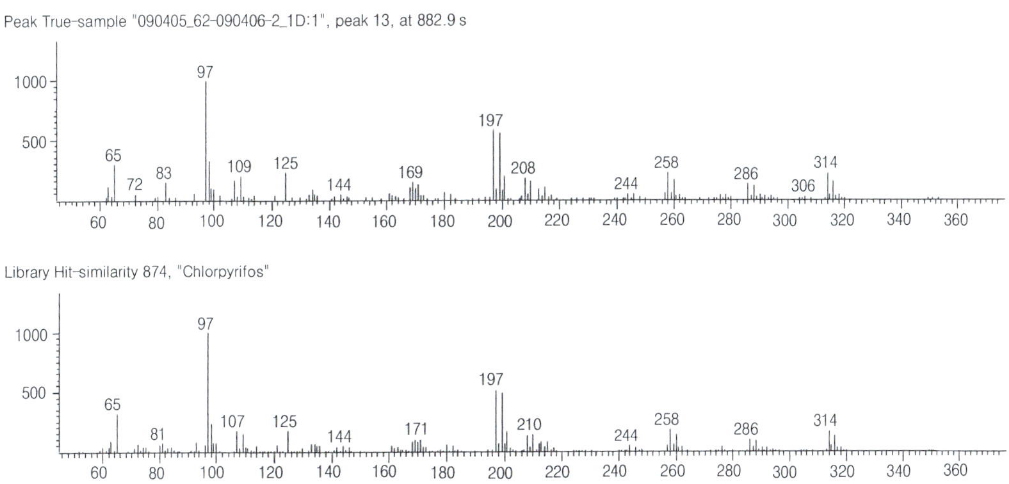

그림 9-16. 농산물 시료에서 검출된 잔류농약 크로르피리포스의 질량스펙트럼 (上)과 질량스펙트럼 라이브러리 내에 저장된 크로르피리포스 질량 스펙트럼(下)의 비교

온화된 형태인 분자이온(molecular ion)은 M^+로 표시하며, 이온화 과정에서 하나의 전자가 제거되면서 발생하게 되는데 대부분 불안정하여 아래와 같이 양이온과 하전되지 않은 자유라디컬의 두 부분으로 쉽게 분해된다.

분자이온은 비록 전자를 하나 잃어버렸으나 전자의 무게는 중성자나 양성자에 비하여 약 1/1800 정도로 무시할 정도인 관계로 분자이온은 해당 성분의 분자량과 동일하다고 간주할 수 있다.

$$M^{+\bullet} \longrightarrow X^{+} \quad Y^{\bullet}$$

크로로피리포스의 모화합물은 내부 결합이 깨어지지 않은 이온 상태인 분자이온(molecular ion 또는 parent ion)이 존재할 수 있으나, 염소(chlorine)의 결합이 상대적으로 약한 관계로 염소이온이 하나 떨어져 나간 상태의 *m/z* 314 이온이 가장 큰 이온으로 나타나고 있다. 여기서 주목할 것은 GC의 검출기로 사용되는 사중극자형 및 이온포집형 질량분석기 등은 정수 질량만을 다룰 수 있는 저분해능 질량분석기라는 것이다. 보통 고분해능 질량분석기라면 소수점 3 혹은 4자리까지 모두 의미가 있으나, 저분해능 질량분석기의 경우는 정수 이하의 소수점 이하는 의미가 없다. 실제 클로르피리포스의 화학적 원자량은 350.59($C_9H_{11}Cl_3NO_3PS$)로서 이는 각각의 원소에 대한 모든 동위원소(isotope)의 질량 평균값이다. 하지만 질량분석기는 지구상에 가장 많이 존재하는 원소가 결합한 참질량(true mass)을 나타낸다. 여기서 참질량이란 실제 각 원소의 동위원소 개별 질량을 고려한 분자량을 의미한다.

2) 질량스펙트럼 해석

(1) 동위원소에 의한 해석

아마도 독자들은 일반화학 혹은 고등학교 시절 배웠던 화학시간에 동위원소에 대한 것을 배웠으리라 생각된다. ${}^{12}_{6}C$, ${}^{13}_{6}C$와 같이 양성자[proton, 원자번호(atomic number)로 표시]의 수는 같고, 중성자(neutron)의 수가 다른 핵종(nuclide)을 가진 원소를 동위원소라고 한다. 동위원소의 경우 화학적인 성질은 거의 같지만, 핵종이 다르기 때문에 두 동위원소의 핵의 성질은 매우 다르다. 마치 한배에서 난 쌍둥이가 매우 유사하지만, 성격 등이 다른 점이 있는 것과 유사하다고 생각할 수 있다. 지구상에는 이들 동위원소들의 비율이 표 9-2와 같이 성분별로 일정하다. 대부분 +1 혹은 +2 동위원소의 비율은 비교적 적은 편이나, 실리콘, 황, 염소 및 브롬 등은 일반 원소들에 비하여 최고 98%(${}^{81}Br$)에 이를 정도로 매우 큰 비율을 나타내고 있다.

염소의 경우는 ${}^{35}C$와 ${}^{37}Cl$가 각각 100 및 32.5%를 차지하고 있다. 그러나 우리가 염소의 화학적 원자량을 이야기할 때는 염소의 모든 동위원소 평균질량인 35.453을 사용하고 있으며, 때문에 염소 성분을 3개 포함하는 클로르피리포스의 경우 화학적 원자량은 350.59로 계산되지만, 가장 비율이 높은 ${}^{35}C$의 질량 35로 계산되어진 349가 질량스펙트럼상의 분자이온으로 나타난다. 그림 9-16의 질량스펙트럼상에는 분자

표 9-2. 일반 원소들과 동위원소의 자연 존재 비율

	원소	비율(%)	동위원소	비율(%)	동위원소	비율(%)
수소(Hydrogen)	^{1}H	100	^{2}H	0.016		
탄소(Carbon)	^{12}C	100	^{13}C	1.08		
질소(Nitrogen)	^{14}N	100	^{15}N	0.38		
산소(Oxygen)	^{16}O	100	^{17}O	0.04	^{18}O	0.20
불소(Fluorine)	^{19}F	100				
실리콘(Silicon)	^{28}Si	100	^{28}Si	5.10	^{30}Si	3.35
인(Phosphorus)	^{31}P	100				
황(Sulfur)	^{32}S	100	^{32}S	0.78	^{34}S	4.40
염소(Chlorine)	^{35}Cl	100			^{37}Cl	32.5
브롬(Bromine)	^{79}Br	100			^{81}Br	98.0
요오드(Iodine)	^{127}I	100				

이온은 거의 나타나지 않고 염소가 하나 떨어진 *m/z* 314이온이 가장 큰 이온 중 하나로 나타나며, ^{37}Cl을 비롯한 기타 성분들의 +2 동위원소들로 인하여 발생하는 *m/z* 316 이온도 상당히 큰 비율로 나타난 것을 볼 수 있다.

(2) 토막화의 개념

전자충격법에 의한 이온화는 거의 표준화된 70 eV의 에너지를 가진 전자가 분자(중성)의 주위로 지나치게 되면 전자충격을 받게 된다. 이렇게 충격을 받은 분자는 전자하나를 잃어버리고 일차적으로는 분자이온을 형성한다. 토막화가 일어나지 않은 이온화분자를 분자이온(molecular ion)이라 하며, M^{+}로 표시한다. 70 eV의 이온화 에너지를 사용하는 전자충격이온화법에서는 분자이온의 관찰이 힘든 경우가 많다. 해당 성분의 확인을 위하여 분자이온의 확인은 매우 유용하다.

분자이온은 거의 대부분 동위원소 피크를 제외하고는 가장 높은 *m/z*를 가지는 피크로서 홀수개의 전자(+1)를 가진다. 충격을 받은 이온분자는 들뜬상태에 있다가 에너지를 잃어버리면서 이완되는데, 이때 이온의 토막화를 통한 안정화가 일어난다. 그림 9-17과 같이 1차적으로 이온화된 A-B-C$^{+\cdot}$는 보다 안정한 에너지상태를 만들기 위해 1차 토막화에 이어 2차 토막화도 연이어 일어날 수 있다. 이처럼 질량분석 스펙트럼은 토막화로 형성된 조각난 퍼즐들을 하나의 그림으로 맞추는 것과 같이 생각할 수 있다. 그런데 그런 퍼즐들은 분자이온(모화합물)의 성질에 따라 조각이 많이 날 수도 있고 그렇지 않을 수도 있다. 가장 쉬운 규칙은 일단 화합물에 가지가 많으면

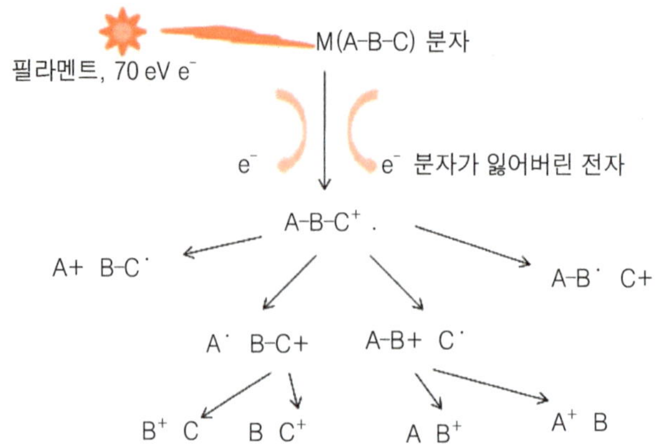

그림 9-17. 70 eV의 전자충격이온화법에 의한 이온화과정

표 9-3. 질량스펙트럼에서 분자이온에 따른 토막화 순서

분자 이온	토막화 증가 순서
Aromatic compounds Conjugated alkenes Alicyclic compounds Organic Sulfides Unbranched hydrocarbon Mercaptans Ketones Amines Esters Ethers Carboxylic acid Branched hydrocarbons Alcohols	↓

모화합물이 깨져서 여러 토막이 날 가능성이 높다는 것이다. 이것은 일반적으로 강력한 화학결합을 가진 분자들의 경우 토막화가 힘들고, 낮은 결합에너지를 가진 성분의 토막화가 쉽다는 사실이다. 토막화가 일어나기 가장 힘든 성분으로는 환을 형성하는 aromatic 성분을 들 수 있으며, 표 9-3의 순서에 따라 가지달린 탄화수소(branched hydrocarbon) 및 알콜 성분까지 보다 토막화가 일어나기 쉽다.

전자충격이온화법에 의한 이온의 토막화 결과 상대적 크기가 큰 이온 피크들을 예측할 수 있는 몇 가지 규칙들은 아래와 같다.

① 직선 결합형태의 성분일수록 분자이온의 상대적 크기가 크며, 가지가 많이 달릴수록 감소한다.

② 동족체(homologue series)에서 분자량이 증가할수록 분자이온의 상대적 크기는 줄어든다(장쇄지방산 에스터의 경우는 예외임).

③ 알킬그룹이 탄소에 붙어있을 경우 토막화는 잘 일어나는데, 아래와 같이 primary에서 *tert.*-carbocation으로 갈수록 안정성이 높아지므로 보다 쉽게 떨어져 나갈 수 있다.

CH_3^+ < $R'CH_2^+$ < R'_2CH^+ < R'_3C^+(양이온 안정성 순서)

때문에 대개 *m/z* 57((CH3)3C+) 이온이나 *m/z* 43((CH3)2CH+) 이온이 *m/z* 29($CH_3CH_2^+$) 이온보다 쉽게 떨어져 나갈 수 있다는 말이 된다.

④ 이중결합, 환(環)구조 및 방향족고리(aromatic ring) 등은 분자이온을 안정화시키므로 분자이온의 상대적 크기가 증가한다.

(3) 분자 특성 별 토막화

화합물의 특성 별로 이뤄지는 이온의 토막화는 아래와 같다[9)]

① 알켄화합물(Alkanes)

가장 간단한 알켄화합물의 토막화는 메틸그룹을 잃어버리는 것으로부터 시작된다. 이렇게 생성된 carbocation은 alkyl chain을 따라서 2개씩의 중성 탄소단위(ethene)를 단계적으로 잃어버리게 된다. 가지가 달린 탄화수소의 경우 보다 안정한 2차 및 3차 carbocation를 형성하게 되는데, 이들 피크들이 질량스펙트럼에서 주로 나타난다.

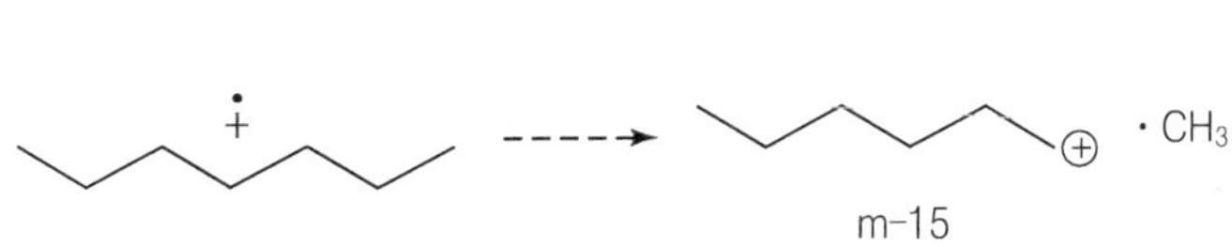

9)「Mass Spectrometry-Functional Groups」 by Paul R. Young, University of Illinois at Chicago

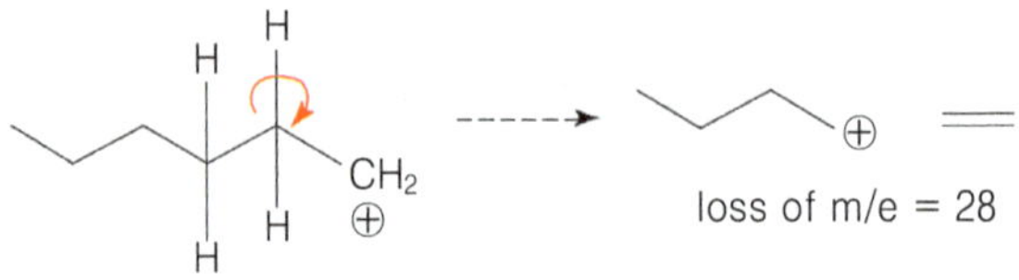

② 방향족 탄화수소(Aromatic Hydrocarbons)

방향족 이온의 토막화는 주로 *m/z* 77, 65, 63 등을 발생시킨다. 만약 분자가 벤젠기(benzyl unit)를 가지고 있다면 주된 토막화는 benzyl carbocation을 형성한 후 재배열을 통해 tropylium ion(*m/z* 91)을 형성하는데, 그림 9-18의 butylbenzene의 질량스펙트럼의 *m/z* 91 이온이다. 여기서 acetylene(ethyne)이 떨어져 나가면 *m/z* 65의 특징적 피크가 나타나게 된다.

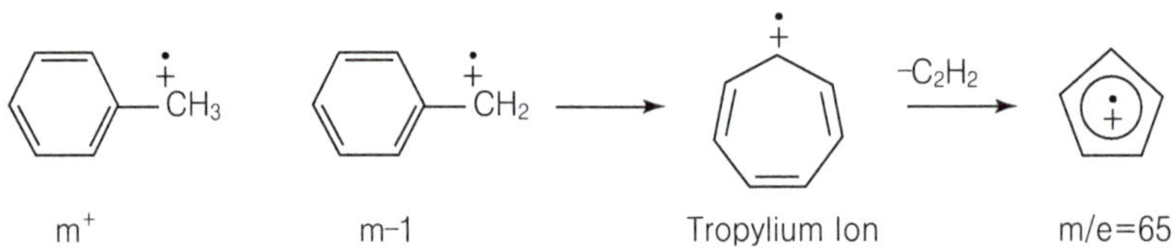

③ 알데히드 및 케톤(Aldehyde & Ketone)

알데히드 및 케톤에서 가장 흔히 일어나는 토막화는 곁가지 중 하나를 잃어버리고 옥소니움 이온(oxonium ion)을 형성하는 것이다. 해당 피크는 종종 base peak로 나타나기도 하는데, 메틸기가 치환될 경우(CH_3CO^+) 아실리움 이온(acylium ion)이라고 부른다.

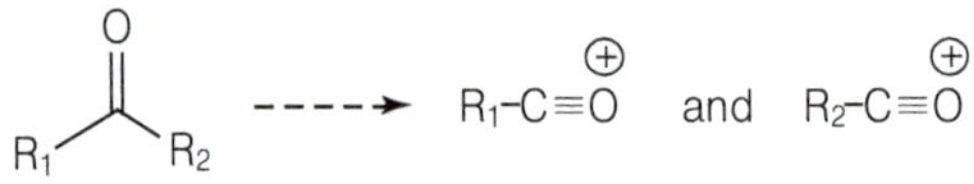

다른 공통적 토막화는 카르보닐 화합물(carbonyl compounds), 즉 nitriles 등에서 볼 수 있는데, 중성의 ethene이 떨어져 나감으로써 발생되는 것으로 맥레퍼티 재배열(McLafferty rearrangement)라고도 부르는 유명한 과정이 발생한다. 이 과정은 그림 9-18과 같이 이온화된 6각환에서 한 개의 수소원자가 자리를 옮기는 것을 말한다. 맥레퍼티 재배열을 위해서는 적어도 3개 이상의 탄소원자가 연이어 이중결합에 붙어 있어야 한다.

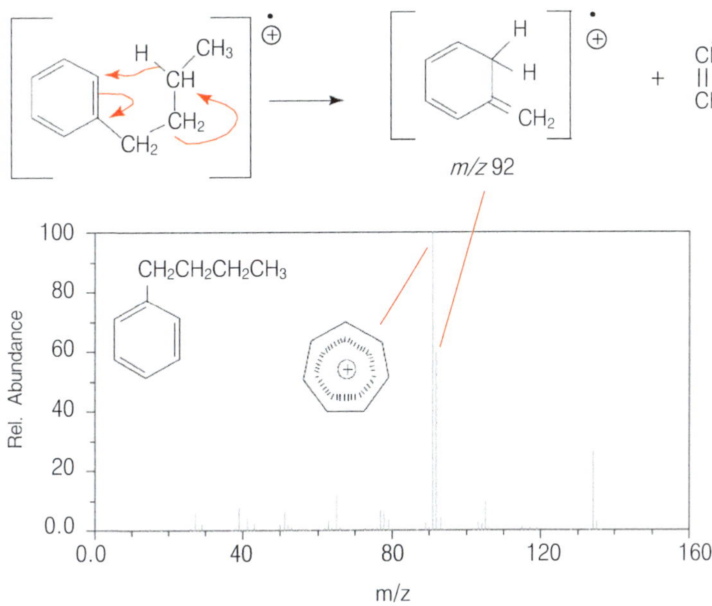

그림 9-18. Butylbenzene의 tropylium ion(*m/z* 91) 및 맥레퍼티 재배열에 의한 *m/z* 92 이온의 형성

④ 에스터, 산, 아미드(Esters, Acids & Amides)

아래 그림의 'X' 그룹을 떼어내고 옥소니움 이온을 형성하는 것이 주된 이온토막화이다. 예를 들어 유기산(carboxylic acid)의 경우 *m/z* 45 이온과 아미드(amide)의 경우 *m/z* 44가 이에 해당된다.

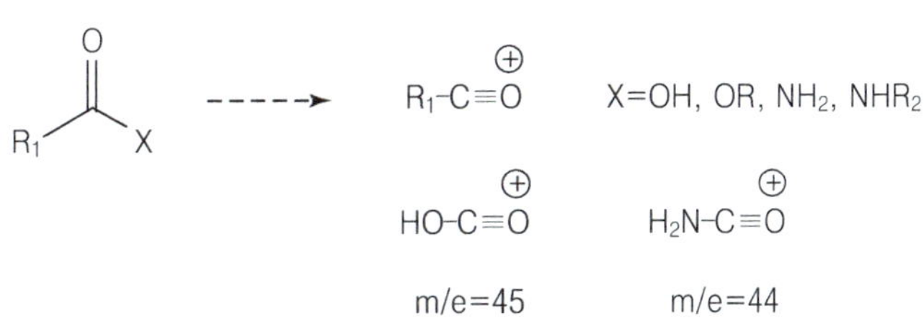

⑤ 알콜(Alcohols)

알콜의 경우 수소와 OH를 잃어버리는 것뿐만 아니라 알킬그룹 또는 수소 하나를 잃고 다음 그림과 같이 옥소니움 이온을 형성한다. 1차 알콜(primary alcohols)의 경우 *m/z* 31을 형성하며, 2차 알콜은 *m/z* 45, 59 및 73 등을 형성한다.

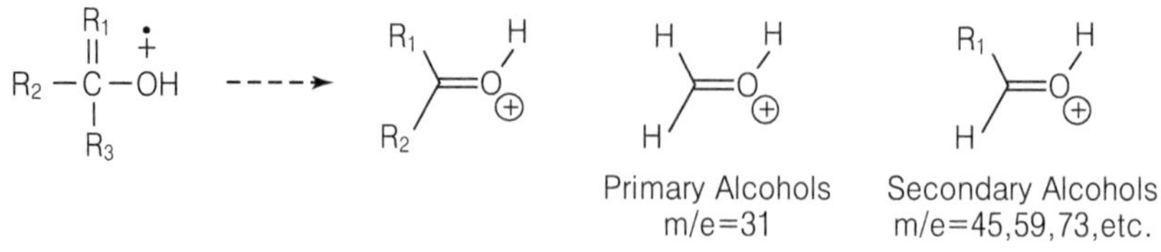

⑥ 에테르(Ethers)

에테르는 알콜과 유사하게 알킬그룹을 잃어버리고 옥소니움 이온을 형성한다. 아래 그림은 다이에틸에테르(diethyl ether)의 토막화를 나타내고 있다.

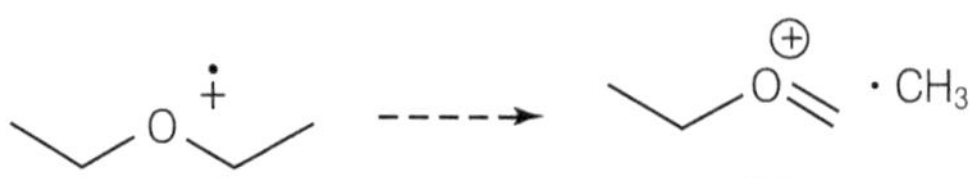

(3) 질소 규칙

질량스펙트럼의 해석에 있어서 또 하나 중요한 규칙 중 하나로 질소규칙(Nitrogen Rule)이라는 것이 있다. 이 규칙은 해당 화합물 중 질소의 숫자에 따라 질량값의 짝홀수를 나타낸다는 내용이다. 즉, 화합물 내에 질소가 없거나 짝수 개일 경우에는 해당 화합물의 분자이온은 짝수를 나타낸다. 반대로 질소의 개수가 홀수일 경우에 분자이온은 홀수를 나타낸다. 질소규칙은 질소의 질량이 짝수이나, 원자가는 홀수라는 사

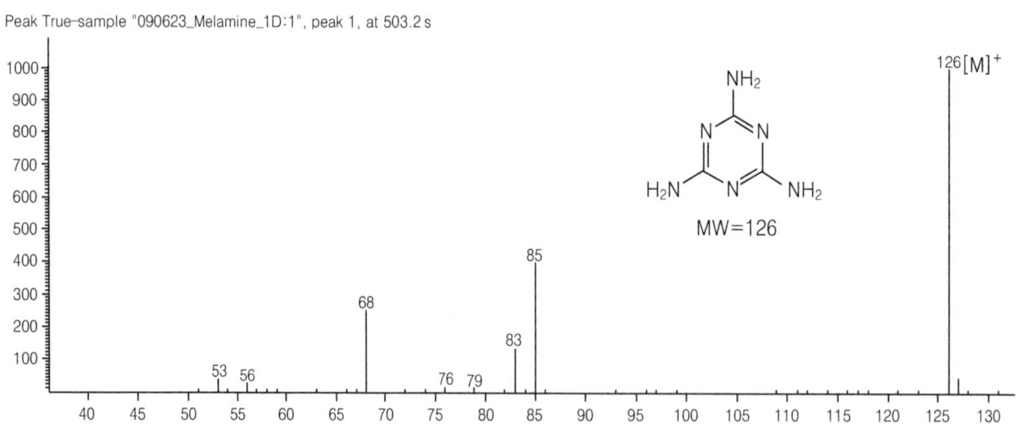

그림 9-19. 멜라민의 전자충격이온화 질량스펙트럼

실에서 유래된 것이다. 그림 9-19에 나타낸 멜라민 성분의 GC-MS 전자충격이온화법 질량스펙트럼의 분자이온은 *m/z* 126으로 짝수이다. 해당 성분은 한 분자 안에 총 6개의 질소 성분을 함유하고 있기 때문에 질소규칙에 의하여 짝수로 나타난 것이다.

(4) 다양한 토막화 과정

질량스펙트럼 상의 토막화 과정은 매우 다양하지만, 비교적 낮은 *m/z*에서 주로 나오는 토막화 피크들은 표 9-4와 같다.

가장 간단한 성분 중 하나인 n-hexane의 질량스펙트럼은 그림 9-20과 같다. 여기서 분자이온 $[M]^+$은 *m/z* 86이며, $[M-15]^+$피크인 *m/z* 71은 분자이온에서 $CH_3^\bullet$가 떨어져 나와 생성된 토막이온이다. 또한 *m/z* 57 및 43은 분자이온으로부터 $CH_3CH_2^\bullet$ 및 $CH_3CH_2CH_2^\bullet$ 이온이 각각 떨어져 나가 생성된 이온들이다. 가장 크기가 큰 base peak는 *m/z* 57이다. *n*-Hexane의 구조이성체(isomer)인 2,3-dimethylbutane의 질량스펙트럼은 그림 9-21에 나타내었다. *n*-Hexane과 달리 2,3-dimethylbutane은 가지가 달린 모양으로 결과적인 질량스펙트럼의 양상도 다르다. 특히 분자이온인 *m/z* 86 이온은 가지가 달린 구조에서 뚜렷하게 작아짐을 알 수 있다. 이는 직선구조로 가지

표 9-4. 전자충격이온화 과정에서 빈번히 나타나는 몇 가지 토막이온들

토막 이온	*m/z*	토막 이온	*m/z*
CH_3	15	CH_2	14
CH_3CH_2	29	$CH_3-CH-CH_3$	43
$CH_3-C\equiv O$	43	$CH_3-C(CH_3)-CH_3$	57
$C\equiv O$	28	$CH_2=OH$	31
$CH_2=NH_2$	30	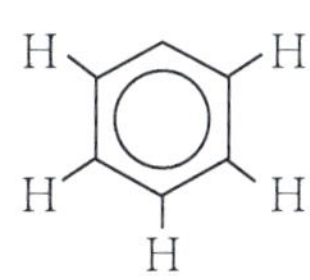	77
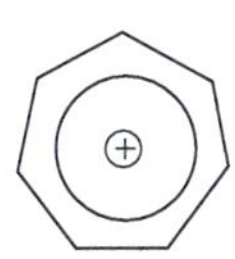	91	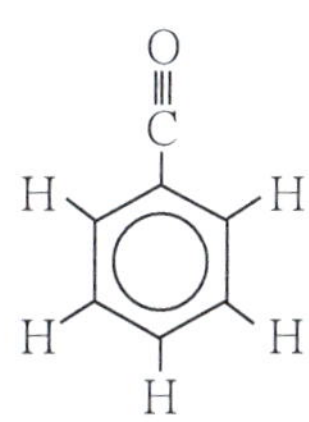	105

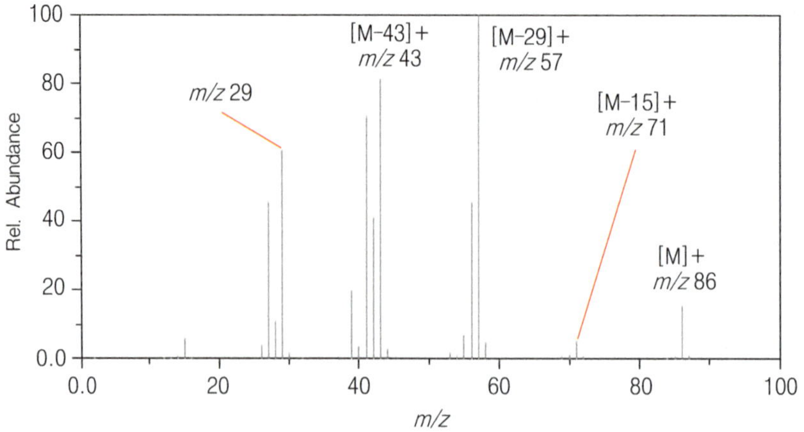

그림 9-20. *n*-Hexane의 전자충격이온화 질량스펙트럼

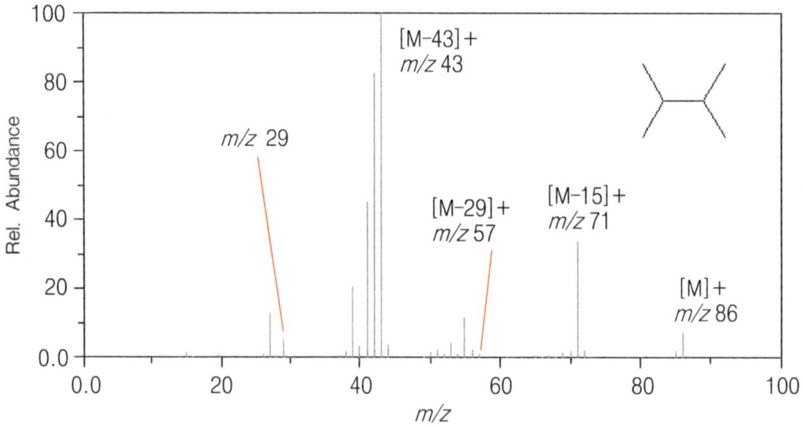

그림 9-21. 2,3-Dimethylbutane의 전자충격이온화 질량스펙트럼

가 없는 성분의 경우 토막화가 일어나지 않은 분자이온의 비율이 높고 가지가 달릴수록 토막화가 더 잘 일어나기 때문이다. 또한 $CH_3^{\bullet}$가 떨어져 나간 ***m/z*** 71 이온은 상대적으로 가지달린 구조에서 더 큰 것을 볼 수 있다. 추가로 $CH_3CH_2^{\bullet}$가 떨어져 나간 ***m/z*** 57 이온은 가지달린 구조에서 거의 나타나지 않았으나, isopropyl cation ($CH_3CH^{\oplus}CH_3$)인 ***m/z*** 43 이온은 구조상 보다 쉽게 형성될 수 있는 토막이온으로서 base peak를 이루고 있다.

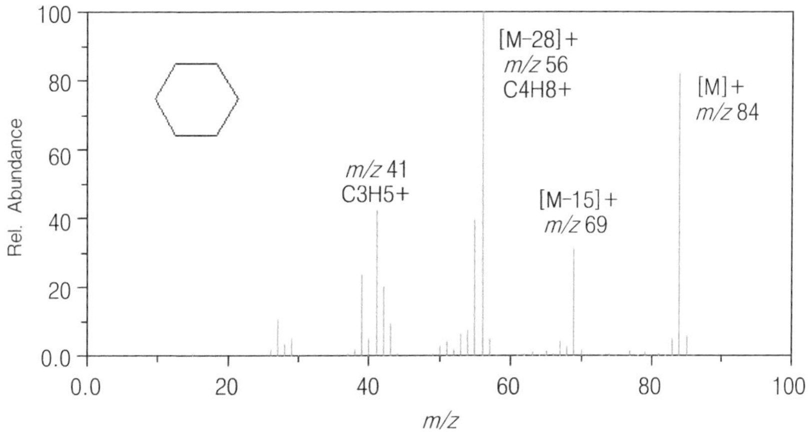

그림 9-22. Cyclohexane의 전자충격이온화 질량스펙트럼

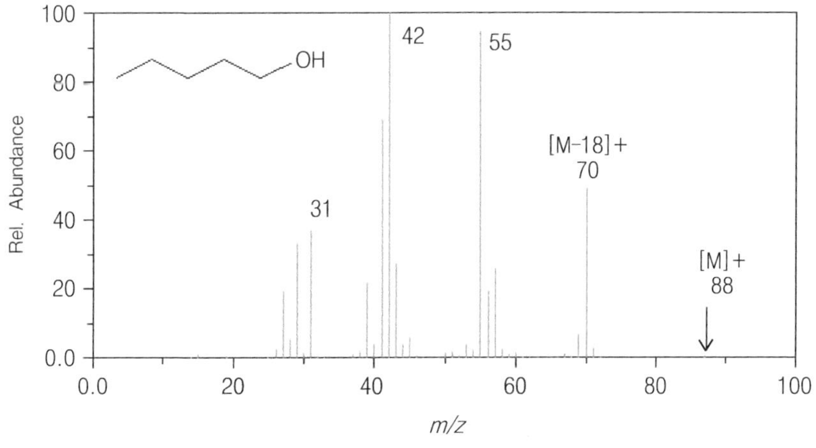

그림 9-23. 1-Pentanol의 전자충격이온화 질량스펙트럼

환을 형성하는 cyclohexane의 질량스펙트럼(그림 9-22)의 특이한 점은 단연 상대적으로 매우 큰 분자이온(*m*/*z* 84)에 있다. 여기서 *m*/*z* 56 이온은 분자이온에서 ethene을 잃어버린 이온으로서 base peak를 형성하고 있다. 그림 9-23에 나타낸 알콜그룹을 가지고 있는 1-pentanol의 질량스펙트럼에서 분자이온은 거의 찾아보기 힘들 정도로 작은 것이 특징이다. 물이 떨어져 나간 *m*/*z* 70 이온도 상당히 큰 피크로 잡히며 물과 함께 메틸 래디컬이 떨어져 나간 것으로 추정되는 *m*/*z* 55는 두 번째로 큰 피크로 나타났다. 가장 큰 피크는 *m*/*z* 42로서 해당 피크는 분자이온으로부터 물과

ethene(CH_2=CH_2)이 떨어져 나간 것이다.

그림 9-24는 케톤 그룹을 가진 4-nonanone의 질량스펙트럼이다. 특징적인 것은 그림 9-25에서와 같이 *m/z* 86 이온이 맥레퍼티 재배열에 의하여 발생한 점이다. 특히 이 경우 *m/z* 86 이온에서 맥레퍼티 재배열이 한 번 더 일어나서 *m/z* 58 이온이 형성됨으로써 총 2번의 맥레퍼티 재배열이 발생한다. Base peak인 *m/z* 43은 α-절단 (α-cleavage)에 의한 HC(=O)-CH_2^+ 이온이며, 기타 *m/z* 99, 71 등도 각각 α-절단에 의해 발생한 피크들이다.

그림 9-26은 두 개의 메틸 그룹이 이중결합 한 개를 가진 6각환의 한 탄소에 결합

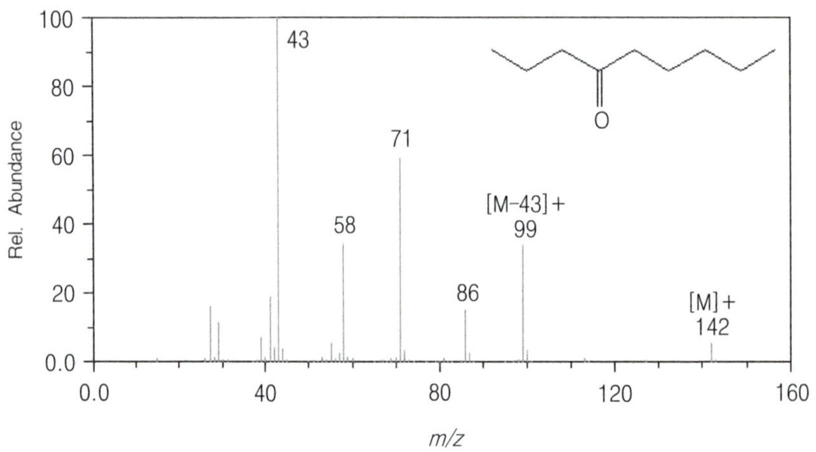

그림 9-24. 4-Nonanone의 전자충격이온화 질량스펙트럼

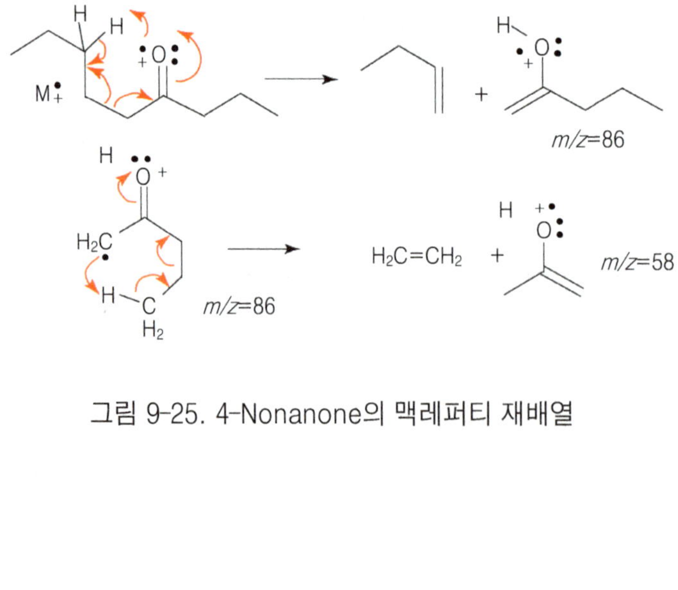

그림 9-25. 4-Nonanone의 맥레퍼티 재배열

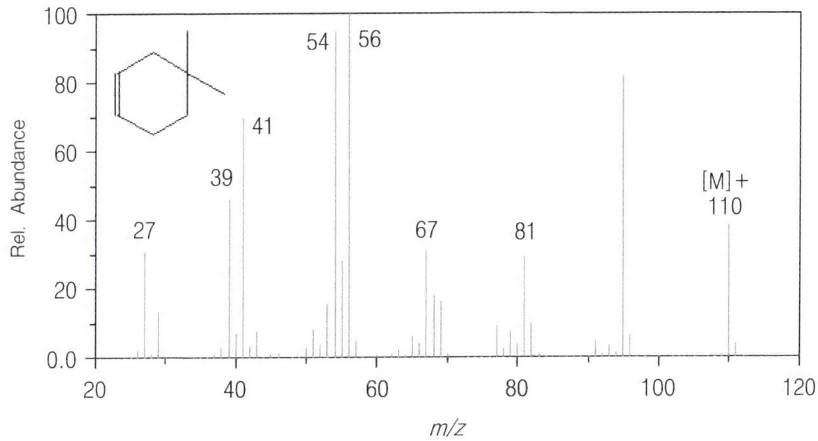

그림 9-26. 4,4-Dimethylcyclohexene의 전자충격이온화 질량스펙트럼

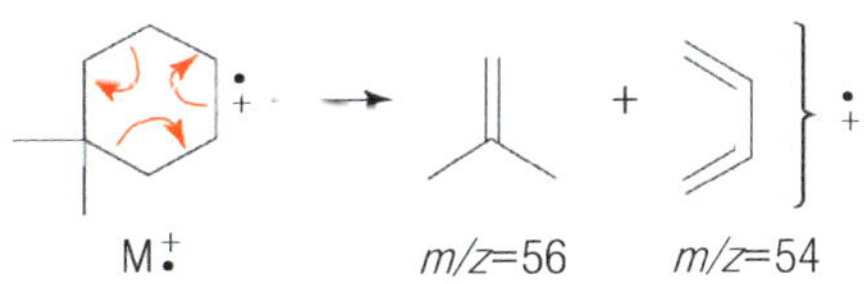

그림 9-27. 4,4-Dimethylcyclohexene의 *retro*-Diels-Alder 재배열(rearrangement)

된 구조를 가진 4,4-dimethylcyclohexene의 질량스펙트럼이다. 여기서 특징적인 것은 그림 9-27과 같은 Diels-Alder 재배열(rearrangement)을 역으로 진행시킨 것과 같은 토막화로서 retro-Diel-Alder 재배열이라고 부르는 것이다. 6각환 연결부위 중 이중결합이 있는 위치의 전자 하나가 α 위치의 단일결합으로 이동하여 이중결합을 만들면서 시작된 연쇄작용은 *m*/*z* 56(alkene)과 54(diene)가 각각 base peak와 두 번째 큰 피크로 형성된다.

질량분석기의 종류 및 조건에 따라서는 메틸기가 떨어져 나간 *m*/*z* 95 이온이 base peak로 나오는 경우도 있다. 기타 *m*/*z* 81 및 67은 각각 *m*/*z* 95 이온에서 CH_2가 연이어 떨어져 나온 이온을 나타낸다.

4. 질량스펙트럼의 성분확인 및 정량분석

1) 질량스펙트럼 라이브러리

질량스펙트럼을 이용한 성분 확인에 가장 많이 사용되는 방법은 기 구축된 질량스펙트럼을 데이터베이스화한 라이브러리를 이용한 검색·확인을 들 수 있다. 현재 가장 널리 사용되는 질량스펙트럼 라이브러리는 National Institute of Standards and Technology(NIST)에서 만든 전자충격이온화법에 의한 질량스펙트럼 라이브러리(EI-mass spectral library)로서 현재 가장 최근 판인 2017년판의 경우 확인된 267,376개의 화학성분들에 대하여 총 306,622개의 질량스펙트럼을 내장하고 있다.

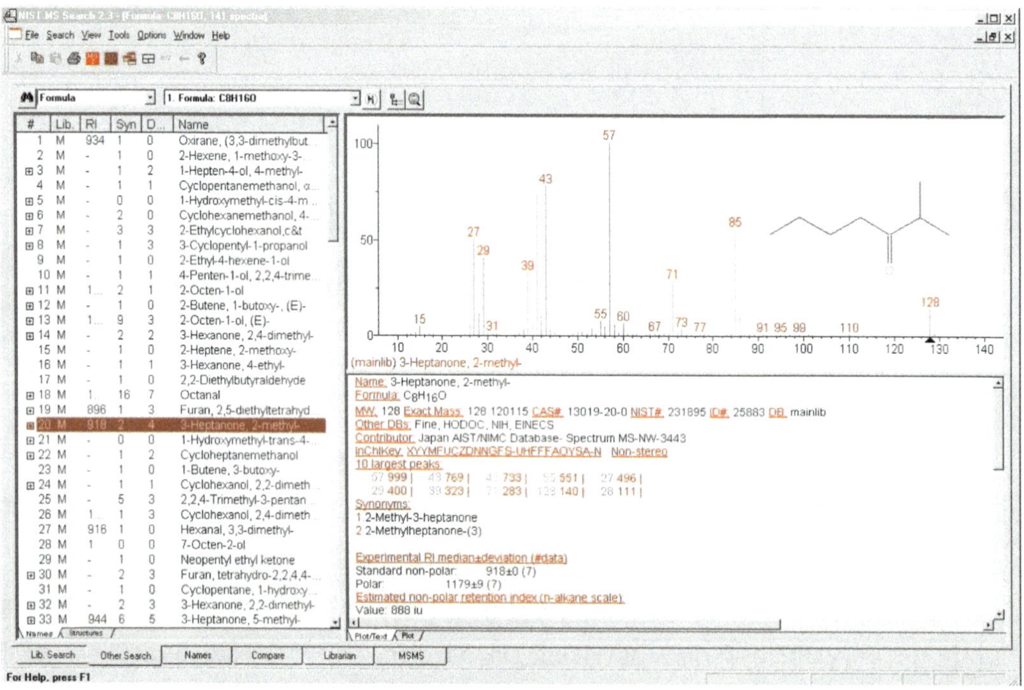

그림 9-28. NIST EI-mass spectral library 중 질량스펙트럼, 성분구조 및 화학정보 샘플 화면10)

10) NIST '08, NIST/EPA/NIH Mass Spectral Library-Version 2008, Scientifi Instrument Services, Inc., www.sisweb.com/nist

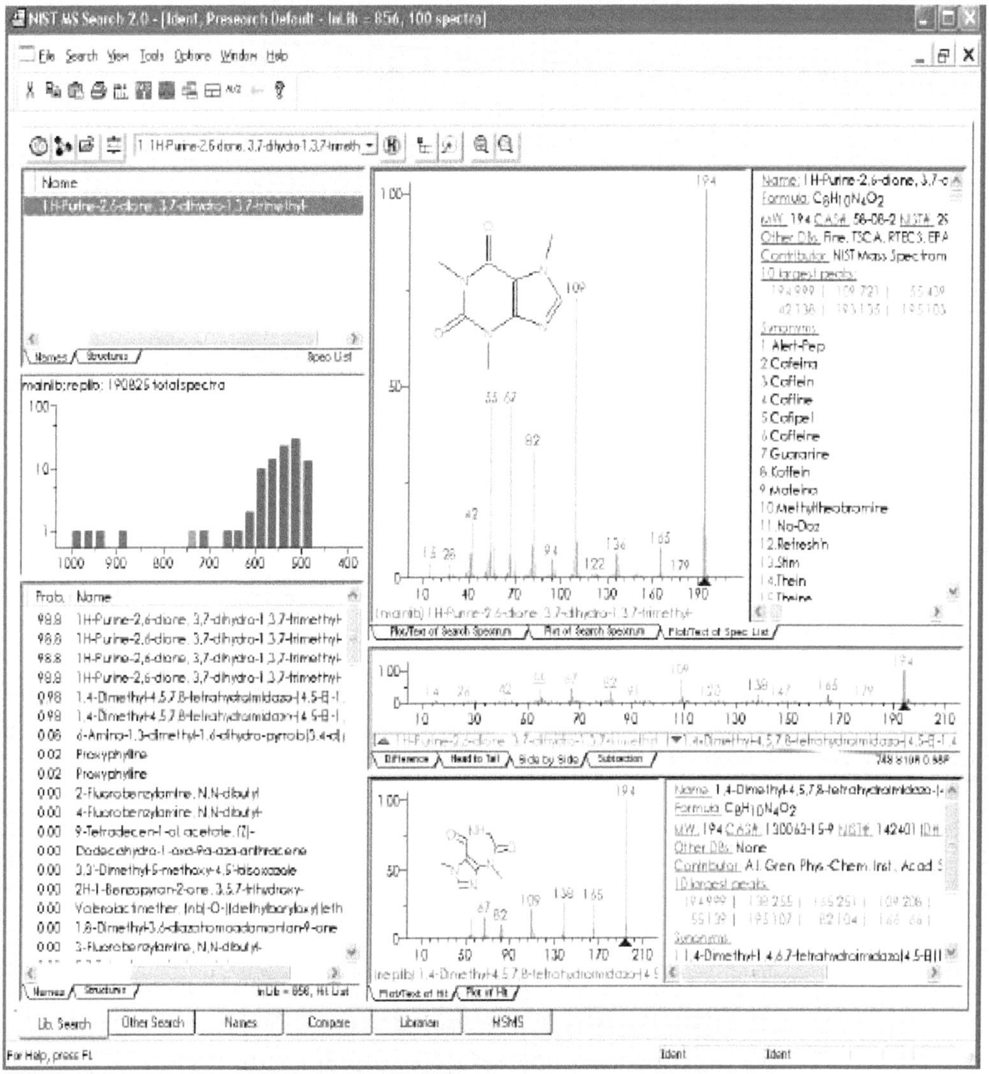

그림 9-29. NIST EI-mass spectral library를 이용한 카페인 성분의 라이브러리 검색 샘플 화면

또한 그림 9-29와 같이 라이브러리 검색 프로그램을 이용하여 분석한 질량분석 스펙트럼을 라이브러리 내에 내장된 질량분석 스펙트럼과 비교하여 성분을 확인할 수 있다. GC-MS는 전자충격이온화법을 적용하는 경우 70 eV의 전자충격을 이용하므로 대부분의 경우 거의 유사한 스펙트럼 유형을 나타내므로 라이브러리 검색에 의한 비교 확인이 가능하다.

그림 9-30. 식품 천연첨가물 시료 중 잔류농약 분석 질량스펙트럼의 라이브러리 검색 결과 화면(사용기기 : 전자충격 이온화 (EI) 및 비행시간형 분석관 질량분석기 TOF-MS 사용)

그림 9-30은 실제로 잔류농약 성분이 검출된 시료에서 얻은 해당 성분의 질량스펙트럼을 확인하는 과정을 나타내고 있다. 머무름시간 885.9 sec에 용출된 피크의 질량스펙트럼을 라이브러리 검색한 결과 1. Dursban을 비롯하여 수십 가지의 유사한 성분들이 유사한 정도 순서로 나열되는 것을 볼 수 있다. 프로그램이 제안한 유사 성분들은 similarity, reverse 등 각 프로그램에서 스펙트럼의 유사정도를 확인하는 방법에 따라 제시된 수치 순서에 따라 나열된다. 그림 9-30상에서 가장 유사하다고 제안된 Dursban의 라이브러리 상 질량스펙트럼은 그림 9-31의 아래에 표시되어 있다.

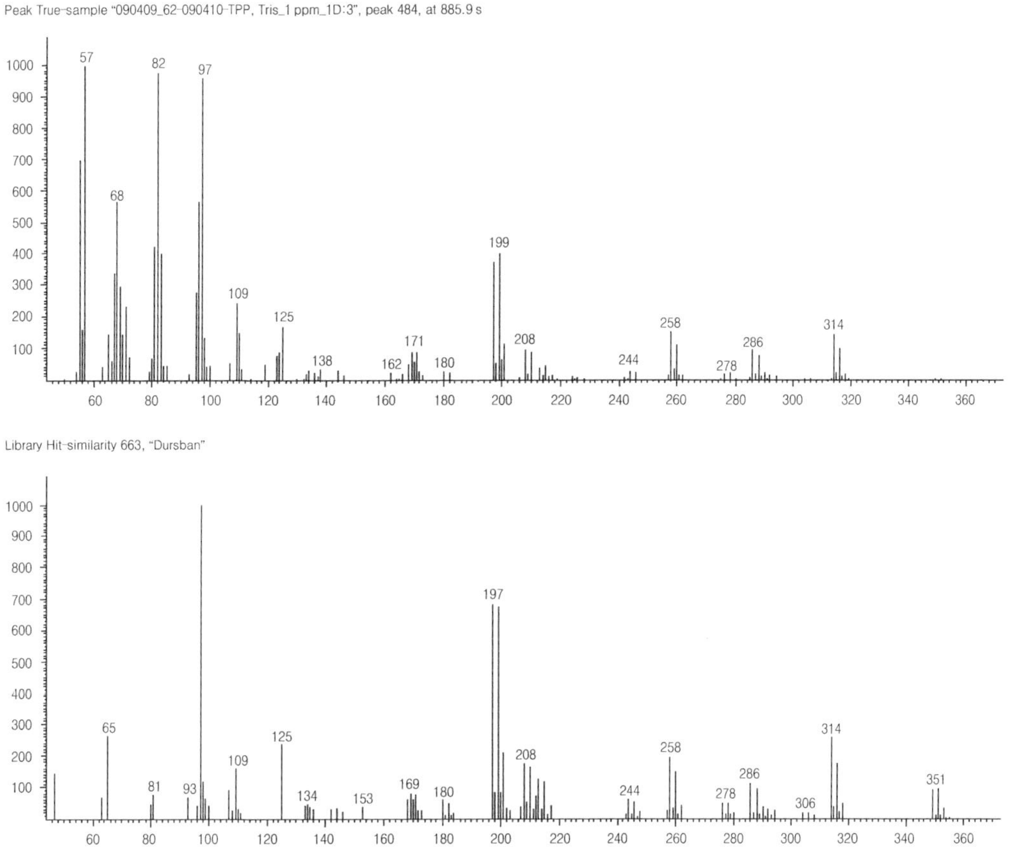

그림 9-31. 그림 9-30의 라이브러리 검색 화면 중 1위로 제안된 Dursban (chlorpyrifos) 성분의 라이브러리 상 질량스펙트럼 및 실제시료에서 검출된 피크의 질량스펙트럼 비교화면

그림 9-31의 상단에는 실제 시료에서 용출된 성분의 질량스펙트럼이 있다. *m/z* 97 이상에서는 비교적 유사한 양상을 보이고 있으나, *m/z* 97 미만에서는 많은 차이가 있음을 알 수 있다. 최종적으로 Dursban(·유효성분 chlorpyrifos의 Dow Chemical 상표명)의 표준품을 분석하여 확인한 결과 머무름시간이 일치함을 확인하여 최종적으로 해당 성분이 chlorpyrifos임을 확인할 수 있었다. 이처럼 라이브러리 검색을 통한 성분 확인은 손쉽고 간편하지만, 분석자의 경험에 따라 정확성은 달라지기 쉽다. 실제로 많은 경우 낮은 *m/z* 수준에서는 컬럼 브리딩(column bleeding) 등에 의한 오염 등이 심하기 때문에 정확성이 떨어지는 경우가 많다. 그러나 그림 9-31의 상태는 기타 다른 성분에 의한 오염가능성이 있는 수준이다.

2) 선택 주사법을 활용한 성분확인

주사모드(scan mode)를 활용하여 얻은 질량스펙트럼은 분자이온 및 기타 토막화 이온들의 정보를 이용하여 라이브러리 검색 등을 통한 성분 확인이 가능하다. GC-MS의 장점 중 하나는 기타 GC 검출기와 달리 원치 않는 성분들은 가리고 원하는 성분들만의 피크를 관찰할 수 있다는 점이다. 이러한 기능은 앞서 설명한 선택주사모드 인 SIM mode를 통하여 가능하다. SIM mode는 주로 정량 분석 목적으로 사용하지만, 일단 검출된 성분이 실제로 분석대상 성분인지를 확인하기 위해서는 아래와 같은 사항을 주의할 필요가 있다.

- SIM mode용 피크 선정 시 바탕선에서 가능한 검출 정도가 낮은 이온 피크를 선정함.
- 적어도 3개 정도의 이온 피크를 선정한 후 해당 피크들의 상대적 비율이 라이브러리 상의 피크 혹은 표준품의 질량스펙트럼 상의 피크 비율과 일치하는지를 확인하여야 함.

단 한 개의 이온 피크를 이용하여 성분을 확인하는 것은 다수의 토막화 이온피크를 비교하여 해당 성분을 확인하는 것에 비하여 분석 오류 가능성이 매우 크다. 때문에 바탕선 및 이웃한 성분들에 의한 방해가 없는 이온피크들을 이용한 확인 및 다수 이온피크들의 상대크기 비교는 반드시 필요하다. 앞에서 언급한 바와 같이 비행시간형 분석관을 이용한 질량분석기의 경우는 특성상 선택주사모드가 불가능하지만, 주사모드로 얻은 전체 질량스펙트럼 중 일부 이온만을 선택적으로 표시하는 이온크로마토그램 기능을 활용하여 동일한 효과를 기대할 수 있다.

3) GC-MS를 이용한 정량 분석

앞에서 언급한 바와 같이 GC-MS를 이용한 정량분석 시에는 주사모드가 아닌 선택주사모드의 활용이 바람직하다. 이는 주사모드의 경우 바탕선의 방해성분 등에 의한 오염 가능성이 높으므로 가능한 분석대상 성분에서만 선택적으로 검출되는 이온만을 선택하여 정량에 활용하는 것이 오염 등에 의한 분석 에러를 최소화하는 데 바람직하기 때문이다. 그림 9-32는 실제 시료에서 검출된 dichlorvos 성분의 라이브러리 검색결과 비교 화면이다. 해당 성분의 정량 분석을 위한 1차 작업은 해당 질량스펙트럼 중 어떤 이온 피크를 정량 분석을 위하여 선정하느냐 하는 문제이다. 해당 성분의 감도 극대화하기 위해서는 큰 base peak인 *m/z* 109를 선택하는 것이 타당해 보인다. 그러나 *m/z* 수준이 낮을수록 방해 성분에 의한 오염 가능성이 높으므로 확인이

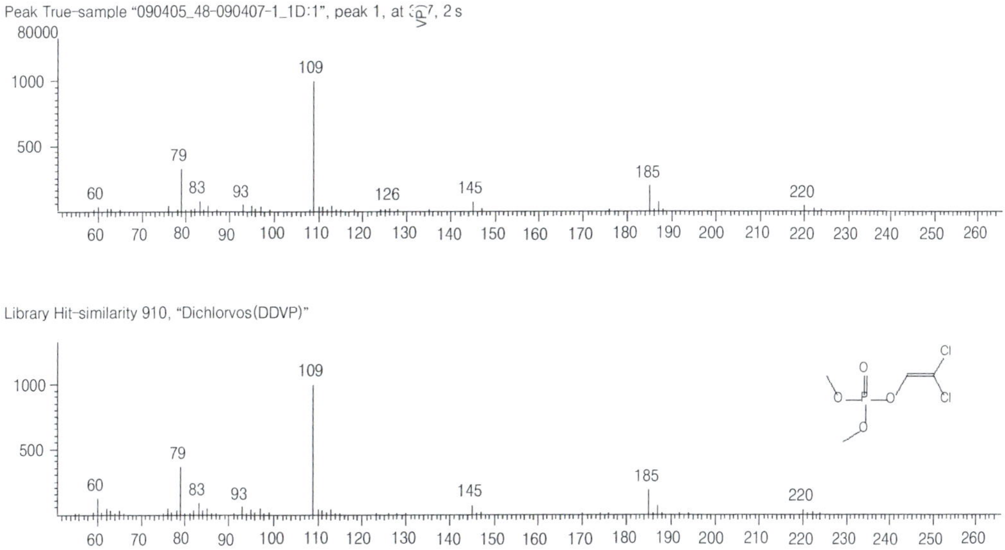

그림 9-32. 실제 시료 중 검출된 dichlorvos의 라이브러리 검색 결과 비교화면

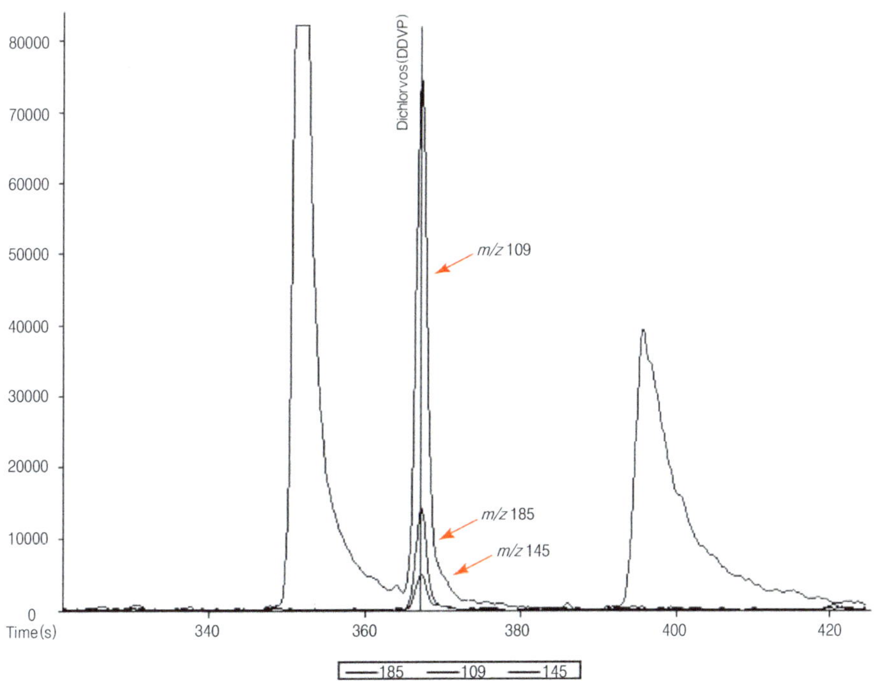

그림 9-33. 검출된 Dichlorvos 성분의 질량스펙트럼 중 정량을 위해 선정된 *m/z* 185, 109 및 145 이온의 이온크로마토그램

필요하다.

그림 9-33은 정량을 위한 이온으로 선택한 *m/z* 185, 109 및 145 이온의 크로마토그램을 나타낸 것이다. 비록 base peak인 *m/z* 109 이온의 감도가 제일 우수하나 머무름시간 350~360 sec에 걸쳐 용출되는 매우 큰 피크의 끝자락 영향을 계속적으로 받고 있는 것을 확인할 수 있었다. *m/z* 185 및 109를 선정하여 정량한 결과 그림 9-34 및 9-35와 같이 정량 결과가 8배 이상 차이가 나는 것을 확인할 수 있었다.

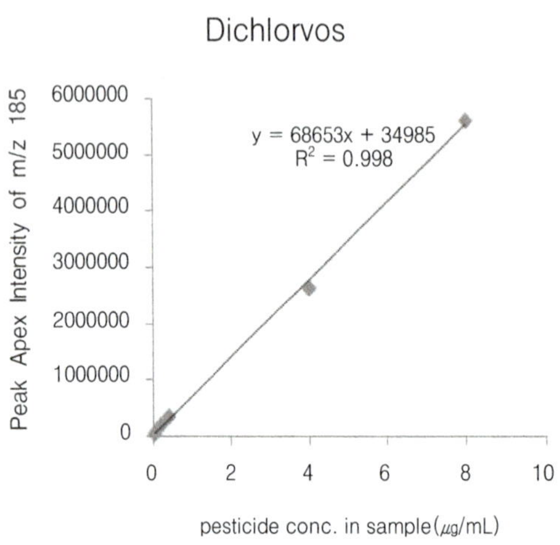

검량식	y = 686532x + 34985
선정이온 intensity	97413(*m/z* 185)
Conc. in sample	0.09 ppm

그림 9-34. *m/z* 185 이온을 이용한 dichlorvos의 정량곡선 및 시료 중 정량결과

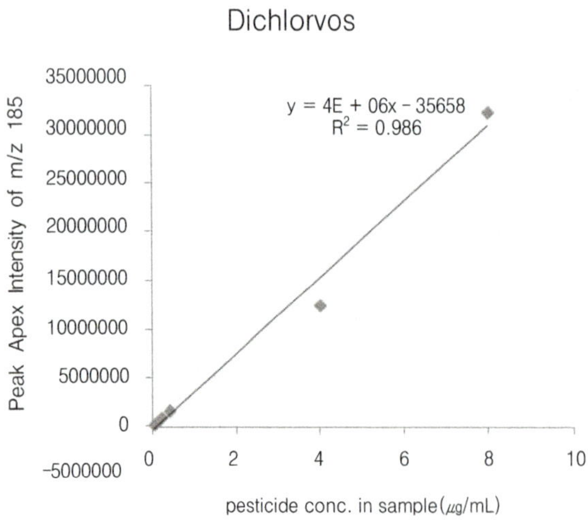

검량식	y = 4E + 06x + 35658
선정이온 intensity	530523(*m/z* 109)
Conc. in sample	0.72 ppm

그림 9-35. *m/z* 109 이온을 이용한 dichlorvos의 정량곡선 및 시료 중 정량결과

m/z 109가 185보다 비록 이온 피크의 크기는 2배 이상 크지만, 상기에서와 같이 주위 피크의 끌림현상 등으로 바탕수준이 높으며, 정량곡선의 직선성이 떨어지므로 *m/z* 185을 정량용 이온으로 선정, 정량한 0.09 ppm 수치가 *m/z* 109를 선정하여 정량한 0.72 ppm보다 훨씬 신뢰성이 있는 것으로 평가된다.

5. GC-MS 분석 응용 예

2008년 전 세계를 떠들썩하게 했던 중국산 분유 중 멜라민 사건은 해당 오염 식품이 분유뿐만 아니라 동식물성 단백질 첨가식품 그리고 심지어는 식품첨가물에까지 오염 사례가 보고되어 큰 물의를 일으켰던 사건으로, 예상하기 힘든 다양한 오염원으로 인하여 지속적인 모니터링이 필요한 부분이다. 최근에는 미국에서 의약품에까지 해당 분석에 대한 필요성이 제기되고 있어 앞으로 더 넓은 분야에서 해당 성분에 대한 분석이 필요할 것으로 예상된다.

멜라민의 독성은 2007년 애완용 동물의 피해사례 및 2008년 오염된 분유 섭취로 인한 유아 사망 사례 등에서 알려진 바와 같이 신장 결석으로 인한 피해가 가장 두드러진 특징이다. 멜라민은 그 유사성분들과 함께 존재 시 그 독성이 두드러지게 증가하게 되는데, 특히 개와 고양이의 사례에서 관찰된 바와 같이 멜라민은 유사 성분 중 하나인 시아뉼산(cyanuric acid) 등과 함께 존재 시 표 9-5와 같은 수소결합에 의해 멜라민-시아뉼산 결합체(melamine cyanurate)를 형성하는데, 해당 결합체의 물에 대한 용해도가 멜라민에 비해 약 1600배 이상 낮아짐으로써 쉽게 결석을 생성하는 것으로 보이며, 이러한 현상은 uric acid나 기타 oxytriazine 성분들과도 가능한 것으로 알려져 있다[11].

식품 중 멜라민의 분석은 보통 LC-MS/MS로 이뤄지는데, 멜라민뿐만 아니라 그 유사성분 3가지를 함께 분석하기 위해서는 전처리 방법과 기기분석 시 charge switching 등 번거로운 점이 있어 미국 FDA에서는 아래와 같은 전처리 방법 후 GC-MS로 분석하는 방법을 제시하고 있다.[12] 해당 분석을 위하여 준비할 장비 및 시약 등은 다음과 같다.

---

11) WHO. 2008. Expert meeting to review toxicological aspects of melamine and cyanuric acid. In collaboration with FAO Supported by Health Canada, Ottawa, Canada, 1-4 December.

12) USFDA/CFSAN. 2008. GC-MS Screening for the Presence of Melamine, Ammeline, Ammelide, and Cyanuric Acid, Laboratory Information Bulletin LIB No.4423, Vol 24, October.

표 9-5. 멜라민 및 그 유사물질의 구조 및 화학정보

Compound	Structure		Water solubility(mg/L)
Melamine	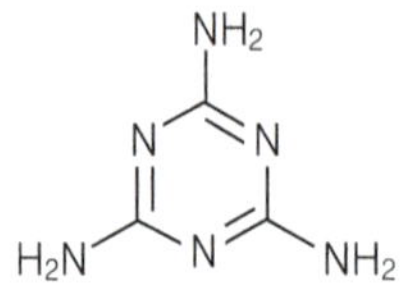	$C_5H_6N_6$ MW=126.15	3240
Ammeline	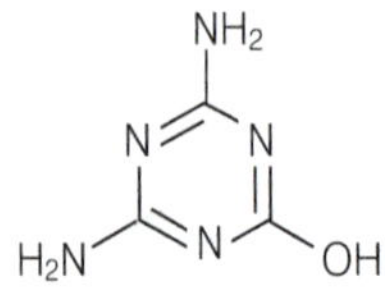	$C_5H_5N_5O$ MW=127.11	75
Ammelide	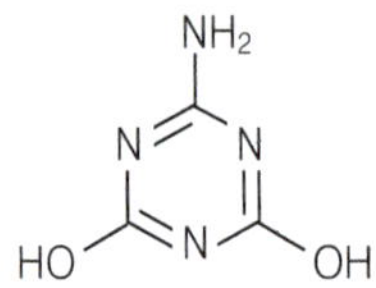	$C_5H_4N_4O_2$ MW=128.09	77
Cyanuric acid	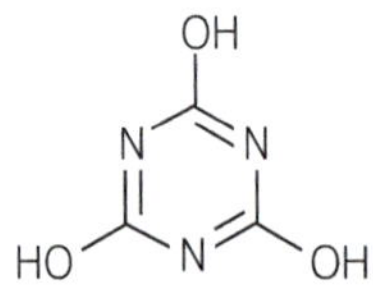	$C_5H_5N_5O_5$ MW=129.07	2000
Melamine cyanurate	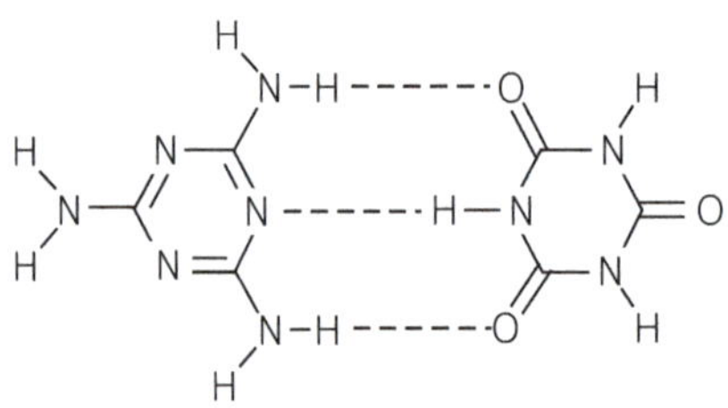		2

■ 실험기구 및 장비

① GC-MSD, DB-5MS 30 m column 혹은 이와 동등한 것

② 50 mL 사이즈의 원심분리 튜브 장착이 가능한 원심분리기(5000 g 가능한 것)

③ 질소농축기

④ 50 mL 사이즈 polypropylene 원심분리 튜브(뚜껑 있는 것)

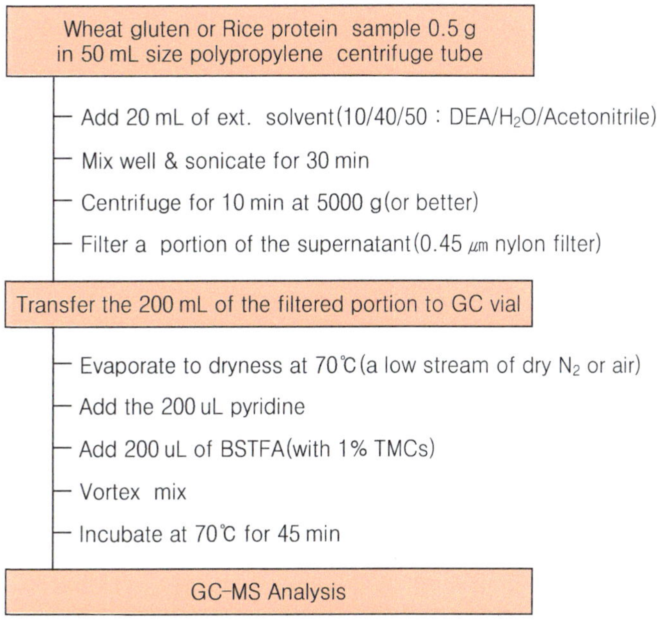

그림 9-36. GC-MS를 이용한 식물성(단백질 함유) 식품 중 멜라민 및 그 유사체 분석을 위한 전처리 방법(USFDA/CFSAN, Laboratory Information Bulletin LIB No. 4423, Vol. 24, October, 2008)

■ **시약 및 표준품**

① Diethylamine(DEA)

② Pyridine(고순도)

③ 추출용매 10/40/50 : DEA/H_2O/Acetonitrile(냉소에 보관要, 시간이 지남에 따라 노랑색으로 변함)

④ 실릴화 유도체화 시약(Silylation reagent) : BSTFA with 1% TMCs(bis(trimethylsilyl)trifluoroacetamide with 1% trimethylchlorosilane)

⑤ 내부 표준물질 : 2,6-Diamino-4-chloropyrimidine(CAS 156-83-2) 5.0 ㎍/mL 용액(in pyridine)

⑥ Melamine(CAS 108-78-1), ammelide(CAS 645-93-2), ammeline(CAS 645-92-1) 및 cyanuric acid(CAS 108-80-5) 각각을 1.0 mg/mL 수준의 혼합물로 제조(in 20/80 : DEA/H_2O(v/v))

또한 아래와 같은 품질검사 항목을 수행하여야 한다.

■ **QC Elements :**

- 매 분석시마다 이전 분석에 따른 잔여물(carryover) 유무를 판별하기 위해 BSTFA with 1%TMCs와 pyridine 1 : 1(v/v)용액을 기기에 주입 분석함.
- 20 mL의 추출용매로 이뤄진 method blank 분석 : 내부 표준물질도 포함하여 시료를 제외한 나머지 용액, 유도체화 시약 및 사용하는 용기 등에서 유발되는 오염물질의 존재 여부를 확인하기 위하여 시료만 제외하고 전처리 및 기기분석 수행함.
- 기기 시스템을 안정화시키기 위하여 고농도 멜라민 및 유사체 혼합용액(1.0 ㎍/mL pyridine)을 두 차례 주입하여 분석함.
- 고농도 멜라민 및 유사체 혼합용액(1.0 ㎍/mL pyridine)을 분석시작 시점과 한 배치의 분석이 종료된 후 기기에 주입 분석하여 약식 정량(semi-quantitative evaluation) 및 피크의 크기 변화율이 적절한 수준 내에 있는지 판별함.
- Control sample 분석 : 시료에 멜라민 및 유사물질을 10 ㎍/mL 수준으로 첨가한 시료로서 전체적 분석 시스템이(첨가한 수준의) 존재 시료 분석에 적합한가를 평가하기 위한 시료임.

■ **GC-MS 조건**

※ GC 조건

Column	DB-5MS(30 m × 0.25 mmI.D., 0.25 ㎛)
Inlet	Splitless at 280℃
Inj vol.	1 ㎕
Carrier gas	He at 35 cm/sec(constant flow mode)
Oven	75℃(1min) → 15℃/min → 320℃(2.67 min)

※ MS 조건

Ionization	Electron Impact at 70eV
Scan range	*m/z* 50～450
Sampling rate	2(scan rate at～3.6 scans/sec)
Threshold	100
Solvent Delay	6 min.
MS Temp.	230℃(Source) ; 150℃(Quadrupole)

표 9-6. 멜라민 및 그 유사체들의 TMS 유도체화 후 특징적 이온들

Structure	Without TMS	TMS-1	TMS-2	TMS-3
Melamine-3TMS	126[M]+ 85,68	198[M]+ 183[M-15]+	360[M]+ 345[M-15]+	342[M]+ 327[M-15]+ 73,171
Ammeline-3TMS	127[M]+ 85,69	199[M]+ 184[M-15]+	271[M]+ 256[M-15]+	343[M]+ 328[M-15]+ 73,171
Ammelide-3TMS	128[M]+ 85,69	200[M]+ 185[M-15]+	272[M]+ 257[M-15]+	344[M]+ 329[M-15]+ 73,171
Cyanuricacid-3TMS	129[M]+ 86,70	201[M]+ 186[M-15]+	273[M]+ 258[M-15]+	345[M]+ 330[M-15]+ 73,147

■ 분석 결과

그림 9-37은 멜라민 및 그 유사체 성분들의 TMS 유도체 피크들을 나타낸 것이다. 선택 이온은 각각 3개씩의 TMS가 치환된 형태의 유도체의 분자이온이다. 기타 특징적 이온으로는 메틸그룹이 떨어져 나간 TMS 유도체의 특징 피크인 $[M-15]^+$ 이온을 들 수 있다. 상기 분석법의 참고문헌인 "USFDA/CFSAN, Laboratory Information Bulletin LIB No. 4423, Vol. 24, October, 2008"에는 아래 각 성분들의 표준품 크로마토그램과 사중극자형 질량스펙트럼 등이 실려 있다. 그러나 본서에서는 저자의 실험실에서 직접 분석한 크로마토그램 및 질량스펙트럼을 그림 9-37에서 9-41까지 실어놓았다. 차이점은 본 연구실에서 사용하고 있는 질량분석기는 사중극자형이 아닌 비행시간형이라는 점이다. 그런데 상기의 USFDA 참고문헌을 보면 질량스펙트럼의 토막화 양상은 거의 동일하나, 중요 이온들의 비율에는 차이가 있다.

우선 시아눌산 TMS 유도체의 경우 그림 9-38의 경우 분자이온과 $[M-15]^+$ 이온의 비율이 *m/z* 73 이온에 비하여 약 10% 이하이나, 사중극자형의 경우 분자이온은 약 50% 그리고 $[M-15]^+$ 이온은 18% 정도로 훨씬 크게 나타난다. 해당 현상은 기타 나머지 3 성분에도 마찬가지로 나타났다. 멜라민과 아멜라인은 사중극자형에서 $[M-15]^+$ 이온이 base peak로 나타났다. 아멜라인의 경우는 $[M-15]^+$ 이온의 크기가 분

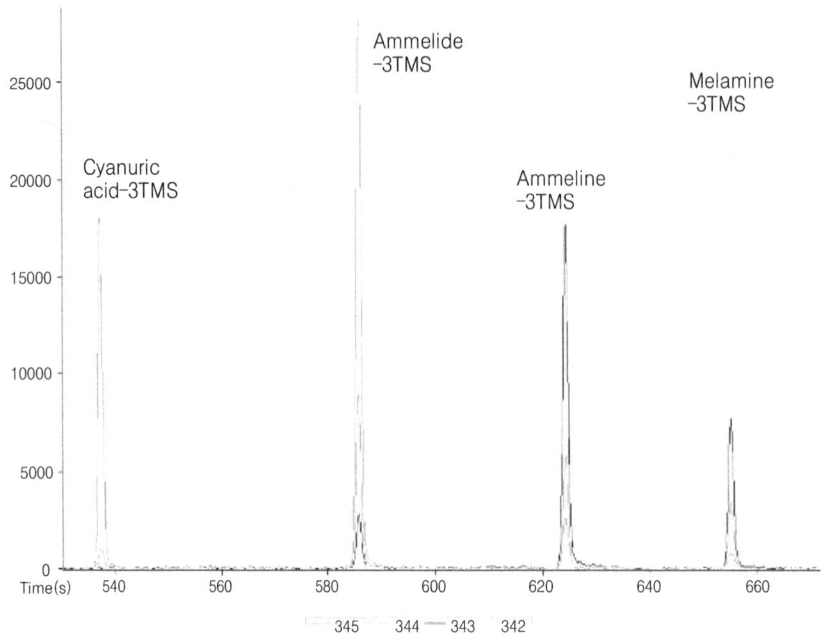

그림 9-37. 멜라민 및 그 유사체들의 TMS 유도체 들의 ion chromatogram
(선택 이온 *m/z* 342, 343, 344, 345)

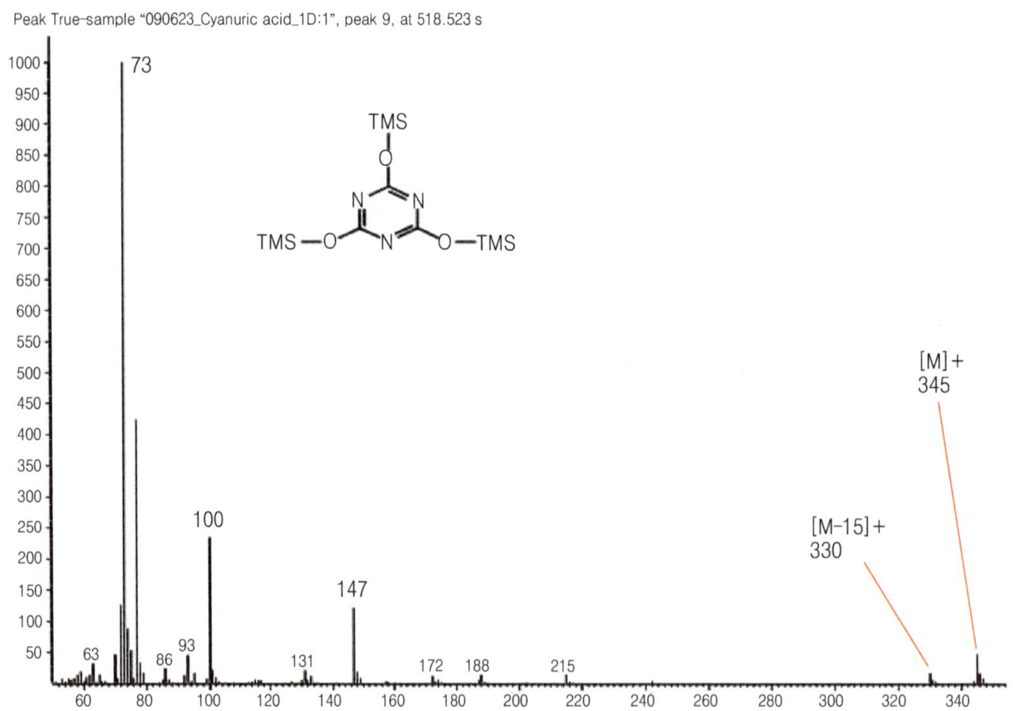

그림 9-38. 시아뉼산 TMS 유도체 성분의 전자충격이온화 질량스펙트럼

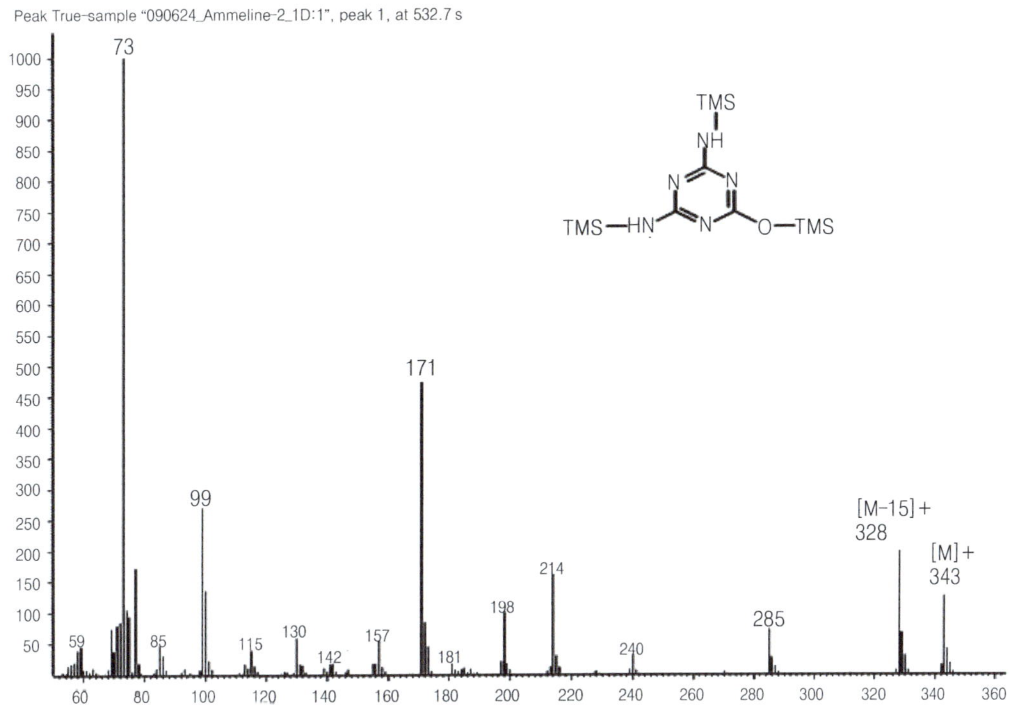

그림 9-39. 아멜라인 TMS 유도체 성분의 전자충격이온화 질량스펙트럼

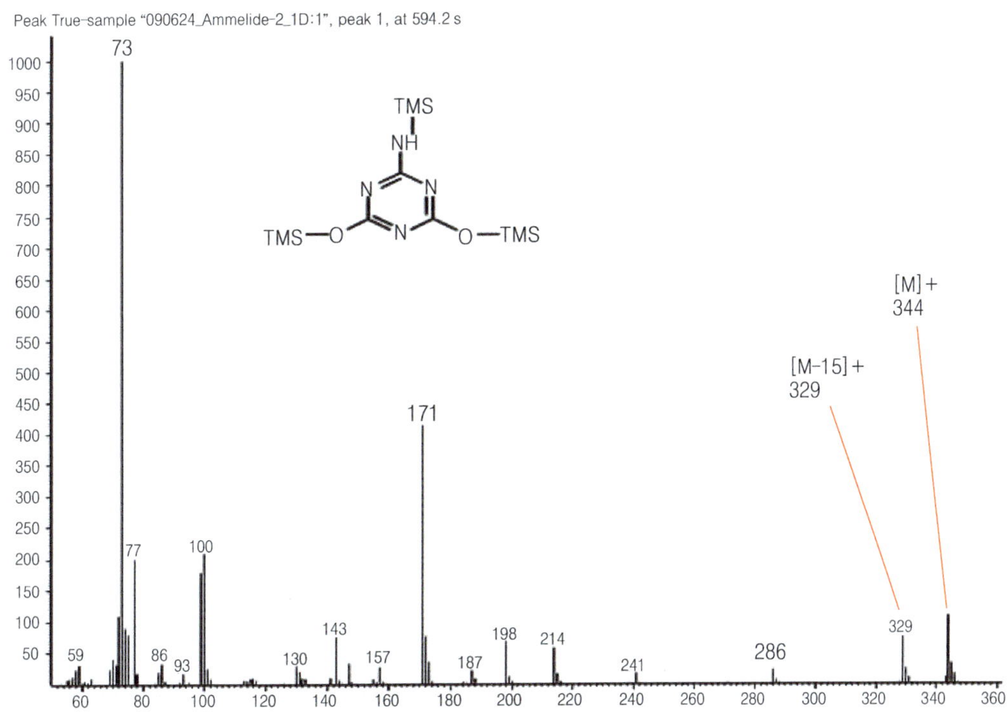

그림 9-40. 아멜라이드 TMS 유도체 성분의 전자충격이온화 질량스펙트럼

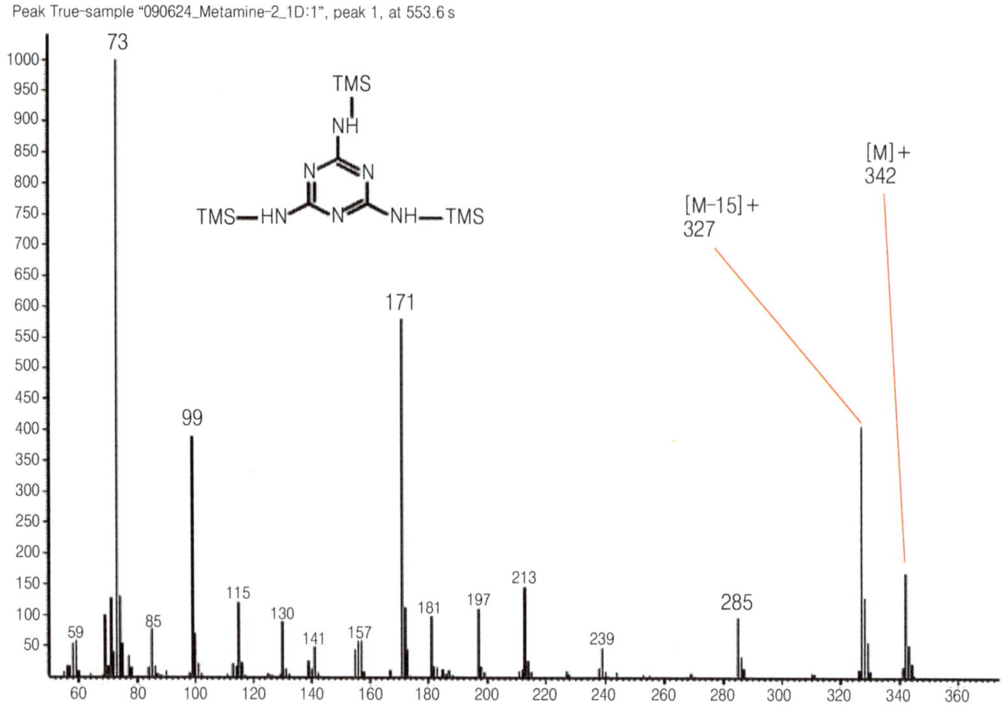

그림 9-41. 멜라민 TMS 유도체 성분의 전자충격이온화 질량스펙트럼

자이온과 거의 크기가 비슷한 반면 멜라민의 경우는 분자이온이 $[M-15]^+$ 이온의 약 60% 정도였다. 사중극자형 질량분석기에 의한 질량스펙트럼은 아래 미국 FDA 웹사이트를 참조하기 바란다.

https://www.fda.gov/Food/FoodScienceResearch/LaboratoryMethods/ucm071759.htm

제 10장

고성능 액체 크로마토그래피

고성능 액체 크로마토그래피(high performance liquid chromatography ; HPLC)는 현대의 모든 산업, 의료 및 연구를 비롯한 다양한 분야에서 매우 유용하게 사용되는 분리기술로서 여러 가지 분리분석 방법 중에서 가장 넓게 사용되고 있다.

크로마토그래피는 라틴어로 chromos(color)와 graphein(write)의 합성어인데, 1906년에 러시아 식물학자 Michael Tswett가 자신의 논문에서 처음으로 사용하였다. 이 과학자는 석회석 흡착 분말이 충진된 컬럼을 이용하여 나뭇잎의 색소를 분리하는 연구를 시도하였는데, 초기에는 그 분리능을 향상시키기 위하여 지름이 1～5 cm, 길이가 무려 50～500 cm나 되는 긴 유리관을 이용하였다고 한다.

초기에 개발된 유리관에 중력을 이용한 이러한 액체 크로마토그래피에서 분리 분석의 효율을 증대시킬 수 있는 방법은 관의 길이를 늘이거나 충전물의 입자 크기를 작게 하는 것이었다. 그러나 관의 길이가 늘어나고 입자의 크기가 작아질수록 이동상의 흐름이 너무도 느려져서 분리시간이 길어지게 되고, 결과적으로 분석에 걸리는 시간이 48시간씩이나 걸렸다고 한다.

그러나 1960년대 후반에 정교한 고압펌프가 개발됨에 따라 이러한 문제가 해결되고, 아울러 분리분석의 새로운 장을 열었다고 할 수 있는 고압 액체 크로마토그래피(high pressure liquid chromatography)가 탄생하여 분석시간을 획기적으로 줄였으며, 상업적으로도 판매가 급속도로 증가하였다. 현재는 고성능 액체 크로마토그래피를 넘어 초고성능 액체 크로마토그래피(ultra high performance liquid chromatography ; UHPLC)의 사용도 일반화 되어 있다. 이 UHPLC는 분석용 컬럼의 성능이 뒷받침되면서 HPLC보다 더욱 높은 압력인 10,000 psi 이상에서도 사용이 가능하고, 이에 따라서 분석시간도 더욱 단축할 수 있게 되었다. 이 장에서는 HPLC를 중심으로 설명하고자 한다.

1. HPLC 개론

HPLC를 이용한 분리분석의 기본원리는 액체 크로마토그래피와 동일하다. HPLC에서 시료의 분리는 고정상과 시료 및 이동상의 상호작용에 의해서 일어난다. 또한 HPLC는 GC에 비하여 비교적 분자량이 크거나 비휘발성인 시료를 분석할 수 있으며, 분석한 시료의 회수가 가능하다는 것과 같은 장점을 지닌다.

HPLC는 일반적으로 그림 10-1과 같이 이동상인 용매를 운송하기 위한 고압의 정교한 펌프(pump)와 시료를 주입하기 위한 주입장치(injector), 혼합된 시료의 분배가 일어나는 컬럼(column), 성분의 검출을 위한 검출기(detector), 그리고 검출기의 신호를 수집하고 도식화 할 수 있는 기록장치(recorder 또는 integrator) 등으로 구성되어 있으며, 현재는 대부분 컴퓨터를 이용하여 파일의 형태로 기록하고 있다.

1) HPLC의 분류

고성능 액체 크로마토그래피는 컬럼 속에 충진된 고정상과 시료의 상호작용에 이동상이 관여하는 여러 가지 메카니즘에 의해서 시료의 성분들이 분리되는 원리를 이용한다. HPLC는 그림 10-2와 같이 컬럼 내에서 고정상과 시료 간의 상호 작용하는 방식에 따라서 크게 흡착(adsorption)·분배(partition)·이온교환(ion exchange)·크기 배재(size exclusion) 크로마토그래피의 네 가지로 분류할 수 있으며 분석시료에 따라 분석방법을 선택할 수 있다. HPLC는 GC에 비하여 이동상과의 상호작용이 또 하나의 작용을 하게 되므로 좀 더 다양한 형태의 분석이 가능하다.

이와 같은 여러 가지 분리방법 중에서 어떤 방법의 분석을 행할 것인지는 시료의 물리·화학적 특성 등을 먼저 파악한 후 분석이 가능한 방법을 결정하여야 한다.

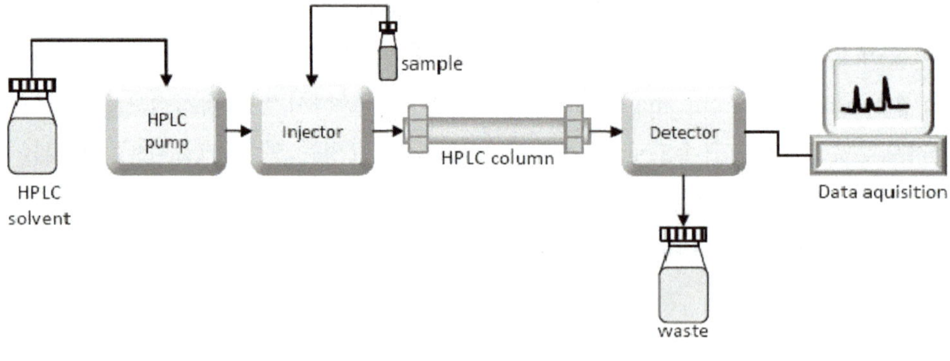

그림 10-1. HPLC의 기본적인 기기구성 및 분석흐름도

(1) 흡착 크로마토그래피

흡착 크로마토그래피(adsorption chromatography)는 가장 오래된 chromatography type으로, 고정상으로 흡착제라고 부르는 극성이 높은 물질(고체)을 이용하고, 이동상으로 극성이 낮은 저극성 용매를 사용하여 분리하는 방법이다. 고정상으로 불리는 흡착제의 표면은 높은 극성기를 가지고 있기 때문에 이동상 중의 분리하고자 하는 성분과 불순물들을 정전기적 인력이나 수소결합 등의 물리·화학적 작용에 의해서 표면에 흡착시킨다. 이러한 작용을 흡착작용이라고 하는데, 각 성분은 고정상 표면에서의 흡착 및 탈착의 강도와 용리성(容離性, 크로마토그래피에서 전개된 성분을 고정상으로부터 떼어내는 성질)의 차이에 의하여 이동상에서 분리되게 된다. 사용되는 흡착제의 종류에는 silica(SiO_2, slightly acidic and polar), alumina (Al_2O_3, slightly basic and polar), magnesium oxide, charcoal(nonpolar), 전분 등이 있다.

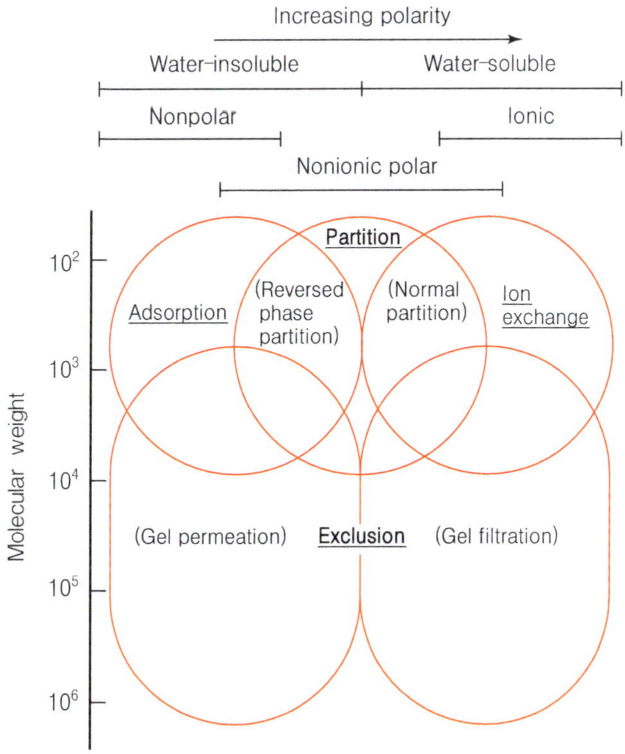

그림 10-2. 분석대상 물질에 따른 HPLC의 분류 및 선택기준
(D. L. Saunders, in Chromatography, 3rd ed., E. Heftmann, Ed., p. 81, New York : Van Nostrand Reinhold, 1975)

(2) 분배 크로마토그래피

분배 크로마토그래피(partition chromatography)는 가장 일반적인 chromatography type으로 고체 지지체(silica gel)의 표면에 코팅된 액상(고정상)과 이동상으로 사용되는 액체에 대한 분배력의 차이가 시료 성분의 분리를 좌우한다. 고정상은 다공성 지지체에 화학적으로 결합되어 있는데, 순상(normal phase)과 역상(reversed phase)의 형태가 있다. 순상의 컬럼에서는 고정상이 이동상보다 더 극성(polar)이기 때문에 극성이 낮은 비극성 화합물이 먼저 용출되고, 역상의 컬럼에서는 비극성인 고정상과 극성인 이동상(용매)을 사용하기 때문에 극성 화합물이 먼저 용출된다.

(3) 이온교환 크로마토그래피

이온교환 크로마토그래피(ion exchange chromatography)는 고정상으로 이온교환이 가능한 정지상을 사용하여 무기이온, 아미노산, 유기산 및 유기염기 등의 이온성 화합물을 분리하는 방법이다. 유기중합체나 실리카겔로 만들어진 고정상은 음이온 혹은 양이온 교환체로서, 전해질 수용액인 이동상 중에서 해리되어 이온화상태가 된다. 이때 하전된 시료가 지나가게 되면 이동상에 의해 고정상으로부터 방출된 이온과 동종의 시료이온을 흡착하게 된다. 이러한 이온의 교환작용을 이용하여 분리하는 방식을 이온교환 크로마토그래피라고 한다.

(4) 크기배제 크로마토그래피

크기배제 크로마토그래피(size exclusion chromatography)는 분자 크기의 차이를 이용하여 분리하는 방식으로 분자량 10,000 이상의 시료의 분석에 주로 사용된다. 고정상으로는 다공성의 깊은 홈이나 그물구조를 가지는 겔(gel)을 사용하는데, 분석하고자 하는 시료분자의 크기가 작은 경우에는 겔의 작은 구멍에 깊숙이 침투하여 컬럼 속에 오래 머무르게 되고, 분자의 크기가 클 경우에는 구멍 속으로 들어가지 않거나 얕게 들어가서 쉽게 이동상과 같이 빠져나가게 된다. 이동상 용매로서 유기용매를 사용하면 GPC(gel permeation chromatography)라고 하고, 이동상 용매로서 물을 사용하게 되면 GFC(gel filtration chromatography)라고 한다. HPLC의 다른 분리방법과는 다르게 분자량의 크기에 따라서 분리되며, 그림 10-3과 같이 크기배제 크로마토그래피에서는 분자량이 큰 입자가 먼저 용출된다.

2) GC와 HPLC의 비교

이미 설명한 바와 같이 크로마토그래피는 액체 크로마토그래피로 시작하였다. 처음

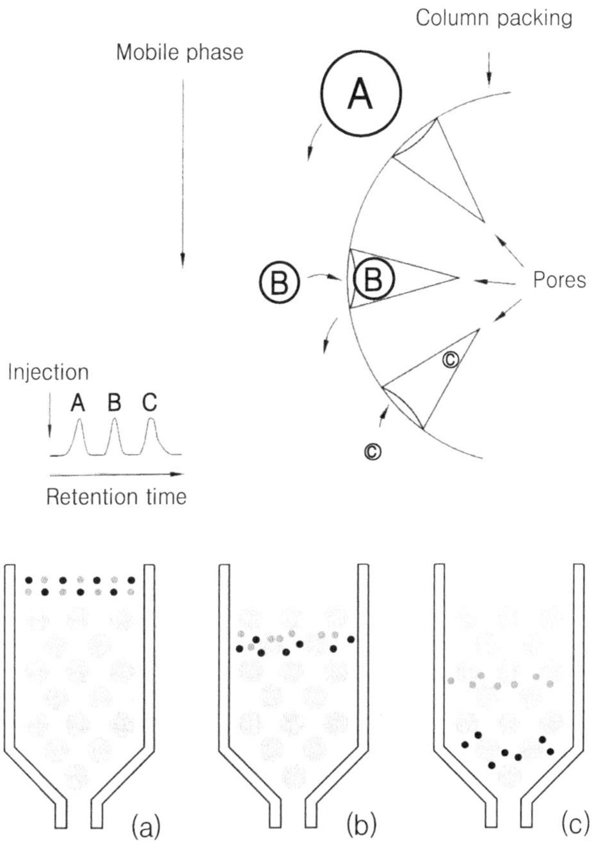

그림 10-3. GPC에서 분리 메카니즘의 모식도

에는 액체 크로마토그래피의 분리능을 향상시키기 위하여 컬럼의 길이를 길게 하고, 내경을 좁게 하고, 고정상의 입자 크기를 작게 만드는 등의 노력을 거듭하였지만, 이동상인 액체를 빠른 속도로 흘려주는 기술적인 문제가 계속 제기되었다. 그리고 액체 크로마토그래피의 분리능을 높이기 위해서는 분석시간이 많이 소요되었다.

그러나 1960년대에 정교한 고압펌프가 개발됨에 따라 액체 크로마토그래피의 분석시간이 획기적으로 단축되면서 현재와 같은 HPLC의 발전을 이룩하기 시작하였다. 즉, 고압펌프를 사용하면서 용매의 흐름을 정교하게 제어할 수 있었으며, 컬럼 내 충진물의 크기를 더욱 작고 균일하게 만들어 분리능을 향상시킬 수 있는 기틀을 마련하게 되었다. 현재 HPLC는 천연물을 비롯하여 식품, 농약, 생명공학, 석유화학 및 신약개발 등 다양한 분야에서 가장 많이 사용되고 있다. GC와 HPLC의 특성을 간단히 비교하면 표 10-1과 같다.

표 10-1. GC와 HPLC의 특징

GC	HPLC
시료의 휘발성	시료의 용해성
열적 안정성	pH 안정성
M.W. : < 500	M.W. : 거의 제한 없음
고정상의 선택성	고정상과 이동상의 선택성
시료의 회수가 불가능	시료를 비교적 쉽게 회수 가능
고감도의 검출이 가능함	상대적으로 감도가 낮음

2. HPLC 시스템의 구성

앞에서 언급한 바와 같이 고성능 액체 크로마토그래피(HPLC)의 기본적인 시스템은 펌프(pump), 시료주입기(injector), 컬럼(column), 검출기(detector) 및 CDS (chromatography data system) 등으로 구성되지만 신속하고 재현성 있는 분석을 위해서는 이들 외에도 진공용매 탈기장치 및 컬럼 온도 조절장치 등이 추가된다. 또한 요즘 출시되는 대부분의 HPLC는 장비를 운영하고 제어하기 위한 컴퓨터와 프로그램을 제공하고 있으며, 이 프로그램 내에 CDS를 포함하고 있다. 그림 10-4는 국내의 대표적인 HPLC 생산업체인 ㈜ 영린기기의 시스템 구성이다.

기본적인 장치를 이용하여 용매를 4개까지 동시에 사용할 수 있으며, 각각의 용매

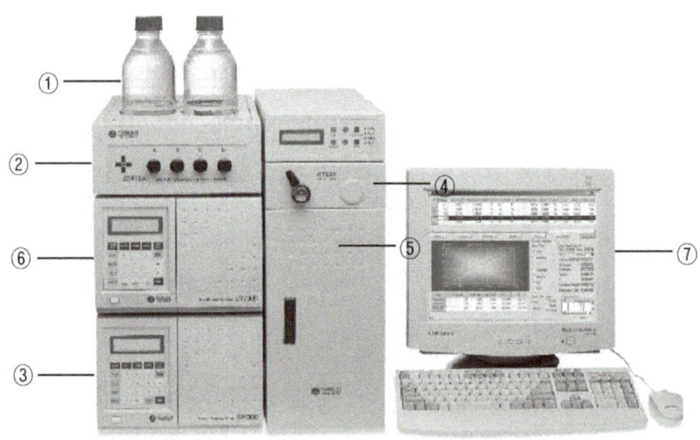

그림 10-4. HPLC 시스템의 구성(자료제공 : ㈜ 영린기기)

① 이동상 용매 ② 진공탈기 장치 ③ 펌프(pump) ④ 시료주입기(injector)
⑤ Column oven ⑥ 검출기(detector) ⑦ Data system

는 진공탈기장치를 거쳐서 펌프로 이송되고, 펌프에서 고압으로 밀려진 용매가 시료주입기와 컬럼을 통과하여 검출기로 이송되게 되어 있다. 또한 컬럼은 분석의 재현성과 정밀성을 향상시키기 위하여 자동온도 조절장치가 장착된 오븐(oven) 속에 장착되어 있다.

1) 탈기장치

이동상 중의 용존산소・질소・기포 등을 제거하여 컬럼 내에서 이동상에 대한 댐핑 현상을 줄여 주는 장치이다. 탈기방법으로는 이동상 용매에 헬륨 가스를 주입하여 용존된 기포 등을 제거하는 헬륨 퍼징(helium sparging), 혼합된 이동상 용매를 membrane filter를 이용하여 여과하거나(vacuum filtration) 강력한 초음파를 이용하여 탈기시키는 방법(ultra-sonication) 등이 현재에도 많이 사용되고는 있으나, 요즘 대부분의 HPLC에는 이동상과 펌프 사이에 연결된 탈기장치(degasser)가 장착되어 있다. 이러한 탈기장치(on-line degasser)의 원리는 용매가 일정한 진공상태가 유지되는 챔버(chamber) 속에 장착된 membrane tube를 지나가면서 gas가 membrane tube 밖으로 배출되고, 용매만 통과하여 펌프로 공급되는 것이다.

2) 펌 프

HPLC 시스템에서 펌프의 역할은 이동상으로 사용되는 용매를 저장용기로부터 시료주입기를 거쳐 컬럼으로 연속적으로 밀어 주어 최종적으로 검출기를 통과하여 이동상인 용매와 시료 주입기를 통해 주입된 시료가 밖으로 나올 수 있도록 압력을 가해 주는 장치이다. HPLC에서 펌프는 분석자가 원하는 대로 유량의 조절이 용이하고, 일정한 유속과 압력을 유지할 수 있어야 하며, 다양한 용매에 대한 내구성이 뛰어나야 한다. 과거에는 일정비의 용매만을 사용하는 isocratic pump가 일반적으로 사용되어 분석시간 동안 이동상의 조성을 변화시킬 수 없었으나, 현재는 다양한 용매의 기울기를 가지고 분석시간 동안 이동상의 조성을 시간의 흐름에 따라 조절함으로써 분석조건을 향상시킬 수 있는 gradient pump가 주로 사용되고 있다. Gradient pump는 일반적으로 binary pump와 quaternary pump로 나누어진다.

각각의 용매별로 펌프를 사용하면 고압의 일정하고 균일한 기울기의 혼합용매를 얻을 수는 있지만, 시스템을 구성하기 위해서 상당히 많은 자금이 소요된다. 이에 비해서 proportioning valve를 이용하여 용매를 일정한 비율로 혼합한 후, 한 개의 펌프로 이동상을 이송하는 방식은 비교적 저렴하게 여러 가지 용매조성을 얻을 수 있기때문에 현재 많은 HPLC 제조사들이 선호하고 있는 제작방법이다.

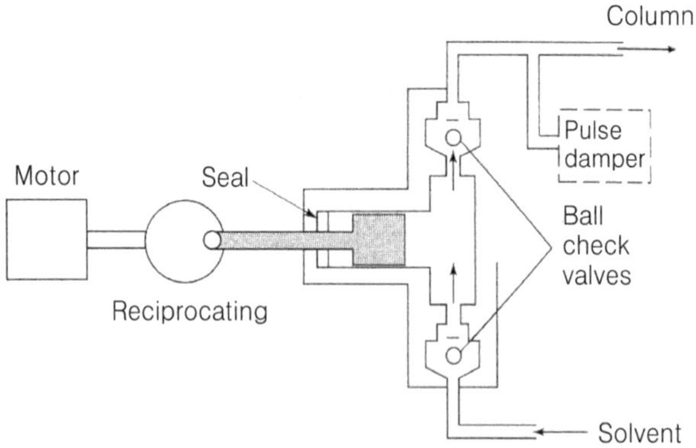

그림 10-5. 왕복형 피스톤 펌프의 구조

그림 10-5는 용매의 이송방법으로 가장 많이 사용되고 있는 왕복형 피스톤 펌프의 구조이다. 한 개의 펌프를 사용하면 펄스가 발생하여 정밀한 압력과 유속의 정밀한 유지가 어렵기 때문에 두 개의 펌프를 사용하여 연속적인 용매를 주입함으로써 펄스를 상쇄하는 효과를 얻게 된다.

3) 시료 주입기

요즘 출시되는 대부분의 HPLC는 자동형 시료주입기(auto sampler)가 기본 구성으로 포함되어 있다. 특별히 시료를 수동으로 직접 주입할 경우에는 그림 10-6과 같이 수동형 시료주입기를 사용하게 되며, 대부분 레오다인(rheodyne) type이라고 불리는 six-port valve형의 시료주입기를 사용한다. 이것은 일정한 양의 정해진 부피를 가진 loop를 장착하고 있어서 시료주입용 실린저를 이용하여 약간 과량의 시료를 주입하면 주입된 시료가 loop의 내부를 가득히 채우고 남은 시료는 자동으로 배출된다. 그 후에 시료의 주입 위치로 유로를 변경해 주면 펌프에서 컬럼으로 이르는 이동상의 흐름에 시료가 놓여지게 된다. 샘플 loop는 제조사에 따라서 5 μl, 10 μl, 20 μl, 50μl, 100 μl 및 500 μl 등의 다양한 용량의 loop를 판매하고 있으므로 분석하고자 하는 목적에 따라 다양한 선택이 가능하다.

자동형 시료주입기는 현재 거의 대부분의 HPLC에 장착되어 있는데, 이것은 수동형 시료 주입장치에 비하여 훨씬 정밀하기 때문에 시료 주입의 오차를 크게 줄일 수 있다. 자동시료주입기는 100개 이상의 시료를 연속으로 분석할 수 있으며, 각각의 시료의 주입량 μl단위로 설정하여 줄 수 있다. 제조사에 따라서 분석시료가 담긴 바이알을 담은 rack이 회전하는 carousel type과 시료주입용 needle이 움직이면서 시료가

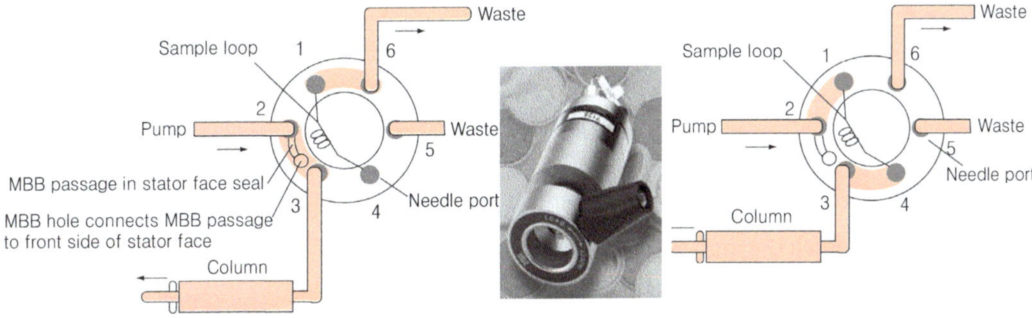

Position 1(load)　　Position 2(inject)

(a) 밸브형 시료주입기

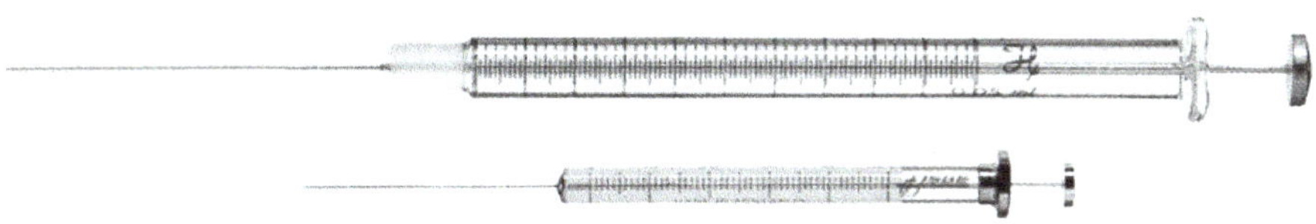

(b) 밸브형 주입기용 micro syringe

그림 10-6. Six-port valve 형 시료주입기

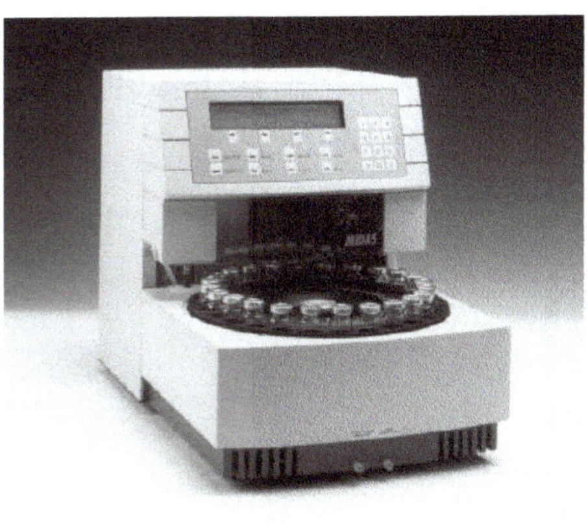

(a) MIDAS사의 자동 시료주입기

(b) Shimadzu사의 자동 시료주입기

그림 10-7. 자동 시료주입기

a : 원판의 시료 용기 보관대가 회전하면서 시료의 위치를 지정

b : 시료 주입구 팔이 움직이면서 시료를 loading

주입되는 X-Y grid type이 있다. 요즘은 carousel type보다는 X-Y grid type을 주로 사용하며, 시료의 변질을 막기 위한 온도 조절장치도 함께 장착되어 있는 경우도 많다.

4) 컬럼 온도 조절기

컬럼 온도 조절기(thermostated column compartment)는 분석용 컬럼의 온도를 일정하게 유지함으로써 분석결과의 재현성을 유지해 주는 장치이다. 컬럼은 매우 정교한 충진물로 채워져 있는 분리분석의 핵심이라고 할 수 있는데, 이 컬럼의 온도 유지는 HPLC 분석 시스템에서 매우 중요하다. 과거에는 대부분의 HPLC에서 컬럼이 외부에 오픈된 상태로 연결되어 있었기 때문에 실험실 내의 온도를 일정하게 유지하여 분석의 재현성을 유지하려고 노력하였으나, 최근에는 그림 10-8과 같은 컬럼 온도 조절기를 갖춘 HPLC 시스템을 구성하는 경우가 많다.

5) 검출기

검출기(detector)는 컬럼에서 분리되어 나오는 시료를 연속적이고 일정한 규칙에 의해 인식하여 전기적인 신호로 바꾸어 주는 장치이다. 현재 주로 이용되는 검출기에는 흡광도 검출기(absorbance detector), 형광검출기(fluorescence detector), 굴절률 검출기(refractive detector), 전기화학 검출기(electrochemical detector), 전도도 검출기(conductivity detector) 등이 있는데, 최근에는 질량분석기(mass spectrometry)의 사용이 급속히 늘고 있다. 검출기를 선택할 때에는 각각의 분석하고자 하는 시료의 특징과 검출이 가능한 농도 등을 고려하여 선택하여야 한다.

그림 10-8. 컬럼이 장착된 컬럼 온도 조절기

검출기는 검출신호에 비하여 노이즈가 작을수록 좋은 분석결과를 얻을 수 있기 때문에 검출감도가 좋고 유속·온도·압력 등에 안정하여야 하는데, 요즘은 일정 용매비(isocratic)의 이동상보다는 gradient를 사용하는 경우가 많으므로 이에 따른 감도의 변화가 적어야 한다.

(1) 흡광도 검출기

가장 많이 사용되고 있는 검출기로서 화합물이 빛을 흡수하는 성질을 이용한 방법이다. 즉, 화합물들 중에는 자외선 혹은 가시광선 영역의 빛을 흡수하는 성질을 가진 화합물들이 있는데, 이들이 검출기의 셀(cell)을 지나면서 흡수한 빛의 양을 전기적인 신호로 바꾸어 주는 원리를 이용한 것이다.

흔히들 UV/VIS 검출기라고도 하며 고정형, 가변형 및 광다이오드 배열형의 3가지로 나눌 수 있다. 고정형 흡광도 검출기(absorbance detector)는 측정하고자 하는 파장이 필터에 따라 결정이 되어 있어서 몇 개의 고정된 형태(214, 229, 254, 265, 280, 313, 405, 436, 546 nm 등)의 파장만을 사용할 수 있는데 현재는 많이 사용되지 않고 있다. 가변형 흡광도 검출기(variable wavelength detector)는 일반적으로 190 nm에서 600 nm까지의 파장 중에서 원하는 파장을 선택하여 사용함으로써 고정형에 비하여 다양한 파장을 선택할 수 있으며, 2～5개의 파장을 동시에 선택할 수 있는 제품도 있어서 매우 편리하다.

광다이오드 배열 검출기는 흡수 셀을 통과한 빛을 다이오드 배열(diode array)판으로 반사시켜서 190～950 nm까지의 전 파장을 동시에 검출할 수 있다. 이 검출기는

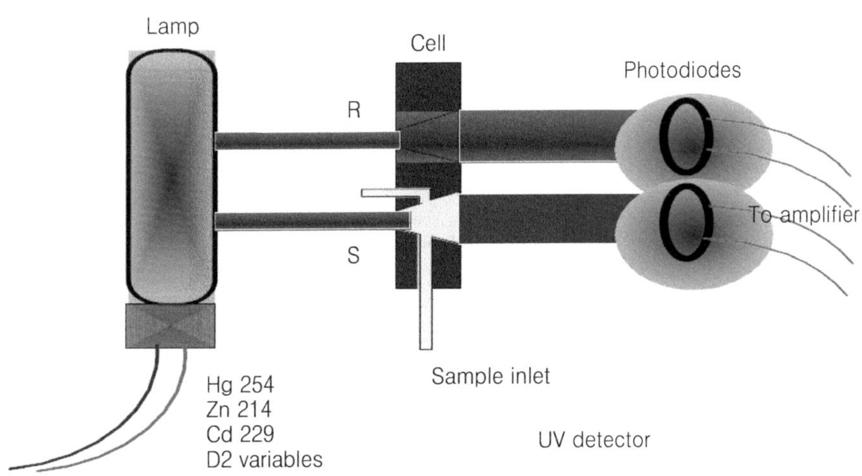

그림 10-9. 가변형 흡광광도 검출기의 구조

신속하게 모든 파장의 스펙트럼 확인 및 다파장 검출이 가능하고, 탁월한 파장 재현성을 갖는다. 또한 컴퓨터를 이용하여 수집한 결과는 3차원적인 크로마토그램의 해석이 가능하다. 이들 흡광도 검출기는 약품, 식품, 향료, 펩타이드와 단백질 및 비타민 등의 여러 분야에서 폭넓게 사용되고 있다.

(2) 형광 검출기

분자는 외부로부터 에너지를 흡수하게 되면 들뜬상태로 되었다가 안정화되기 위하여 에너지를 방출하면서 기저상태로 돌아가려는 성질은 가지고 있는데, 이러한 과정에서 빛이나 열 혹은 소리 등을 발생시킨다. 형광 검출기(fluorescence detector)는 이러한 에너지 평형상태 중에 형광을 발생하는 화합물을 특이적으로, 검출하는 검출기로서 흡광도 검출기에 비하여 10～100배 이상의 좋은 감도를 가진다.

광원으로는 주로 수은등을 사용하는데, 연속 광원인 크세논을 사용하는 분광형광 검출기 등도 있다. 또한 최근에는 광원으로 레이저를 이용하여 감도를 더욱 상승시킨

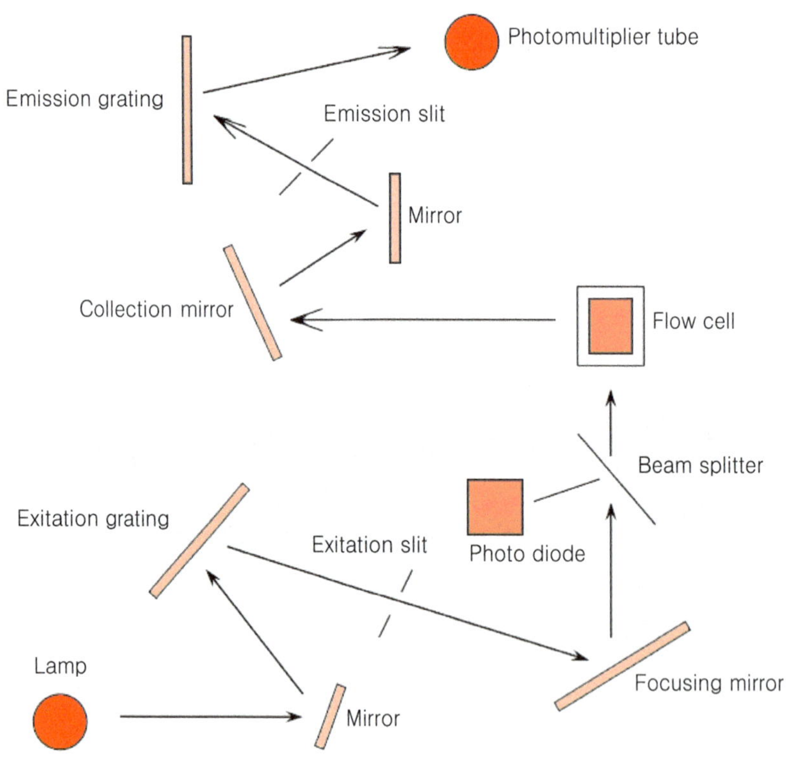

그림 10-10. 형광 검출기의 구조

제품들도 생산되고 있다. 형광 검출기의 응용분야 역시 제약분야의 임상시험 시료나 생명과학 분야에서 아미노산 분석을 비롯한 환경, 식품 등 다양한 분야에서 사용되고 있다.

(3) 굴절률 검출기

굴절률 검출기(refractive index detector)는 시료가 가지는 농도의 변화에 따르는 빛의 굴절률의 차이를 측정하는 것이다. Cell은 시료가 통과하는 sample cell과 이동상으로 채워진 reference cell로 구성되어 있는데, 분석시간 동안 reference cell은 이동상만으로 채워지고, 시료를 포함한 이동상은 sample cell을 통과하여 흐른다. 이때 두 cell의 농도차에 의한 굴절률의 차이가 발생하는데, 이를 전기적인 신호로 나타내어 크로마토그램으로 기록하게 된다.

이 굴절률 검출기는 거의 모든 화합물에 대하여 감도를 나타내지만, 흡광도 검출기나 형광 검출기 등에 비하여 감도가 낮고, 이동상의 유속과 온도에 대해서 매우 민감하다. 응용되고 있는 분야는 흡광도 검출기나 전기전도도 검출기에서 검출이 안 되는 고분자 화합물이나 당(糖) 등의 분석에 주로 이용된다.

(4) 전기화학 검출기

전기화학 검출기(electrochemical detector)는 정전위 전기분해가 가능한 화합물을

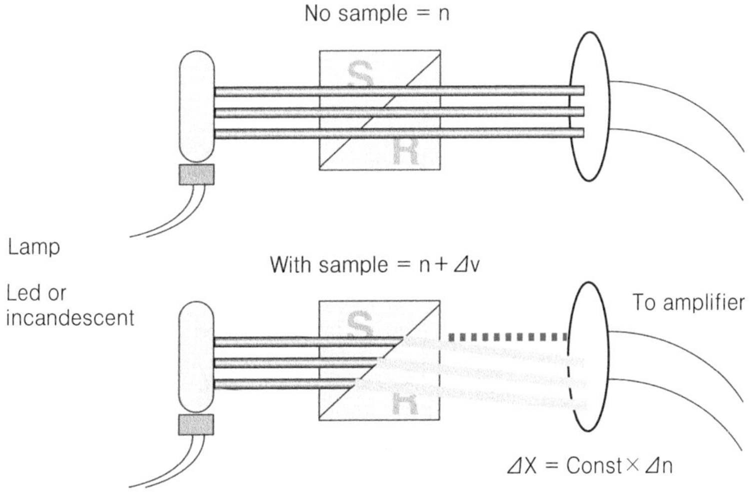

그림 10-11. 시료의 유무에 따른 굴절률 검출기의 검출 원리

선택적으로 검출할 수 있다. 셀의 내부로 들어간 시료는 일정한 전압이 걸린 기준전극의 전위를 기준으로 하여 작업전극과 보조전극의 전기화학반응, 즉 산화환원반응에 의한 전자의 이동이 일어나며, 이 때에 발생하는 전류의 양을 측정하여 크로마토그램으로 시각화하는 방법으로 정량분석을 하게 된다.

이 검출기의 응용분야는 제약 및 생명과학 분야에서 catecholamine류 및 tryptophan 대사물 등의 분석과 환경분야의 페놀이나 무기 및 유기금속 화합물류 분석, 그리고 식품 중의 당 분석 등에 이용되고 있다.

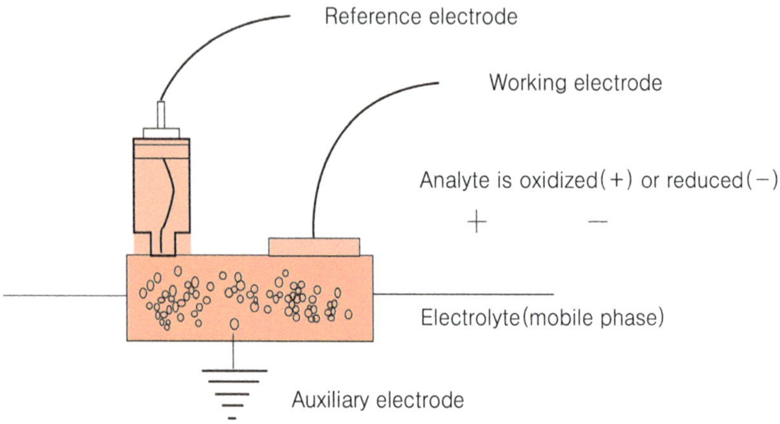

그림 10-12. 전기화학 검출기의 구조 및 원리

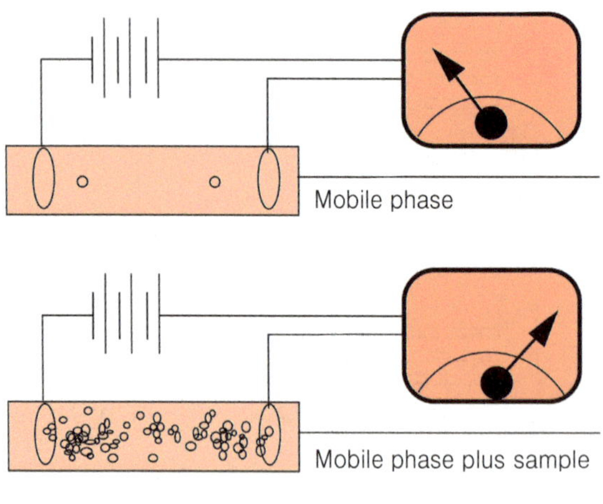

그림 10-13. 전기전도도 검출기의 구조 및 원리

(5) 전기전도도 검출기

전기전도도 검출기(conductivity detector)의 검출원리는 두 전극 사이의 전기전도도 차이를 이용한 것으로 이동상만이 흐르던 셀의 내부로 용해된 시료가 통과하게 되면 두 전극 간의 저항 값이 달라지게 되고 이러한 차이를 전기적인 신호로 바꾸어서 크로마토그램으로 시각화한 것이다.

3. 컬럼의 선택

1) 컬 럼

컬럼(column)은 HPLC에서 물질의 분리가 일어나는 곳으로서 분리분석의 특성상 중요한 과정 중의 하나이다. 일반적으로 재질은 스테인레스 스틸을 사용하여 만든 관 모양의 용기에 충전제를 채워서 사용하는데, 분석하고자 하는 시료의 종류에 따라서 컬럼의 직경과 길이 및 충전제의 종류를 선택하여 사용할 수 있다. 혼합상태의 시료는 물리화학적 특성에 따라 컬럼 내에서 머무름 정도의 차이에 의하여 컬럼 속에서 용출되는 속도가 다르며, 이렇게 분리되어진 시료는 순차적으로 검출기를 통과하면서 일정한 형태의 감응을 나타내고, 검출기는 이 감응을 전기적인 신호로 바꾸어서 크로마토그램으로 시각화한다.

컬럼 내에 충진하는 충전물의 종류는 실리카겔·합성폴리머·알루미나 등으로 다양하며, 현재까지는 실리카겔의 사용량이 약 75% 정도를 차지한다. 이러한 실리카는

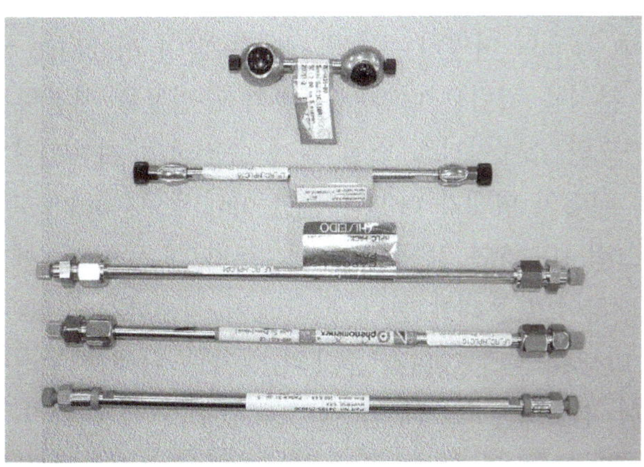

그림 10-14. 제조사에 따른 다양한 종류의 컬럼

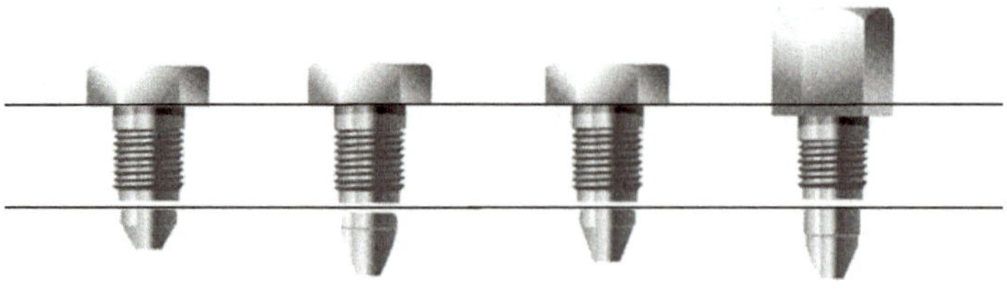

그림 10-15. 제조사에 따른 다양한 모양의 ferrule

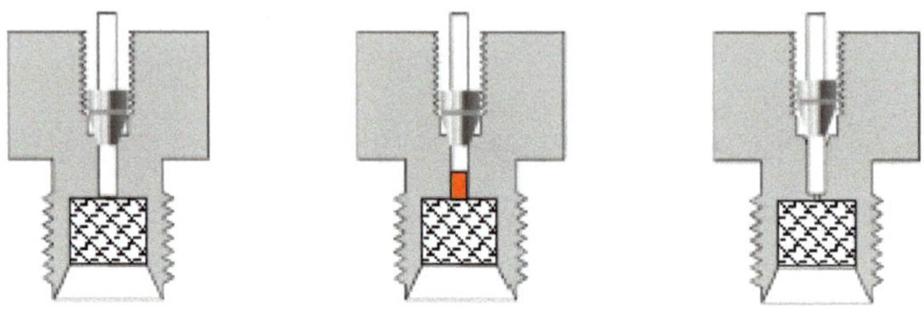

그림 10-16. 불완전한 fitting에 따른 문제점들

a : 관과 ferrule이 잘 연결된 상태(dead volume이 없다)
b : Tube가 완전히 연결되지 않음(dead volume이 발생)
c : Ferrule이 완전히 막히지 않은 상태

초미립자인 실리카를 용융시켜 크기가 균일한 지름을 가지는 큰 입자로 만든 후 표면에 화학적 처리를 한다. 입자의 크기는 3.5 ㎛, 4 ㎛, 5 ㎛, 6 ㎛, 7 ㎛, 10 ㎛, 37 ㎛, 55 ㎛ 그리고 75 ㎛ 등으로 다양하며, HPLC에서 많이 사용되는 입자의 크기는 3~10 ㎛이다. HPLC 분석용 컬럼은 다양한 종류의 충전물을 내경이 3.0~4.6 ㎜, 길이는 100~300㎜ 정도의 스테인리스 스틸 관에 충전하여 사용한다.

제조사에 따라서 컬럼의 형태가 다양할 뿐만 아니라 관(tubing)과 컬럼을 연결하는 ferrule의 모양이 그림 10-15와 같이 조금씩 다르기 때문에 컬럼에 따라서 적절한 모양의 ferrule을 선택하여 사용해야 한다. Fitting이 적절하기 못할 경우에는 불감부피(dead volume)가 발생할 뿐만 아니라 누액의 방지를 위해서 무리한 힘을 가하여 죄기와 풀기를 반복할 경우에는 ferrule과 컬럼의 입구가 쉽게 손상을 입게 된다. 요즘은 이러한 경우에 컬럼으로 연결되는 tubing을 불활성 플라스틱으로 만들어서 손으로 쉽게 나사를 죌 수 있는 제품이 많이 사용되고 있다.

(1) 순상 컬럼

순상 크로마토그래피(normal phase chromatography)는 초기의 HPLC 분석방법에서 주로 사용하던 분석방법이다. 정지상으로는 컬럼의 내부에 실리카(silica), bonded cyano(CN), 아민(NH_2) 등을 사용하여 충진하고, 이러한 정지상들 보다는 상대적으로 비극성인 용매를 이동상으로 사용하여 분리하는 흡착크로마토그래피(absorption chromatography)의 일종이다. 컬럼 내에서 물질이 분리되는 순서는 비극성인 물질이 먼저 용출된다. 극성이 큰 물질은 컬럼 내 정지상과의 친화도가 높기 때문에 분리시간이 더 길어진다.

실리카 컬럼은 실리카겔에 silanol(Si-OH)처리를 하여 이 -OH기가 정지상의 역할을 담당하므로 극성이나 다고리 방향족 화합물(PAHs)의 분석에 주로 이용한다. 실리카겔 컬럼에서는 이동상으로 물은 사용할 수가 없다.

Cyano(CN) 컬럼은 실리카겔의 표면에 chloro(3-cyanopropyl)dimethylsilane을 처리하여 말단의 -CN기가 정지상의 역할을 담당하므로 극성 및 비극성의 물질을 분리할 수 있다. 주로 이온성을 띄고 있는 물질과 염기성 물질의 분리에 다용된다. 또한 실리카 컬럼에 비하여 물에 대하여 덜 민감하다.

아민(NH_2) 컬럼은 실란올(Si-OH)에 amino-propyl silane을 처리하여 이 $-NH_2$ group이 정지상의 역할을 하게 된다. 따라서 순상과 역상의 분리가 가능하여 탄수화물, 당과 같은 극성물질의 분리와 지용성 비타민과 같은 비극성물질의 분리에 모두 사용할 수 있다. 이동상으로 ethyl ether나 dioxane은 사용할 수 없다.

(2) 역상 컬럼

역상 크로마토그래피(reverse phase chromatography)는 HPLC를 이용한 제약산업, 화장품, 식품첨가물을 비롯하여 환경 중 잔류농약 분석 등에서 요즘 가장 많이 사용되는 분석방법이다. 대부분의 HPLC를 사용하는 실험실에 있는 대표적인 컬럼이다. 정지상으로는 비극성인 octyl($Si-C_8H_{17}$), octadecyl($Si-C_{18}H_{37}$), phenyl($Si-C_6H_5$) 등을 실리카에 흡착시켜서 사용하며, 이동상인 용매는 이들에 비하여 상대적으로 극성인 용매를 사용한다. 컬럼 내에서 분리되는 순서는 극성인 물질이 빨리 용출되며, 비극성인 물질은 정지상과의 반데르발스 결합에 의해서 늦게 용출된다. 극성인 용매를 사용하기 때문에 수용액 상태의 시료도 분리가 가능한 이점이 있다.

Octadecyl(C_{18}) 컬럼과 octyl(C_8) 컬럼은 분리작용은 비슷하며, 비극성 물질의 분리에 주로 이용된다. Octadecyl 컬럼은 탄소를 18개나 가지는 긴 알킬 체인으로 된 정지상을 가지기 때문에 비극성 시료와 강한 결합을 하게 되며, 이러한 경우에는 시료의 분리만 충분히 이루어진다면 octyl 컬럼을 이용하여 좀 더 빠른(좀 더 빠른 retention time) 분석을 할 수도 있다. 또한 octadecyl 컬럼은 긴 알킬 체인에 의한 가리움 작용으로 실리카 표면의 모든 Si-OH와 다 결합을 하지는 못한다. 이렇게 남은 Si-OH는 앞서의 순상 컬럼에서 설명한 것처럼 극성의 시료와 반응하여 분석 피크의 모양을 지저분하게 한다. 해결방법으로는 octadeyl에 비하여 부피가 작은 TMS ($Si-CH_3$)를 결합시켜서 Si-OH가 순상의 물질과 반응하는 것을 막아 주게 되며, 이러한 처리를 end-capping이라고 한다. 요즘에 출시되는 대부분의 octadecyl 및 octyl 컬럼은 이렇게 end-capping 처리가 되어 있다.

Plenyl 컬럼은 실리카에 벤젠고리 화합물인 페닐을 흡착시켜서 만들어지고, 이중결합이나 삼중결합 화합물의 분리에 효과적으로 사용할 수 있다.

2) HPLC에 사용되는 컬럼의 내경

HPLC에서 일반적으로 사용되는 컬럼의 내경은 4.6 mm이고, 이것이 가장 많이 상용화되어 있다. 분석시간을 줄이기 위한 고속분리용 컬럼은 일반적인 분석용 컬럼에 비하여 분리능이 뛰어나고, 입경이 작으며, 훨씬 더 고압에서 견딜 수 있도록 설계되어 있다. 또한 충전물의 입경이 작을수록 표면적의 증가에 따라서 분리능은 상승한다. 표 10-2는 일반적인 HPLC용 컬럼의 내경에 따른 최적의 유속을 표시한 것이다. 그러나 컬럼의 제조회사마다 적정한 유속을 제시하고 있다.

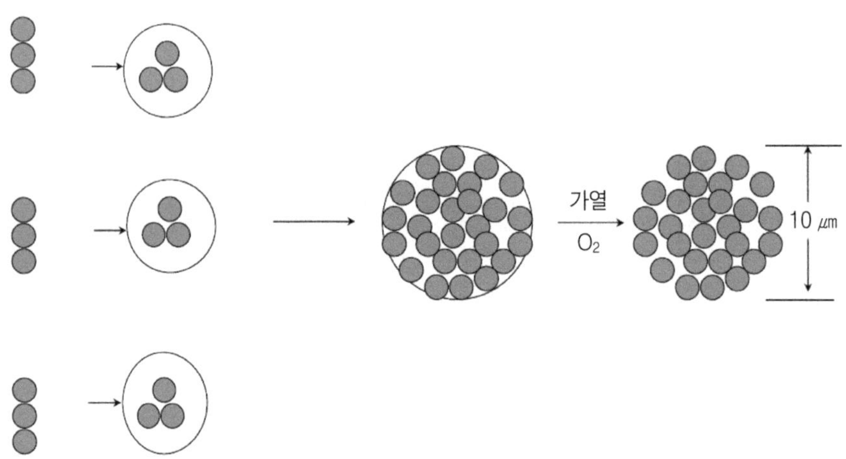

그림 10-17. 용융법에 의한 다공성 컬럼의 제조방식

표 10-2. HPLC용 컬럼의 내경 및 최적유속(Restek column을 이용할 경우)

컬럼 내경(㎜)	길이(㎜)	유 속(㎖/min.)	
		입경(5 ㎛)	입경(3 ㎛)
4.0∼4.6	30∼250	1.0∼2.0	-
4.0∼4.6	30∼100	-	2.0∼4.0
3.2	40∼10	0.5	0.73
2.1	150∼300	0.20	0.31
1.0	30∼100	0.05	0.07

3) 분석법 개발을 위한 단계

HPLC를 이용하여 분리분석을 실시하기 위한 분석법 개발은 분석하고자 하는 물질의 특성과 시료 중의 방해물질의 종류 및 양 등을 감안하여 적절한 검출기 및 컬럼을 선택하는 것이 매우 중요하다. 최적의 분석을 위한 방법을 얻기 위해서는 컬럼의 선택은 일반적으로 다음 6단계의 과정을 거친다.

(1) 분석하고자 하는 시료의 물리·화학적인 특성을 조사한다.
(2) 분리에 적합한 컬럼을 선택한다(충전제의 극성도 및 입경, 컬럼의 내경 및 길이 등을 고려).
(3) 표준품을 이용한 크로마토그램을 얻는다.
(4) 알맞은 분리간격을 위한 용매의 조성비를 조절한다.
(5) 피크의 분리간격을 최적화한다.
(6) 피크의 분리가 적합하지 않으면 컬럼을 변경한다(충전제의 종류, 컬럼의 내경 및 길이 등).

4. 이동상 용매에 대한 이해

HPLC 시스템에서 용매는 이동상으로서의 역할뿐 아니라 고정상과 시료와의 친화도에 영향을 미치는 중요한 인자로서 역할을 한다. 이동상 용매로서 사용되는 모든 용매는 HPLC용으로 만들어진 HPLC grade를 사용하는 것이 바람직하다. 또한 극성도를 조절하기 위해서 사용하는 물 또한 저항값이 18 ㏁ 이상인 초순수를 사용하여야 한다. 그리고 이러한 용매들은 분리하고자 하는 시료를 녹일 수 있어야 하고, 측정하고자 하는 파장보다 낮은 UV cutoff 값을 가지고 있어야 한다.

표 10-3은 HPLC에서 주로 사용되는 용매들의 cutoff 값을 나타낸 것이다.

표 10-3. HPLC용매들의 UV에서의 Cutoff 값

Solvent	UV Cutoff	Solvent	UV Cutoff
Water	180	n-Heptane	197
Methanol	210	Cyclohexane	200
n-Propanol	205	Carbon tetrachloride	265
Acetonitrile	190	Chloroform	245
THF	230	Benzene	280
Acetone	330	Toluene	285
Methyl acetate	260	Methylene chloride	232
Ethyl acetate	260	Tetrachloroethylene	280
Nitromethane	380	1,2-Dichloroethane	225

표 10-4. 상(phase)에 따른 용매의 강도

Solvent strength	Reversed phase	Normal phase
↑	Water	Hexane
	DMSO	1-Chlorobutane
	Methanol	Methylene chloride
	Acetonitrile	Acetonitirile
	Tetrahydrofuran	

1) 용매의 세기

용매의 강도는 표 10-4와 같이 역상(reverse phase)과 순상(normal phase)에 따라 서로 반대의 강도를 가지게 되며, 역상에서는 유기용매와 물의 혼합 시에 물의 함량이 많으면 많을수록 성분의 머무름 시간(retention time)은 길어지게 된다.

2) 용매의 섞임성

HPLC에서 단일 용매를 사용하는 경우는 거의 없고, 대부분 혼합용매를 사용하기 때문에 용매는 섞임성이 있어야 한다. 또한 사용하는 컬럼의 종류에 따라서 이동상으로 사용하는 용매의 극성도와 이온화 정도 및 친유성, 친수성 등을 고려하여야 한다. 그림 10-18은 HPLC에서 사용되는 용매의 섞임성을 나타낸 것이다.

서로 섞이지 않는 용매를 동일한 HPLC 시스템에 사용하게 되면 컬럼의 치명적인

손상을 초래하게 될 뿐만 아니라 전체 시스템에서 막힘현상이나 염의 석출 등이 발생하게 되므로 각별히 주의하여야 한다. 따라서 섞임성이 없는 용매를 교환하고자 할 경우에는 컬럼을 제거한 후 isopropyl alcohol이나 tetrahydrofuran 등의 양성 용매로 충분히 세척한 후에 원하는 용매를 흘려주어야 한다.

3) 용매의 여과

HPLC에 사용하는 컬럼은 수 ㎛ 단위의 매우 미세한 입자로 충진되어 있기 때문

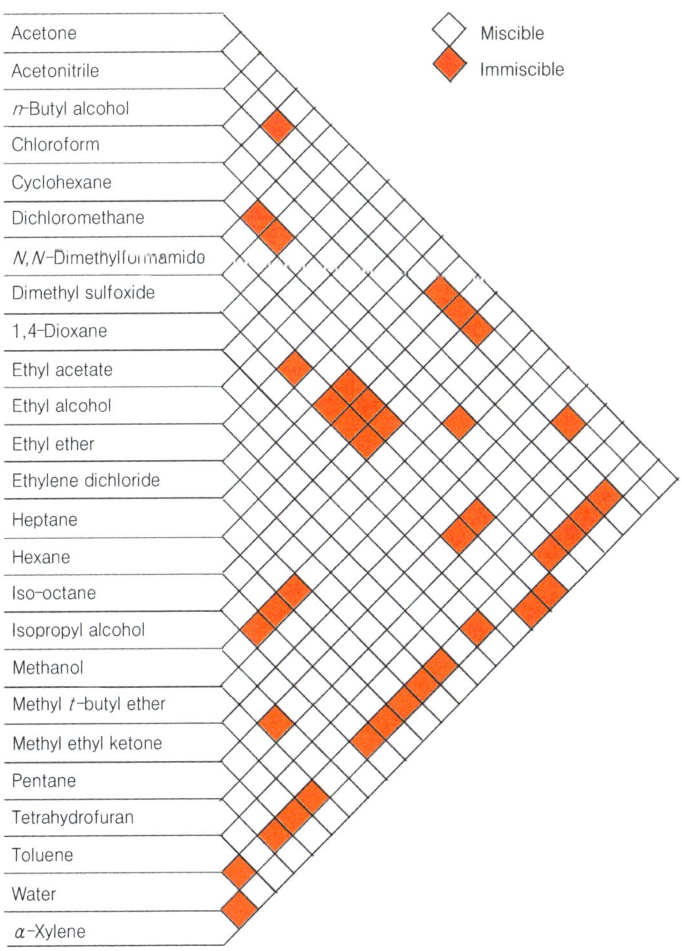

Missibility No.	
Acetone	15
Acetonitrile	11
n-Butyl acetate	22
N-Butyl alcohol	15
Chlorobenzene	21
Chloroform	19
Cyclohexane	28
Dichloromethane	20
N,N-Dimethylformaide	12
Dimethyl sulfoxide	9
1,4-Dioxane	17
Ethyl acetate	19
Ethyl ether	23
Heptane	29
Hexane	29
iso-Octane	29
Isobutyl alcohol	15
Isopropyl alcohol	15
Methanol	12
Methyl ethyl ketone	17
Pyridine	16
Tetrahydrofuran	17
Toluene	23

그림 10-18. HPLC에서 사용하는 용매의 섞임성

에 이동상에 포함된 미세입자들이 컬럼을 막는 경우를 방지하기 위하여 이동상 및 시료 등은 반드시 여과하여 사용하여야 한다.

이동상의 여과는 그림 10-19와 같은 여과장치와 필터를 이용하여 여과하며, 또한 용매 저장병에는 그림 10-20과 같은 필터를 이용하여 미세입자가 컬럼 내부로 유입되는 것을 방지해 주어야 한다. 그러나 이러한 노력에도 불구하고 컬럼은 자주 막히게 되는데, 대부분의 원인은 시료속의 미세입자 등에 의해서 컬럼의 입구가 막히기 때문이거나 시료 및 시료 중의 불순물이 이동상 용매에 완전히 용해되지 않았기 때문이다. 그림 10-21은 시료를 HPLC에 주입하기 전에 사용하는 필터들을 나타낸 것이다. 이러한 필터들 역시 지용성과 수용성이 있으므로 적절히 선택하여 사용하도록 하고, 여과하는 시료의 오염 정도와 양에 따라서 적당한 필터의 직경을 선택하여 사용하도록 한다.

그림 10-19. 이동상 용매의 여과장치

그림 10-20. 용매 저장병에 사용되는 in-line 필터

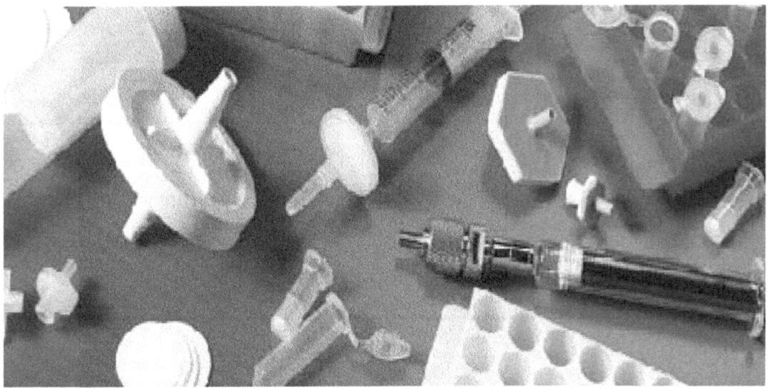

그림 10-21. 여러 가지 시료 전처리용 syringe filter

4) 이동상 용매의 제조

앞에서 설명한 바와 같이 이동상으로서의 조건을 만족하는 용매를 선정하고, 미세먼지 등의 이물질을 제거한 용매는 이동상으로서 좋은 분리능을 가질 수 있는 알맞은 조성비로 섞어 주게 된다. 대부분의 실험실에서는 용매를 기기분석실 내부에 저장하기 보다는 외부의 용매 저장소에 저장하는 경우가 많은데, 외부의 온도는 실험실의 온도와는 차이가 나는 경우가 허다하다. 이럴 경우에 이동상으로 사용할 용매를 용매 저장고로부터 꺼내어 곧바로 혼합하게 되면 온도의 차이에 따라서 용매 부피의 비율이 달라지는 경우가 있으므로 실험실에서 충분한 시간을 방치한 후 혼합하도록 해야 한다.

혼합할 때에는 각각의 용매를 부피 대 부피로 계량한 후 곧 바로 혼합하도록 해야 한다. 각각의 용매를 부피의 비율로 섞지 않고 한 용매에 다른 용매를 섞으면서 용량을 맞추는 경우도 있는데, 이럴 경우에는 용매의 성질에 따라서 흡열 및 발열반응이 일어나며, 부피의 비가 달라질 수 있다. 또한 용매의 섞임성이 일정하지 않아서 다음에 분석할 경우에 분석의 재현성이 떨어진다.

5) 완충용액의 사용

분석하고자 하는 시료가 이온성 시료일 경우에는 이온의 억제나 이온쌍의 형성을 위하여 완충용액(buffer solution)을 사용하는 경우가 있다. 이외에도 생리활성 물질 등을 순수분리하거나 정제할 때, 또는 pH를 조절할 목적으로, 그리고 이온성 물질을 분리할 때 이온강도를 조절할 목적으로 완충용액을 사용하기도 한다. 주로 사용하는 완충용액은 표 10-5와 같다.

표 10-5. 주로 사용되는 완충용액

Component	Component
Sodium chloride	Magnesium sulfate
Calcium chloride	Sodium bicarbonate
Potassium chloride	Sodium phosphate dibasic
Potassium phosphate monobasic	Glucose

표 10-6. UV에서 대표적인 흡광도를 가지는 화합물

Chromophore	Structure	λ max(nm)
Amine	$-NH_2$	195
Ethylene	-C=C-	190
Ketone	=C=O	195
Ester	-COOR	205
Aldehyde	-CHO	210
Carboxyl	-COOH	200～210
Nitro	$-NO_2$	310
Phenyl		202, 255
Naphthyl		220, 275

6) UV/VIS 검출기에서의 대표적인 발색단

UV/VIS 검출기에서 분석하고자 하는 물질은 이 검출기에서 흡광도를 가져야 한다. 모든 물질이 자외선 및 가시광선부에서 빛을 흡수하는 것이 아니므로 각 물질의 분자 내에 대표적인 흡수 스펙트럼을 가지는 구조가 존재하는지를 먼저 조사하여야 한다. 표 10-6은 자외선에서 흡광도를 나타내는 대표적인 분자들을 표시한 것이다.

7) HPLC 분석법의 개발

HPLC를 이용한 분석방법은 현대의 분리분석에서는 필수 불가결한 분석방법으로 자리매김해 가고 있다. 다행히 선행 분석에 대한 논문이나 자료가 있다면 이보다 더 행운은 없을 것이다. 그러나 이러한 분석법이 항상 재현성을 가지고 동일한 분석결과를 나타내 주지는 않는다.

HPLC 분석법을 개발할 때에는 우선적으로 분석하고자 하는 물질의 물리·화학적

특성을 파악하고, 이에 근거하여 분석의 범위를 결정한 후 분석하고자 하는 대상 성분의 검출이 가능한 검출기를 선택한다. 다음은 HPLC 시스템에서 필요한 고정상(컬럼의 종류) 및 이동상을 결정하고, 기기를 구성한 다음 예비분석을 통하여 시료의 크로마토그램을 확인한다. 이때 분석하고자 하는 대상 성분의 표준물질을 가지고 예비시험을 실시하는 것이 더욱 빠르고 정확한 분석법을 확립할 수 있다.

이 분석결과를 토대로 적절한 검출기와 컬럼 및 이동상이 선정되었는지를 확인하고, 최적의 분석조건이 확립될 수 있도록 분석방법을 개선해 나간다. 이렇게 확립된 최적의 분석조건은 회수율시험 등을 통하여 시험의 정밀성과 정확성을 확인하여야 한다.

5. 실험 예

HPLC 시스템은 분리분석의 꽃이라고 할 수 있으며, 식품 및 의약품 중의 다양한 지표성분을 비롯하여 다양한 유해물질의 분석에 널리 이용되고 있다. 이 중에서도 잔류농약 분석을 위한 주요한 분석수단이기도 하다. 잔류농약은 지구상 어느 화학물질보다도 그 종류가 다양하며, 잔류농약이 존재하는 시료의 매질이 매우 다양하므로 다수의 농약을 한 번에 분석할 수 있는 동시 다성분 분석법이 주로 사용된다. 법적 요건의 충족을 확인하기 위한 규제 목적의 실험은 나라마다 서로 다르며, 농약의 MRL 만족 여부를 확인하기 위한 것은 짧은 시간 내에 신속한 결과의 산출이 요구된다.

우리나라에 기준이 설정된 농약은 430여 종(2009년 9월까지의 기준으로)에 이르며, 이들 농약들에 대한 분석방법은 식품공전(식약청)에 수록되어 운영되고 있다. 이 중 식품공전 58번 및 83번 방법은 대표적인 동시 다성분 분석법으로 식품 중 잔류농약을 분석하는 국가기관 및 민간기관들은 실제로 두 방법 중 하나를 사용하거나 두 방법을 자체적으로 수정한 나름대로의 분석방법을 적용하고 있는 실정이다. 이 절에서는 우리나라의 식품공전 상에 수록된 83번 동시 다성분 분석법 중에서 HPLC를 이용하여 검출이 가능한 몇 가지 농약들의 분석을 위한 HPLC의 활용 예를 설명하여 이해를 돕고자 한다.

1) 실험제목

HPLC를 이용한 식품 중 농약의 동시 다성분 분석

2) 실험목적

(1) HPLC의 사용방법을 이해한다.
(2) HPLC를 이용하여 식품 중 잔류농약의 동시 다성분 분석을 실시한다.
(3) 식품 중 잔류농약 분석을 통하여 식품안전성에 대한 이해를 고취한다.

3) 기구 및 장비

(1) 전자저울
(2) HPLC 시스템
(3) Homogenizer
(4) 회전감압농축기
(5) 냉장고
(6) Clear vial(4 mℓ)
(7) Vacuum manifold
(8) Volumetric flask
(9) Buchner funnel(직경 7 cm 정도)
(10) Separation funnel(1,000 mℓ)
(11) 농축 flask(250 mℓ)
(12) Tall beaker(300 mℓ)
(13) Auto-pipet
(14) 피펫필러
(15) 시약 스푼

4) 재료 및 시약

(1) 아세톤(acetone, 잔류농약 분석용)
(2) 아세토니트릴(acetonitrile, HPLC용)
(3) 디클로로메탄(dichloromethane, 잔류농약 분석용)
(4) 메탄올(methanol, 잔류농약 분석용)
(5) 증류수(water, 초순수)
(6) NH_2 cartridge column(1 g, Supelco사)
(7) Membrane filter(PTFE 0.45 μm, Waters)
(8) 농약 표준품 : Acetamiprid 외 40종

5) 실험내용

(1) 시료 및 시약조제

① 시료 : 약 1 kg을 대형 분쇄기에 넣고 잘 분쇄한다.
② 실험에 사용하는 HPLC용 용매(acetonitrile 및 초순수)는 membrane filter를 이용, 여과하여 불순물과 기포를 완전히 제거한다.
③ 농약은 각각 acetonitrile에 용해하여 100 ppm의 표준 보관용액을 만들고, 이를

표 10-7. 식품공전 83번 HPLC-UVD 분석대상 농약들의 머무름시간 및 상대적 머무름시간

순번	농약명	검출기	RT	RRT
1	Acetamiprid	UVD	11.22	0.47
2	Azafenidin	UVD	14.92	0.63
3	Azoxystrobin	UVD	20.33	0.85
4	Benzoximate	UVD	22.93	0.96
5	Boscalid	UVD	20.72	0.87
6	Carboxin	UVD	18.67	0.69
7	Clothianidin	UVD	9.07	0.38
8	Cyazofamid	UVD	24.85	0.91
9	Cyhalofop-butyl	UVD	27.10	1.14
10	Cymoxanil	UVD	12.52	0.46
11	Dimethomorph	UVD	17.72	0.74
12	Diuron	UVD	19.20	0.81
13	Fenhexamid	UVD	28.58	1.05
14	Fenoxycarb	UVD	22.63	0.83
15	Fenpyroximate	UVD	32.23	1.35
16	Flufenacet	UVD	23.08	0.85
17	Flufenoxuron	UVD	30.55	1.28
18	Flumioxazine	UVD	20.17	0.74
19	Fluquinconazole	UVD	21.70	0.80
20	Forchlorfenuron	UVD	22.83	0.84
21	Hexaflumuron	UVD	22.58	0.95
22	Imibenconazole	UVD	27.45	1.01
23	Imidacloprid	UVD	10.89	0.37
24	Lufenuron	UVD	28.63	1.20
25	Mepanipyrim	UVD	21.63	0.91
26	Methabenzthiazuron	UVD	23.82	1.00
27	Oxaziclomefon	UVD	27.98	1.03
28	Pentoxazone	UVD	27.92	1.17
29	Phoxim	UVD	27.33	1.15
30	Pyraclostrobin	UVD	25.45	0.93
31	Pyrazolate	UVD	26.72	0.98
32	Pyributicarb	UVD	30.80	1.13
33	Pyrimethanil	UVD	19.43	0.82
34	Pyriproxyfen	UVD	29.72	1.09
35	Pyroquilon	UVD	12.90	0.54
36	Tebufenozide	UVD	24.38	0.90
37	Teflubenzuron	UVD	27.23	1.00
38	Thenychlor	UVD	24.35	0.89
39	Thiacloprid	UVD	16.68	0.70
40	Thiamethoxam	UVD	29.45	1.24
41	Trifloxystrobin	UVD	31.12	1.14

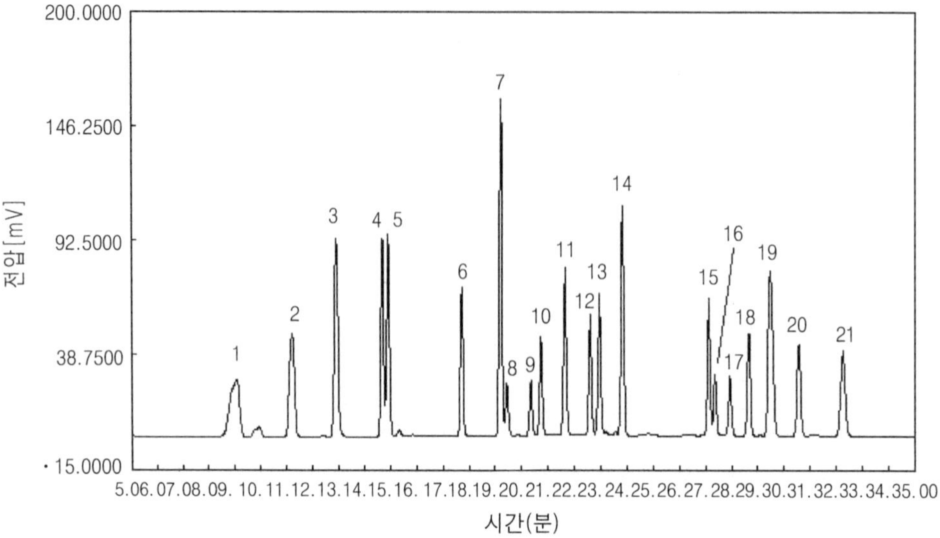

그림 10-22. HPLC-UVD 분석대상 농약(그룹-1)의 표준품 크로마토그램

1. Clothianidin, 2. Acetamiprid, 3. Pyroquilon, 4. Thiacloprid, 5. Azafenidin
6. Dimethomorph, 7. Diuron, 8. Pyrimethanil, 9. Azoxystrobin, 10. Boscalid
11. Mepanipyrim 12. Hexaflumuron, 13. Benzoximate, 14. Methabenzthiazuron
15. Cyhalofop butyl, 16. Phoxim, 17. Pentoxazone, 18. Lufenuron, 19. Thiamethoxam,
20. Flufenoxuron, 21. Fenpyroximate

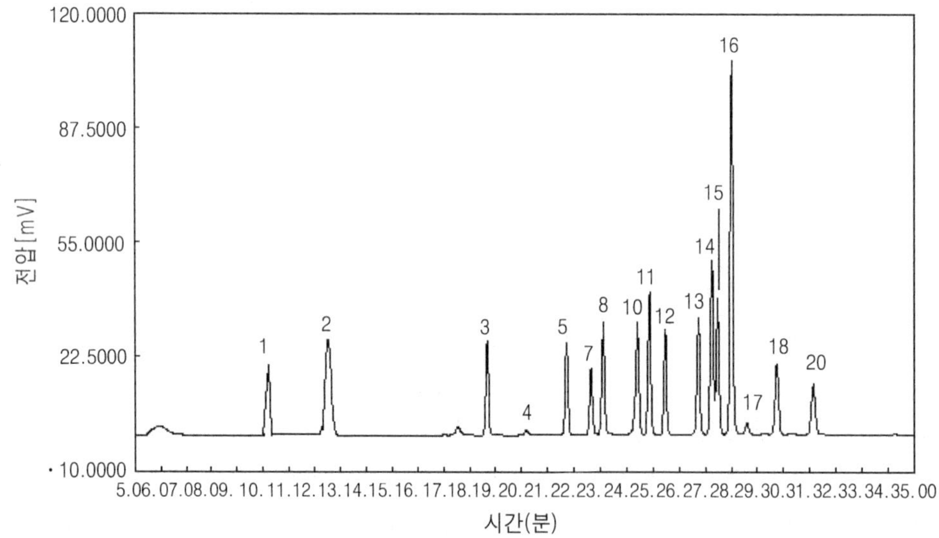

그림 10-23. HPLC-UVD 분석대상 농약(그룹-2)의 표준품 크로마토그램

1. Imidacloprid, 2. Cymoxanil, 3. Carboxin, 4. Flumioxazine, 5. Fluquinconazole,
6. Forchlorfenuron, 7. Fenoxycarb, 8. Flufenacet, 9. Thenychlor, 10. Tebufenozide,
11. Cyazofamid, 12. Pyraclostrobin, 13. Pyrazolate, 14. Teflubenzuron, 15. Imibenconazole,
16. Oxaziclomefon, 17. Fenhexamid, 18. Pyriproxyfen, 19. Pyributicarb, 20. Trifloxystrobin

희석하여 약 1~10 ppm의 표준액을 만든다. 이 표준액을 각각 HPLC에 주입하여 각각의 농약의 용출시간을 구한다(표 10-7 참조).

④ 용출시간이 겹치지 않게 잘 배열하여 각각의 농약의 피크 높이가 고르게 될 수 있는 농도로 혼합한 표준 혼합용액을 만든다. 이렇게 만들어진 혼합 표준용액을 표 10-8의 HPLC/UVD 분석조건에서 분석하여 표준 크로마토그램을 구한다(그림 10-22, 그림 10-23).

(2) 실험방법

① 추출

A. 시료 20 g을 정밀히 달고 아세토니트릴 50 mℓ를 넣은 후 혼합추출 분쇄기로 2~3분간 균질화한다. 이때 혼합추출 분쇄기는 homogenizer를 사용한다. 시료가 건조된 상태일 때는 물을 첨가하고 방치한 후 팽윤시켜 사용한다.

B. 이 시료를 여지가 깔려 있는 Buchner 깔때기를 이용하여 감압 여과한다.

C. 여액을 염화나트륨 10~15 g이 들어 있는 200 mℓ의 분리병에 담고 마개(teflon-lined)를 막은 후에 1분간 세게 흔들어 섞는다.

D. 이를 약 1시간 정치하여 아세토니트릴 층과 물 층을 분리시킨다. 용내 추출액을

표 10-8. 잔류농약 분석을 위한 HPLC-UVD의 기기분석 조건

Parameters	Conditions		
Column	Waters atlantis C_{18}(25 cm×4.6 mm I.D.)		
Column temp.	30℃		
Flow rate	1.0 mℓ/min		
Injection vol.	20 μℓ		
Run time	35 min		
Gradient Condition		A : Water	B : Acetonitrile
	Initial	80	20
	20 min	20	80
	30 min	20	80
	40 min	80	20
Detection Wavelength	254 nm		

저온에서 정치하면 층 분리가 빨라질 수 있으며, 층이 분리된 후 acetonitrile의 양이 50 mℓ가 안 될 경우에는 더 오랜 시간 방치하거나 원심분리를 하여 층이 완전히 분리된 것을 확인한 후에 상등액을 실험액으로 사용한다.

② 농축

A. 추출이 완료된 상등액(아세토니트릴 층) 20 mℓ를 50 mℓ의 비커에 취하고, 40℃ 이하의 항온수조에서 회전농축기를 이용하여 용매가 소량 남을 때까지 농축한다.

B. 다시 1% 메탄올을 함유하는 디클로로메탄 4 mℓ를 가하고, 시험관 교반기(vortex mixer)로 플라스크 벽의 잔류물을 완전히 녹인다.

③ 정제

A. 미리 아미노프로필 카트리지에 디클로로메탄 5 mℓ를 초당 2～3방울 정도의 속도로 유출하여 버린다.

B. 이어서 위의 농축과정 B에서 얻어진 용액을 카트리지 상단에 넣고 초당 1～2방울 정도의 속도로 용출시켜 시험관에 받는다.

C. 다시 카트리지가 용매에 잠겨 있는 상태에서 1% 메탄올을 함유하는 디클로로메탄 7 mℓ로 용출하여 동일 시험관에 모은다.

D. 용출액은 40℃ 이하의 항온수조에서 질소 또는 공기를 낮은 유속으로 통과시키면서 용매를 날려 보낸 다음, 메탄올에 녹여서 일정량으로 한 후 membrane filter(PTFE 0.45 ㎛)로 여과하여 시험용액으로 한다.

④ 기기분석

A. 상기의 시험용액을 미리 확립된 HPLC 분석조건(표 10-8)에 따라 분석을 실시한다.

B. HPLC 분석 컬럼은 Waters Atlantis C_{18} column을 등온 오븐 조건에서 실시한다. 이동상은 ACN : H_2O과 MeOH : H_2O을 gradient 조건으로 하며, UVD와 FLD로 분석하고자 하는 대상 농약들의 분리에 적합한 비율로 조절하고, 유속은 1.0 mℓ/min으로 한다. HPLC의 시료 주입량은 20 μℓ로 하며, 검출기에 따른 각각의 기기분석 조건은 표 10-8과 같다.

C. 표준 크로마토그램(그림 10-22, 그림 10-23)과 비교하여 겹치는 피크가 발생하면 HPLC/MSD 등과 같은 정성분석을 통해서 동일 농약임을 확인한다.

6) 질문 및 토론

7) 주의사항

실험실에서의 주의사항을 반드시 지킨다.

제 11 장

액체 크로마토그래피-질량분석

1. HPLC/MS 개론

분석화학에 있어서 가장 일반적으로 당면하게 되는 문제들 중 하나는 혼합물 속에 존재하는 분석하고자 하는 물질들을 어떻게 분리해 낸 후 분석을 위한 충분한 감도로 잘 표현해 내는가 하는 것이다. 현재 HPLC에서 가장 많이 사용되는 검출기들은 자외선/가시광선(UV/visible) 검출기와 형광(fluorescence) 검출기이며, 각각의 검출기에 대한 특징과 검출의 원리에 대해서는 이미 10장에서 기술한 바 있다.

액체 크로마토그래프/질량분석기(Liquid chromatograph / Mass spectrometer ; LC / MS)는 이러한 검출기 대신에 질량분석기(mass analyzer)가 연결된 형태를 이루고 있으며, 분석대상 물질의 정성 및 정량을 동시에 할 수 있다는 점이 최대의 장점이다. GC와는 달리 HPLC 시스템에서는 컬럼 속에서 분리가 이루어진 시료가 액체인 용매에 녹아 있기 때문에 이 용매를 제거하고 시료만을 질량분석계 속으로 도입하기 위한 도입장치(interface)를 필요로 한다.

대부분의 LC/MS는 그림 11-1과 같이 시료의 도입장치에서 시료용액이 분무(nebulize)되어 이온화부에서 이온화가 이루어진 후 가속장치를 거쳐서 질량 측정부(massanalyzer)를 통과한 이온은 신호가 증폭되어 크로마토그램으로 기록된다. HPLC/MS의 구성은 여러 가지 화합물을 분리하는 HPLC와 이렇게 분리된 물질의 분자량을 측정하는 질량분석기로 구성되어 있다. 질량분석기의 이온화 방식은 전기분무 이온화(ESI), 대기압력 이온화(API), 고속원자충격법(FAB) 및 MALDI(matrix-assisted laser desorption ionization) 방법 등으로 다양하다. 이 중에서 HPLC와 연결하여 사용하는 질량검출기는 주로 ESI(주로 microspray-ESI 혹은 nanospray-ESI) 방법과 APCI 방법이 사용되고 있다.

최근에는 HPLC와 결합하여 사용하기 곤란하였던 MALDI 방법이 TOF와 결합된 MALDI-TOF 질량분석기가 상용화되어 단백질과 펩타이드 등의 분석에 큰 공헌을 하고 있다. 또한 최근에 수요가 급속히 늘어나고 있는 HPLC/MS/MS 시스템은 시료의 전처리 과정이 간단하고 편리하여 수백 종의 농약을 한 번에 분석할 수 있는 다중 농약 다성분 분석법의 개발에도 많이 이용되고 있다.

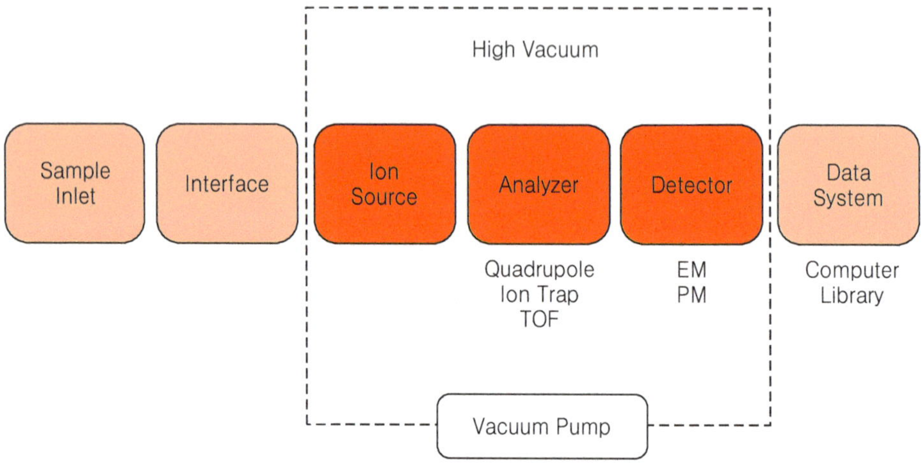

그림 11-1. 일반적인 LC/MS 시스템

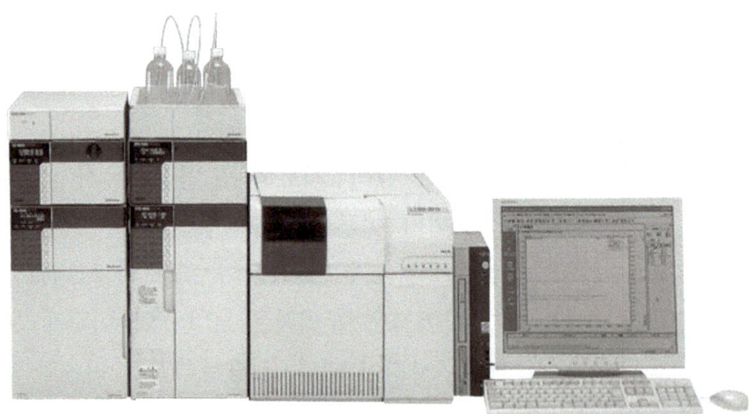

그림 11-2. HPLC/MS 시스템(자료 제공 : 동일시마즈 주식회사)

2. 질량분석법의 분류

1) 분리능에 따른 분류

액체 크로마토그래피와 연결된 검출기 중에서 질량분석기의 감도는 그 분리능(resolution)에 따라 결정되며, 분리능이란 질량분석관이 질량이온들을 분리해 낼 수 있는 성능을 말한다. 일반적인 저분리능을 가진 질량분석계는 명목 이온질량(nominal ion mass) 단위의 분리능을 가지고 있으며, 우리가 일반적으로 마주하게 되는 액체 크로마토그래피에 연결된 질량분석계들은 대부분 저분리능 질량분석계(low resolution mass spectrometer, LRMS)를 가리키게 된다. 이들의 분리능은 거의 분자량 1단위로 검출이 되기 때문에 분자량은 H(=1), C(=12), N(=14) 및 Cl(=35) 등과 같이 정수로 표현이 된다.

고분리능을 가진 질량분석계는 일반적으로 H, C, N, O 등의 화합물이 *m*/*z* 하전된 분자량을 소수점 이하 4자리까지 구분하여 분리가 가능하며, 고분리능 질량분석계(high resolution mass spectrometer, HRMS)라고 한다. 이러한 HRMS는 설정조건을 변경하여 LRMS로도 사용이 가능하며, 일반적으로 HRMS는 LRMS에 비하여 정밀한 분자량 단위의 분석이 가능하다.

2) 이온화 Source에 따른 분류

(1) 전기분무 이온화법(ESI)

전기분무 이온화(electrospray ionization, ESI)는 1980년대 중반쯤에 처음으로 소개되고 나서 계속적인 발전을 거듭하였지만, 그 기본원리는 다음 그림 11-3과 거의 동일하다.

전기분무 이온화의 특성 중 하나는 HPLC나 모세관 등으로부터 시료를 직접 도입할 수 있다는 것이다. 분석물질은 1 μℓ/min 정도의 유속으로 시린지 펌프(syringe pump)나 액체 크로마토그래피를 통과한 용출액이 모세관을 통과하면서 전기분무 모세관(needle)과 대응전극 사이에 걸리는 3～6 kV의 강한 전압에 의해서 액체의 표면은 높은 양(+) 전하를 띠게 된다. 이렇게 분무(nebulization)된 미세한 용액 방울들은 그림 11-4에서 보는 바와 같이 용매가 점차 기화하기 때문에 전하의 밀도는 증가하고 입자 간에 서로 반발하는 힘(쿨롱반발력)이 생겨나면서 결국은 폭발(culombic explosion)하게 된다.

이러한 기화과정들은 질소가스의 흐름과 분무 모세관(spray needle)에 열을 가해 줌으로써 더욱 잘 일어나게 된다. 이렇게 양성자로 둘러싸여진 미세방울들이 기체상태로 될 때까지 이러한 기화과정은 계속되며, 기화된 전하는 용매방울로부터 분석하고자 하는 물질로 이동하게 된다. 또한 최근에는 이러한 nebulizer를 가열하여 이온화시키는 것과 별도로 고온으로 가열된 가스를 불어 넣어 줌으로써 용매가 더 잘 휘발되고 이온화가 되어 감도가 더욱 향상된 이온화 방법이 사용된다(그림 11-5).

여기에 적절한 자기장이 걸리게 되면 이 화합물들은 콘(cone), 노즐(nozzle) 및 스키머(skimmer)를 연속적으로 지나서 질량분석계로 도입된다. 이들처럼 하전된 시료 분자들은 단독으로 혹은 여럿이 함께 하전이 되며, 이러한 방법들은 이온화방법에 있어서 분석물에 매우 약한 에너지만을 남기며 큰 분자량을 갖는 물질의 분석이 가능하다.

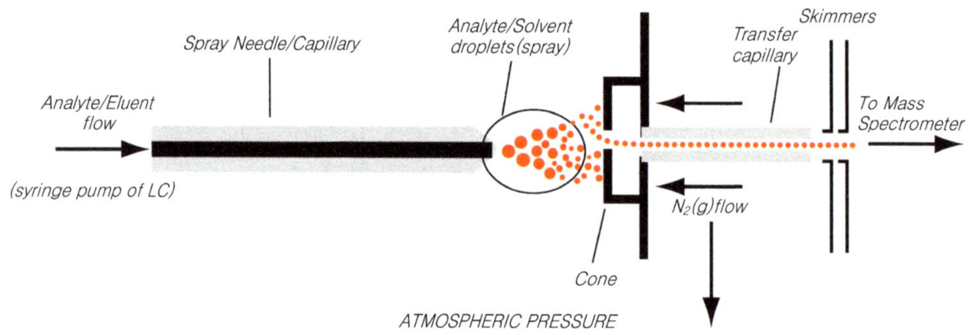

그림 11-3. 전기분무 이온화(ESI) 방법

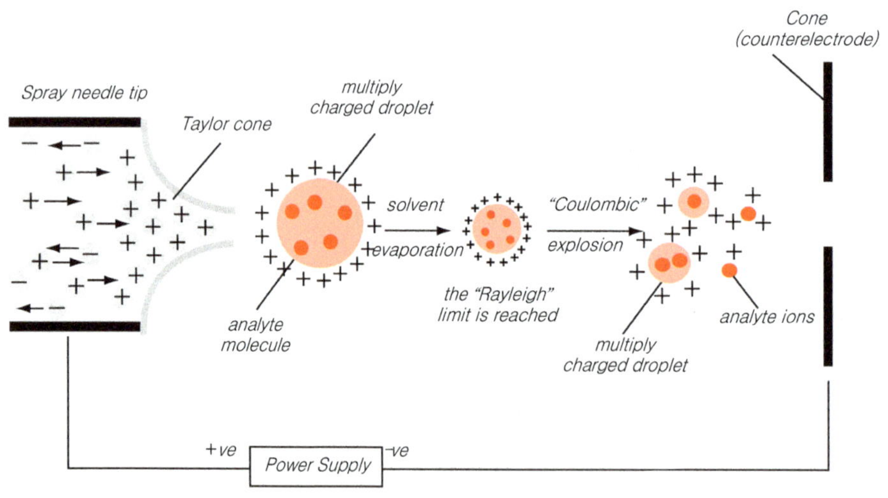

그림 11-4. 전기분무 이온화에서 이온생성 메카니즘

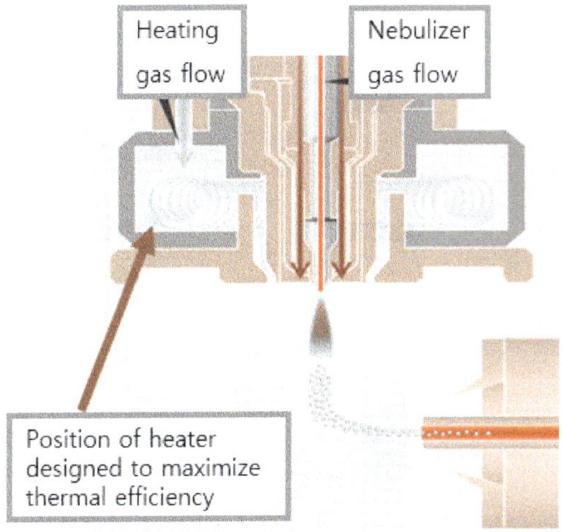

그림 11-5. Heated ESI Probe를 이용한 향상된 이온화 방법
(자료제공 : 동일시마즈 주식회사)

이러한 이유들로 전기분무 이온화 질량분석계(ESI-MS)는 비공유분자-단백질, 단백질-단백질 등을 대표적으로 gas상으로 도입해야 하는 생화학 연구와 무기화학종 및 고분자물질의 특성을 연구하는 데 있어서 매우 중요한 기술 중 하나가 되었다. 이 기술의 대표적인 특징은 분자량이 크고 열적으로 불안정한 생화학 분자들의 토막화(fragmentation)가 매우 적게 생성되고 다중전하가 생성되기 때문에 5,000 Da 이상의 단백질 분석이 가능하다.

(2) 대기압력 화학적 이온화(APCI)

대기압력 화학적 이온화(Atmospheric Pressure Chemical Ionization, APCI)는 화학적 이온화(CI)와 이온화 방법이 비슷하지만 가장 큰 차이점은 이온화가 진공에서 일어나지 않고 일반적인 대기압에서 일어난다는 점이다. 또한 대부분의 HPLC와 결합되어 사용되어지는 전기분무 이온화(ESI) 방법은 용액상태에서 이온화가 일어나지만 대기압력 화학적 이온화(APCI)는 고전압의 코로나 방전바늘에 의해서 이온화가 일어난다. ESI에서는 1 μℓ/min 이하의 매우 적은 유량에서만 가능하지만, APCI에서는 200～2,000 μℓ/min의 많은 유량이 필요하다.

HPLC에서 용출된 이 용액은 가열된 질소기체와 함께 분무되어 용매 변형제, 매트릭스 불순물 및 분석물질들이 모두 중성의 기체 분자화 되고 ±2～5 kV의 직류전압이 걸리는 코로나 방전전극과 만나서 이온화가 일어난다. 이렇게 생성된 이온과 입자들은 ESI에서와 같이 콘(cone), 노즐(nozzle) 및 스키머(skimmer)를 연속적으로 지

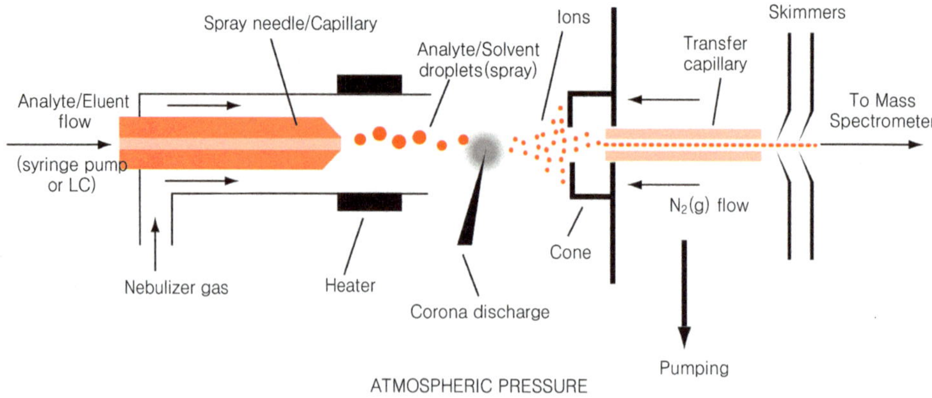

그림 11-6. 대기압력 화학적 이온화

나서 질량분석계로 도입된다. 대기압력 화학적 이온화는 코로나 방전된 전극에 의해서 용액방울이 이온화되기 때문에 열에 불안정한 화합물의 분석에는 적합하지 않다.

(3) 대기압력 광학적 이온화(APPI)

대기압력 광학적 이온화(Atmospheric Pressure Photo Ionization, APPI) 장치의 구조는 대기압력 화학적 이온화(APCI) 장치와 거의 동일하다. 그러나 분사관(nebulizer)을 빠져나온 분사가스가 이온화 되는 방식이 코로나 방전된 전극 대신에 광학적으로 이루어진다(그림 11-7). 이런 점에서 APPI 방식은 APCI 방식에 비해서 새로운 이온화 방법이다. 대기압력 광학적 이온화(APPI) 방법에서 시료를 이온화시키는 방법은 UV광을 이용하는 것이다. 이것은 낮은 극성(low-polarity)을 가지는 화합물을 이온화시키는 데 더 감도가 좋다. 이 방법 또한 전기분무 이온화(ESI) 방법과 같이 용액을 분무하는 방법은 거의 동일하게 일어나고, 분무된 분석용액 방울들은 UV광과 만나서 이온화된 후 콘(cone), 노즐(nozzle) 및 스키머(skimmer)를 연속적으로 지나서 질량분석계로 도입된다.

(4) 나노분무 이온화(Nanospray-ESI)

나노분무 전기적 이온화(Nanospray Electrospray ionization, Nanospray-ESI)는 전기분무 이온화(ESI)의 발전된 형태이며 매우 낮은 농도의 미량시료를 분사한다. 나노분무 이온화와 전기분무 이온화의 작동원리는 동일한 원리를 가지고 있다. 전기분무 이온화(ESI)가 내경 100~200 ㎛의 분무바늘을 이용하는데 비하여 나노분무 이온화

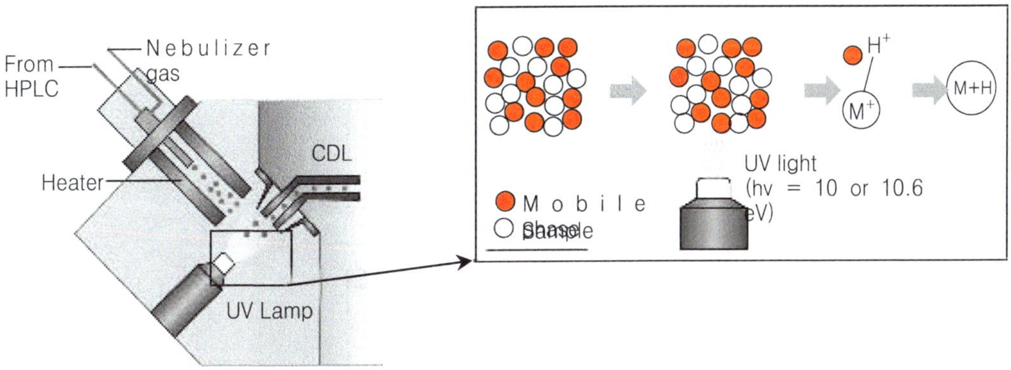

그림 11-7. 대기압력 광학적 이온화의 과정(자료 제공 : 동일시마즈 주식회사)

에서는 직경이 약 5~10 ㎛의 매우 가는 직경의 분무바늘을 이용하여 용액을 분무한다. 이렇게 직경이 작은 분무바늘을 이용하면 분무된 미세방울의 전체적인 부피에 비하여 그 표면적은 상대적으로 매우 커지게 된다. 따라서 더 많은 양의 분석물이 질량분석계로 도입될 수 있다. 이것은 분석 감도의 증가를 의미한다.

또한 분무되는 유량은 nL/min 단위로 주입할 수 있으므로 수 ㎕의 적은 시료량 만으로 오랜 시간 동안 분무가 가능해진다. 따라서 나노분무 이온화 방법은 적은 시료를 사용해서 오랜 시간 동안 분석조건을 최적화 해야만 하는 단백질과 펩타이드 등의 분석에 매우 유용하게 사용될 수 있다. 이러한 기술로 아주 친수성인 용매나 염에 의한 기기의 오염이 감소될 수 있으며, 피코그램(pg) 단위의 물질이나 거의 정제가 이루어지지 않은 시료들 또한 분석이 가능하다. 이러한 기술의 원천이 된 것은 분사에 사용되는 탐침(needle)의 내경이 전기적 이온화(ESI)법에 비하여 더욱 가늘게 제작되었기 때문이며, 일반적으로 탐침은 교체형을 사용한다.

(5) 고속원자 충격법(FAB)

고속원자 충격법(Fast Atom Bombardment, FAB)이 사용되기 이전에도 빠른 입자살을 분사하여 이온을 분리시키는 여러 가지 방법들이 1970년대의 초반에 개발되었다. 그 중에서 고속원자 충격법은 비교적 늦은 시기인 1980년대의 초반에 개발이 이루어졌다. 그림 11-8과 같이 크세논(Xe)이나 아르곤(Ar)들이 먼저 이온화 된 후 전기장을 통과하면서 빠른 속도로 가속되어 이온들과 충돌하게 되며, 이렇게 충돌이 이루어지면서 그 운동에너지는 원래 가지고 있던 방향과 동일한 방향으로 방향성을 유지하면서 다른 원자들과의 충격이 연속적으로 이루어진다.

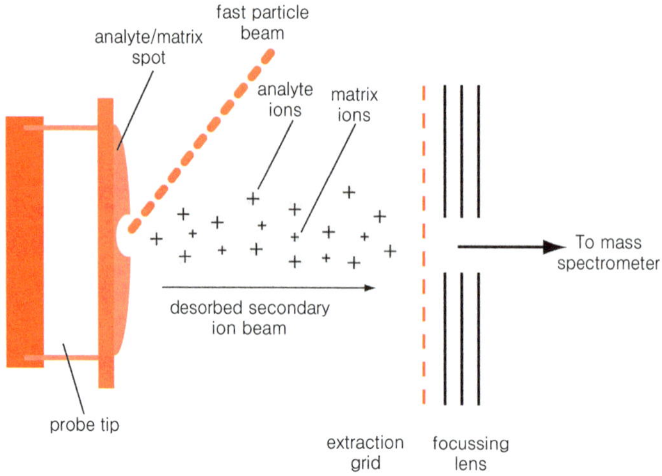

그림 11-8. 고속원자 충격 이온화

이러한 과정에서 이온화 된 원자들은 역시 질량분석관으로 도입되어 질량대 하전비(m/z)에 따라 분리가 된다.

(6) 매트릭스 지원 레이저 탈착이온화(MALDI)

매트릭스 지원 레이저 탈착이온화(Matrix Aassisted Laser Desorption Iionization, MALDI)법은 레이저를 이용한 이온화 방법이다. 그림 11-8에서 fast particle beam 대신에 레이저를 이용하게 된다. 주로 고체상태의 시료 표면에 레이저를 쏘아서 발생하는 짧은 수명의 신호들을 주로 비행-시간형 분석관(Time-of-flight, TOF)을 연결한 질량분석관을 이용하여 분석한다. 이때 레이저의 파장을 변경시키게 되면 선택적인 이온화가 가능해진다. 이 이온화 방법은 GC나 LC와 연결된 기기로 사용하지 못하는 단점을 가지고 있었으나, 최근에는 비행-시간형 분석관과 연결하여 프로테오믹스(단백질 연구분야)에 큰 공헌을 하였다.

이 이온화 방법에 대해서는 혹시 생소할지 몰라도 몇 년 전 다나카 고이치라는 일본의 과학자(이 사람은 일본 시마즈 제작소의 한 평범한(?) 엔지니어 이었다)가 연성 레이저 이탈(soft laser desorption) 기법으로 쿠르트 뷔트리히, 존 펜 등과 함께 2002년 노벨 화학상을 수상한 일은 매우 유명한 일이 되었다. 그는 실수로 글리세린 용액에 미세한 코발트 분말을 떨어뜨렸는데 이 매체에 레이저를 쪼여서 단백질 분자를 떼어내 질량을 분석하는 방법을 고안해냈다. 그는 단백질과 같은 고분자 물질의 질량을 짧은 시간에 측정할 수 있는 획기적인 방법을 개발한 공로를 인정받은 것이다.

3. 질량분석관

HPLC에서 분리된 시료는 이온 원(ion source) 장치를 거치면서 이온화가 이루어진다. 이 이온들이 가지는 질량에 따라서 분리가 이루어지는 곳이 질량분석관(mass analyzer)이다. 이 이온들은 질량분석관 내에서 그들이 가지는 질량 대 전하비(m/z)에 따라서 분리가 이루어진다. 엄밀하게 말하자면 질량분석관 내에서 이온들의 거름(filtering)이 일어난다고 볼 수 있다.

1) 사중극자형 질량분석관

사중극자형 질량분석관(quadrupole mass analyser)은 다음 그림 11-9와 같은 구조를 가지고 있다. 사중극자 질량분석계는 다른 질량분석관에 비하여 크기가 작고 고장이 없으며, 가격이 저렴하기 때문에 현재 원자의 질량분석법 중에서 가장 일반적으로 사용되는 질량분석계이다.

사중극자의 핵심적인 부분은 4개의 평행을 이루는 원통형의 금속막대로 이루어져 있다. 서로 마주보는 막대끼리는 전기적으로 연결이 되어 있으며, 한 쌍은 가변 DC 전원의 양극에 연결이 되어 있고, 다른 한 쌍의 막대는 음극에 연결이 되어 있다. 이렇게 연결된 4개의 금속막대에 180°의 위상차를 가진 가변 AC 전압을 양쪽의 막대에 추가로 걸어준다. 이렇게 장치된 4개의 금속막대 사이로 가속된 이온들이 지날 때 양쪽의 막대에 걸려진 DC와 AC 전압들에 의해서 어떤 특정한 m/z값을 가진 이온을

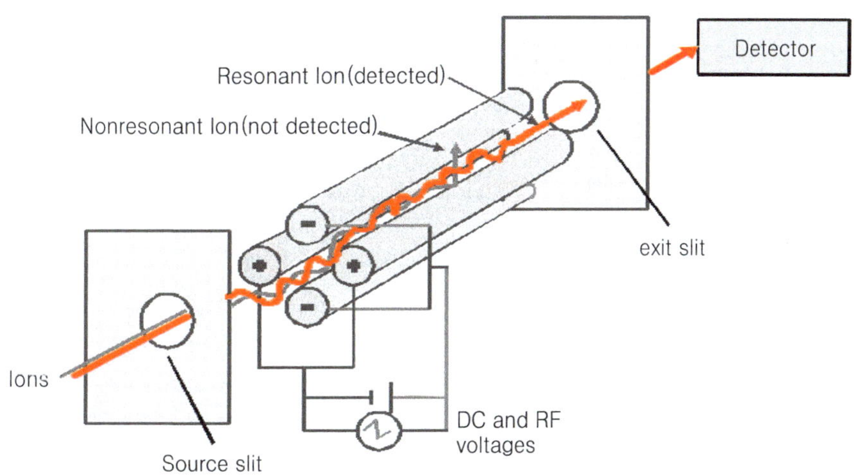

그림 11-9. 사중극자형 질량분석관

제외한 나머지 이온들은 금속막대에 부딪혀서 중성분자로 변하고 특정한 *m*/*z*값을 가진 이온들만이 검출기에 도달할 수 있게 된다.

보통의 사중극자 질량분석기에 장착된 4개의 금속막대에 가해지는 전압은 일정한 비율을 유지하면서 점차 증가하게 되며, 이 사중극의 금속막대를 통과하게 되는 이온들의 질량 차이가 1 정도만 되면 쉽게 분리가 가능하다. 그러나 HRMS의 경우에는 보통 소수점 4자리까지 분석이 가능하다.

2) 이온트랩(포집) 방식 질량분석관

이온트랩 방식 질량분석관(ion trap mass spectrometer)이 분석실험실에 도입됨으로 인해 이전의 사중극자형에 비해서 10배에서 100배 이상의 분석 감도를 가질 수 있게 되었다. 이온트랩 방식의 질량분석관은 반구형 모양을 가진 상하 두 개의 전극과 그 사이에 도넛모양으로 둘러져 있는 한 개의 고리형 전극으로 구성되어 있다(그림 11-10). 이온시료들은 반구형의 덮개(gate electrode) 전극의 주입관을 통해서 도넛 모양의 트랩(포집관) 속으로 들어온 후 안정한 궤도를 돌게 된다.

이들은 모두 양전하를 띠고 있으며, 전압이 점차 증가하게 되면 무거운 이온들의 궤도는 안정화 되지만 가벼운 이온들은 아래쪽의 덮개(end-cap electrode)를 통해서 트랩 밖으로 방출되어 검출된다. 이온트랩 방식 질량분석관은 시료가 도입되어 검출기에 도달하는 거리가 수 cm의 매우 짧은 거리이므로 이온의 이동성이 좋고, 많은 양의 이온이 검출되어 감도가 뛰어나다. 이렇게 사중극자형에 비해서 크기가 작은 이온트랩방식의 질량분석관은 EI, CI 및 APCI와 쉽게 교체가 가능하며 유지보수가 쉽고 MS/MS 연구에 활용이 가능하다.

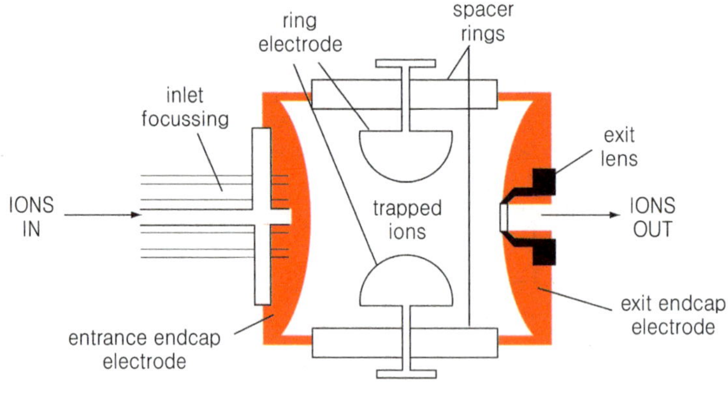

그림 11-10. 이온트랩(포집) 방식 질량분석관

3) 자기부채꼴형 질량분석관

자기부채꼴 방식 질량분석관(magnetic sector mass analyzer)은 연구와 상업화가 가장 먼저 이루어진 질량분석계이지만 sector 부분의 감응속도가 늦어서 LC/MS에는 일반적으로 사용되지는 않았다. 그러나 자기부채꼴 방식은 이온화 방식으로 이온분무법을 이용하면서 HPLC와 결합된 검출기로 사용할 수 있게 되었다. 이온화된 시료는 자기장에 의해 60°나 90°로 곡선을 그리면서 휘어져서 질량분석관으로 들어가게 된다(그림 11-11).

이런 이유로 자기부채꼴 방식(magnetic sector) 질량분석관이라고 한다. 이온들이 자기장을 통과하면서 가속이 이루어지며, 이때 가지게 되는 운동에너지가 적절한 이온들만이 곡선으로 이루어진 굽은 경로를 통과하여 검출기에 도달할 수 있게 된다. 이때 통과하는 이온의 선택은 전압과 자기의 세기를 조절함으로써 가능한데, 개발의 초기에는 전압가변형을 이용하였으나, 요즈음은 대부분의 기기에서 감도가 더 좋은 자기가변형 방식의 기기를 사용한다.

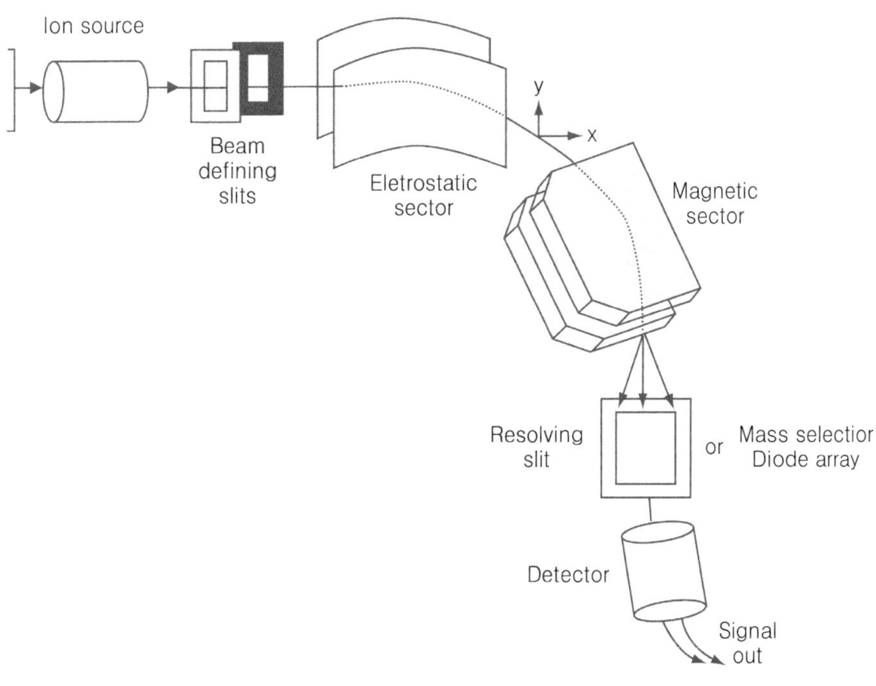

그림 11-11. 자기부채꼴 방식 질량분석관

4) 비행-시간형 질량분석관(TOF)

비행-시간형 질량분석계(Time Of Flight Mass Spectrometry, TOF)는 고성능 질량분석기 중에서는 매우 간단하고 단순한 개념의 질량 측정방법이다. 물론 단순한 이론에 비하여 그 기술적인 숨은 부분은 그렇게 단순하지만은 않다. 비행-시간형 질량분석계의 기본적인 원리는 다음 그림 11-12와 같다.

질량분석계로 주입된 시료는 레이저 펄스가 주는 충격에 의해서 양이온을 생성한다. 이렇게 생성된 이온들은 높은 전압(20～30 kV)의 전기장에 의해 가속되어 약 1m 길이의 관속으로 들어가게 된다. 이 관속을 지나는 동안 이온들이 가지는 속도는 그 이온의 질량에 반비례 하게 된다. 따라서 가벼운 입자는 무거운 입자보다 검출기에 더 빨리 도달하게 되며, 보통의 비행시간은 1～30 ㎲이다. 이렇게 비행을 거친 이온들은 도착하는 순서대로 이온검출기에서 기록이 이루어지며, 실제 비행시간은 수 마이크로초(㎲) 정도이므로 이것을 기록하기 위해서는 매우 빠른 전자공학 장치가 필요하다. 이 비행-시간형 질량분석장치는 재현성과 분해능이 사중극자 질량분석계에 비하여 떨어진다는 단점이 있지만 기기가 간단하여 고장이 적으며, 무제한의 질량범위를 가지고 데이터를 빨리 얻을 수 있다는 장점도 있다.

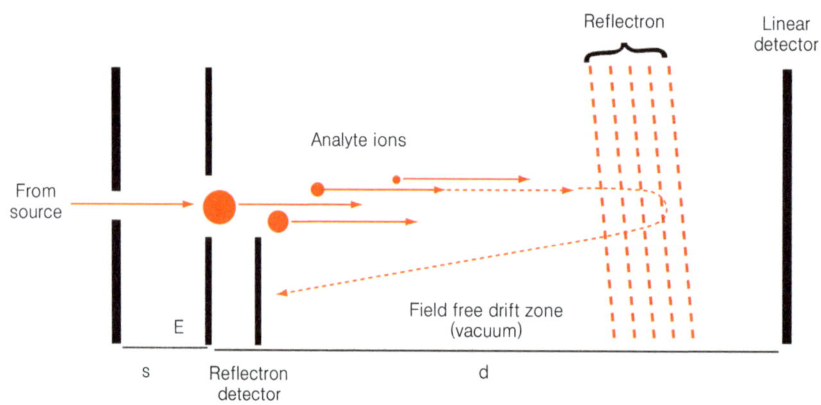

그림 11-12. 레이저 탈착 굴절형 비행-시간형 질량분석관

4. 신호증폭장치

HPLC와 결합된 MS시스템을 모두 통과하여 검출되는 이온의 양은 매우 적은 양이다. HPLC에서 분리된 시료는 일반적으로는 약 200 ㎕/min가 전자분무기(electron

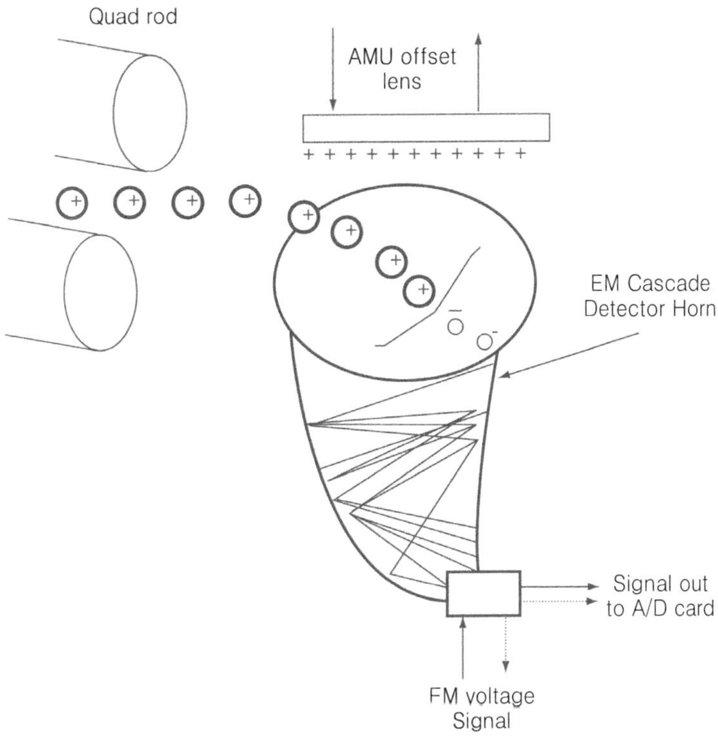

그림 11-13. 다이노드(dynode) 전자증배관 검출기

sprayer)를 이용하여 분무되지만, 이들 중 일부분만이 이온화장치로 도입된다. 또한 도입된 시료들의 이온화율도 대부분의 이온화 방법에서는 매우 낮으며, 특히 triple quadrupole type의 텐뎀 질량분석기의 이온화 장치와 triple quadrupole(Q1～Q3) 시스템을 통과하여 검출기에 도달하는 이온들의 절대수는 매우 적으므로 신호의 증폭이 필요하다.

대부분의 질량분석기에 사용되는 신호의 증폭기는 전자증배관(electron multiplier, EM)이다. 전자증배관은 굽은 나팔관형태를 가지고 있으며, 그 내부는 산화납이나 구리-베릴륨 합금으로 코팅이 되어 있다. 이온화 과정과 질량분석관에서 손실된 이온의 양은 이 전자증배관에서 10만～100만 배 정도로 신호가 증폭된다. 이 전자증배관의 내부 표면에 코팅된 물질은 공기에 대하여 매우 민감하며, 매우 높은 진공의 작동조건을 유지해 주어야 한다.

5. LC/MS/MS Systems

LC/MS/MS 시스템은 구조분석을 위하여 토막 분자 이온(fragment mass separated ions)을 사용하게 된다. LC/MS/MS로 구성된 시스템을 일반적으로 텐덤 질량분석법(tandem mass spectrometry)이라고 부른다. 이러한 구성은 다음과 같이 여러 가지 다양한 조합으로 구성할 수 있다.

- Triple Quadrupole
- Quadrupole - Linear Ion Trap hybrid
- Quadrupole - Time of Flight hybrid
- Quadrupole - FTMS hybrid
- LC/MS^x systems

여기서 triple quadrupole 시스템의 다음 그림 11-14와 같이 구성된다. 첫 번째 quadrupole(사중극자)은 이온의 분리를 목적으로 사용하고 중간의 8중 극자 충돌실(octapole collision cell)은 이 분리된 이온을 적당한 크기로 토막 내는 데 사용되며, 마지막의 quadrupole은 이 토막 난 이온들을 분리하는 목적으로 연결하여 사용하고 있다. 즉, 일반적으로 첫 번째 quadrupole에서 적절한 어미이온(parent ion)만이 빠져 나오게 되면 두 번째 연결된 octapole에서 가해진 적당한 에너지에 의해서 이 어미이온은 깨어진 토막이온(fragment ion)을 형성하게 되고, 이 토막이온들은 마지막 세 번째 quadrupole에서 분석이 이루어진다. 이때 생성되는 토막이온들은 두 번째 연결된 octapole에 가해지는 에너지의 세기(수 eV～수십 eV)에 따라서 달라지게 된다.

이처럼 LC/MS/MS 시스템은 첫 번째로 토막이온을 생성하게 될 어미이온(parent ion)을 선택한 후 이를 충돌 유발 해리(collision induced dissociation, CID) 과정을 거쳐 생성된 이온을 검출하게 되므로 LC/MS 시스템에 비하여 이온의 선택성이 높고

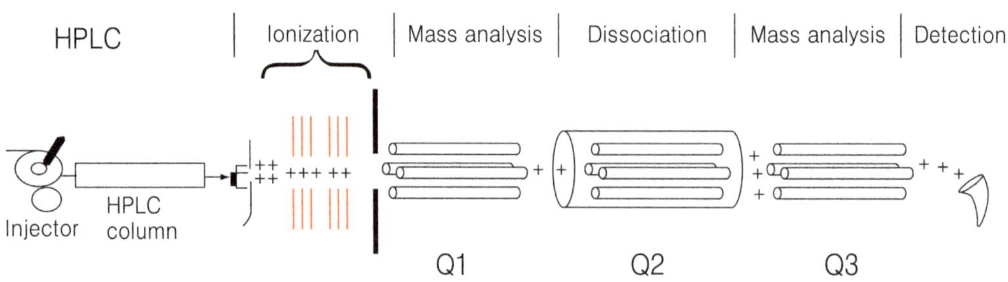

그림 11-14. 삼중 사중극자 LC/MS/MS 시스템

분자구조의 확인 및 정성분석을 위한 더 많은 정보를 얻을 수 있다. Quadrupole과 선형 이온트랩형 질량분석계가 연결된 방식이나 quadrupole과 비행-시간형 질량분석계가 연결된 방식 또한 triple quadrupole과 마찬가지로 첫 번째 연결된 quadrupole의 역할은 적당한 어미이온을 선택하여 2차 토막이온의 형성을 돕도록 하는 역할을 하며, 각 이온화의 방식과 측정방법은 앞 11.3절에서 설명한 바와 같다.

6. 실험 예

다음에 소개하고자 하는 실험 예는 Thermo Fisher Scientific Inc.에서 2008년에 application 자료 425번으로 제공하고 있는 것이다. 사용된 분석기기는 LC/MS/MS 시스템을 이용하였다. 용어의 번역은 최소한의 이해를 돕기 위한 부분만 하였으며, 여러분들이 실험실에서 실제로 사용하게 될 용어들은 그대로 사용하였다(stock solution, target ions 등). 식품 중 잔류농약에 대한 공공의 관심도가 더욱 높아짐에 따라서 European Union(EU)는 식품 중 잔류농약에 대해 최대 잔류 허용량(Maximum Residue Limits, MRLs)을 수정하도록 계속해서 제도를 강화하고 있다.

GAP(Good agricultural practice)와 관행적 조건에서 상업적으로 재배되는 농산물의 경우 농약의 최대 잔류량은 0.01～10.0 mg/kg이며, MRLs은 약 250개의 활성 물질에 대해 설정되어졌다. 농산물의 종류가 매우 다양하기 때문에 이를 모두 조합하면 무려 약 260,000개의 농약 MRLs이 작물과 조합된다. 그래서 농식품 중 다양한 계통의 농약을 정성 및 정량 할 수 있는 좋은 감도(sensitivity)와 좋은 선택성(selectivity)의 저렴한 다성분 동시분석법이 절실하며, 이 방법은 European Commission Document SANCO 2007/3131의 기준에 따라 수행되었다.

1) 실험제목

TSQ Quantum Ultra를 사용한 LC-MS를 이용한 식품 중 농약의 동시 다성분 분석

2) 실험목적

(1) LC-ESI-MS/MS의 사용방법을 이해한다.

(2) LC Tandem Mass Spectrometry를 이용하여 식품 중 서로 다른 계통의 45개 농약 및 대사물의 동시 다성분 분석을 개발하고자 한다.

3) 실험에 사용된 농약

Compound	t_R (min)[a]	Parent ion (*m*/z)	Quantifier ion (*m*/z)	Quantifier ion (*m*/z)
Acephate	2.5	184.0	143 (10V)	125 (10V)
Aldicab[b](Na^+)	19.7	213.0	89 (22V)	116 (22V)
Aldicarb-sulfoxide (Na^+)	2.7	229.0	166 (9V)	109 (15V)
Aldicarb-sulfone (Na^+)	4.1	245.0	109 (25V)	166 (25V)
Acetamiprid	17.3	223.0	126 (21V)	90 (35V)
Azoxystrobin	28.8	404.2	372 (16V)	344 (26V)
Carbaryl	24.0	202.1	145 (25V)	127 (25V)
Carbofuran	23.1	222.1	123 (24V)	165 (24V)
3-hydroxy-carbofuran (-H_2O)	15.8	220.0	135 (15V)	163 (15V)
Chlorpropham	29.6	214.0	172 (12V)	154 (19V)
Carbendazime + benomyl[b]	2.5	192.0	160 (22V)	132 (31V)
Cyprodinil	25.3	226.1	93 (40V)	77 (46V)
Demeton-S	26.0	259.0	89 (22V)	116 (22V)
Demeton-S-methyl	22.8	253.0	61 (40V)	89 (20V)
Demeton-S-methyl-sulfone	7.0	263.0	109 (30V)	169 (20V)
Demeton-S-methyl-sulfoxide	3.3	247.0	169 (17V)	109 (29V)
Dimethomorph A[c]/B[c]	26.8 27.3	388.1	301 (23V)	165 (35V)
Disulfoton	33.8	275.0	89 (15V)	61 (30V)
Disulfoton-sulfone	27.1	307.0	125 (20V)	153 (20V)
Disulfoton-sulfoxide	24.2	291.0	185 (15V)	157 (25V)
Ethoprofos	29.2	243.0	131 (21V)	173 (21V)
Fenhexamid[d]	29.0	302.0 304.0	97 (22V)	97 (26V)
Flusilazole	29.8	316.1	247 (21V)	165 (31V)
Imazalil	21.4	297.0	159 (24V)	255 (25V)
Imidachloprid	15.3	256.1	209 (22V)	175 (22V)
Kresoxim-methyl	31.8	314.0	222 (14V)	116 (19V)

Compound	t_R (min)[a]	Parent ion (*m*/z)	Quantifier ion (*m*/z)	Quantifier ion (*m*/z)
Metalaxyl	24.8	280.1	220 (15V)	192 (25V)
Methiocarb	27.6	226.0	169 (11V)	121 (19V)
Methiocarb sulfoxide (Na^+)	6.6	185.0	122 (23V)	170 (23V)
Methomyl	5.0	163.0	106 (12V)	88 (12V)
Myclobutanil	28.7	289.0	125 (35V)	70 (25V)
Oxamyl (Na^+)	4.2	242.0	70 (20V)	121 (20V)
Penconazole	30.0	284.0	159 (35V)	70 (35V)
Pirimicarb	7.3	239.1	182 (15V)	72 (30V)
Propiconazole	30.8	342.0	159 (31V)	69 (31V)
Propoxur	22.7	210.1	111 (17V)	168 (10V)
Pyrimethanil	21.2	200.0	182 (35V)	168 (35V)
Tetraconazole[d]	29.4	372.0	159 (38V)	161 (31V)
		374.0		
Thiabendazole	2.5	202.0	131 (36V)	175 (36V)
Thiachloprid	21.0	253.0	99 (45V)	126 (25V)
Thiodicarb	23.3	355.0	88 (20V)	108 (20V)
Thiophanate-methyl	22.5	343.0	151 (23V)	311 (15V)
Triadimefon	28.9	294.1	197 (19V)	225 (19V)
Triadimenol A[c]/B[c]	27.1	296.1	70 (16V)	99 (16V)
	27.5			
Triazophos	30.4	314.1	162 (19V)	119 (33V)

[a] 머무름시간
[b] Benomyl은 carbendazim으로 환산함
[c] Dimethomorph와 triadimenol은 머무름시간이 다른 두 개의 이성체로 존재함
[d] Fenhexamid와 tetraconazole의 경우 이차 전이를 방지하기 위해 동위원소 어미이온을 selection함

4) 재료 및 시약

(1) 에틸 아세테이트(ethyl acetate, 잔류농약 분석용)
(2) 메탄올(methanol, 잔류농약 분석용)
(3) 증류수(water, 초순수)
(4) 무수황산나트륨(anhydrous sodium sulfate)
(5) Syringe filter(0.45 μm)

5) 실험내용

(1) 표준품 조제

① Stock solution : 모든 농약을 1 mg/L 농도로 조제한다.

표 11-1. 잔류농약 분석을 위한 LC-MS의 기기분석 조건

Parameters	Conditions		
Column	C_{18}(150×2.1 mm, 3.5 μm) with guard cloumn C_{18}(10×2.1 mm, 3.5 μm)		
Column temp.	30℃		
Flow rate	0.2 mℓ/min		
Injection vol.	20 μℓ		
Run time	35 min		
Gradient Condition		A : 0.1% formic acid	B : 0.1% formic acid in acetonitrile
	Initial-3 min	90	10
	3-31 min	10	90
	31-36 min	10	90
	36-36.5 min	90	10
	36.5-45 min	90	10
Ion source polarity	Positive		
Spray voltage	4000 V		
Sheath gas pressure(N_2)	40 units		
Auxiliary gas pressure (N_2)	10 units		
Ion transfer tube temp.	350℃		
Collision gas pressure (Ar)	1.0 mTorr		
Q1 resolution	0.2 FWHM (H-SRM)		
Q3 resolution	0.7 FWHM		
Scan Type	H-SRM		
Dweel time	20~50 ms		

② Calibration solution : stock solution을 0.5～100 μg/L 범위로 희석한다.

(2) 시료 준비

① 시료 : sample 약 10.0 g에 ethyl acetate와 무수황산나트륨을 넣고 마쇄한다.
② 추출물을 20분 동안 ultra-sonication한다.
③ 추출물을 얇은 무수황산나트륨층을 통과시켜 여과한 후 농축한다.
④ 잔사물을 methanol 5 mL로 재 용해한다.
⑤ 이 용액을 초순수를 이용하여 희석하고 syringe filter(0.45 μm)로 여과한다.

(3) MS

① Target compounds의 머무름시간에 따라 4가지의 segments로 나누었다.
② 각각의 target compound는 protonated molecule $[M+H]^+$이다.
예외) adduct $[M+Na]^+$가 ESI(+) spectra에서 base peak 경우.
③ 정성 기준은 각 화합물의 머무름시간과 2개의 monitored transitions.

6) 결 과

① 동중원소(isobaric) 화합물에 의한 크로마토그램에서 발생되는 방해에 대비하여 LC-MS/MS는 선택성이 우수한 기술이다.
② Isobaric interferences는 chemical background를 증가시키고, 분석 피크의 적분을 어렵게 만든다.
③ 이 연구에서 포함하는 3세트의 isobaric 화합물과 1세트의 화합물은 corss-talk(혼선) 발생을 증가시킬 수 있는 동일한 fragment ions들을 공유하고 있다.
④ 그래서 noise의 제거와 낮은 검출한계를 위해 모든 시료에 대해 Highly Selective Reaction Monitoring(H-SRM) mode에서 Q1 FWHM의 peak width를 0.2로 설정하였다.
⑤ 그림 11-15는 1 μg/L 농도의 농약의 혼합용액의 H-SRM 크로마토그램이다.
⑥ 이 방법에 의한 직선성은 R^2값이 0.99 이상임을 보여준다.
⑦ Instrumental detection limits(IDLs)는 대부분의 경우 0.5 μg/L 이하이다.
⑧ 그림 11-16의 직선 그래프는 화합물의 linearity plots을 보여주며, 표 11-2는 그 결과를 보여준다.
⑨ H-SRM을 사용함으로써 co-eluting isobaric 화합물에 의해 발생되는 chemical

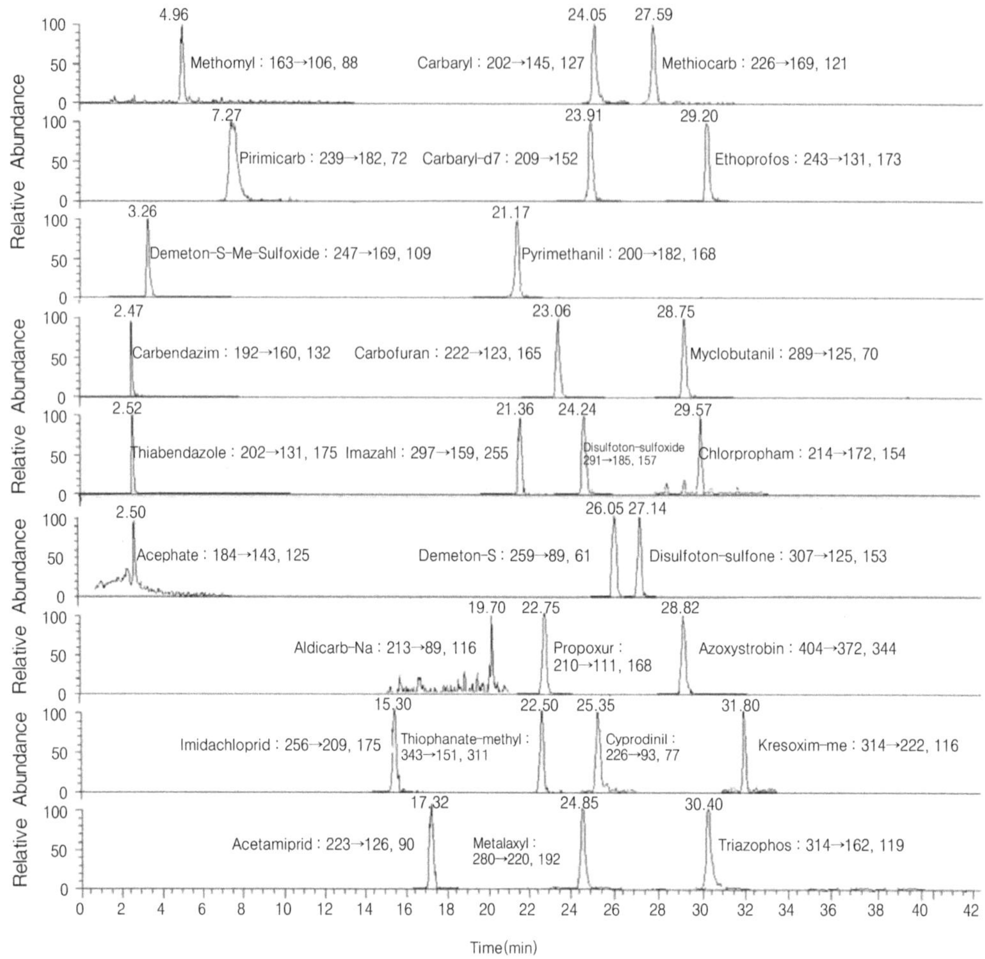

그림 11-15. 농약 표준용액 혼합액의 H-SRM 크로마토그램

noise를 최소화시켜서 matrix effect를 줄이고, 결국 농식품 시료에서 발생되는 signal-to-noise 비를 증가시켰다. 이 결과는 아래 H-SRM과 SRM mode 크로마토그램을 비교한 그림에서 보여준다. 그림 11-17에서 위 두 개의 SRM 크로마토그램은 무처리 완두콩의 background이며, 아래 두 개의 SRM 크로마토그램은 methomyl을 1 ppb 처리한 완두콩을 추출한 결과이다.

⑩ H-SRM mode에서 Q1의 설정값을 0.2 FWHM로 조절하면 분석의 선택성을 개선할 뿐만 아니라 signal-to-noise비를 증가시켜 준다.

⑪ 그림 11-18과 표 11-3은 Q1의 설정값을 변경했을 때 매트릭스 존재시 methomyl의 표준검량선이다.

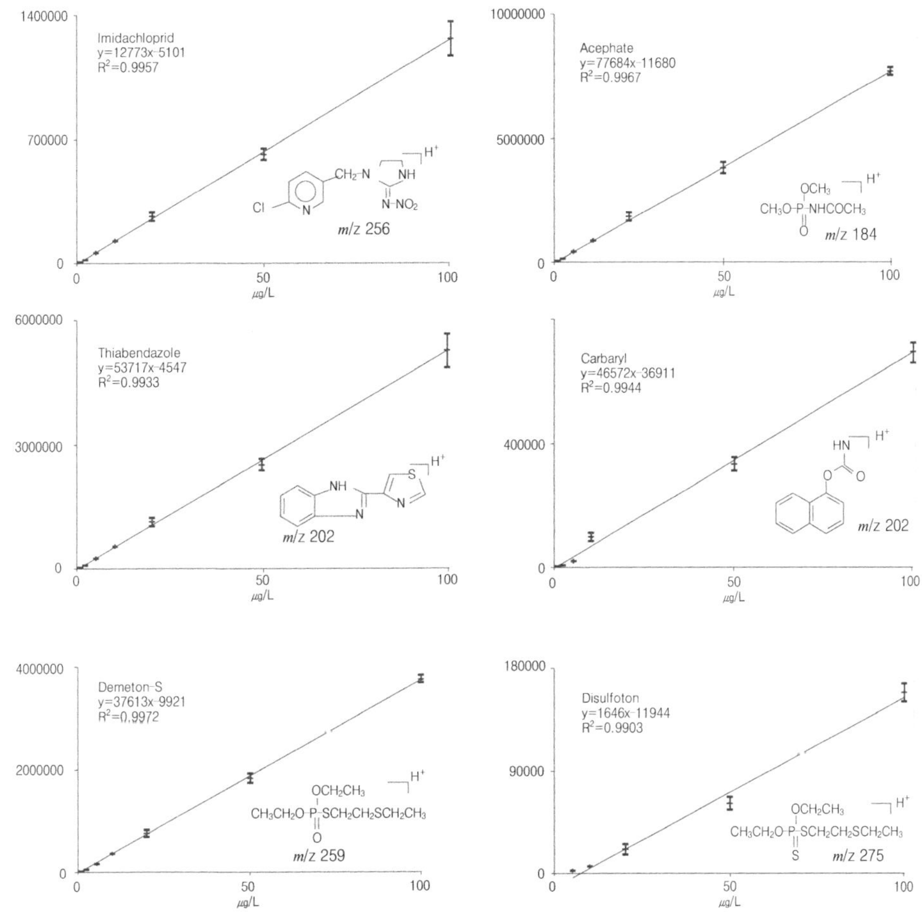

그림 11-16. 농약 표준용액의 LC/MS에서의 표준검량선

⑫ Q1 FWHM peak width를 0.7에서 0.2로 변경하면 signal은 2가지 factor에 의해 줄어들어 직선성(linearity)과 정확성(accuracy)이 향상되어진다(표 11-3에서 낮은 농도 수준에서 correlation coefficients와 matrix-matched standards의 back-calculated 값으로 증명하고 있다)

⑬ 몇 가지 시료에서 잔류농약이 검출되었다. 아래 그림 11-19에서 동결 완두콩 시료의 DRM 크로마토그램을 보면 triazophos와 myclobythanil이 잔류함을 보여준다. 정성 확인은 EU의 잔류농약 모니터링 분석법 가이드라인에 따라 샘플과 표준용액의 검출된 전이이온의 비율에 따라 계산하였다. 시료 중 잔류 농도는 MRL 이하로 확인되었다.

표 11-2. 농약의 기기(LC/MS)에서의 검출한계 및 직선식

Compound	Linear regression equations	Concentration range(μg/L)	R^2	IDLs (μg/L)
Acephate	Y = 116806 + 77683.7X	(1-100)	0.9967	0.5
Aldicarb	Y = -590.6 + 1115.4X	(1-100)	0.9900	0.7
Azoxystrobin	Y =-363884 + 213698X	(0.5-100)	0.9912	0.2
Carbaryl	Y = 36911 + 46572X	(0.5-100)	0.9903	0.3
Carbendazim	Y = 10192 + 211684X	(0.5-100)	0.9964	0.1
Carbofuran	Y = 11107 + 161251X	(0.5-100)	0.9920	0.2
Chlorpropham	Y = -5289 + 6893.5X	(1-100)	0.9954	0.6
Cyprodinil	Y = -57425 + 30565.4X	(0.5-50)	0.9931	0.3
Demeton-S	Y = -9921 + 37615X	(0.5-100)	0.9972	0.3
Disulfoton	Y = -11944 + 1646.2X	(5-100)	0.9903	1.5
Disulfoton Sulfoxide	Y = 40274 + 141033X	(0.5-100)	0.9961	0.4
Disulfoton Sulfone	Y = -1633.2 + 8994X	(0.5-100)	0.9904	0.4
Ethoprofos	Y = -10106 + 40922X	(0.5-100)	0.9940	0.3
Imidachloprid	Y = -5101.1 + 12773.2X	(0.5-100)	0.9957	0.3
Kresoxim-methyl	Y = -7877.4 + 3056.8X	(2-100)	0.9900	1.0
Metalaxyl	Y = 28427.5 + 117245X	(0.5-100)	0.9964	0.3
Methiocarb	Y = 4861 + 48380.4X	(0.5-100)	0.9921	0.3
Methomyl	Y = -2440.7 + 13847.8X	(0.5-100)	0.9990	0.4
Myclobutanil	Y = -16905.7 + 10101.5X	(0.5-100)	0.9953	0.4
Pirimicarb	Y = 23403 + 168260X	(0.5-100)	0.9953	0.2
Propoxur	Y = 9181 + 151300X	(0.5-100)	0.9947	0.2
Pyrimethanil	Y = -4723.7 + 9197.2X	(0.5-100)	0.9900	0.4
Thiabendazole	Y = -4546.8 + 53716.7X	(0.5-100)	0.9933	0.3
Triazophos	Y = -18350 + 134057X	(0.5-100)	0.9954	0.3

7) 결 론

① Multi-residue LC-ESI-MS/MS 방법은 식품 중 ppb 수준에서 다양한 계통의 농약에 대해 적합한 정량 및 정성 분석법이다.

② Highly Selective Reaction Monitoring(H-SRM) mode of the TSQ Quantum Ultra triple quadrupole mass spectrometer 장치를 이용함으로써 background interference를 줄이고 signal-to-noise ratios를 개선 할 수 있었다.

③ 농약 분석법으로서 만족스러운 정밀성(precision)과 정확성(accuracy)을 얻었고, LOQ(정량한계) 값은 0.01 mg/kg이었다.

④ 이 방법은 식품 중 검출할 수 있는 농약과 대사산물의 모니터링 범위를 보다 개선 할 수 있었다.

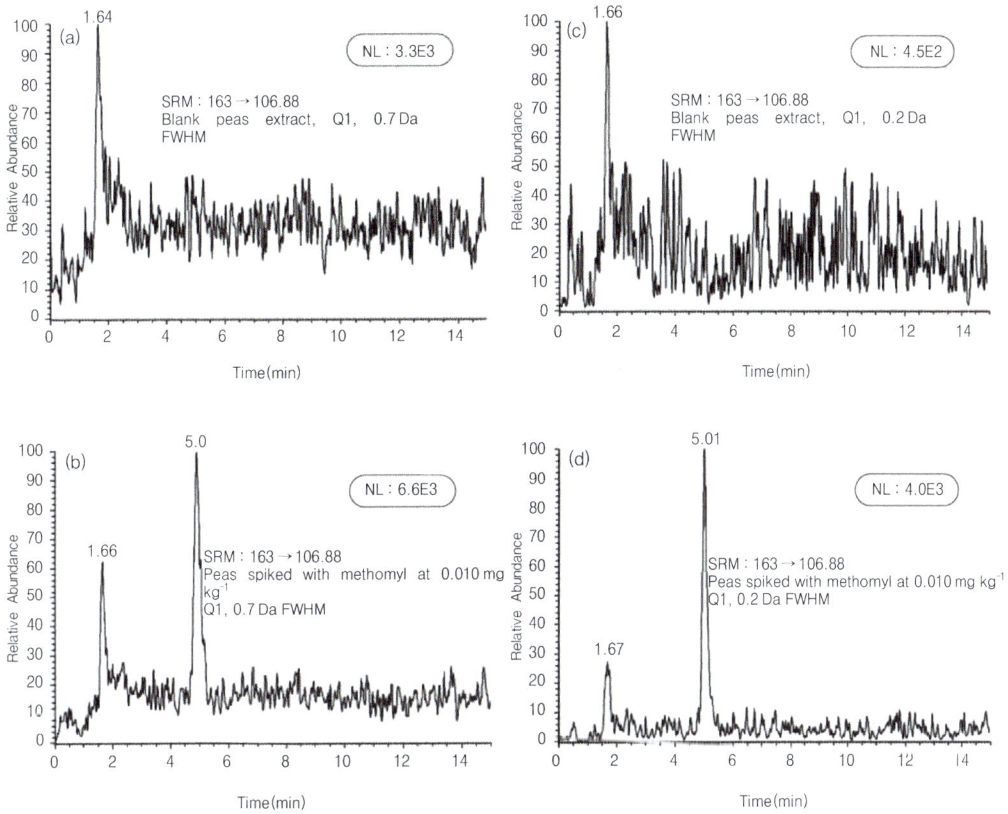

그림 11-17. 완두콩 시료 중 methomyl의 H-SRM 및 SRM 크로마토그램

표 11-3. 완두콩 시료 중 methomyl의 직선성 및 정확성

	Peas Matrix 0.1 g/mL Q1 : 0.2 FWHM	Peas Matrix 0.1 g/mL Q1 : 0.7 FWHM	Peas Matrix 0.2 g/mL Q1 : 0.2 FWHM	Peas Matrix 0.2 g/mL Q1 : 0.7 FWHM
1/x	Y=-2469.2+10863X	Y=4631.3+18381.3X	Y=-3845.1+8212X	Y=10244+19142X
R^2	0.9966	0.9851	0.9945	0.9861
Accuracy of Matrix-Matched Calibration Curves (1/x)				
1 µg/L	0.91 µg/L(91%)	0.68 µg/L(68%)	0.87 µg/L(87%)	1.24 µg/L(124%)
5 µg/L	4.89 µg/L(97%)	4.74 µg/L(94%)	5.26 µg/L(105%)	4.56 µg/L(91%)
10 µg/L	9.78 µg/L(97%)	11.5 µg/L(85%)	10.5 µg/L(95%)	9.05 µg/L(90%)

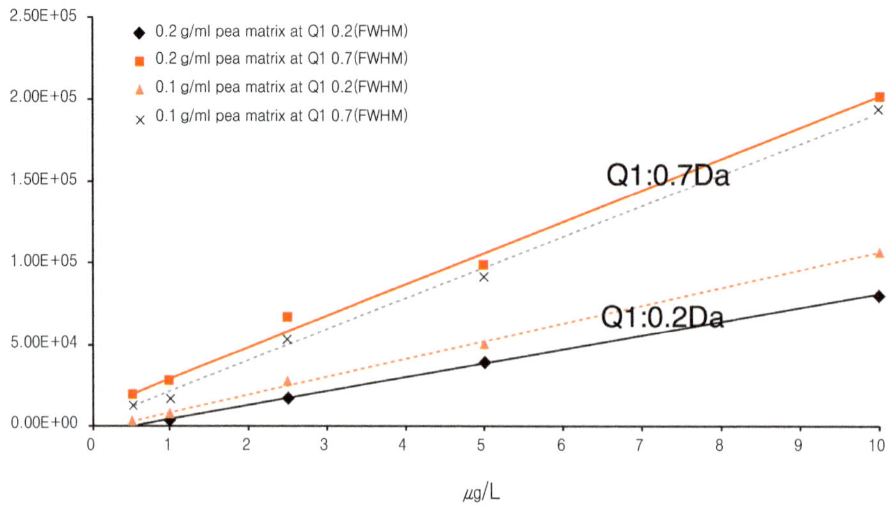

그림 11-18. 완두콩 시료 중 methomyl의 표준검량선

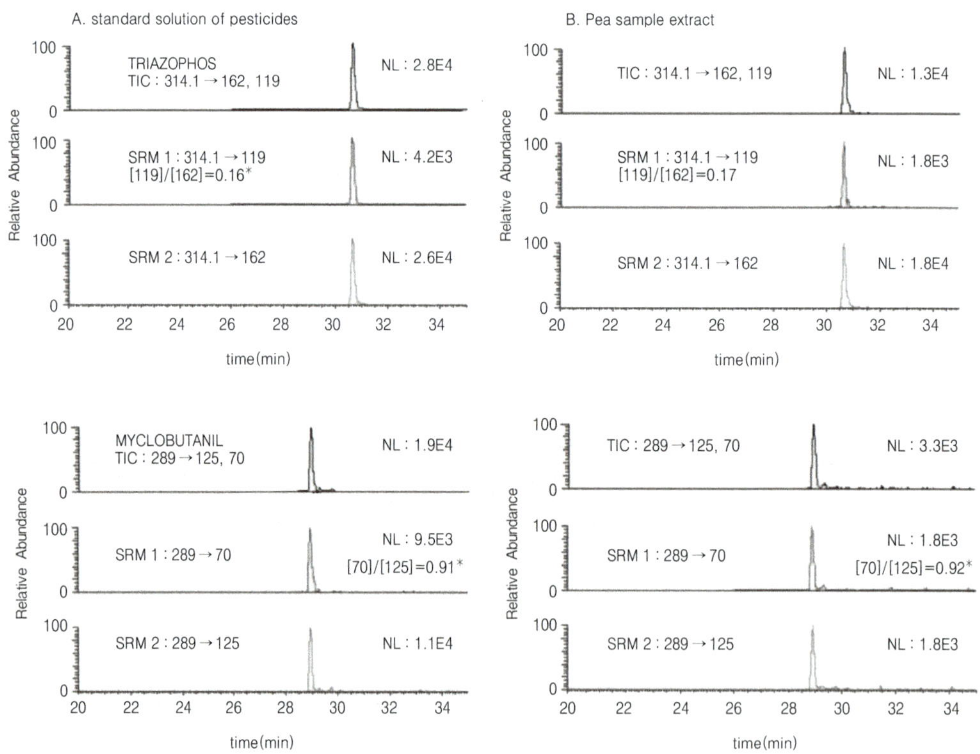

그림 11-19. 완두콩 시료 중 triazophos와 myclobutanol의 잔류량 분석을 위한 LC-ESI-MS 크로마토그램

제 12장

전기영동

1. 원 리

전기영동(電氣泳動, electrophoresis)은 식품화학, 생화학 실험실에서 많이 이용되는 실험방법이다. 전기영동은 전기를 이용하여 분자들을 이동시킨 후 그 이동거리를 확인하여 분자들의 여러 가지 특성을 결정하거나 분리하는 방법이다. 특히 물질의 순도나 분자량을 결정하는 데 자주 이용된다. 전기장(電氣場, electric field)에서 분자들의 이동거리는 분자량, 모양, 전하량 등과 같은 분자들의 화학적 특성에 따라 달라진다.

위에서 설명한 바와 같이 전기영동의 기본적인 원리는 전기장에서 이온을 띤 물질을 이동시키는 것이다. 양이온은 음극 쪽으로 이동하고, 음이온은 양극 쪽으로 이동한다. 전기장에서 이온을 띤 물질의 이동속도와 방향은 이온의 종류(+, −), 수, 그리고 물질의 크기에 따라 달라진다. 전기영동 방법은 크게 이동계면 전기영동법(moving boundary electrophoresis)과 띠 전기영동법(zone electrophoresis)의 2가지로 분류되는데, 이 장에서는 많이 이용되는 띠 전기영동법에 대해서만 설명하기로 한다.

전기영동에서 물질의 이동이나 분리는 대부분 겔(gel)이라는 고체 지지체에서 진행되는데, 전분(starch) 겔이나 아가로오스(agarose) 겔 등도 가끔 사용되지만 폴리아크릴아미드(polyacrylamide) 겔이 가장 많이 사용된다. 겔의 가장 큰 장점은 농도를 조절하는 것에 의하여 겔 분자 사이의 틈새 크기를 조절하는 것이 가능하다는 것이다. 같은 조건의 전기영동에서 겔의 이 틈새가 크면 물질은 빨리 이동하고, 틈새가 작으면 느리게 이동한다.

1) 전기영동

전기장 내에서 전하를 띤 분자의 이동속도는 식 12.1과 같이 표현된다.

$$Eq = f\ v \tag{12.1}$$

여기에서 E : 전기장(volts/cm)

q : 분자의 알짜 전하

f : 마찰계수(분자의 모양이나 질량에 따라 달라진다)

v : 분자의 이동속도

를 말한다.

식 12.1은 다음과 같이 쓸 수 있다.

$$v = \frac{Eq}{f} \tag{12.2}$$

식 12.2에서 보는 바와 같이 전하를 띤 입자의 이동속도는 전기적 힘(Eq)에 정비례하고, 마찰계수에 반비례한다. 일반적으로 전기영동을 할 때에는 일정한 전압과 전류를 공급하는 기기(power supply)를 이용하기 때문에 전압 또는 전류(E)는 변화가 없다. 즉, 전하를 띤 분자의 이동은 분자의 마찰계수에 대한 알짜 전하(net charge)의 비 $\left(\frac{q}{f}\right)$에 따라 달라진다.

그러므로 전기장에서 전하를 띤 입자의 움직임, 즉 이동도(mobility, μ)는 다음과 같이 표현된다.

$$\mu = \frac{Eq}{f} \tag{12.3}$$

식 12.3에서 q(분자의 알짜 전하)는 분자의 화학적 성질과 전기영동에 사용되는 완충용액의 pH 등에 따라 달라지며, f(마찰계수)는 분자의 질량과 모양에 따라 달라진다. 또한 전기장에서의 분자의 이동에는 식 12.3과는 관계없는 다른 여러 가지 요인들도 영향을 미친다. 예를 들면 지지체인 겔과 이동하는 분자들 사이의 상호작용, 실험에 이용되는 완충용액과 분자들의 상호작용, 전기영동시의 온도 등이 분자들의 이동도에 영향을 미친다.

그러므로 전기영동을 통하여 분자들의 마찰계수를 측정하여 이동도를 계산하는 것은 불가능하다. 하지만 전기영동을 할 때 이와 같은 변수들을 일정하게 조절하면 분자들의 이동도는 단지 분자들의 질량에 따라 달라지게 된다. 즉, 같은 조건에서 분자량이 큰 분자는 늦게 이동하고, 분자량이 작은 분자는 빨리 이동하게 된다. 그러므로 이와 같은 변수들을 일정하게 조절한 후, 같은 조건에서 전기영동 하였을 때 만약 그 이동도가 같다면 이들은 서로 같은 물질이다. 전기영동은 특히 아미노산, 탄수화물, 단백질, 펩티드(peptides), 핵산 및 뉴클레오티드(nucleotides) 등의 분석에 유용하게 사용된다.

2) 띠 전기영동

띠 전기영동(zone electrophoresis)은 위에서 설명한 이론에 기초를 두고 있다. 적은 양의 시료용액을 여과지, cellulose acetate, 겔 등의 지지체에 가하고 전류를 통하면 시료 성분들이 띠를 이루면서 이동한다. 이 절에서는 특히 시료의 전개가 좋아 실험실에서 많이 이용되고 있는 지지체로 겔을 사용하는 겔 전기영동에 대해서 설명하기로 한다. 다음은 여러 가지 겔 지지체와 그의 특징을 설명한 것이다.

(1) 전분 겔

겔 전기영동에 처음으로 사용된 겔은 전분 겔이었다. 유리판 위에 감자 전분 paste를 가하여 편평한 겔을 만든 후, 이 겔의 작은 구멍에 시료를 가하고 전기영동을 한다. 여과지나 cellulose acetate를 지지체로 사용하였을 때에 비하여 시료들의 전개가 훨씬 좋지만, 겔의 틈새를 조절할 수 없는 것이 가장 큰 단점이다.

(2) Polyacrylamide 겔

이 겔은 polyacrylamide의 농도를 조절하여 겔의 틈새를 조절할 수 있다. 즉, 시료의 특성에 따라 적당한 농도를 결정하여 겔을 형성한 후 전기영동하기 때문에 전분 겔에 비하여 시료 성분의 전개를 훨씬 좋게 할 수 있다. 또한 이 겔은 전분 겔에 비하여 겔 형성, 염색, 속도, 재현성 등에서 많은 장점을 지닌다. 이 겔은 그림 12-1에서 보는 바와 같이 acrylamide와 N,N'-methylene-bis-acrylamide의 중합에 의하여 형성된다. Ammonium persulfate는 acrylamide로부터 자유 radical을 발생시키기 위하여 첨가되며, N,N,N',N'-tetramethylene-diamine(TEMED)은 이 중합반응을 촉매한다. 일반적으로 7.5% polyacrylamide 겔이 많이 사용되는데, 이것은 분자량 10,000~1,000,000까지의 물질을 분리 확인하기 위하여 사용되지만, 분자량 30,000~300,000에서 전개가 가장 좋다. 3.5% polyacrylamide 겔은 분자량 1,000,000~5,000,000의 거대분자에 사용되며, 분자량 5,000,000 이상의 물질은 다음 (4)항에서 설명하는 agarose 겔을 사용한다.

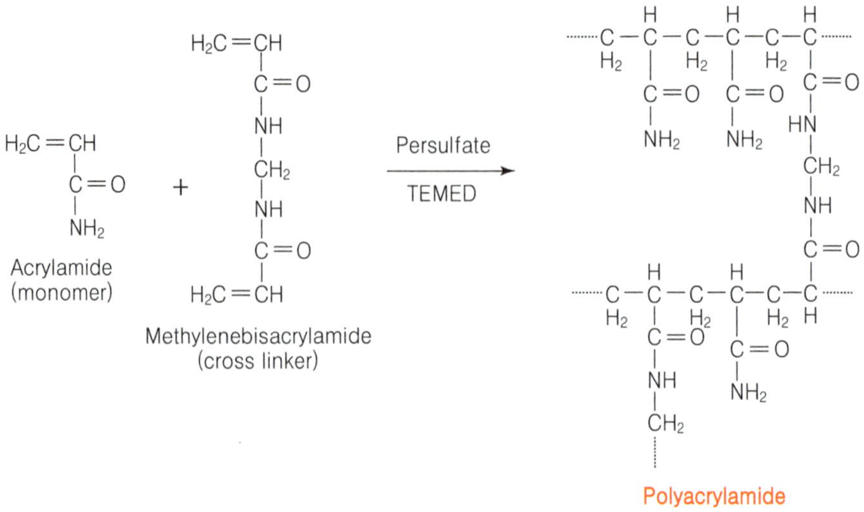

그림 12-1. 폴리아크릴아미드 겔의 형성

Polyacrylamide 겔 전기영동은 column 겔(vertical) 또는 slab 겔(horizontal)을 사용할 수 있다. Column 겔은 보통 길이 10 cm 직경 6 mm 정도의 유리관에 acrylamide, N,N'-methylene-bis-acrylamide, 촉매(TEMED), ammonium persulfate 등의 혼합용액을 채운 후 응고시켜 만드는데 약 30~40분 정도면 완성된다. Slab 겔은 두 장의 유리판(주로 12×12 cm 또는 14×16 cm) 사이에 두께 1.5~1.75 mm, 폭 5 mm 정도의 고무 밴드를 유리판의 끝을 따라 설치하여 유리판 사이에 공간을 형성하고 집게를 사용하여 이들을 단단히 고정시킨 후 그 공간에 위의 혼합용액을 채워 만든다(그림 12-3 참조). 이때 겔의 맨 위에는 플라스틱으로 만든 빗과 같이 생긴 것(comb)을 꽂아 겔이 응고할 때 전기영동 시 시료를 가할 공간(well)을 형성한다. 보통 한 개의 slab 겔에 20개 정도의 공간을 만들 수 있기 때문에 많은 시료를 동시에 전기영동 하는 것이 가능하다.

(3) SDS polyacrylamide 겔

(2)항에서 설명한 polyacrylamide gel을 이용한 전기영동 방법은 분자들의 분자량을 측정하는 데에는 부적합하다. 왜냐하면 앞에서 설명한 바와 같이 전기영동에 의한 시료 성분의 이동도(mobility)는 분자량뿐만 아니라 알짜 전하에 의하여 달라지기 때문이다.

SDS polyacrylamide 겔 전기영동에서는 시료를 SDS(sodium dodecyl sulfate)와 mercaptoethanol을 사용하여 전처리한다. 단백질 분자를 SDS로 처리하면 단백질 분

자의 2, 3, 4차 구조가 붕괴되어 단지 polypeptide형의 사슬모양으로 변성된다. 그리고 mercaptoethanol은 단백질의 모든 disulfide 결합을 환원시켜(-S-S- → -SH) SDS의 작용을 도와준다. 이때 SDS는 변성된 단백질 사슬의 비극성 부위에 단백질 1 g당 SDS 1.4 g의 일정한 비율로 결합한다.

SDS는 음이온을 띠기 때문에 SDS가 결합한 단백질은 단백질의 분자량에 비례하는 일정한 음전하와 일정한 모양을 지니는 polypeptide 사슬이 된다. 즉, 시료들의 알짜 전하가 똑같게 된다. 그러므로 SDS가 결합한 단백질의 전기영동 이동도는 주로 단백질의 분자량에 따라 달라진다. 즉, 분자량이 큰 분자는 겔을 느리게 이동하고, 작은 분자는 빠르게 이동하게 된다. 일반적으로 단백질 분자량의 log 값과 전기영동 이동도 사이에는 반비례 관계가 성립한다(그림 12-8 참조).

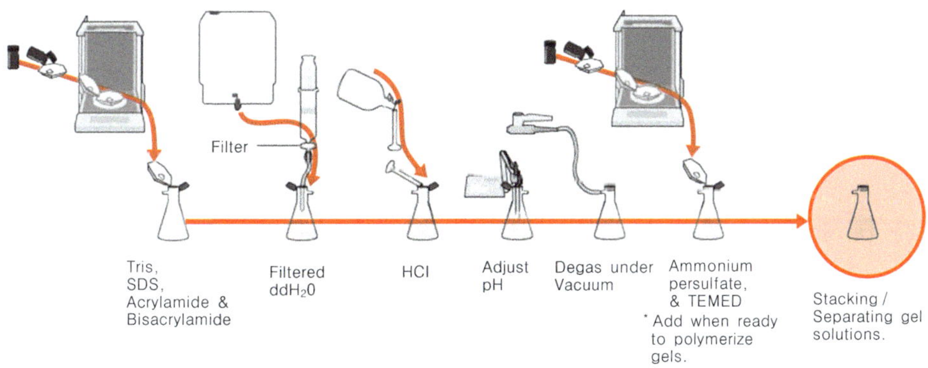

그림 12-2. SDS polyacrylamide 겔 용액의 조제과정

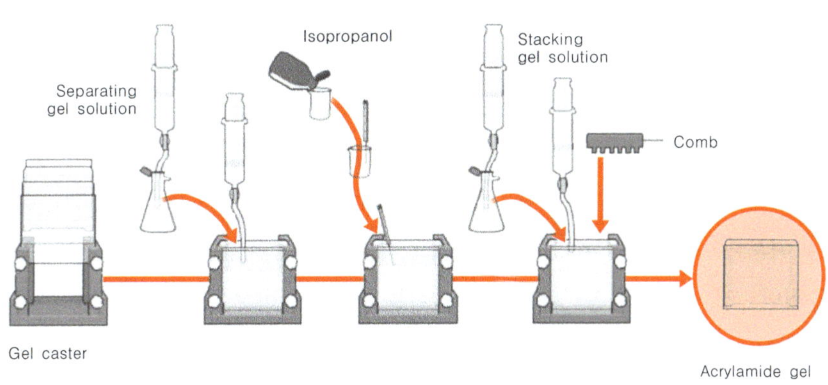

그림 12-3. SDS polyacrylamide 겔 조제

SDS polyacrylamide 전기영동은 분자량이 10,000~200,000인 단백질의 분자량을 결정하는 데 매우 유용한 방법이다. 분자량을 모르는 단백질 시료(a)를 분자량을 알고 있는 표준 단백질(b)과 같은 조건에서 SDS polyacrylamide 겔 전기영동을 한 후에 b의 이동도와 a의 이동도를 비교하면 a의 분자량을 측정하는 것이 가능하다. 일반적으로 전기영동을 할 때 표준 단백질은 2가지 이상이 사용된다. 즉, 분자량이 작은 것(14,000~100,000)과 큰 것(45,000~200,000)을 동시에 사용한다. 그림 12-2는 SDS polyacrylamide 겔 용액의 조제과정을, 그림 12-3은 겔 용액을 이용하여 겔을 조제하는 과정을 나타낸 것이다.

(4) Agarose 겔

지금까지 설명한 polyacrylamide gel이나 SDS polyacrylamide gel은 분자량 350,000 정도의 단백질을 분석하는 데에는 적당하지만, 분자량이 큰 핵산 등을 분석하는데 적당하지 않기 때문에 분자량이 큰 RNA나 DNA의 분석을 위해서는 agarose 겔을 이용한다.

Agarose 겔에서 핵산의 이동도는 agarose의 농도, 핵산의 분자량 그리고 핵산의 분자 모양에 따라 달라진다. 핵산을 분리하는 데에는 0.5~3% agarose 겔이 가장 효과적이다. 0.5% 이하의 agarose 겔은 부서지기 쉽기 때문에 slab 겔을 적용하든지 또는 낮은 온도에서 전기영동을 하여야 한다. 단백질과 같이 핵산도 그들의 분자량의 log 값에 반비례하는 비율로 이동한다. 그러므로 분자량을 알고 있는 표준 핵산을 이용하면 분자량을 모르는 핵산의 분자량을 측정하는 것이 가능하다.

2. 전기영동의 실제

그림 12-4는 column 겔을 사용하여 전기영동 하는 그림이다. 겔을 분리된 2개의 완충용액 탱크(용기) 사이에 삽입하고, 위의 완충용액 탱크에는 음극을, 아래의 완충용액 탱크에는 양극의 전류를 통한다. 시료용액은 겔의 맨 위에 가한다. 일반적으로 겔 전기영동은 염기성의 pH에서 진행된다. 염기성 상태에서 대부분의 생물학적 물질은 거의 음이온을 띠기 때문에 시료 성분들은 위(음극)로부터 아래의 양극을 향하여 움직이게 된다. 전기영동을 할 때 시료가 이동하여 겔 밖으로 나가게 되면 시료의 이동거리를 측정할 수 없기 때문에 염색제(tracking dye)를 첨가하여 그 움직임을 확인한다. 이 염색제는 겔에서 시료보다 더 빨리 이동하기 때문에 이 띠가 겔의 끝부분에 이르면 전류 공급을 멈추어야 한다.

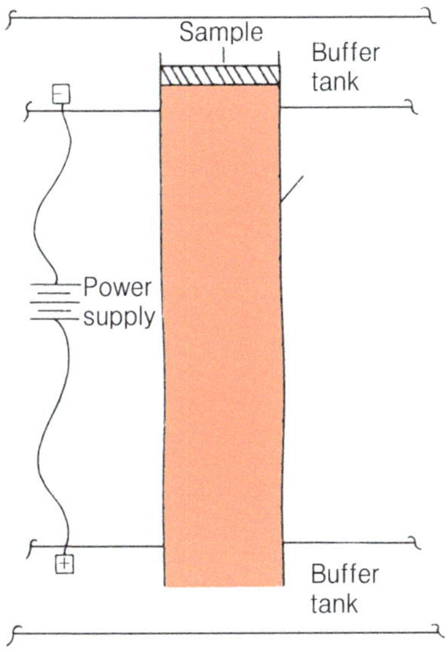

그림 12-4. 칼럼(column) 겔을 이용한 전기영동

1) 기 기

전기영동을 하기 위해서는 power supply와 전기영동 chamber가 필요하다(그림 12-5). Power supply는 전기영동 중에 일정한 전압(최대 500 volt)과 일정한 전류(최대 20 mA)를 공급해 주는 장치이다. 전기영동 chamber는 전기영동이 실제 진행되는 곳으로 여러 가지 형태가 있으며, 쉽게 제작도 가능하다.

2) 시 약

시약은 품질이 좋은 것을 사용하여야 한다. 왜냐하면 시약의 순도는 겔의 중합과정

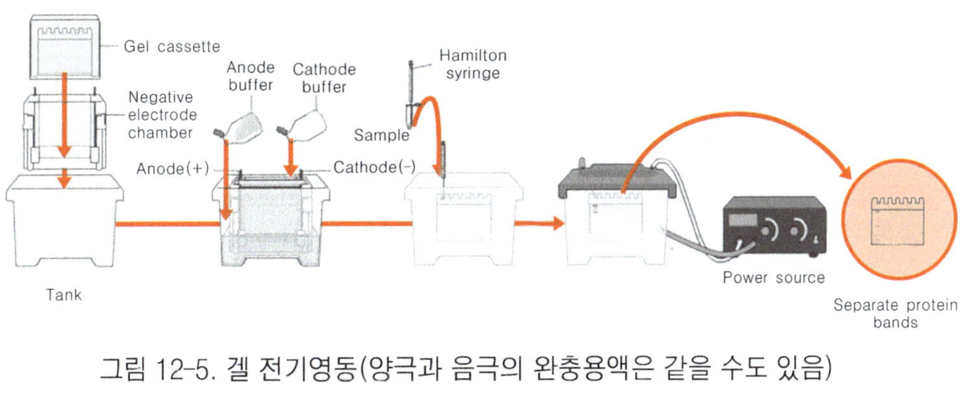

그림 12-5. 겔 전기영동(양극과 음극의 완충용액은 같을 수도 있음)

이나 시료 성분의 이동도에 영향을 주기 때문이다. 겔 형성을 위하여 사용되는 시약은 반드시 냉장고에 보관되어야 하고 정제하여 사용하여야 한다.

Acrylamide는 chloroform으로, N,N'-methylene-bis-acrylamide는 acetone으로 정제가 가능하다. 또한 acrylamide, N,N'-methylene-bis-acrylamide, ammonium persulfate 그리고 N,N,N', N'-tetramethylenediamine은 독성이 강하기 때문에 취급 시 특히 주의하여야 한다. Acrylamide는 신경독 성분이고 강력한 피부 자극제이다. 때문에 반드시 장갑과 마스크를 착용하고 취급하여야 한다.

겔 전기영동에는 일반적으로 0.05 M 정도의 Tris-acetate, Tris-phosphate, Tris-borate 등의 완충용액이 사용된다.

3) 시료의 염색

전기영동을 할 때 전기의 공급은 적당한 때에 차단되어야 한다. 만약 전기 공급이 필요 이상 계속되면 시료 성분이 겔을 통과하여 완충용액으로 빠져 버리게 되고, 너무 일찍 차단되면 시료 성분의 전개가 제대로 되지 않는다. 그러므로 전기영동 중 시료의 위치를 정확히 파악하기 위하여 염색제(bromophenol blue)를 첨가한다. 이 염색제는 분자량이 작고, 음이온을 띠기 때문에 시료 성분보다 먼저 겔을 빠르게 이동한다.

4) Fixing, 겔의 염색 및 탈색

전기영동 후 형성된 단백질의 band는 확산되는 경향을 보인다. 이것을 방지하기 위해서는 전기영동 후에 즉시 겔을 fixing 시약으로 처리하여 단백질을 그 자리에 고정시켜야 한다. 그리고 전기영동 후에 겔에 형성된 시료 성분들의 띠가 잘 보이게 하기 위하여 겔을 염색한다. 단백질에 가장 일반적으로 사용되는 염색 시약은 0.25% coomassie brilliant blue 용액이다. 염색 후 겔은 7% acetic acid 용액으로 탈색한다.

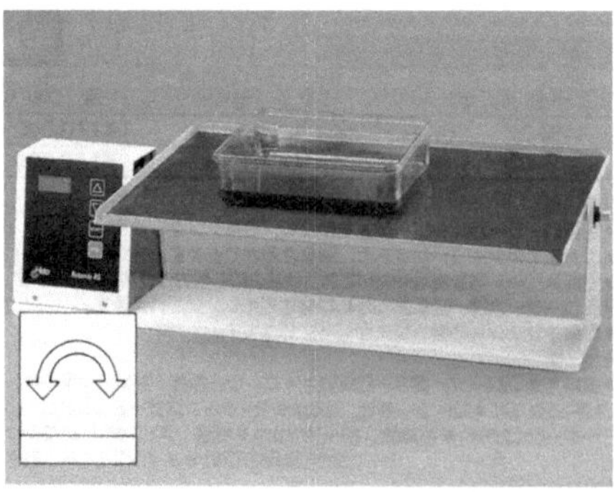

그림 12-6. Rotor mix

전기영동에서 가장 지루한 과정은 이 탈색과정이다. 염색된 겔과 acetic acid 용액을 용기에 담고, 수시로 새로운 acetic acid 용액을 교환해 주면서 오랜 시간 흔들어 탈색한다(그림 12-6).

전기영동 후 단백질의 띠를 보다 빠르고 정확하게 확인하기 위하여 형광염색법이 사용되기도 한다. 일반적으로 형광시약으로는 fluorescamine과 anilinonaphthalene sulfonate가 사용된다. 최근에는 단백질의 염색에 은염(silver diamine 또는 silver tungstosilicic acid 혼합물)을 사용하는 새로운 염색법이 개발되었는데, 이들은 coomassie brilliant blue에 비하여 10~100배 정도 예민하다.

5) 건 조

전기영동 후 gel을 오랜 시간 저장하고자 할 때에는 gel을 건조시킨다. Gel을 건조시킬 때에는 건조 중에 gel이 수축하지 않도록 하기 위하여 gel을 1시간 정도 preserving solution에 담근 후에 gel을 유리판이나 foil 위에 놓고 cellophane으로 gel을 조심스럽게 싸서 실온에서 건조시킨다. 하지만 gel 농도가 10% 이상이면 이와 같은 처리를 하여도 수축이 발생한다.

3. 전기영동 결과의 분석

전기영동을 통하여 우리가 얻을 수 있는 정보는 다음과 같은 것이다.

1) 시료의 순도

이것은 전기영동 겔에 나타난 띠의 수로 확인된다. 즉, 전기영동 후 겔 상에 하나의 띠만 있으면 시료용액에는 단지 한 가지 물질만 존재한다는 것을 의미한다. 만약 둘 또는 그 이상의 띠가 존재하면 단일 물질이 아니고 혼합물이라는 것이다. 물론 시료용액 중의 어떤 물질의 농도가 너무 낮으면 검출되지 않을 수도 있고, 한 가지 성분이 전기영동 중에 분해되어 두 개, 세 개의 띠를 나타내는 경우도 있다(그림 12-7).

2) 단백질의 분자량

앞에서도 설명한 바와 같이 SDS 겔 전기영동을 통하여 시료 단백질의 분자량을 알 수 있다. 즉, 단백질 분자량의 log 값과 전기영동 이동도 사이에는 반비례 관계가 성립한다.

단백질의 상대적 이동도(relative mobility)는 각각의 이동거리를 bromophenol blue(시료의 염색제) front의 이동거리로 나누어 얻어지는데, 이것을 표준물질의 이동도와 비교하면 각 단백질의 분자량 측정이 가능하다. 상대적 이동도를 계산할 때에는 gel이 fixing이나 건조 중에 수축이나 팽창될 수 있기 때문에 다음 식에서 보는 바와 같이 fixing 전과 drying 후의 gel 크기를 측정하여 이를 반영한다.

$$\text{상대적 이동도} = \frac{\text{단백질의 이동거리}}{\text{건조 후의 gel 길이}} \times \frac{\text{fixing 전의 gel 길이}}{\text{bromophenol blue front의 이동거리}}$$

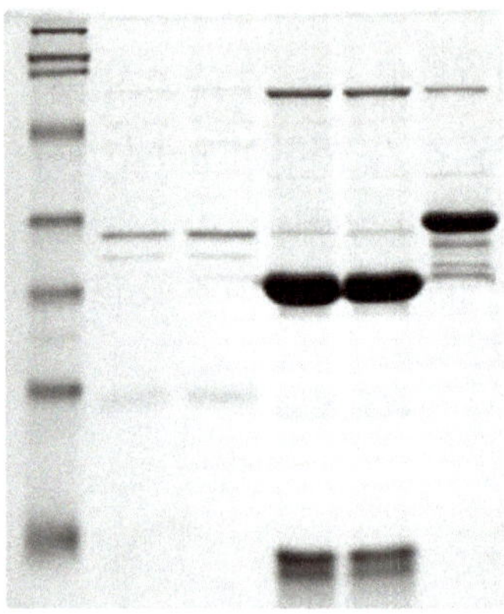

그림 12-7. SDS-PAGE 전기영동 상(像)
(맨 좌측은 표준물질, molecular markers)

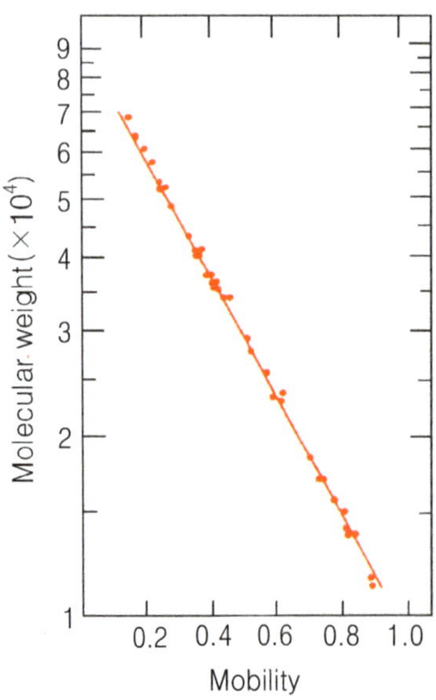

그림 12-8. 단백질의 전기영동 이동도와 분자량

그림 12-8은 분자량 11,000~70,000에 있는 37종의 서로 다른 단백질의 전기영동 이동도와 분자량의 관계를 나타낸 것이다.

4. 실험 예

1) 실험제목

SDS polyacrylamide gel 전기영동을 이용한 단백질의 분자량 결정

2) 실험목적

(1) 전기영동에 대하여 이해한다.
(2) SDS polyacrylamide gel 전기영동(SDS-PAGE)을 이용한 단백질의 분자량 결정에 대하여 이해한다.
(3) SDS-PAGE법을 이용하여 미지 단백질의 분자량을 측정할 수 있다.

3) 기구 및 장비

(1) 전자저울
(2) Power supply(전기영동 장치 포함)
(3) Water bath(항온수조)
(4) Vortex mixer(시험관 혼합기)
(5) Slab gel 제조장치
(6) Gel 염색·탈색 장치
(7) Rotor mix
(8) pH meter
(9) 냉장고
(10) 비커
(11) 메스플라스크
(12) 비닐장갑
(13) 플라스틱 깔대기
(14) Autopipet
(15) Eppendorf tube
(16) Electrode wicks(여지)
(17) 세척병
(18) 피펫필러
(19) 시약스푼

4) 재료 및 시약

(1) 제1인산나트륨($NaH_2PO_4 \cdot H_2O$, sodium phosphate, monobasic)
(2) 제2인산나트륨($Na_2HPO_4 \cdot 12H_2O$, sodium phosphate, dibasic)
(3) SDS($C_{12}H_{25}NaO_4S$, sodium dodecyl sulfate)
(4) 2-Mercaptoethanol(C_2H_6OS)
(5) Acrylamide(C_3H_5NO)

(6) Bis($C_7H_{10}N_2O_2$, N,N'-methylene-bis-acrylamide)
(7) Ammonium persulfate[$(NH_4)_2S_2O_8$]
(8) Bromophenol blue($C_{19}H_9Br_4O_5SNa$)
(9) Trition X-100
(10) Trichloroacetic acid($C_2HCl_3O_2$)
(11) Sulphosalicylic acid($C_7H_6O_6S \cdot 2H_2O$)
(12) 메틸 알코올(CH_3OH, methanol)
(13) Coomassie Brilliant Blue R250($C_{45}H_{44}N_3O_7S_2Na$)
(14) 초산(CH_3COOH, acetic acid)
(15) 에틸 알코올(C_2H_5OH, ethanol)
(16) Glycerol($C_3H_8O_3$)
(17) TEMED($C_6H_{16}N_2$, N,N,N',N'-tetramethylethylenediamine)
(18) 황산지

5) 실험내용

(1) 시약조제

다음의 용액들은 ⑤ 용액을 제외하고 조제 후 1달 정도 사용이 가능하며, 특정한 pH를 유지해야 하는 용액들은 그 pH를 조정한 후 사용하여야 한다.

① Phosphate buffer stock solution (0.2 M, pH 7.1) : $NaH_2PO_4 \cdot H_2O$ 39.0 g + $Na_2HPO_4 \cdot 12H_2O$ 258.0 g + SDS 10.0 g + 증류수 → 5000 mL로 정용

② Electrode buffer : 위 ① 용액과 증류수를 1 : 1의 비율로 혼합

③ Phosphate sample buffer (0.01 M, pH 7.1) : ① 용액 5.0 mL + 2-mercapto-ethanol 1.0 mL + SDS 1.0 g + 증류수 → 100 mL로 정용

④ Acrylamide solution : Acrylamide 22.2 g + Bis 0.6 g + 증류수 75 mL → 용액이 맑아질 때까지 혼합 → 증류수로 100 mL로 정용 → 여과 → 갈색병에 보존(4℃에서 2주간 사용 가능)

⑤ Ammonium persulfate solution : Ammonium persulfate 150 mg + 증류수 → 10 mL로 정용(이 용액은 실험할 때마다 새롭게 만들어 사용)

⑥ Bromophenol blue 0.25%(W/V) : Bromophenol blue 25 mg을 ③용액에 녹여 10 mL로 정용

⑦ Detergent solution : Trition X-100 0.1 mL + 증류수 → 100 mL로 정용

⑧ Fixing solution : Trichloroacetic acid 57.0 g + sulphosalicylic acid 17.0 g + methanol 150 mL + 증류수 350 mL(methanol과 증류수의 혼합물에 산을 가한다)

⑨ Staining solution : Coomassie brilliant blue R250 1.25 g + methanol 230 mL + 증류수 230 mL + acetic acid 40 mL → 1시간 정도 혼합 → 여과 후 사용

⑩ 탈색용액 : Ethanol 1500 mL + acetic acid 500 mL + 증류수 → 5000 mL로 정용

⑪ Preserving solution : Ethanol 300 mL + acetic acid 100 mL + glycerol 100 mL + 증류수 → 1000 mL로 정용

⑫ TEMED : 시판되는 시약을 그대로 사용한다.

(2) 실험방법

A. SDS polyacrylamide gel 제조

Slab gel 제조장치를 이용, 적당한 농도의 SDS polyacrylamide gel을 제조한다. 다음 표는 5%와 10% gel을 만드는 데 필요한 각 용액의 필요량(mL)을 나타낸 것이다.

시약 종류	5% gel	10% gel
증류수	14.9	-
① Phosphate buffer stock solution	33.0	33.0
④ Acrylamide solution	14.8	29.7
⑤ Ammonium persulfate solution	3.2	3.2
⑫ TEMED	0.05	0.05
총 부피	66.0	66.0

B. 단백질 시료의 준비

시료단백질을 ③ 용액(phosphate sample buffer)에 용해 → 100℃ 항온수조에서 2분간 방치(열에 예민한 단백질은 37℃에서 3시간 방치) → 시료를 냉각 → 시료용액 250 μL + bromophenol blue 10 μL + 2-mercaptoethanol 10 μL → 혼합

C. Preelectrophoresis

전기영동 장치의 2개의 buffer tank에 ② 용액(electrode buffer)을 채우고 gel이 놓여질 plate를 수 mL의 ⑦ 용액(detergent solution)으로 닦은 후에 gel을 plate 위에

▸ 시료단백질

시료가 완전히 용해되지 않으면 전기영동을 방해하기 때문에 시료용액을 여과한 후 사용하는 것도 좋은 방법이 된다. 시료의 적당한 농도는 0.2~2.0 mg/mL 정도이다. 단백질 시료가 염석 등의 과정을 거쳐 얻어졌다면 0.1% SDS를 포함하는 0.01 M 인산완충용액을 이용하여 투석한 후에 이용하여야 한다

올려놓는다. 8~10장의 electrode wicks의 한쪽을 ② 용액에 적시고 wicks의 젖은 가장자리와 gel이 평행이 되도록 wicks를 gel 위에 올려놓은 후, wicks를 손으로 눌러 wicks와 gel 사이의 공기를 완전히 제거한다. 온도는 5℃ 정도가 적당하기 때문에 전기영동 장치를 냉장고 안에 넣고 전기영동을 하면 된다. 150 mA로 30분 정도 pre electrophoresis를 실시한다.

D. Sample application

짧은 바늘이 달린 micro syringe나 autopipet 등을 이용하여 gel의 slot에 B의 단백질 시료를 채운다. Bromophenol blue가 빠르게 확산되기 때문에 이 과정은 빠르게 진행되어야 한다.

E. 전기영동

시료를 gel의 slot에 채운 다음에는 즉시 power supply를 켠다. 처음의 10분 동안은 전류를 20 mA 정도로 조절하고, 그 후에는 아래 표(phosphate buffer의 경우)를 참조하여 전류를 조절하는데, 이는 gel에서 단백질의 이동속도를 결정하는 주요 인자이기 때문에 전기영동하는 동안에는 반드시 일정한 전류가 흐르게 하여야 한다. 전기영동 중에 gel의 slot이 마르면 ① 용액(phosphate buffer stock solution)을 1 : 1로 희석한 용액으로 slot을 채워 주어야 한다. 전기영동이 끝난 다음에는 dye의 이동거리를 측정한다.

Gel 농도	5%	10%
Current(mA)	200	190
Field strength(V/cm)	5	6
Migration speed of bromophenol blue front(cm/h)	1.5	1.2
Total time for run(h)	4	5

F. 염색(staining)과 보존(preserving)

ⓐ 전기영동 후에는 분자량이 작은 수용성 단백질의 손실과 확산을 최소화하기 위하여 gel은 즉시 ⑧ 용액(fixing solution)으로 fixing 되어야 하는데, fixing은 실온에서 1시간이면 충분하다.

ⓑ 염 색 : Fixing이 끝난 gel을 ⑨ 용액(staining solution)에 2시간 정도 담가 염색한다.

ⓒ 탈 색 : Gel을 ⑩ 용액에 담가 과잉의 염색액을 제거하는데, 보통 하루 정도가 소비된다.

ⓓ 보 존 : Gel을 보관하기 위하여 건조시키는데 이때 gel이 수축하지 않도록 하기 위하여 gel을 1시간 정도 ⑪ 용액(preserving solution)에 담가 놓는다. 하지만 gel 농도가 10% 이상인 경우는 수축 없이 gel을 건조시키는 것은 어렵다.

ⓔ 건 조 : Gel을 유리판이나 foil 위에 놓고 ⑪ 용액(preserving solution)을 적신 cellophane으로 조심스럽게 gel을 싸고 실온에서 건조시킨다.

G. 단백질 분자량의 계산

위에서 설명한 바와 같이 전기영동 후의 분자량이 알려진 여러 가지 단백질(분자량 marker)의 상대적 이동도와 $\log_{10}$(분자량)은 직선의 그래프를 나타내기 때문에 이 직선을 이용하면 시료의 분자량을 구할 수 있게 된다. 일반적으로 분자량 marker는 시료 단백질의 상대적 이동도보다 큰 것과 작은 것으로 구성하는

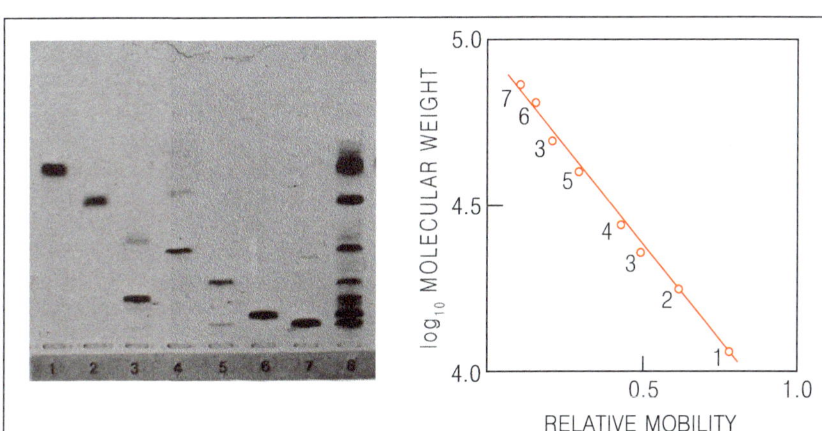

그림 12-9. 분자량 marker의 전기영동 pattern, 상대적 이동도 및 분자량

10% acrylamide gel, 190 mA, 6 V/cm, 5 hours

표 12-1. 분자량 marker

단백질의 종류	분자량	$\log_{10}$(분자량)
1. Cytochrome c(muscle)	11,700	4,068
2. Myoglobin(muscle)	17,200	4,236
3. γ-Globulin(L-chain)	23,500	4,371
4. Carbonic anhydrase(bovine)	29,000	4,462
5. Ovalbumin	43,000	4,634
3. γ-Globulin(H-chain)	50,000	4,699
6. Albumin(human)	68,000	4,832
7. Transferrin	77,000	4,886

것이 바람직한데, 분자량 14,300～71,500과 56,000～280,000의 두 가지 marker kit가 주로 사용된다. 그림 12-9에 사용된 분자량 marker는 표 12-1과 같다.

6) 질문 및 토론

7) 주의사항

(1) 실험실에서의 주의사항을 반드시 지킨다.

(2) Acrylamide와 Bis는 몸에 매우 해롭기 때문에 흡입하거나 피부에 닿지 않도록 한다. 그러므로 이들 시약을 취급할 때에는 장갑이나 마스크를 착용하여야 한다. 그리고 hood 안에서 작업하도록 한다.

제 13 장

PCR

PCR(polymerase chain reaction)은 1980년대 중반에 캐리 뮬리스(Kary Mullis)에 의해 개발된 일명 중합효소 연쇄반응이라고 하며, 시험관 내에서 두 가닥의 DNA를 **주형**(template)으로 하여 **프라이머**(primer)의 신장반응(extension)을 일으킴으로써 원하는 **DNA를 증폭**시키는 방법이다. 이는 아주 적은 양의 DNA를 이용하여 수시간 내에 많은 양의 DNA 합성이 가능한 아주 획기적인 기술로써 원리가 극히 단순하고, 쉽게 응용할 수 있기 때문에 순수 분자생물학은 물론 기초생물학, 의학을 비롯한 생물과학 전체에 널리 이용되고 있으며, 현재 식품·환경·위생·동식물 검사 등의 분야에 이르기까지 그 활용범위를 넓혀 가고 있다.

1. 원 리

중합효소 연쇄반응은 일반적으로 그림 13-1에서 보는 바와 같이 ① DNA 가닥의 열변성, ② 프라이머와의 결합, ③ **중합효소**(polymerase)에 의한 DNA 합성을 반복 실시함으로써 시험관 내에서 DNA를 증폭하는 방법이다.

1) DNA 변성

2중 나선의 DNA를 보통 94℃에서 1분 미만으로 가열하여 **단일가닥 DNA**로 분리

- 주형(template) : 새로운 상보적 사슬을 합성하는 데 필요한 사슬을 말한다.
- 프라이머(primer) : 목적하는 DNA 영역을 합성, 증폭할 때 사용하는 작은 DNA 조각을 말한다.
- DNA 증폭 : 소량의 DNA를 대량으로 늘리는 일을 말한다.
- 중합효소(polymerase) : DNA와 RNA 합성과 같은 중합반응을 촉매한다.

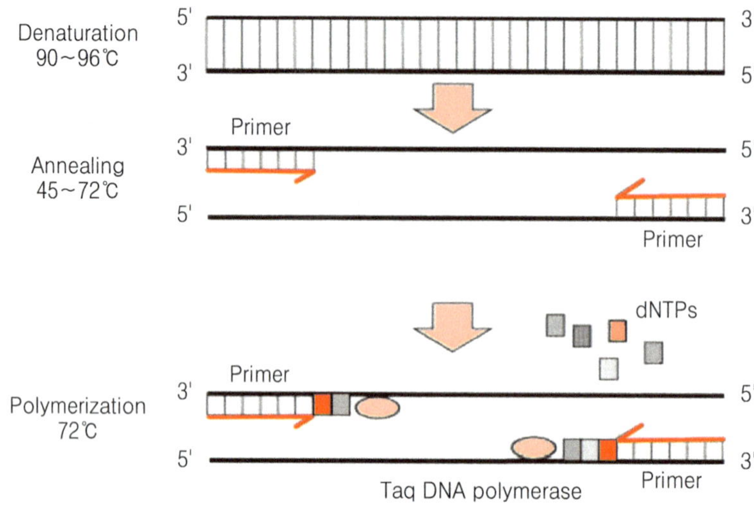

그림 13-1. PCR 법에 의한 DNA 증폭과정

한다. 첫 번째 사이클에서는 DNA의 확실한 변성(denaturation)을 위하여 약 5분 이상 시간을 주는 것이 좋다.

온도가 높을수록 한 가닥 DNA로 잘 이행되지만, 너무 온도를 높이거나 처리시간을 길게 하면 **Taq DNA polymerase**의 효소활성도가 낮아질 수 있다.

2) 프라이머의 결합

단일가닥으로 변성한 DNA를 프라이머와 혼합한 후 온도를 낮추면 프라이머는 각각의 상보적인 한 가닥 **주형 DNA**에 결합한다(annealing). Annealing에 가장 적합한 온도와 시간은 프라이머의 염기배열과 그 길이에 따라서 결정되지만, 일반적으로 50~65℃에서 1~2분간 진행한다.

Annealing 온도는 PCR 반응의 정확성을 결정하는 중요한 요소이다. 만약 온도를 너무 높게 하면 프라이머가 주형 DNA에 너무 약하게 결합되어서 증폭 DNA 산물이 매우 적어진다. 또한 온도를 너무 낮게 하면 프라이머가 비특이적(nonspecific)으로 결합하기 때문에 원하지 않는 DNA 산물이 증폭될 수 있다.

- 단일가닥 DNA : 이중나선 DNA의 각 사슬을 말한다.
- Taq DNA polymerase : 334쪽 참조
- 주형 DNA : 선택하여 증폭하고자 하는 대상 DNA 단편을 말한다.

3) DNA의 합성

4종류의 기질(**dNTPs**, deoxynucleotide triphosphate)이 공존하는 상태에서 DNA polymerase를 작용시켜 프라이머를 신장(extension)시킨다. 신장반응에 필요한 시간은 주형 DNA의 농도, 증폭 단편의 크기, 반응온도에 따라 좌우되지만, 일반적으로는 70~74℃에서 시행하며, 원하는 PCR 산물의 크기가 크거나 반응요소의 농도가 낮을 때에는 시간을 연장시키는 것이 좋다. 사이클이 계속되면서 효소 활성이 감소할 수 있고, DNA 산물은 점점 많이 존재하게 되므로 사이클 후반부에는 반응시간을 조금씩 늘려가는 것도 좋은 방법의 하나이며, 마지막 사이클에는 시간을 5분 이상 주어 효소의 활성이 충분히 발휘되도록 하여야 한다.

최근, annealing 단계와 합성반응 단계를 동일한 온도에서 실시하는 셔틀(Shuttle) PCR도 시행되고 있다. 이 방법은 고온에서 annealing 하기 때문에 반응시간을 단축하고 목적하는 DNA의 증폭, 즉 특이성이 높은 PCR을 기대할 수 있다. Shuttle PCR은 주로 수 **kbp** 이상의 긴 크기의 증폭에 적합하다.

4) 사이클 수

일반적으로 25~35회 동안 반응을 시행한다. 그러나 증폭산물이 증가하면 그 자신이 프라이머가 되어 2차적인 반응이 일어나기 쉽고, 목적하지 않은 **비특이적인** DNA의 증폭을 일으키게 된다. 따라서 반응 사이클 수를 불필요하게 증가시키는 것은 바람직하지 않다. 물론 반응을 시작할 때 주형 DNA 양이 미량일 경우에는 일반적인 경우보다 사이클 수를 더 늘릴 수 있다.

2. PCR 반응액의 조성

1) 주형 DNA

선택하여 증폭하고자 하는 대상 DNA 단편을 가리키는 용어로서 세포내의 chro-

- dNTPs : Deoxyribonucleotide triphosphates. DNA를 합성할 때 사용하는 기질을 말하며 dATP, dCTP, dGTP, dTTP 등 4종류의 뉴클레오타이드 염기를 말한다.
- kbp : 각 나선의 뉴클레오타이드가 쌍을 이루고 있기 때문에 이것을 염기쌍(base pair)라고 부르고, bp라고 줄여서 표기한다. 이러한 염기쌍이 1,000개가 될 때를 kilobase pair라고 부르고, kbp로 줄여서 표기한다.
- 비특이적인 DNA : 목적하지 않은 다른 영역의 DNA를 말한다.

mosomal DNA나 전염성 병원체의 DNA 또는 RNA로부터 제조한 **complementary DNA**(cDNA), **plasmid DNA** 등을 쓸 수 있다. 불순물이 섞여 있으면 반응을 저해할 수 있으므로 가능한 정제하여 사용하는 것이 좋다. 주형 DNA가 제대로 정제가 안 되었을 경우 양이 적을 때는 반응이 충분히 일어나지 않으며, 반대로 양이 많으면 비특이적 반응이 일어나므로 주의해야 한다. 일반적으로 50~500 ng 내외를 사용한다.

DNA의 확인을 위한 전기영동상에서 비특이 DNA가 나타나거나 끌린 모양이 나타나면 맨 먼저 주형 DNA의 양을 줄이는 것이 좋다.

2) 프라이머

목적하는 DNA 영역을 합성, 증폭할 때 사용하는 작은 DNA 조각으로 생체의 DNA는 두 가닥으로 되어 있으므로 PCR을 실시하려면 분석하고자 하는 DNA 영역 양쪽 끝의 짧은 서열을 포함하는 **2종의 프라이머가** 필요하다.

일반적으로 프라이머의 설계와 그 프라이머의 배열에 따라 PCR의 조건이 달라지기 때문에 프라이머의 설계가 PCR 성패를 좌우할 수 있다. 따라서 프라이머의 설계 전에는 다음과 같은 조건을 충분히 고려하여야 한다.

(1) 프라이머의 길이는 주형 DNA 가운데 선택적으로 증폭시키고자 하는 대상 DNA 단편의 양쪽 끝에서 안쪽으로 약 20~25염기(base) 정도가 적당하다.

(2) 두 프라이머 사이에 상보적인 염기결합이 일어나지 않도록 주의해야 한다.

(3) 구아닌-사이토신(**GC**) 함량이 50% 정도 되게 설계하는 것이 프라이머와 주형 DNA 간의 결합력을 강하게 유지하는데 도움이 되며, 부분적으로 GC 혹은 아데닌-티민(**AT**) 염기가 많지 않도록 한다. 가능한 한 2종의 프라이머의 GC 함량을 같게 하면 annealing 온도를 선택하기가 용이하여 효율적인 증폭을 이룰 수 있다.

- Chromosomal DNA : 염색체상에 존재하는 DNA를 말한다.
- Complementary DNA(cDNA) : 세포로부터 추출한 전체 mRNA를 주형으로 역전사효소를 사용하여 만든 DNA 복사체를 말한다.
- Plasmid DNA : 박테리아에 존재하는 작은 원형의 이중나선 DNA를 말한다.
- 2종의 프라이머 : 생체의 DNA는 두 가닥으로 되어 있으므로 분석하려고 하는 DNA 영역을 양쪽 끝의 짧은 서열을 포함하는 2개의 프라이머가 필요하다.
- GC : 구아닌-사이토신 염기쌍을 말한다.
- AT : 아데닌-티민 염기쌍을 말하며, AT 염기쌍은 GC 염기쌍보다 적은 수의 수소결합으로 이루어져 있다.

표 13-1. 프라이머 길이와 구아닌-사이토신(GC) 조성에 따른 annealing 온도(℃)

Primer 길이(base) \ GC 함량	7	8	9	10	11	12	13	14	15
16	41	43	45	47	49	51	53	55	57
17	43	45	47	49	51	53	55	57	59
18	45	47	49	51	53	55	57	59	61
19	47	49	51	53	55	57	59	61	63
20	49	51	53	55	57	59	61	63	65
21	51	53	55	57	59	61	63	65	67
22	53	55	57	59	61	63	65	67	69
23	55	57	59	61	63	65	67	69	71
24	57	59	61	63	65	67	69	71	73
25	59	61	63	65	67	69	71	73	75

※ 프라이머 합성은 염기서열을 적어 취급회사에 의뢰하면 주문에 따라 제작해 준다. 화학합성한 올리고뉴클레오티이드는 일반적으로 **Sep-pak** 컬럼(Waters사), **OPC** 컬럼(Perkin-Elmer사) 또는 폴리아크릴아미드 겔 전기영동법으로 정제한 후 만들어진다.

(4) 프라이머의 용융온도(Tm, melting temperature) 값은 아래 식과 같이 구할 수 있으며, 일반적으로 사용하는 annealing 온도는 표 13-1과 같다.

$$Tm(℃) = \{4 \times (\text{프라이머 중의 } G + C\text{의 수})\} + \{2 \times (A + T\text{의 수})\} \quad (8.1)$$

※ 보통 Tm 값보다 약 3∼5℃ 정도 낮추어 반응을 시행하며, 50 pmol/μl 내외의 농도로 희석하여 사용한다.

3) dNTPs

DNA를 합성할 때 사용하는 기질로서, 일반적으로 dATP(deoxyribose adenosine triphosphate), dCTP(deoxyribose cytidine triphosphate), dGTP(deoxyribose guani-

- Sep-pak : 화학합성한 올리고뉴클레오타이드 정제시 Waters사 등의 Sep-pak 컬럼을 사용한다.
- OPC : 화학합성한 올리고뉴클레오타이드 정제시 Perkin-Elmer사 등의 OPC 컬럼을 사용한다.

dine triphosphate)와 dTTP(deoxyribose thymidine triphosphate)를 혼합하여 사용한다. 양은 대상 DNA의 길이에 따라 다를 수 있으나 PCR의 효율, 특이성 등을 고려하여 각각 2.5 mM 정도를 사용한다. 그러나 가능하면 dNTPs 농도를 낮추는 편이 PCR의 특이성과 충실도를 높이는 한 방법이다.

4) 중합효소

PCR 개발 초기에는 Klenow라는 효소를 반응에 이용하였으나, 이 효소는 열에 약하기 때문에 매 사이클(cycle)마다 새로 첨가해야 하는 문제점이 있었다. 그러나 *Thermus aquaticus* (*Taq*)와 같은 내열성 세균의 DNA 중합효소를 이용하게 되면서 반응의 특이성 및 효율성이 크게 향상되었다. 이 효소의 활성에 적절한 온도는 70~74℃이며, 95℃에서 40분이 지나도 50% 정도의 활성이 남아 있다. 최근 많은 종류의 DNA 중합효소가 시판되고 있는데, 반응에 사용하는 완충액의 조성이 조금씩 다를 수 있으므로 주의가 필요하다. 한 번의 반응에 사용하는 효소의 양은 보통 0.5~5 unit 정도가 적당하며, 양이 너무 많으면 목적하지 않은 DNA가 증폭될 가능성이 많고, 너무 적으면 증폭산물이 부족하게 되므로 최적 조건을 찾도록 노력해야 한다.

비특이 PCR 산물이 형성되는 경우에 결합온도를 높이면 비특이 산물을 줄이는 데 도움이 될 수가 있다.

5) PCR 완충용액

PCR을 시행하려면 아래의 PCR 반응액들을 혼합하여 사용한다.

(1) 염화마그네슘

마그네슘의 농도는 ① Taq DNA polymerase 효소의 활성, ② 프라이머가 주형 DNA에 결합하는 능력, ③ 합성된 DNA의 충실성, ④ 프라이머 간의 상호결합 등에 관여한다. 반응물 내에 EDTA(ethylenediaminetetraacetic acid)와 같은 성분이 포함되면 농도를 올려 주어야 하고, dNTPs나 주형의 농도가 높으면 마그네슘의 농도를 높게 변화시켜야 한다.

하지만 마그네슘 농도가 높아지면 DNA 합성의 충실도에 영향을 미칠 뿐만 아니라 두 가닥 DNA 변성이 어려워지고, Taq DNA polymerase는 10 mM 마그네슘에 의해 40~50%의 저해를 받으므로 마그네슘을 과잉 첨가하는 것은 바람직하지 않다. 따라서 마그네슘의 농도는 최적 농도를 유지할 수 있도록 노력하여야 한다. 일반적으로 PCR 반응에서는 1.5~2.5 mM 정도의 마그네슘이 필요하게 된다.

(2) 염화칼륨

프라이머가 대상 DNA에 결합하는 것을 도와주며, Taq DNA 중합효소의 반응효율을 높여 준다.

(3) 젤라틴 또는 우혈청 알부민

Taq DNA 중합효소의 안정화를 위하여 첨가한다.

3. PCR 기기

PCR 기기는 특정 온도를 일정 시간 동안 유지하며 유전자를 증폭시켜 주는 기기로써, PCR 반응이 제대로 일어나려면 사전에 설정한 온도 및 시간이 반응 중에 정확하게 block에 전달되어야 한다.

PCR 반응의 온도조절을 자동적으로 반복해 주는 장치가 여러 회사에서 개발되어 시판되고 있으며, 주로 금속으로 된 block의 온도를 변화시켜 PCR을 수행하게 하는 기기(그림 13-2)가 가장 널리 사용된다. 이들 기기는 가열과 냉각이 일어나는 block(바닥)과 lid(뚜껑) 부분, 반응온도 및 시간을 설정하는 판넬부분, 반응의 진행 정도를 나타내는 화면 표시부분(display) 등으로 이루어져 있으며, 반응 시 온도의 상승과 하강시간이 기계의 종류에 따라 약간씩 다를 수 있으므로 반응시간의 최적화가 필요하다.

4. PCR의 이용

PCR은 다음과 같은 목적으로 이용된다.

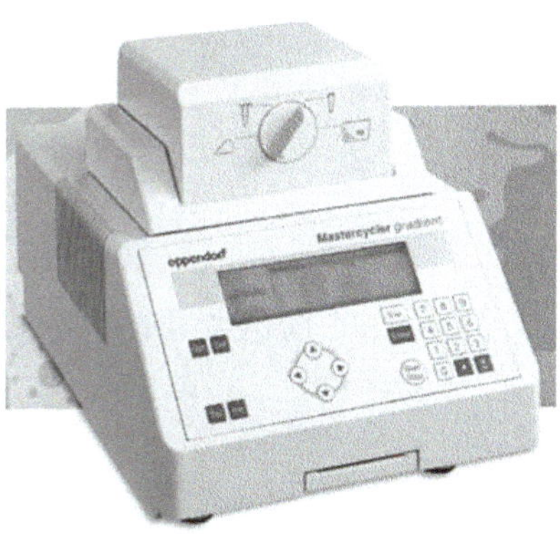

그림 13-2. Block 방식의 PCR 기기

(1) 세포에 존재하는 특정 유전자의 존재 유무 확인
(2) 병인성 바이러스 및 세균 검출(AIDS 원인 바이러스, 환자 검체 및 음식으로부터 세균 검출 등)
(3) DNA 염기서열 분석(DNA sequencing)
(4) 돌연변이 검사
(5) 유전자의 footprinting(사람이나 동물의 친자 감별 또는 범인을 찾는 데 이용)

5. PCR을 위한 genomic DNA 준비

1) QIAamp DNA Blood Minikit 제품을 이용한 genomic DNA 추출

최근에 혈액, 배양세포 또는 수술용 조직, 세균, 식물 등을 포함한 여러 다양한 시료로부터 genomic DNA를 빠르고 효율적으로 추출하기 위하여 상업용 제품들을 많이 사용하고 있으며, 시료의 종류에 따라 추출방법을 약간씩 변형시켜 얻어지는 DNA의 양과 질을 높인다.

Genomic DNA는 항상 DNase 효소에 의해 분해될 가능성이 있으므로 세포 혹은 조직 등에서 genomic DNA를 추출할 때에는 시료를 항상 저온에 보관하여야 한다. 또한 모든 실험과정은 비교적 먼지가 적고 깨끗한 곳에서 수행하여야 하며, 실험대는 70% 알코올에 적신 paper towel 등으로 깨끗이 닦은 후에 실험한다.

(1) 상업용 제품에 포함된 시약 및 재료

① Spin column 튜브
② 2 mℓ 수집용 튜브
③ 추출용 1.5 mℓ 튜브
④ 완충용액 : 세포 용해용, DNA 결합용, 세척용, 추출용 완충용액
⑤ 단백질 분해효소(proteinase K)
⑥ RNA 분해효소(RNase A)

- QIAamp DNA blood minikit : 혈액이나 조직으로부터 지노믹 DNA를 추출할 수 있는 상업용 제품이다.
- Genomic DNA : 염색체 위에 원래 존재하는 이중나선 DNA를 말한다.
- Spin column 튜브 : DNA, RNA 순수 분리용 컬럼 시험관이다.

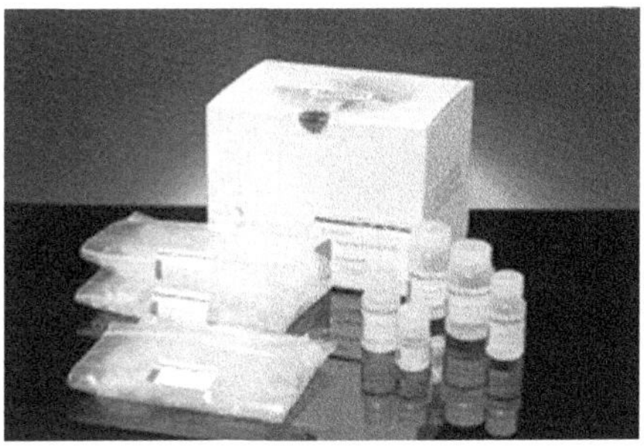
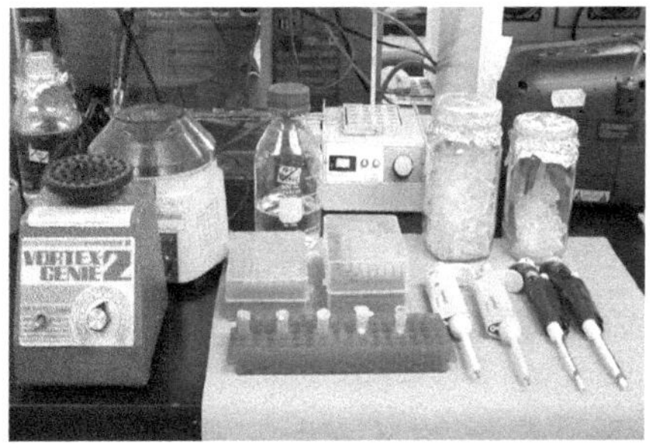

그림 13-3. DNA 추출을 위한 제품 및 실험기구

(2) 세포 및 조직 시료 준비

① 배양세포

㉮ 부유세포

배양한 세포를 15 mℓ 원심분리용 튜브로 옮겨 1,500 rpm에서 5분간 원심분리 한다. 그 후 상층액은 버리고 인산완충용액(phosphate buffered saline ; PBS, pH 7.4)에 부유시킨 약 5 × 10^6 세포를 1.5 mℓ 원심분리용 튜브에 넣고 1,500 rpm에서 5분간 원심분리한 후 세포 침전물을 잃어버리지 않도록 조심스럽게 상층액을 제거한다.

㉯ 부착세포

배양 용기에 부착되어 있는 세포는 트립신(Trypsin-EDTA)으로 처리하거나 또는 스크랩퍼(scraper)를 사용하여 세포를 수확한다(그림 13-4).

㉠ 트립신 처리한 세포는 적당량의 인산완충용액을 첨가하고 1,500 rpm에서 5분간 원심분리한 다음 상층액을 제거한다. 침전물을 인산완충용액 200 μℓ에 부

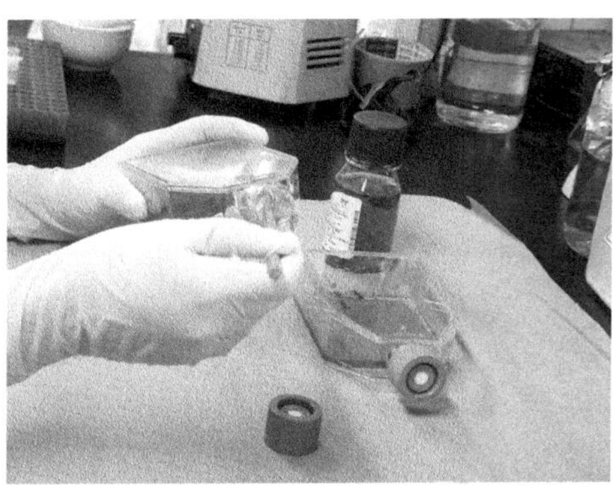

그림 13-4. 배양용 플라스크로부터 세포 채취과정

유시켜 1.5 mℓ 튜브로 옮긴다.

㉡ 스크랩퍼를 이용하여 배양용 접시 또는 플라스크에서 떨어뜨린 세포 또한 약 5×10^6 세포수가 되게 1.5 mℓ 원심분리용 튜브에 옮긴 후 1,500 rpm에서 5분간 원심분리를 하여 상층액을 제거하고, 인산완충용액을 200 μℓ 첨가하여 세포 침전물을 얻는다.

② 동결 혹은 신선 조직(그림 13-5)

㉮ 멸균한 약사발에 액체질소를 1/3 부피로 부어 저온을 유지한다.

㉯ 지름 약 0.5 cm 이하의 크기로 자른 조직을 액체질소가 들어 있는 약사발에 옮긴다.

㉰ 막대를 이용하여 비교적 큰 조직을 잘게 부수는 과정을 반복한다. 이때 조직이 약사발 밖으로 튀어 소실되지 않도록 주의한다. 매 순간 액체질소는 완전히 증발하지 않도록 소량씩 첨가한다.

㉱ 조직이 분말로 될 때까지 막대를 이용하여 갈아 준다.

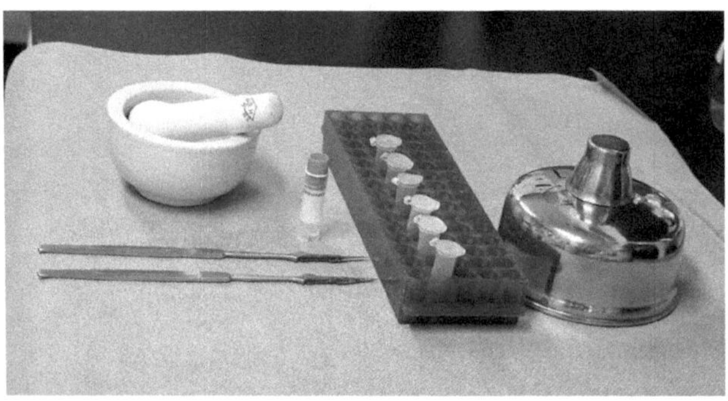

그림 13-5. 조직 시료로부터 genomic DNA 추출을 위한 준비물

(3) 추출과정

① 인산완충용액 200 μℓ에 담겨져 있는 세포 침전물 또는 약 25 mg의 조직으로부터 생성된 분말을 1.5 mℓ 원심분리용 튜브에 옮기고, 세포 용해용 완충액 180 μℓ를 첨가한다.

② Proteinase K 20 μℓ를 첨가한 후 회전 혼합기(vortex mixer)를 이용하여 조심스럽게 섞는다. 내용물이 완전히 녹을 때까지 65℃ 항온수조(water bath)에 넣어 둔다.

③ DNA 결합용 완충액 200 μℓ를 첨가한 후에 잘 섞고 70℃ 항온수조에 10분 동안 방치한다.

※ 매번 새로운 시약을 가하여 반응시킨 후, 다음 step이 있을 때에는 반드시 원심분리 과정을 추가해 주는 것이 좋다.

④ 95～100% 에탄올 200 μℓ를 넣고 잘 섞은 후 10초간 원심분리를 한다.

⑤ 튜브 내에 섞인 용액을 QIAamp 원심용 컬럼(QIAGEN사 제공)으로 옮긴 후 8,000 rpm에서 1분간 원심분리 한다. QIAamp 원심용 컬럼을 새로운 2 mℓ 튜브 위로 옮긴다.

⑥ QIAamp 원심용 컬럼에 500 μℓ의 세척용 완충액(AW1)을 첨가하고 8,000 rpm에서 1분간 원심분리를 한다.

⑦ QIAamp 원심용 컬럼에 500 μℓ의 세척용 완충액(AW2)을 첨가하고 13,000 rpm에서 3분 동안 원심분리 한다.

⑧ 원심용 컬럼에 남아 있는 유기용매를 완전히 제거하기 위하여 13,000 rpm에서 1분산 원심분리를 한번 더 실행한다.

⑨ QIAamp 원심용 컬럼을 새로운 1.5 mℓ 튜브에 옮기고 100 μℓ 내외의 추출용 완충액 또는 2차 증류수(deionized distilled water ; DDW)를 첨가하고, 상온에서 1분 이상 방치한 후 8,000 rpm에서 1분간 원심분리하여 genomic DNA를 얻는다.

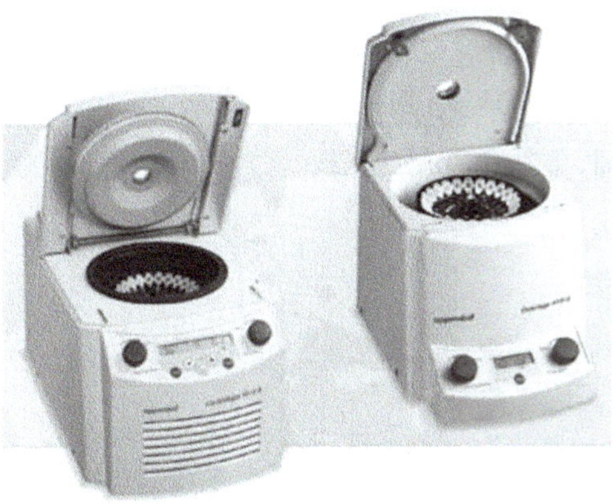

그림 13-6. DNA 추출에 주로 이용되는 미세원침용 원심분리기

・AW1과 AW2 : 제품(kits)에 포함된 분리된 DNA, RNA 세척용 완충용액이다.

2) 상업용 제품 없이 *Proteinase K*와 페놀을 이용한 genomic DNA 추출

(1) 필요에 따라 준비해야 할 시약 및 기구

① 20 mℓ 세포용해 용액 ; 아래의 시약을 섞고 사용 전에 55℃ 항온수조에서 가열하여 사용한다(그림 13-7).

1 mM EDTA

10 mM Tris-HCl, pH 7.8

10 mM NaCl

1% SDS(sodium dodecyl sulfate)

Proteinase K(100 μg/mℓ)

② TE 완충용액(10 mM Tris-HCl, 1 mM EDTA, pH 7.8, 멸균 후 사용)

③ RNase A(10 mg/mℓ)

④ 2차 증류수

⑤ 3 M sodium acetate(pH 5.2)

⑥ Phenol/chloroform/isoamyl alcohol(25 : 24 : 1, v/v)

⑦ 100% 에탄올와 70% 에탄올(얼음으로 냉각)

⑧ 항온수조 또는 heating block

⑨ 원심분리기

(2) 추출과정

① 세포 침전물(약 5 × 10^6 세포) 또는 분말(약 25 mg 조직) 형태로 준비된 시료를 1.5 mℓ 튜브에 옮기고, *proteinase K*가 최종농도 100 μg/mℓ 되게끔 세포용해 완충액을 가한다.

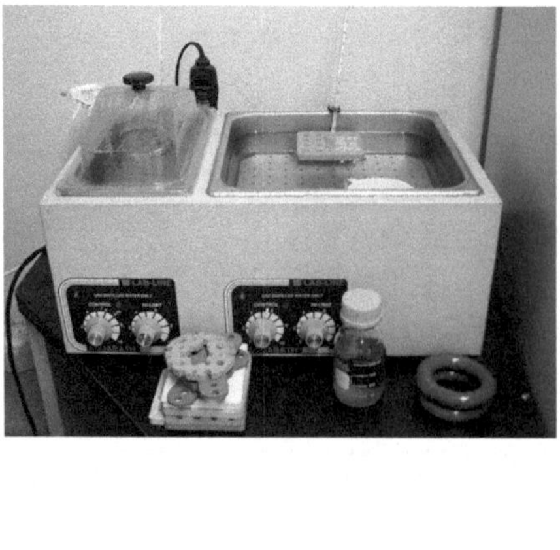

그림 13-7. 항온수조

② 55℃ 항온수조에 3시간(또는 42℃ 항온수조에서 하룻밤) 넣어 둔다. 가끔 내용물을 흔들어 섞어 주도록 한다.

③ 튜브를 꺼내어 상온이 되도록 식힌다. 같은 부피의 phenol/chloroform/isoamyl alcohol(25 : 24 : 1)을 넣고 천천히 돌리면서 페놀용액이 잘 섞이도록 한다.

※ 시험관을 위아래 길이 방향으로 돌려야 잘 섞인다. 절대로 vortexing을 격렬하게 하지 말 것.

④ 상온에서 13,000 rpm의 속도로 20～30분간 원심분리 한다. 튜브가 흔들리지 않도록 꺼낸 후 pipet tip의 끝을 칼로 잘라서 DNA가 포함된 투명한 상층액을 취한다.

※ 원심분리가 성공적으로 된 경우에 3개의 층이 생기는데 가장 아래층은 페놀 층이며, 중간의 하얀색 층은 깨진 단백질들이 대부분이다.

⑤ 상층액 용량의 2배에 해당하는 100% 에탄올과 1/10에 해당하는 3 M 초산나트륨(CH_3COONa, sodium acetate)을 가해 섞은 뒤 -20℃ 혹은 -70℃ 냉동고에 최소한 10～30분 동인 넣어 두어 DNA가 침전하게 한다.

⑥ 4℃에서 13,000 rpm으로 30분간 원심분리 한다. DNA가 많은 양이 침선될 경우 튜브에 하얀색 침전물이 보인다.

⑦ DNA는 안정적으로 튜브바닥에 붙어 있는 상태이므로 상층액은 버리고(pipet을 이용하거나 튜브를 paper towel 등에 뒤집음) 얼음으로 냉각시킨 70% 에탄올 1 mℓ을 천천히 넣은 후, 2～3분 동안 13,000 rpm에서 원심분리 한다. 이는 남아 있는 염(salt)을 씻어 내는 과정으로 pipet을 사용하여 가능한 에탄올은 모두 조심스럽게 제거한다.

⑧ DNA 침전물이 담긴 튜브 뚜껑을 열고 상온에서 공기건조 시킨다.

⑨ 2차 증류수(또는 TE 완충액)를 적당량 넣고 상온 또는 항온수조에서 10분 정도 방치하여 완전히 녹여 genomic DNA를 얻는다.

(3) DNA의 정량 및 확인

어떤 분리방법을 사용하더라도 추출한 genomic DNA는 분광광도계(spectrophotometer)를 이용하여 정량을 실시하고, 일반적으로 전기영동을 통하여 DNA 상태를 확인한다.

① DNA 정량

분광광도계를 이용하여 260 nm 및 280 nm에서 흡광도를 측정한 후 양자의 비(OD_{260}/OD_{280})로 DNA의 순도를 알 수 있으며, 일반적으로 OD_{260}/OD_{280}의 비가 1.8∼2.0이면 순도가 좋은 것으로 판정한다(그림 13-8).

DNA는 260 nm 파장에서 최고의 흡광도를 보이며, OD_{260} = 1일 때 이중나선 DNA의 농도는 약 50 ㎍/㎖에 해당한다.

② DNA 확인

0.8∼1.5% agarose gel에서 전기영동을 한다.

㉮ 전기영동 기구에 꼭 맞게 만들어진 플라스틱판 또는 유리판을 깨끗이 준비하고, 전기영동 tank를 채우고 gel 제조에 이용하기 위한 1x TAE(Tris-acetate/EDTA) 또는 TBE(Tris-borate/EDTA) 완충용액을 충분량 준비한다.

㉯ 1X TAE 또는 TBE 완충용액에 agarose를 0.8∼1% 농도로 넣고 전자레인지로 90℃ 이상 가열하여 녹인 다음 agarose 용액을 약 50∼55℃로 적당히 식힌 후 EtBr(ethidium bromide)를 0.5 ㎍/㎖이 되도록 가하고 잘 섞는다.

㉰ Agarose 용액을 기포가 생기지 않도록 주의하면서 주형에 붓고 comb을 고정시킨 후 실온에서 20∼30분 두어 gel이 완전히 굳으면 comb을 제거한 다음 gel을 전기영동 tank 안으로 이동 설치한다.

㉱ Gel을 1 mm 정도의 두께로 덮을 수 있도록 충분한 양의 TAE 또는 TBE running 완충용액을 채운다.

㉲ DNA 시료를 loading 완충용액과 혼합한 후 마이크로피펫을 이용하여 잠겨있는 gel의 홈에 조심스럽게 가하고 gel tank의 뚜껑을 덮은 후 DNA가 (-)극에서

그림 13-8. 추출한 DNA 또는 RNA 정량을 위한 분광광도계

(+)극으로 이동해 갈 수 있도록 도선을 연결하고 전압을 가하여 전기영동을 실시한다(그림 13-9).

※ Loading 완충용액은 보통 6x로 제조하여 사용하며 여기에는 bromophenol blue, xylene cyanol FF 그리고 glycerol이 포함되어 진행정도를 눈으로 확인할 수 있다. Agarose의 농도에 따라 전개 시간은 다르지만 일반적으로 100 V에서 약 20~30분간 전기영동을 한다.

㉳ 전기영동이 끝나면 전원을 끄고 도선을 제거한 후 gel을 꺼내어 자외선램프 아래에서 DNA를 확인한다(그림 13-10, 13-11).

※ EtBr은 뉴클레오타이드(nucleotide) 사이에 끼어 들어가서 자외선(UV)을 쪼이면 형광을 나타낸다. EtBr 용액은 빛이 차단된 용기에 담아서 보관하며, 발암물질이고 독성을 지니므로 이 염색액을 다룰 때는 반드시 비닐장갑을 착용하고, 사용 후에 이 용액은 정화한 후 버려야 한다.

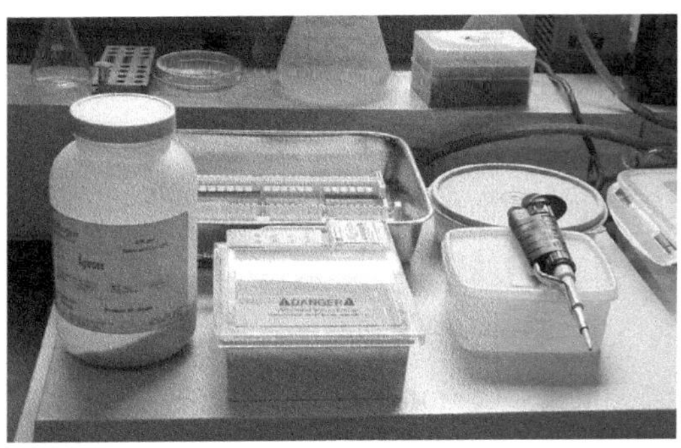

그림 13-9. Agarose와 Minigel 전기영동 기구

그림 13-10. 자외선 투사기

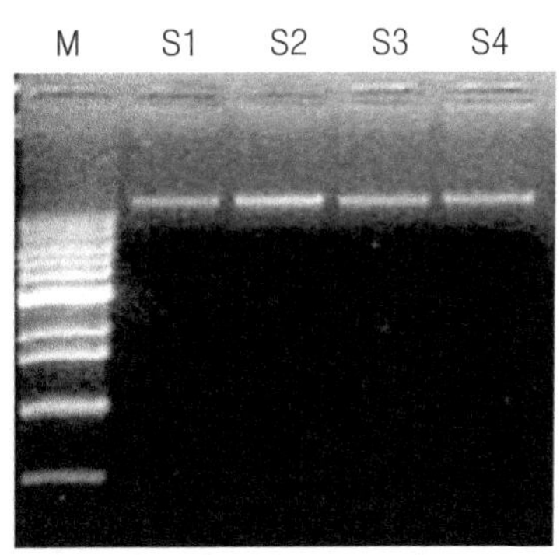

그림 13-11. 시료로부터 추출한 genomic DNA

6. 실험 예

1) 실험제목

PCR을 이용한 약물내성 유전자(*MDR1*)의 증폭

2) 실험목적

사람마다 약물내성 유전자의 발현 정도 및 돌연변이 유무에 따라서 각종 약물에 대한 반응 및 효과가 다르게 나타난다. 따라서 인간 혈액에서 분리한 임파구로부터 genomic DNA를 추출한 후 PCR을 시행하여 *MDR1* 유전자의 발현 정도를 알아보고자 한다.

3) 실험내용

(1) 0.5 mℓ 미세원침용 튜브에 다음과 같이 실험에 사용할 재료들을 혼합하고 피펫으로 잘 섞는다(반응용액을 총 50 μℓ로 할 경우).

- 주형 DNA(100～500 ng/μℓ) 1 μℓ
- **Upstream 프라이머**(20 pmol/μℓ) 1 μℓ
- **Downstream 프라이머**(20 pmol/μℓ) 1 μℓ
- 2.5 mM dNTPs(dATP, dCTP, dGTP, dTTP) 1 μℓ
- 10배 농도의 PCR 완충용액 5 μℓ
- Taq DNA polymerase(1 unit/μℓ) 2.5 μℓ
- 2차 증류수 38.5 μℓ

(2) 혼합한 시료를 5,000 rpm 이하에서 몇 초 동안 짧게 원심분리한 후 PCR 기기에 넣고 아래와 같은 조건을 입력한 후 PCR을 시행한다.

① 1 cycle ; 94℃ 5분, 55℃ 1분, 72℃ 30초

② 30 cycle ; 94℃ 1분, 55℃ 1분, 72℃ 30초

③ 1 cycle ; 94℃ 1분, 55℃ 1분, 72℃ 5분

※ 위 조건은 단지 하나의 예일 뿐이며, annealing 온도와 각 시간은 PCR 반응마다 여러 번 실험을 반복하면서 최적조건을 결정하여 사용한다.

· Upstream 프라이머와 Downstream 프라이머 : Upstream 프라이머는 표적 DNA의 상류(5′) 측에 순방향의 프라이머를 말하며, Downstream 프라이머는 표적 DNA의 하류(3′) 측에 역방향의 프라이머를 말한다.

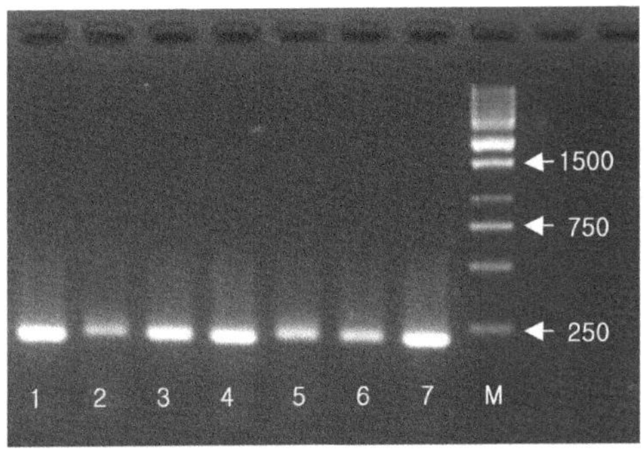

그림 13-12. Agarose gel을 이용한 PCR 반응산물의 확인

(3) 반응이 끝나면 전기영동을 실시하여 반응산물을 확인한다(그림 13-12). 반응산물을 확인하기 위해서는 acrylamide gel 보다 사용하기 편리한 agarose gel을 더 많이 이용한다. 그러나 100 bp 이하의 반응산물을 확인해야 할 경우에는 agarose gel 상에서 구별이 어려운 경우가 있으므로 acrylamide gel을 사용하면 더 분명하게 확인할 수 있다.

(4) PCR 증폭산물을 가지고 염기서열 분석(sequencing)을 시행함으로써 돌연변이 여부를 확인할 수 있다.

4) 주의사항

(1) 중합효소 연쇄반응은 대단히 민감한 반응이다. 위의 여러 가지 시약들이 조금이라도 다른 물질에 오염되거나 더러운 pipet tip을 쓰는 경우 잘못된 결과(false positive)를 얻기 쉬우므로 반드시 깨끗한 시약을 조금씩 덜어서 쓰도록 하고, 오염이 의심되면 즉시 버려야 한다.

(2) 최근에 나오는 PCR용 튜브는 크기가 작고 얇아서 열전도가 잘 되도록 만들어져 있다. 작아서 다루기가 어렵고 가격은 비싸지만 반응이 잘 일어나기 때문에 많이 쓰인다.

(3) 혼합용액 각 성분의 용량은 PCR 반응마다 여러 번 실험을 반복하면서 최적조건을 결정한 후에 사용하여야 하며, 실험을 할 때에는 주형 DNA를 제외한 다른 성분을 한꺼번에 섞은 PCR 혼합물을 만들어서 쓰면 편리하다.

(4) 옛날에는 PCR을 하기 전에 증발을 방지하기 위해 혼합액 위에 mineral oil을 얹어야 했지만, 최근 대부분의 PCR 기계는 이런 과정이 필요 없도록 설계되어 있다.

(5) 10배 농도의 PCR 완충용액은 Taq 효소를 구입할 때 함께 공급되는 것을 사용하면 된다. 혹시 $MgCl_2$의 농도를 변화시킬 필요가 있는 경우에는 Mg-free 완충용액을 사용해야 한다.

7. PCR의 응용

중합효소 연쇄반응 기술이 밝혀짐으로써 획기적인 과학의 발전을 이루게 되었다. 이를 구체적으로 설명하자면 연구하고 싶은 유전자는 무엇이든 대량 생산이 가능하게 되었다고 할 수 있으며, 이것은 PCR 방법을 응용하면 여러 가지 새로운 기술의 개발이 가능해졌다는 이야기가 된다.

세포내에 발현된 RNA를 검출하고, 분석하는 민감한 방법은 세포생물학이나 분자생물학적 연구에 있어 매우 중요하다. 그렇지만 PCR법은 DNA를 증폭하는 반응으로 직접 RNA를 주형(template)으로 할 수 없다. 따라서 mRNA로부터 역전사(reverse transcription) 과정을 통해 얻어진 **cDNA**를 PCR로 증폭함으로써 다양한 형태의 연구가 가능하게 되었다. 이러한 PCR 방법을 RT-PCR(reverse transcriptase PCR)이라고 하며, 세포내에 발현된 **mRNA**의 정성적인 분석뿐만 아니라 정량적인 분석에도 이용되고 있다. 한편, 최근에는 유전자 발현(gene expression)을 실시간으로 정량적으로 분석하는 Real-time PCR이 각광을 받고 있다.

1) RNA 추출

RNA는 단일쇄 구조로 되어 있어서 DNA에 비해 구조적으로 불안정하기 때문에 RNA 분해효소(RNase)에 의해 쉽게 분해된다. 따라서 RNA를 추출하는 것은 DNA를 추출하는 것보다 상당히 까다롭다. RNA를 파괴하는 RNase는 적당히 끓이는 방법으로도 제거할 수 없으며, 주로 실험자의 손이나 기타 실험환경에 의해 오염될 수도 있으므로 맨손으로 시약이나 기구를 다루어서는 안 되며, RNA를 다루는 기구나 시약은 RNA 분해효소에 오염되지 않게 준비하는 것이 중요하다.

- cDNA : Complementary DNA. 세포로부터 추출한 전체 mRNA를 주형으로 역전사효소를 사용하여 만든 DNA 복사체이다.
- mRNA : 유전정보의 전달체로서 유전자에 대응하는 단백질에 대한 아미노산의 종류와 배열순서를 지정하는 정보를 가지고 있는 일명 전령RNA를 말한다.

(1) 추출 과정

① 액체질소를 이용하여 조직을 분말상태가 될 때까지 완전히 갈아준다.

② 완전히 분쇄된 조직을 RNase-free 용구를 이용하여 **TRI Reagent**가 담긴 튜브로 옮겨 준다(시료가 세포주인 경우에는 곧바로 TRI Reagent로 처리하여 용해 과정으로 들어간다. 그림 13-13).

③ 강하게 회전 혼합하여 TRI Reagent로 완전히 용해시키고 상온에 10분간 방치한다.

④ 13,000 rpm 이상에서 1～2분간 원심분리를 한다. 이때 조직의 경우에 많은 파편이 침전되는데, 이를 제외한 상층을 새 튜브로 옮겨 준다.

⑤ TRI Reagent 1 mℓ당 클로로포름(chloroform) 0.2 mℓ를 첨가하여 회전혼합으로 완전히 30초 이상 섞어 주고, 상온에 10분간 방치한다.

⑥ 4℃ 원심분리기를 이용 12,000 rpm 이상에서 30분간 원심분리를 시행한다.

⑦ 원심분리 후, 튜브에는 3층으로 분리된 액체가 보인다. 맨 위층의 투명한 부분에 RNA가 포함되어 있기 때문에 이 투명 층을 새 튜브로 옮겨 준다. 이때 아래의 흰색 층이나 분홍색의 페놀 층이 따라오시 않도록 주의하어야 한다.

⑧ 튜브에 0.5 mℓ isopropanol을 첨가한 후 흔들어서 섞어 준다. 이후 상온에서 10분간 방치한다.

⑨ 4℃ 원심분리기에서 12,000 rpm 이상, 20분간 원심분리를 시행한다.

⑩ 상층을 버리고 70% 에탄올 1 mℓ를 첨가한 후 튜브를 거꾸로 하여 준다. 그 후

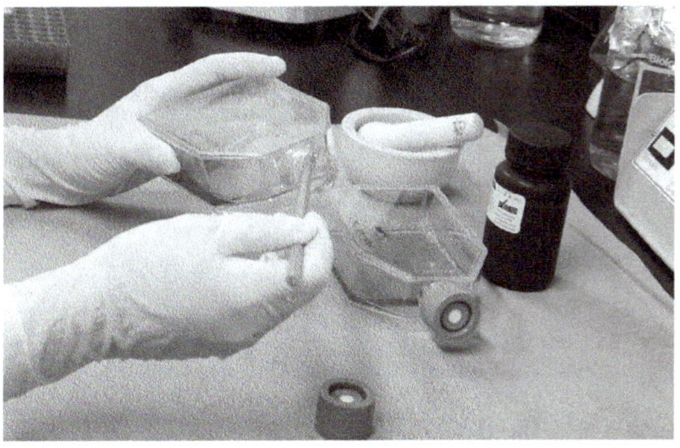

그림 13-13. RNA 추출시 배양한 세포를 수확하는 모습

• TRI Reagent : 상품화된 전체 RNA 분리용 시약이다.

12,000 rpm 이상으로 4℃ 원심분리기에서 5～10분간 원심분리를 한다.

⑪ 상층을 완전히 제거하고 침전된 RNA를 공기 중에서 말린 다음 적당량의 RNase-free 증류수로 녹인다.

(2) RNA 추출시 주의사항

① 조직 절단 혹은 세포 수확 즉시 급속 동결하여야만 RNA 분해를 최소화할 수 있다.

② TRI Reagent를 사용할 때에는 조직이나 세포를 완전히 용해시켜 주어야 한다. 이것은 RNA 산물을 최대화하고 RNA 질을 높여 주는 요인이 된다.

(3) 분리한 RNA의 정량

① 분광광도계를 이용하여 RNA의 양과 순도를 측정한다. 보통 230, 260, 그리고 280 nm에서 흡광도(OD, optical density)를 측정하여 RNA의 불순물 포함정도를 확인하면 순도를 알 수 있으며, OD_{260}/OD_{280}의 비가 1.8 이상 또는 OD_{260}/OD_{230}의 비가 2.0 이상이면 고순도의 RNA라고 할 수 있다.

② 전기영동을 실시하여 RNA 상태를 체크할 수 있다. 이때 **28S 라이보좀 RNA** (rRNA)와 **18S 라이보좀 RNA** 밴드가 선명하게 보여야 하며, 28S rRNA의 강도(intensity)가 일반적으로 18S rRNA 보다 2배 정도 강하게 나타나면 RNA가 잘 분리된 것으로 볼 수 있다(그림 13-14).

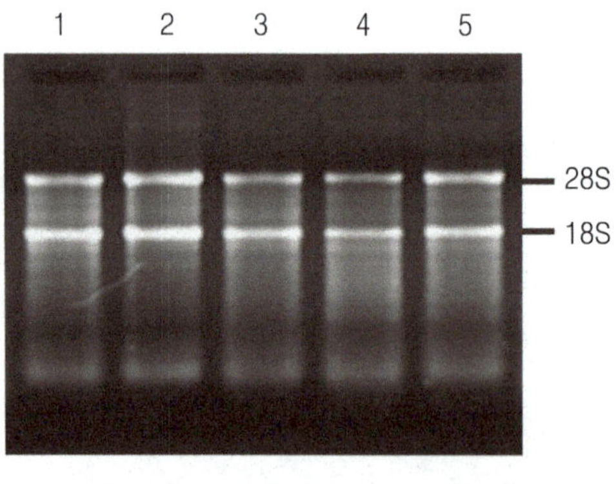

그림 13-14. 배양한 세포와 혈액으로부터 추출한 RNA

- 18S 라이보좀 RNA와 28S 라이보좀 RNA : RNA가 분리과정 중에 거의 분해되지 않을 경우에는 28S 라이보좀 RNA와 18S 라이보좀 RNA가 뚜렷하게 분리되어서 보이게 된다. 여기서 S는 침강계수를 나타낸다.

2) RT-PCR

RNA 해석을 위해 PCR 법을 응용하는 경우, **역전사효소**에 의하여 RNA로부터 cDNA를 합성할 필요가 있다.

(1) cDNA 합성

일반적으로 사용하고 있는 RT-PCR용 제품에는 흔히 다음과 같은 시약들이 포함되어 있다.

- 역전사효소(reverse transcriptase)
- RNase 저해제
- **Random hexamer & Oligo dT 프라이머**
- **RNase free 증류수**
- dNTP 혼합액
- 반응용 완충액

cDNA 합성과정은 다음과 같다.

① 각 세포주 또는 조직으로부터 추출한 전체 RNA와 프라이머를 잘 섞고 70℃에서 5분 동안 열변성시킨 후 곧바로 얼음에 두어 식힌다.

- 전체 RNA 5 μg
- $Oligo(dT)_{18}$ 또는 Random hexamer 50～500 ng
- 2차 증류수 X μl

② 아래 각각을 첨가한 다음 잘 섞고 3～5초간 원심분리한 후에 37℃ 항온수조에 5분간 방치한다.

- 5배 농도 반응용 완충액
- 10 mM dNTP 혼합액
- RNase 저해제(20 U/μl)

③ 역전사효소 20 unit를 첨가한 후 37℃에서 1시간 동안 반응시킨다.

- 역전사 : RNA로부터 DNA를 만들어 내는 일을 말한다.
- 역전사효소 : 레트로바이러스에서 생산되며, RNA로부터 DNA를 만들어 내는 데 사용하는 효소를 말한다.
- Random hexamer & Oligo dT 프라이머 : 역전사 반응 시 사용하는 프라이머들이다.
- RNase free 증류수 : RNA 분해효소가 포함되지 않은 증류수를 말한다.

④ 70℃에 10분간 두어 효소를 불활성화시키고, 얼음에 두어 식힘으로써 cDNA 합성과정을 마친다.

※ 이 단계까지만 해도 PCR의 주형 DNA로 사용하는 데 문제가 없지만, 증폭하고자 하는 cDNA의 크기가 1 kb 이상인 경우에는 정제과정을 거치는 것이 좋다.

(2) PCR 반응

Genomic DNA 대신 cDNA를 주형으로 하여 PCR을 수행한다.

3) Real-time PCR

생명과학 기술의 급속한 발전으로 연구 목적과 방법이 다양하게 변화되고 있다. 유전자 연구를 크게 진전시킨 PCR 법도 짧은 시간에 유전자를 증폭하는 것에서 유전자를 정량하는 것으로 그 목적이 옮겨지고 있다.

Real-time PCR은 PCR 자동화 기계와 분광형광광도계가 일체화된 장치를 이용하여 PCR 증폭산물의 생성과정을 실시간으로 모니터링하여 해석하는 방법으로 첫째, 전기영동이 필요 없으며, 둘째, 반응 사이클 도중에 증폭이 지수함수적으로 일어나는 영역에서 증폭 산물량을 비교할 수 있는 보다 신속하고 정량성이 뛰어난 방법이다.

보통 real-time PCR의 모니터링은 형광시약을 이용하는 방법을 사용하는데, 여러 형광분석 방법 중에 주로 다음의 2가지 방법을 선택할 수 있다.

(1) 형광 분석방법

① Interchelating 법

이중나선 DNA에 결합하여 형광을 나타내는 시약인 SYBR Green I 또는 EtBr 등을 반응계에 첨가하여 증폭과 함께 발색하는 형광을 검출하는 방법이다. 최근 real-time PCR 법에는 SYBR Green I이 많이 사용되고 있다(그림 13-15).

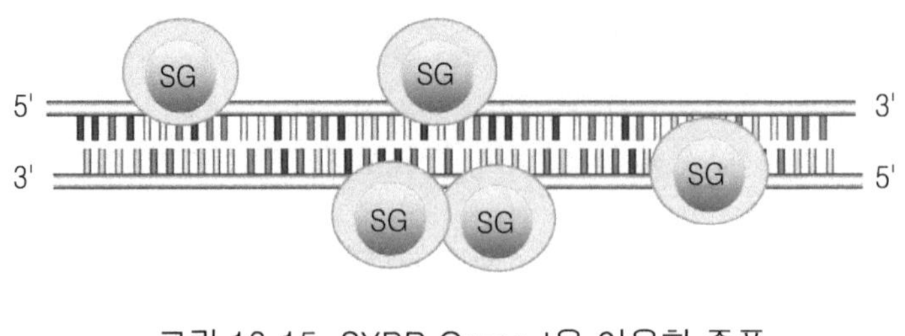

그림 13-15. SYBR Green I을 이용한 증폭

② TaqMan probe 법

DNA의 5'말단을 형광물질(FAM 등)로, 3'말단을 제어물질(TAMRA 등)로 수식한 올리고뉴클레오타이드(oligonucleotide)를 첨가하여 제어물질에 의해 억제되어 있는 형광을 Taq DNA 중합효소가 가진 외핵산분해효소(**exo-nuclease**)의 활성에 의해 주형 DNA가 분해되고, 포착(capture)에 의한 억제가 해소되어 나타나는 형광을 검출하는 방법이다.

기타 양 말단을 형광물질(FAM, TAMRA 등)과 제어물질(DABCYL 등)로 수식한 헤어핀형 2차 구조를 만드는 올리고뉴클레오타이드 **소식자**(probe)를 반응계에 첨가하여 형광을 검출하는 방법도 있다.

(2) Real-time PCR 진행과정

Real-time PCR의 진행은 크게 다음 세 가지 단계로 구분할 수 있다(그림 13-16).

① 지수함수기(exponential phase) ; PCR 증폭산물의 양이 지수적으로 증가하며, PCR 효율이 일정하다. 이 과정에서는 정확하게 대상이 증폭되어진다.

② 직선기(linear phase) ; 지수함수기가 지나면 PCR의 효율이 점차 감소하여 증폭산물 양의 증가율이 느려지게 되며, 산술적으로 증가하게 되는 직선기가 오게

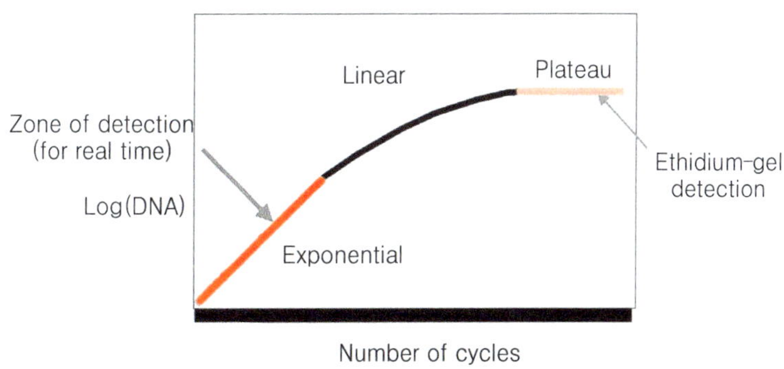

그림 13-16. Real-time PCR 진행단계

- Exo-nuclease : 외핵산분해효소라 하며, DNA의 말단부에서부터 뉴클레오타이드를 분해하여 제거하는 효소이다.
- 소식자(probe) : 단백질, DNA, RNA의 존재 유무를 확인하기 위하여 사용하는 일종의 탐침자를 말한다.

된다. Taq 중합효소에 비해 주형 DNA의 양이 많거나 프라이머 양의 감소 등이 원인이며, 이 과정에서는 정확도가 떨어진다.

③ 편평기(plateau phase) ; 마지막으로 증폭효율이 0인 단계. 순수 증가하는 증폭산물의 양이 없게 되며, Taq 중합효소의 3' 외핵산분해효소 활성이 있는 경우에는 감소하기도 한다.

(3) 정량 PCR을 위한 검출 시스템의 조건

목적하지 않은 부분의 증폭은 최소화하여야 하며 다음과 같은 사항이 고려되어야 한다.

① 정밀성(precision) : 동일한 시료로 반복되는 실험 결과의 일치성을 말하며, 주로 표준편차(standard deviation ; SD)로 표현한다.

② 정확도(accuracy) : 실제 시료에 있는 대상 DNA의 양을 정확하게 나타내는 것을 말하며, 적절한 표준시료를 사용하여 비교한다.

③ 민감도(sensitivity) : 검출이 가능한 가장 적은 핵산분자의 수를 일컬으며, PCR 과정의 지수 증폭으로 인하여 실험조건의 조절에 따라 분자 하나까지 검출이 가능하다. 이와 더불어 장비의 민감도도 중요하며, 장비의 민감도가 높으면 높을수록 초기 PCR 사이클에서 나오는 형광량을 감지할 수 있다.

(4) 결과 분석

① 실시간 증폭 곡선 : 표준시료(standard sample)와 미지시료(unknown sample)에 대한 증폭을 수행하여 증폭곡선을 얻는다. 이때 증폭곡선과 고정된 형광량선

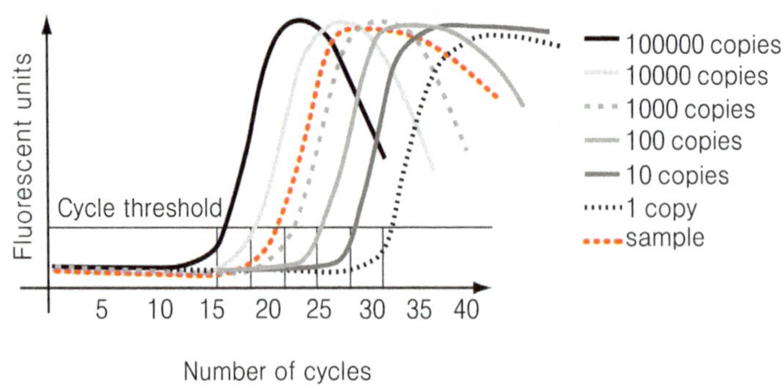

그림 13-17. 표준시료와 미지시료의 real-time 증폭 곡선

(threshold line)의 교차점 위치를 Ct(cycle threshold)라고 한다(그림 13-17).

② PCR 표준곡선 : 표준시료의 Ct 값을 이용하여 표준곡선을 구할 수 있으며, 표준곡선 상에서의 미지시료의 Ct 값 위치를 통해 미지시료에 포함된 대상 DNA의 양을 구할 수 있다(그림 13-18). Ct와 log값을 취한 **주형 copy 수**는 반비례한다.

③ Real-time PCR 기기 : 시판되고 있는 기기들은 각각의 장・단점이 있으므로 충분히 검토한 후 실험실의 상황에 맞게 구입하여 사용하면 된다(그림 13-19). 그리고 Real-time 검출기는 형광량의 증가가 거의 없는 기준선(baseline) 사이클을 지나 다양한 주형 양을 포함한 시료에서 나오는 수 사이클 간 지속되는

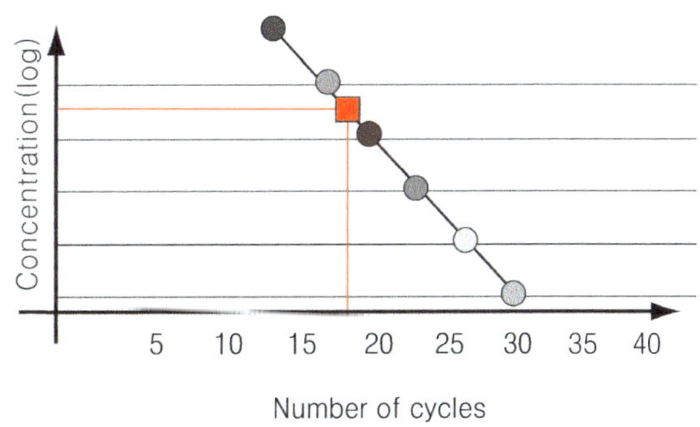

그림 13-18. 표준시료의 값으로부터 산출된 미지시료의 정량값

그림 13-19. Real-time PCR용 기기(Rotor Gene 2072D, Corbett Research, Australia)

・주형 copy 수 : 증폭된 DNA 수를 말한다.

지수함수기의 형광량을 감지할 수 있을 만큼 민감도가 높아야 한다.

(5) 일반 PCR과 Real-time PCR의 비교

일반 PCR은 증폭 후 증폭산물(products)을 EtBr로 염색된 agarose gel에 전기영동한 후 분석하는 방법으로, 주로 지수함수기 이후(linear나 plateau) 단계에서 검출하기 때문에 민감도가 비교적 떨어진다. 이러한 경우 내부 표준 유전자(internal standard gene, 예: β-actin)를 이용하여 증폭되는 양의 변화를 교정해야만 한다. 그렇지만 Real-time PCR은 증폭산물의 전기영동이 필요 없어 신속하고 간편하게 해석할 수 있으며, PCR의 전 과정을 통하여 지수함수기의 형광량을 정량의 결과로 사용하므로 재현성 및 정확성이 매우 높다.

(6) Real-time PCR의 응용분야

유전자의 발현정도 및 특정 염기서열의 존재 여부를 확인하는 모든 응용분야에 사용될 수 있다.

① 줄기세포 연구 : 줄기세포 분석, 줄기세포 능(stemness) 판별 및 줄기세포 내 유전자 조절과 전사과정 연구

② 종양학 및 유전질환 연구 : 암과 관련된 마커와 유전질환의 검출 및 정량 분석

③ 병원성 인자 검출 : 바이러스, 병원성 미생물 오염측정(마이코플라즈마 등) 또는 식중독 관련 세균의 유전자 검출

④ 유전자 변형식품(genetically modified organism ; GMO) 검출

⑤ 식물과학 및 농업 생명공학 연구

(7) QuantiTect SYBR Green PCR 제품(QIAGEN, CA, USA)을 이용한 실험 예

① 실험제목

Real-time PCR을 이용한 암전이 관련 유전자의 발현

② 실험목적

정상인과 암 환자에 존재하는 특정 유전자의 발현 유무 확인 및 정량

③ 시 약

Real-time PCR용 제품을 구입하여 사용하면 실험을 용이하게 할 수 있다.

㉮ QuantiTect SYBR Green PCR 제품

HotstarTaq DNA polymerase, QuantiTect SYBR Green PCR 완충용액, dUTP가 포함된 dNTPs, SYBR Green I, 2.5 mM $MgCl_2$, 2차 증류수 등 포함.

㉯ 주형 DNA

㉠ 인간 말초혈액에서 분리한 전체 RNA로부터 cDNA를 제조하여 사용
㉡ 표준 곡선용으로 human genomic DNA를 10배 연속 희석하여 사용

㉰ 프라이머

대상 유전자에 대한 프라이머와 표준 곡선용 프라이머는 제작 주문하여 사용한다. 가능하면 발표된 논문을 참조하여 이미 확인된 염기서열과 같게 주문하여 사용하면 편리하다.

㉠ 대상 프라이머(upstream, downstream)
㉡ 표준 곡선용 프라이머(β-actin)

④ 기구 및 장비

㉮ Real-time PCR 기기
㉯ 멸균된 pipet tip
㉰ Micro pipet
㉱ 폴리비닐 장갑
㉲ 0.2 mℓ PCR용 튜브

⑤ 실험방법

㉮ 0.2 mℓ PCR 용 튜브에 다음과 같이 실험에 사용할 재료들을 혼합하고 조심스럽게 섞는다(반응용액을 총 20 $\mu\ell$로 할 경우).

- 주형 cDNA(100～500 ng/$\mu\ell$) 또는 genomic DNA 2 $\mu\ell$
- Upstream 프라이머(20 pmol/$\mu\ell$) 1 $\mu\ell$
- Downstream 프라이머(20 pmol/$\mu\ell$) 1 $\mu\ell$
- QuantiTect SYBR green PCR 제품 혼합액 10 $\mu\ell$
- 2차 증류수 6 $\mu\ell$

㉯ PCR 증폭과정

㉠ 1 cycle : 95℃ 15분

㉡ 35 cycle : 95℃ 20초, 55℃ 30초, 72℃ 30초

위 조건은 단지 하나의 예일 뿐이며, annealing 온도와 각 시간은 PCR 반응마다 여러 번 실험을 반복하면서 최적조건을 결정하여 사용해야 한다.

㉰ 결과 분석

증폭 시에 각 시료의 PCR 사이클이 지수함수기로 들어가는 사이클 수(Ct)를 결정하여 각각의 유전자에 해당하는 Ct값을 산출한 후, 여기에 해당하는 농도를 표준분석

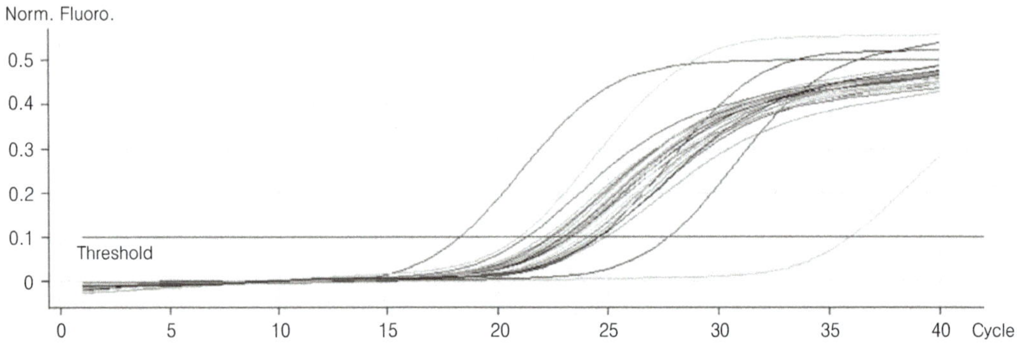

그림 13-20. 표준시료와 미지시료의 증폭 곡선

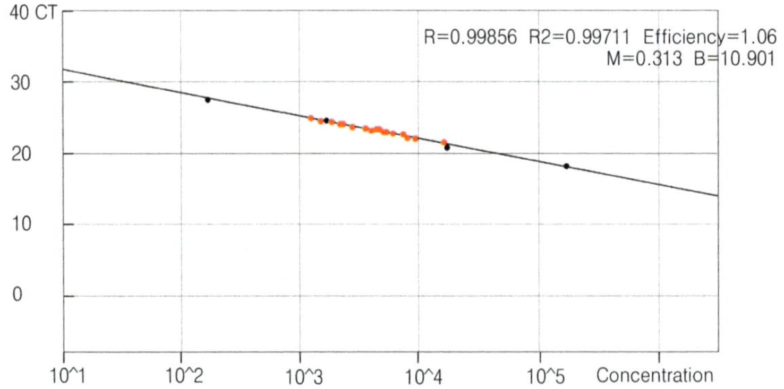

그림 13-21. 증폭반응 후 표준시료의 값으로부터 산출된 미지시료의 정량 값

대상으로 사용한 **β-actin 값**으로 나누어 정량 값으로 나타낸다(그림 13-20, 13-21, 13-22). 실험은 1회 수행보다는 가능하면 복수로 수행하여 평균값을 얻는 것이 좋다.

(8) 차세대 염기서열 분석법(Next-Generation Sequencing, NGS)

1977년 프레드릭 생어(Sanger F)와 그 동료들에 의해 염기서열 분석법이 개발된 이후 널리 사용되어 오다가, 2007년 미국의 크렉 벤터(J Craig Venter)는 생어(Sanger) 방식으로 최초의 인간 염기서열 분석을 수행하였으며, 2008년 제임스 왓슨(James Dewey Watson)은 NGS 방식으로 최초의 인간 게놈을 발표하였다. NGS의 장점은 빠른 처리속도, 대량 증폭 가능 그리고 처리비용이 해마다 저렴해지고 있어서 2009년 이후 최근에는 대부분의 염기서열 분석을 NGS 방식으로 수행하는 경향이 있다.

① NGS의 원리

NGS는 대량으로 한꺼번에 유전체의 염기서열 정보를 얻는 방법으로, 하나의 유전체를 작게 잘라서 많은 조각으로 만든 뒤, 각 조각의 염기서열을 읽은 데이터를 생성하여 이를 해독하는 것을 말한다.

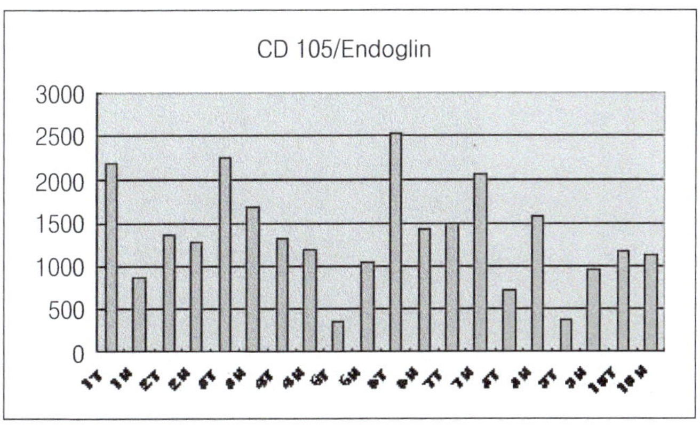

그림 13-22. 증폭산물의 검출 예(정상 및 암 조직으로부터 CD105 유전자의 발현 비교)

• β-actin 값: 증폭된 베타-엑틴 유전자의 값을 말한다.

② NGS의 과정

㉮ 샘플 준비 : 인체 세포, 조직, 혈액 등으로부터 genomic DNA 또는 RNA를 추출 사용한다

㉯ DNA 라이브러리(library) 제작 : DNA를 조각으로 자르고, 프라이머를 결합한 라이브러리를 제작한 뒤, 양과 질을 확인한다

㉰ 클러스터(Cluster) 제작 : PCR 방법으로 주형을 탐지 가능한 양으로 증폭시킨다.

㉱ 시퀀싱 : 증폭된 주형의 염기서열을 분석한다.

㉲ 데이터 분석(Bioinformatics)

③ 응용 분야

질병과 관련된 유전자변이의 발굴을 통한 조기진단(암, 당뇨, 비만 및 중증 지적장애 진단, 각종 증후군) 및 신약 개발과 후보 신약 검증 연구 등에 이용된다.

제 14 장

효소면역측정법

1. 서 론

면역학적 반응들은 매우 높은 수준의 특이도(specificity)와 민감도(sensitivity)로 인하여 분석 또는 검출 과정에 많이 이용되고 있다. 그 중 간접면역형광항체법(Indirect Immunofluorescence Antibody Assay, IFA)은 미생물학이나 임상면역학 분야에서 뛰어난 진단방법으로 자리를 잡고 있다. 그러나 이 방법은 시간이 많이 소요될 뿐만 아니라 자동화과정이 쉽지 않아서 결과를 나타내기에 너무 주관적인 요소가 많이 들어간다. 한편, 항원과 항체에 방사선 동위원소를 표지하여 실시하는 방사선면역측정법(Radioimmuno Assay, RIA)은 민감도와 재현성이 높고 자동화과정도 가능하나, 방사선을 사용하는데 야기되는 문제점뿐만 아니라 결과를 측정할 수 있는 장비를 따로 필요로 한다.

따라서 방사선면역측정법은 사용이 보다 제한적일 수밖에 없다. 방사선 동위원소를 사용하지 않는 측정법으로는 생물학적 물질 분석에 유용하게 사용되는 효소들을 결합시킨 항체(antibody) 또는 항원(antigen)을 이용하여 측정하는 효소면역측정법(Enzyme Immunoassay, EIA)이 있다. 이는 검사실이나 실험실에서 흔히 이용하는 측정법으로 생체 내 단백질의 측정, 바이러스 항원의 검출, 특정 항체 유무 결정 등 그 적용 범위가 매우 넓다.

특히 ELISA(Enzyme-Linked Immunosorbent Assay)는 그 방법이 간단하고 비용이 많이 들지 않으며, 다량 분석이 가능하여 현재 가장 널리 애용되고 있는 효소면역측정법이다. 이 방법은 방사선면역측징법과 같이 민감도가 매우 높을 뿐만 아니라 방사선동위원소를 사용하지 않는다는 장점이 있어서 그 사용이 증가하고 있다.

2. ELISA의 원리 및 구성

1) 원 리

ELISA는 기본적으로 항원-항체 반응을 96-well 플레이트의 well에서 일어나게 한 후 반응하지 않은 항원 또는 항체를 세척과정을 통해서 제거하고, 여기에 반응물과 결합할 수 있는 alkaline phosphatase나 peroxidase와 같은 효소가 부착된 2차 항체를 반응시킨 후 각 효소에 맞는 기질(substrate) 용액을 넣어준 다음 발색 반응 정도를 효소면역분석기(ELISA reader)를 이용하여 측정한다. 방법은 어렵거나 복잡하지 않지만 반응물이 소량이기 때문에 각 단계마다 주의를 기울이지 않으면 측정 결과에 오류를 미칠 수 있다.

따라서 첫째, 각 반응단계의 반응시간을 엄수하고 반응물을 넣는 순서와 시간을 일정하게 하여 well 간의 차이가 없도록 한다. 둘째, 각 반응물을 넣을 때 옆의 well에 튀지 않도록 주의를 기울이고 기포가 생기지 않도록 한다. 셋째, 항온 반응시 플레이트 뚜껑을 반드시 덮어주어 반응용액의 증발로 인한 오차가 생기지 않도록 한다. 넷째, 세척은 3회 이상 실시하고, 세척 후 플레이트에 남은 용액은 가능한 한 완전히 제거하도록 한다. 다섯째, 측정 시험 중에 well이 마르지 않도록 한다. 여섯째, 기질 용액을 넣고 반응 중에는 햇빛을 차단하고 시간을 엄수하여 반응 정지액을 넣는다. 일곱째, 반응이 끝난 후 시간을 지체하지 말고 바로 흡광도를 측정한다.

상품화된 제품을 사용하여 ELISA를 수행할 때는 제조사의 권장대로 실시하므로 대상 항체의 적정 농도를 찾거나 알맞은 블로킹 용액(blocking buffer), 세척용액(washing buffer)을 찾는 번거러움을 덜 수 있으며, 일반적으로 제품설명서에 실험 중 주의사항이 잘 명시되어 있다. 하지만 상품화된 제품을 사용한다고 해서 검사의 질을 과신할 수 없고 적절한 평가 방법이 필요하며, 반복 실험시 재현성을 증가시키기 위한 노력이 필요하다.

2) 구 성

(1) 고체상(The solid phase)

고체상 플레이트에 항원 또는 항체의 양을 충분히 흡착시킴으로써 시료에 포함된 반응물질의 양을 소화할 수 있도록 할 필요가 있다. 특별히 고안된 폴리스티렌(polystyrene) 마이크로플레이트를 많이 사용하며, 대부분의 항원과 항체의 흡착에 있어서 재현성 및 높은 효율을 제공한다.

(2) 코팅 재료 및 방법(Materials and methods for coating)

고체상 플레이트에 항원 및 항체를 코팅하기 위한 최적 조건을 얻기 위해서는 반응물질의 농도, 코팅시간, 온도 그리고 pH를 고려해야 한다. 대부분의 단백질과 지질단백질은 carbonate/bicarbonate buffer, pH 9.6에서 약 1～10 ㎍/mℓ의 농도로 흡착시킨다. 흡착은 20～25℃에서 1～2시간이면 충분하지만 경우에 따라서는 4℃에서 하룻밤(overnight) 동안 실시하는 경우도 있다. 코팅된 플레이트는 사용하기 전까지 완전히 밀봉한 상태로 4℃ 냉장고에 보관한다.

(3) 세척 단계(Washing steps)

ELISA 수행시 세척 단계는 시료 내의 분석하고자 하는 물질과 고체상 플레이트에 흡착된 단백질 또는 컨주게이트(conjugate) 사이에 면역반응이 일어난 것과 일어나지 않은 것을 구분하는 중요한 단계이다. 측정 방식에 따라 수행 중 세척 횟수를 달리하며, 세척용액으로는 Tween-20이 포함된 인산완충용액(Phosphate Buffered Saline, PBS)이 주로 사용된다.

(4) 시료(Test sample)

ELISA 수행시 시료로 사용되는 혈청(serum), 혈장(plasma), 뇌척수액(CSF), 타액(saliva) 등은 시료 중의 특정 물질로 인하여 비특이적(non-specific) 반응을 일으키는 경우가 있다. 이러한 비특이적 반응을 일으키는 물질이 고체상 플레이트에 부착되는 것을 방지하기 위하여 Tween-20이 포함된 인산완충용액으로 시료를 희석하고, 비특이적 반응으로 인해 실제 값보다 높게 나타나는 것(background)을 가능한 최소화하기 위해 알부민(albumin)을 첨가하여 사용한다.

(5) 컨주게이트(Conjugates)

다양한 효소를 항원이나 항체와 결합시켜 conjugate로 사용하며 간단한 기질 용액을 넣어 반응시키면 색깔을 띠는데, 일반적으로 conjugate로 사용하기 위해서는 안정성, 높은 반응성, 정제도 그리고 안정된 conjugate의 구조 등이 요구된다. 이러한 특성을 고려하여 효소 중에는 Alkaline phosphatase(AP)와 Horseradish peroxidase (HRP)가 가장 널리 이용되고 있다.

(6) 기질(Substrates)

기질은 conjugate에 사용된 효소와 민감하게 반응을 해야 한다. 대부분 무색투명하나 분해됨으로써 강한 색을 나타내는 발색성(chromogenic) 기질을 일반적으로 사용하는데 완전히 녹인 상태로 사용해야 효율성이 높으며, 경제적이고 안정적이며 사용이 용이한 기질을 선택한다. Alkaline phosphatase 효소를 사용한 경우에는 p-nitrophenyl phosphate가 가장 적절한 기질로 사용되고, Horseradish peroxidase의 기질로는 o-phenylenediamine(OPD)가 사용된다.

(7) 결과(The end-result)

ELISA의 최종 결과는 육안으로 또는 효소면역분석기(ELISA reader)와 같은 분광광도계를 이용하여 결과를 산출한다.

3. ELISA 측정 형태

1) 간접법(Indirect ELISA)

항원에 대한 특이 항체의 존재유무를 확인하는 방법이다. 항원과 결합하는 1차 항체(primary antibody)에는 효소가 없고, 1차 항체와 결합하는 2차 항체(secondary antibody)에 효소가 결합되어 있는 분석방법이다(그림 14-1a). 일반적으로 이형(iso-

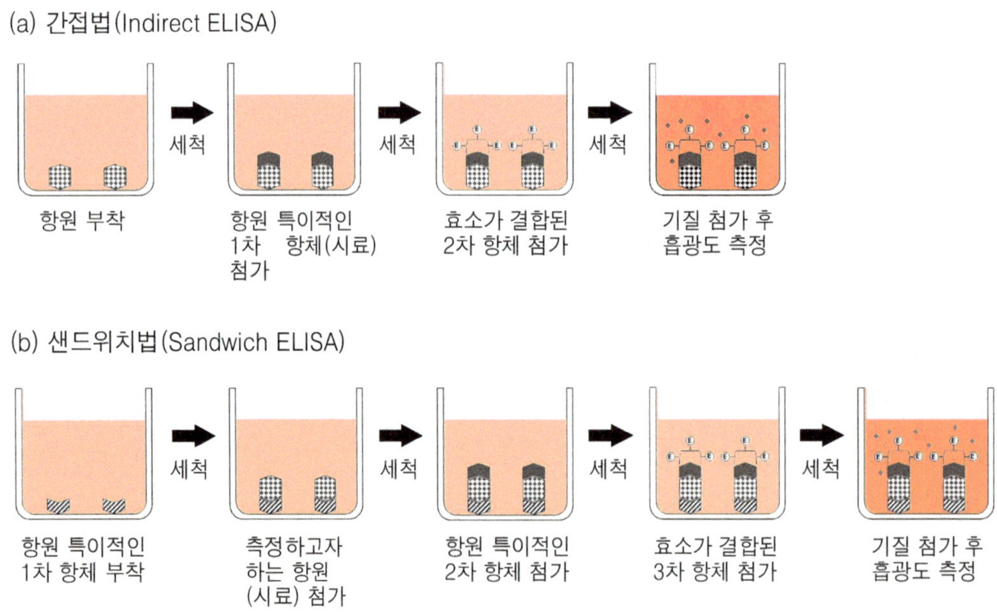

그림 14-1. ELISA의 형태

type)에 대한 항체에 효소가 결합된 형태, 예를 들면 alkaline phosphatase conjugated anti-mouse IgG 등으로 시판되고 있으며, 자신이 이용하는 1차 항체의 이형(isotype)에 맞는 효소결합항체를 구입하여 사용한다.

예를 들면 1차 항체가 마우스 단백질을 토끼에 주사하여 얻은 토끼단백질이라면 이것은 rabbit anti-mouse 항체이다. 따라서 사용할 2차 항체로는 anti-rabbit 면역글로부린을 사용하여야 한다.

2) 샌드위치법(Sandwich ELISA)

항원의 양이 적을 때 또는 시료에 들어 있는 항원을 조사할 때 일반적으로 사용한다. 항원이 잘 결합할 수 있도록 항원에 대한 항체를 먼저 플레이트에 결합시키고, 그 항체에 항원을 결합시킨 다음 간접법으로 조사하는 방법이다(그림 14-1b).

4. 효소면역분석기(ELISA Reader)

1) 원리 및 구성

항원, 항체간의 특이적인 결합력에 근거하여 효소와 기질을 첨가하고 발색 반응을 유도하여 발색 정도를 확인하는 효소면역측정법(ELISA)은 일반적으로 효소면역분석기(ELISA reader)로 확인하는 실험 방법이다. ELISA reader는 빛의 흡광도를 측정하는 분광광도계(spectrophotometer)를 응용한 기기로서, 큐벳(cuvette)을 사용하여 한번에 하나의 시료값을 측정하는 흡광광도법(absorption spectrophotometry)과는 다르게 마이크로플레이트(microplate)를 사용하여 다수의 시료를 동시에 그리고 보다 정확하고 정량적으로 분석 할 수 있는 장점이 있다. 일반적으로 DNA, RNA 및 단백질의 정량뿐만 아니라 세포 생존 능력과 독성 분석실험, 이온 분석실험 등 분자생물학, 임상화학, 혈액학, 면역학, 미생물학 등 다양한 분야에서 유용하게 사용된다.

최근 세포의 증식과 살아있는 세포를 정확하게 측정할 수 있는 기법은 생명과학분야, 특히 세포생물학에서 필수적인 기법중의 하나이다. 가장 직접적이고 이상적인 방법은 세포에 트리판블루(trypan blue)와 같은 염색액을 처리한 후 현미경과 혈구계수기(hemocytometer)를 이용하여 살아있는 세포 수를 측정하는 것이지만, 많은 시간과 노력이 요구되므로 검체수가 많을 경우에는 사용할 수가 없다. 따라서 세포의 살아있는 정도를 간접적으로 측정하려는 여러 가지 방법들이 개발되어 왔는데, 그 중 현재 많이 사용되고 있는 MTT 검색법[3-(4,5-dimethylthiazol-2yl)-2,5-diphenyl-2H-tetrazolium bromide]은 마이크로플레이트를 사용하고, 검사결과를 ELISA reader를 이용하여 많은 시료를 빠르고 간단하게 그리고 객관성 높게 판독 할 수 있어 세포독성 및 세포증식 검색법으로서 널리 사용되고 있다.

2) 기 기

적절한 용매에 용해 또는 분산된 시료가 담긴 마이크로플레이트에 빛을 통과시켜 흡광도를 측정하는 원리를 이용하여 정성·정량 분석하는 ELISA reader(그림 14-2)에는 여러 종류가 있으며, 각각의 구체적인 사양은 제품마다 그리고 모델마다 조금씩 다르며 사양에 따라 실험 용도에 맞게 선택하여 사용한다.

최근에는 냉광(luminescence)과 흡광(absorbance)의 동시 측정이 가능한 기기도 있으며, 대부분의 기기에서 큐벳(cuvette) 대신 사용하는 마이크로플레이트로 6-well 부터 96-well 플레이트까지 모두 사용 가능하다. 특히 96-well 플레이트를 사용할 경우 바닥의 형태가 편평(flat)하거나 V자 또는 U자 형태의 플레이트가 있는데, 그 중 편평한(flat) 형태의 플레이트를 사용하는 것이 좋다. 그 이유는 ELISA reader는 자외선 또는 가시광선 광원을 사용하여 시료가 빛을 흡수하는 흡광도를 측정하는 기기이기 때문에 플레이트 바닥이 V자 또는 U자 형태인 경우 빛이 투과하는 거리가 일정치 않게 되므로 정확한 거리 값을 얻을 수 없을 뿐만 아니라, 그렇게 되면 측정한 흡광도 값이 well마다 또는 측정시마다 달라지므로 일정한 실험값을 얻을 수 없다.

분광광도계와 마찬가지로 시료 중의 흡광물질이 빛을 최대로 흡수하는 파장에서 흡광도를 측정하여야 한다. 기본적으로 필터가 여러 개 장착되어 있어서 사용자의 실

그림 14-2. ELISA reader

험 목적에 따라 원하는 파장대의 필터를 선택하여 사용하며, ELISA reader에 의해 측정된 데이터 값은 컴퓨터 소프트웨어에 의해 자동 처리됨으로써 결과를 신속 정확하게 얻을 수 있다.

5. 효소면역측정법의 응용

1) MTT 검색법의 원리

대사활성이 있는 세포에 MTT 시약을 처리하게 되면 미토콘드리아의 탈수소 효소 작용에 의하여 노란색 수용성 MTT 테트라졸리움(tetrazolium)을 청자색 비수용성의 MTT 포마잔(formazan) 결정체로 환원시킨다. 이 결정체는 나중에 dimethylsulfoxide(DMSO) 용액으로 녹인 후 ELISA reader를 이용 540 nm 또는 570 nm에서 흡광도를 측정함으로써 살아있고 대사적으로 왕성한 세포의 농도를 알 수 있다. 그러나 측정할 well 내의 세포의 농도가 너무 낮거나 높으면 살아있는 세포의 농도와 흡광도 사이의 직선적인 비례관계가 성립되지 않게 되므로 최적의 세포농도를 결정하는 과정을 거쳐야 한다.

MTT 검색법의 장점은 세포를 세정하거나 결합할 필요가 없고, 96-well 플레이트를 사용함으로써 흡광도의 측정을 동시에 시행할 수 있고, 결과의 해석을 반자동화함으로써 대량 검체에 대하여 검색할 때 시간과 노력을 대폭 절감할 수 있다는 점이다.

2) MTT 실험방법

(1) 세포 부유액을 만든 후 혈구계수기를 이용 세포수를 측정 한 다음 96-well 플레이트 각각의 well에 원하는 적정농도의 세포를 최종 배지의 양이 100 μl/well이 되도록 분주하고 37℃, 5% CO_2 배양기에서 배양한다. 세포농도와 배양시간은 각각의 실험조건이나 사용하는 세포의 종류에 따라 차이가 있으며, 일반적으로 세포농도는 $0.1 \sim 5 \times 10^4$/well, 배양시간은 24~96시간이 적당하다. 암세포의 경우 세포의 증식이 기하급수적으로 늘어나는 지수기(log phase)에서 효소의 활성이 활발하여 MTT의 환원작용도 최대가 됨으로 살아있는 세포의 수가 흡광도에 비례적으로 반영된다. 따라서 접종한 세포의 수는 지수기의 세포농도를 기준으로 선택하여야 한다.

(2) 세포가 들어있는 96-well 플레이트 각각의 well에 MTT 용액을 0.1 mg 농도로 첨가하고 37℃, 5% CO_2 배양기에서 4시간 동안 배양한다. MTT 용액은 보통

2 mg/ml 농도로 인산완충용액(PBS)에 녹인 후 여과를 하고, 빛에 민감하기 때문에 알루미늄 포일로 싸서 4℃ 냉장상태로 보관하며 사용한다.

(3) 4시간 동안 배양 후 바닥에 있는 세포가 떨어지지 않도록 주의하면서 MTT 희석액을 조심스럽게 제거한다.

(4) 세포 부유액을 제거한 후 각 well에 DMSO 용액을 100 μl씩 넣고 5～10분간 평판 교반기(plate shaker)로 부드럽게 흔들어 준다.

(5) ELISA reader로 540 nm 또는 570 nm에서 흡광도를 측정한다. 이 흡광도는 MTT가 세포에 의해 환원된 양을 나타내며, 각 well에 존재하는 생존 세포수와 비례한다.

※ Background control(blank) : "세포가 없는 배지 + MTT의 흡광도"로 사용한다. 세포가 없는 배지에 MTT 용액만을 첨가한 경우에도 아주 미량이지만 자발적으로 생긴 흡광도가 존재한다. 이 배경(background)의 흡광도는 배지, 반응시간, 빛에 노출된 정도에 따라 다를 수 있다.

3) MTT를 이용한 세포독성 실험 예

(1) 배양된 암세포를 0.25% Trypsin-EDTA 처리한 후 배양액으로 1000 rpm에서 5분 정도 원심분리 한다. 이를 2～3회 반복 시행한 다음 단일 부유 암세포로 만든 뒤 세포의 농도를 혈구계수기(hemocytometer)를 이용 세포수를 측정하여 적정 세포수를 96-well 플레이트에 180 μl씩 분주한 다음 37℃, 5% CO_2 배양기에서 하룻밤(overnight) 동안 배양한다.

(2) 실험군에는 계획된 농도(μg/mL)의 시료를 20 μl씩 첨가하고, 대조군에는 실험에 사용된 시료 수용액과 동일한 수용액을 사용하여 37℃, 5% CO_2 배양기에서 96시간 배양한다.

(3) 배양된 플레이트에 농도가 2 mg/mL 되게 만들어진 MTT 용액을 각 well에 50 μl씩 첨가한 다음 4시간 추가 배양한다.

(4) 배양 후 96-well 플레이트를 1000 rpm에서 5분간 원심분리한 후 원침된 포마잔(formazan) 결정이 제거되지 않도록 주의하면서 상층액을 제거한다. 제거된 플레이트에 150 μl의 DMSO를 각 well에 첨가하고, 평판 교반기에서 10분간 흔들어 준다.

(5) 그 후 ELISA reader를 이용하여 540 nm 파장에서 흡광도를 측정하며, 보통 각 군마다 3회 반복 실험한 값을 평균하여 생존율을 계산한다.

$$(\%)\ \text{생존율} = \frac{\text{실험군의 평균 색소흡수율} - \text{기준 색소흡수율}}{\text{대조군의 평균 색소흡수율} - \text{기준 색소흡수율}} \times 100$$

4) 단백질 정량 실험 예

단백질 정량법은 여러 가지가 있으나 Bradford 방법을 이용하여 ELISA reader로 정량한다.

(1) Bradford 시약(Bio-Rad, #500-0006)은 증류수로 5배 희석한 다음 사용한다.

(2) 단백질 표준용액은 1 mg/ml bovine serum albumin(BSA)를 사용하여 96-well 플레이트에 표 14-1과 같이 조제한다.

(3) 측정하고자 하는 시료 단백질을 증류수로 적당 농도 희석하여 5 μl로 만든다. 예상되는 농도가 위 표준용액의 농도 범위 안에 있어야 한다.

(4) 96-well 플레이트 각 well에 195 μl의 Bradford 시약을 넣고 잘 섞은 후 어두운 곳에 10분간 반응시킨다.

(5) 그 후 ELISA reader를 이용 570 nm 또는 595 nm에서 흡광도를 측정한다.

표 14-1. 단백질(BSA) 표준용액

No.	BSA 1 mg/ml 원액(μl)	증류수(μl)	1x Bradford 용액(μl)
1	0	5	195
2	1	4	195
3	2	3	195
4	3	2	195
5	4	1	195
6	5	0	195

* 이들의 최종 농도는 Bradford 시약을 195 μl 첨가한 경우 각각 0, 5, 10, 15, 20 μg/ml이다.

참고문헌

〈국내문헌〉

강인규 등 : 기기분석의 길라잡이, 자유아카데미(2008)

교육과학기술부 : 연구실 안전 핸드북, ㈜문영사(2011)

국립환경과학원 : 화학사고 예방 핸드북(2005)

기기분석교재연구회 : Rouessac 현대 기기분석, 자유아카데미(2009)

김강진 등 : 분석화학, 자유아카데미(2007)

김승재 등 : 기기분석, 동화기술(1995)

김택제 등 : 실용적인 기체·액체 크로마토그래피와 질량분석법(2002)

남계춘 등 : 유기화합물의 분광학, 자유아카데미(2008)

농촌진흥청 축산연구소 : 실험실 안전관리 가이드 북, 삼미기획(2005)

문석식 등 : 분광학의 이해, 사이플러스(2007)

문석식 등 : 파비아의 분광학 강의, 사이플러스(2010)

박기채 : 기본 분석화학, 탐구당(1993)

박기채 : 기기분석의 원리, 탐구당(1995)

박기채 등 : 기기분석의 이해, 사이플러스(2007)

박동기 : 도설 식품종합실험, 유한문화사(1987)

생물화학연구회 : 생화학 실험서, 동명사(1995)

신효선 등 : 최신 식품화학, 신광출판사(2000)

약품분학분과회 : 의약품 분석학, 동명사(2011)

양종범 등 : 쉬운 식품분석, 고문사(2011)

양종범 등 : 한국식품저장유통학회지 19(3), 368(2012)

영화과학 : Chromatography Products(2002)

영화과학 : pH Technical Seminar, 정확한 pH 측정을 위한 가이드(2009)

이성우 : 식품화학, 수학사(1999)

이용근 역 : 기초 기기분석화학, 탐구당(1994)

이용근 역 : 기초 기기분석화학 연습, 탐구당(1995)

이흥락 등 : 기초 기기분석, 형설출판사(1996)
최원호 등 : 그림으로 보는 연구실 안전, 교육시설재난공제회(2009)
최희선 : 기기분석 I·II, 자유아카데미(2014)
한국생화학회 : 실험 생화학, 탐구당(2000)
Skoog : 기기분석의 원리, 자유아카데미(2001)

〈국외문헌〉

泉美治 等 : 機器分析のてびき, 化學同人(1990)
井本泰治, タンパク質工學への招待, 南江堂(1989)
小原哲二郎 等 : 食品分析 ハンドブック, 建帛社(1977)
中山義之 : 生化學基礎實習, 三共出版株式會社(1975)
日本生化學會, 脂質の化學と生化學, 學會出版センタ(1992)
日本藥學會編 : 衞生試驗法・注解 2000, 金原出版株式會社(2000)
野本明男 等 : 生物材料の取扱い, 丸善株式會社(1987)
原昭二 譯 : 入門クロマトグラフィ, 東京化學同人(1993)
藤野安彦 : 脂質分析法入門, 學會出版センター(1987)
藤卷正生 等 : 食料工業, 東京化學同人(1985)
藤本大三郎 : 酵素の科學, 裳華房(1991)
堀尾武一 等 : 蛋白質・酵素の基礎實驗法, 南江堂(1982)
A.O.A.C : Official Methods of Analysis 16th ed., AOAC International(1995)
A. Perley, *et al.* : *Anal. Chem.*, 21, 395(1949)
B. Cancho, *et al.* : *J. Chromatogr. A.*, 943: 1(2002)
Boyer, R. F. : Modern Experimental Biochemistry, Addison Wesley(1986)
Cabras, P. *et al.* : *J. Agric. Food Chem.*, 49, 3161(2001)
Cappiello, A. *et al.* : *Anal. Chem.*, 73, 298(2001)
Casal, S. *et al.* : *J. Chromatogr. B.*, 763, 1(2001)
Cheng, X. *et al.* : *Anal. Chem.* 73(3), 458(2001)
Cooper, T. G : The Tools of Biochemistry, John Wiley & Sons, Inc.(1977)
D. A. MacInnes, *et al.* : *J. Am. Chem. Soc.,* 43, 2563(1921)
D. A. Skoog, *et al.* : Analytical Chemistry 4th ed., Saunders College Publishing (1985)

Debrauwer, L. *et al.* : *J. Agric. Food Chem.*, 49, 3821(2001)

Dennis D. Miller : Food Chemistry, John Wiley & Sons, Inc.(1998)

D. L. Saunders : Chromatography, Van Mostrand Reinhold(1975)

Douglas A. Skoog *et al.* : Principles of Instrumental Analysis, Brooks/Cole (1998)

Edelenbos, M. *et al.* : *J. Agric. Food Chem.*, 49, 4768(2001)

Ferguson, P. L. *et al.* : *Anal. Chem.*, 73(16), 3890(2001)

G. A. Perley, Glasses for Measurement of pH. Anal. Chem., 21 : 395(1949)

G. C. Burdge, *et al.* : *British J. Nutrition*, 84, 781(2000)

G. Eisenman : *Biophys. J.*, 2, Part 2, 259(1962)

Grus, F. H. *et al.* : *European Journal of Ophthalmology*, 11, 19(2001)

Guilbault, G. G. : Ed. Practical Fluorescence, 2nd Ed., Marcel Dekker, Inc., New York(1990)

H. F. Schroder : *J. Chromatogr. A.*, 926, 127(2001)

Heid CA, *et al.* : Real time quantitative PCR. Genome Res., 6(10), 986(1996)

Innis MA, et al. : PCR Protocols. A Guide to Methods and Applications. Academic Press, San Diego, CA(1990)

James W. R. *et al.* : Undergraduate instrumental analysis 6th edition, Marcel Dekker, New York.

Johnson, E. L. *et al.* : Basic Liquid Chromatography, Varian Associates, Inc. (1978)

Jones, S. B. *et al.* : *Anal. Chem.*, 71(18), 4030(1999)

Kathy Barker : At the Bench, CSHL Press(1998)

Kenkel, J. : Analytical Chemistry for Technicians, Lewis Publishers, Inc.(1988)

K. J. Mulligan *et al.* : *J. Chromatogr, Sci.*, 33, 49(1995)

Kontou, S. *et al.* : *J. Agric. Food Chem.*, 49, 1090(2001)

Kramer, S. *et al.* : *J. Chromatogr. B.*, 751, 169(2001)

Kurahashi, T. *et al.* : *J. Am. Chem. Soc.*, 123(38), 9268(2001)

Landegren, U. : *J. Immunol. Methods*, 67, 379(1984)

Merken, H. M. *et al.* : *J. Agric. Food Chem.*, 48, 577(2000)

Mosmann, J. : *J. Immunol. Methods*, 65, 55(1983)

Muller, M. *et al.* : *Archives of Toxicology*, 74, 760(2001)

Oberacher, H. *et al.* : *Anal. Chem.*, 73(21), 5109(2001)

Owen R. Fennema *et al.* : Handbook of Food Analysis, Marcel Dekker, Inc.(1998)

Paciolla, M. D. *et al.* : *J. Pharm. Biomed. Anal.*, 26, 143(2001)

Perry, S. V. : *Methods in Enzymology*, 3, 582(1957)

Peteghem, C., *J. Food Protection*, 64, 1597(2001)

Pharmacia Fine Chemicals : Affinity Chromatography(1990)

Pharmacia Fine Chemicals : Ion Exchange Chromatography(1990)

Pharmacia LKB Biotechnology : Gel Filtration(1990)

Pharmacia LKB Biotechnology : Polyacrylamide Gel Electrophoresis(1990)

Premstaller, A. *et al.* : *Anal. Chem.*, 72, 4386(2000)

Premstaller, A. *et al.* : *Anal. Chem.*, 73(11), 2390(2001)

R. H. Burdon *et al.* : Laboratory Techniques, Elsevier(1989)

Rieck et al. : *J. Tiss. Cult. Methods*, 15, 37(1993)

Rodney Boyer : Concepts in Biochemistry, Brooks/Cole(1998)

S. Perwaiz *et al.* : *J. Lipid Research*, 42, 114(2001)

Sambrook J, *et al.* : Molecular Cloning. A laboratory manual, Cold Spring Harbor Laboratory Press, New York(1989)

Seppanen-Laakso, T. *et al.* : *J. Chromatogr. B.*, 754, 437(2001)

Terrance G. Cooper : The Tools of Biochemistry. 51. John Wiley & Sons, Inc. New York(1977)

Terrance G. Cooper : The Tools of Biochemistry. 219. John Wiley & Sons, Inc. New York(1977)

Thermo fisher scientific Inc. : Thermo scientific orion laboratory products catalog(2007)

Thurman, E. M. *et al.* : *Anal. Chem.*, 73(22), 5441(2001)

Wenkui, L. *et al.* : *J. Chromatogr. B.*, 765, 99(2001)

Yang *et. al.* : *Analytical biochemistry* 206, 246(1992)

Yen-Hung, Y. *et al.* : *J. Chromatogr. B.*, 751, 1(2001)

〈Website〉

http://blog.naver.com/PostPrint.nhn?blogId=nanomate&logNo=110161347047

http://ceis.nier.go.kr

http://www.appliedbiosystems.com

http://www.corbettrobotics.com

http://www.kosha.go.kr

http://www.mn-net.com

http://www.mfds.go.kr/brd/m_211/view.do?seq=14269&srchFr=&srchTo=&srchWord=%EA%B8%B0%EC%A4%80&srchTp=0&itm_seq_1=1&itm_seq_2=0&multi_itm_seq=0&company_cd=&company_nm=&page=1

http://www.qiagen.com

https://en.wikipedia.org/wiki/Electromagnetic_spectrum#/media/File:Electromagnetic-Spectrum.svg

https://en.wikipedia.org/wiki/Emergency_eyewash_and_safety_shower_station

https://en.wikipedia.org/wiki/Polyacrylamide_gel_electrophoresis

https://en.wikipedia.org/wiki/Spectrophotometry

https://en.wikipedia.org/wiki/Stokes_shift

찾 아 보 기

ㄱ

ㄴ

ㄷ

ㅇ

Index

◈ 집 필 진 ◈

김태화 (thkim@atnt.co.kr)
(주) 분석기술과 미래 대표

박규현 (pkh7675@yuhs.ac)
연세대학교 의과대학 암연구소 연구원

양종범 (jbyang@dongnam.ac.kr)
동남보건대학교 식품제약과 교수

오창환 (och35@semyung.ac.kr)
세명대학교 바이오식품산업학부 교수

이경혜 (khlee@dongnam.ac.kr)
동남보건대학교 식품제약과 교수

임순호 (virshyim@dsu.ac.kr)
동신대학교 제약공학과 교수

쉬운 기기분석(개정판)

2019년 1월 25일 개정판 1쇄 발행
2020년 2월 15일 개정판 2쇄 발행
2024년 8월 10일 개정판 3쇄 발행

공 저 : 김태화 · 박규현 · 양종범 · 오창환 · 이경혜 · 임순호
펴낸이 : 천승배
펴낸곳 : 도서출판 유한문화사

주소 : 경기도 고양시 덕양구 지도로124번길 8-35
전화 : 02) 2668-2055
팩스 : 02) 2668-2565
http://www.yuhansa.com
E-mail : yuhansa@hanmail.net
등록 : 제5-31호. 1979. 3. 6.

값 28,000 원

ISBN : 978-89-7722-319-6 93430